乙級太陽光電設置學科解析暨術科指導

黃彥楷　編著

全華圖書股份有限公司

乙級太陽光電設置學科解析暨術科指導 / 黃彥楷編著. -- 四版. -- 新北市 : 全華圖書股份有限公司, 2021.09

面 ; 公分

ISBN 978-986-503-872-4(平裝)

1. CST: 太陽能發電 2. CST: 發電系統

448.167 110014417

乙級太陽光電設置學科解析暨術科指導

作者／黃彥楷

發行人／陳本源

執行編輯／張峻銘

出版者／全華圖書股份有限公司

郵政帳號／0100836-1 號

印刷者／宏懋打字印刷股份有限公司

圖書編號／0634103-202208

定價／新台幣 380 元

ISBN／978-986-503-872-4(平裝)

全華圖書／www.chwa.com.tw

全華網路書店 Open Tech／www.opentech.com.tw

若您對本書有任何問題，歡迎來信指導 book@chwa.com.tw

臺北總公司(北區營業處)
地址：23671 新北市土城區忠義路 21 號
電話：(02) 2262-5666
傳真：(02) 6637-3695、6637-3696

南區營業處
地址：80769 高雄市三民區應安街 12 號
電話：(07) 381-1377
傳真：(07) 862-5562

中區營業處
地址：40256 臺中市南區樹義一巷 26 號
電話：(04) 2261-8485
傳真：(04) 3600-9806(高中職)
(04) 3601-8600(大專)

作者序

太陽光電設置乙級技術士是新設的職類，對許多人來說是不熟悉的，在學科方面組合了相當多元的知識，造成有志參加此一職類應檢的人，不知如何準備起。有鑒於此，作者乃根據所公布的學科題目加以整理並歸納，做成題目的解析，讓有志於此的應檢人，可以了解其出處及相關的原理，有效縮短應檢人的準備時間。在術科方面，根據考試的項目依序點出題目的規定，及應試的相關技巧， 使應檢人能迅速地完成應試準備，進而順利地取得證照。

使用方法：

一、學科依技檢中心公布的題庫順序，進行原理、法規等方面的解析。方便應檢人有疑問時可以依序查閱。

二、術科依考試順序，專章摘要規定，點出應檢技巧及注意事項，並列參考數據，使應檢人得以依序完成考試。

本書雖力求內容詳實精確，但疏漏之處在所難免，敬祈各位先進不吝指正，特此致謝。

編輯部序

「系統編輯」是我們的編輯方針，我們所提供給您的，絕不只是一本書，而是關於這門學問的所有知識，它們由淺入深，循序漸進。

本書為最新版及包含最新年度的考題。溫故而知新，熟讀歷屆試題，可以掌握未來的考試趨向以及試題難易度，繼而從中瞭解檢定的準備方向，避免走冤枉路；本書亦將困難的題目詳加解釋、說明，使讀者不再有僅知其一而不知其二之感，以求融會貫通。

本書適用於報考乙級太陽光電設置的學生或一般的讀者亦適用。

Contents

學科

術科

CHAPTER 1

乙級太陽光電設置技能檢定學科題庫解析

工作項目 01　工程識圖

工作項目 02　電工、太陽光電發電系統之儀表及工具使用

工作項目 03　導線及管槽之配置及施工

工作項目 04　配電線路工程之安裝及維修

工作項目 05　太陽光電組列工程之安裝與維修

工作項目 06　直流接線箱/交流接線箱之安裝及維修

工作項目 07　變流器工程安裝及維護

工作項目 08　變壓器工程安裝及維護

工作項目 09　太陽光電發電系統及線路之檢查與故障排除

工作項目 10　避雷器及突波吸收器工程安裝及維護

工作項目 11　配電盤、儀表、開關及保護設備之安裝及維護

工作項目 12　接地系統工程之安裝及維修

工作項目 13　再生能源相關法規之認識與運用

工作項目 01 工程識圖

( ) 1. 依電工法規屋內配線設計圖符號標示 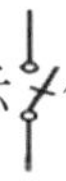 代表

(1)刀形開關 (2)安全開關 (3)單極開關 (4)接觸器。

( ) 2. 依電工法規屋內配線設計圖符號標示  代表

(1)附熔絲刀形開關 (2)油開關 (3)刀形開關 (4)接觸器。

( ) 3. 依電工法規屋內配線設計圖符號標示  代表

(1)隔離開關 (2)電力斷路器 (3)刀形開關 (4)電力斷路器。

( ) 4. 依電工法規屋內配線設計圖符號標示  代表

(1)電力斷路器 (2)拉出型電力斷路器 (3)接觸器 (4)拉出型氣斷路器。

( ) 5. 依電工法規屋內配線設計圖符號標示  代表

(1)拉出型電力斷路器 (2)電磁開關 (3)安全開關 (4)刀型開關。

( ) 6. 依電工法規屋內配線設計圖符號標示  代表

(1)熔斷開關 (2)電磁開關 (3)電力熔絲 (4)空氣斷路器。

( ) 7. 依電工法規屋內配線設計圖符號標示  f 代表

(1)刀形開關 (2)電力熔絲 (3)復閉器 (4)接觸器。

( ) 8. 依電工法規屋內配線設計圖符號標示  N.F.B. 代表

(1)刀形開關 (2)無熔絲開關 (3)空氣斷路器 (4)電磁開關。

( ) 9. 依電工法規屋內配線設計圖符號標示 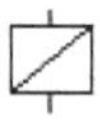 代表

(1)熔絲開關 (2)電力斷路器(平常開啓) (3)復閉器 (4)區分器。

( )10. 依電工法規屋內配線設計圖符號標示 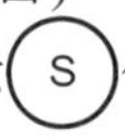 S 代表

(1)單插座開關 (2)拉線開關 (3)四路開關 (4)三路開關。

( )11. 依電工法規屋內配線設計圖符號標示 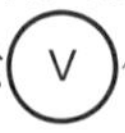 V 代表

(1)雙極開關 (2)伏特表 (3)控制開關 (4)低電壓電驛。

( )12. 依電工法規屋內配線設計圖符號標示  W 代表

(1)雙極開關 (2)瓦特表 (3)過壓電驛 (4)復閉電驛。

解答

1.(1) 2.(1) 3.(1) 4.(1) 5.(1) 6.(1) 7.(2) 8.(2) 9.(2) 10.(2)
11.(2) 12.(2)

(　)13. 依電工法規屋內配線設計圖符號標示 A 代表
(1)熔斷開關　(2)復閉電驛　(3)安培表　(4)瓦特表。

(　)14. 依電工法規屋內配線設計圖符號標示 WH 代表
(1)頻率計　(2)電熱器　(3)瓦時計　(4)方向性接地電驛。

(　)15. 依電工法規屋內配線設計圖符號標示 PF 代表
(1)頻率計　(2)電阻器　(3)功率因數計　(4)仟乏計。

(　)16. 依電工法規屋內配線設計圖符號標示 R 代表
(1)綠色指示燈　(2)直流電動機　(3)紅色指示燈　(4)直流發電機。

(　)17. 依電工法規屋內配線設計圖符號標示 G 代表
(1)紅色指示燈　(2)電風扇　(3)發電機　(4)電動機。

(　)18. 依電工法規屋內配線設計圖符號標示 M 代表
(1)電磁開關　(2)電風扇　(3)電動機　(4)發電機。

(　)19. 依電工法規屋內配線設計圖符號標示　代表
(1)插動電驛　(2)瓦特計　(3)仟乏計　(4)整流器。

(　)20. 依電工法規屋內配線設計圖符號標示　代表
(1)方向性接地電驛　(2)功率因數計　(3)瓦時計　(4)電池組。

(　)21. 依電工法規屋內配線設計圖符號標示　代表
(1)方向性接地電驛　(2)直流電動機　(3)電熱器　(4)避雷器。

(　)22. 依電工法規屋內配線設計圖符號標示　代表
(1)四路開關　(2)安全開關　(3)可變電容器　(4)可變電阻器。

(　)23. 依電工法規屋內配線設計圖符號標示　代表
(1)無熔絲開關　(2)電磁開關　(3)可變電阻器　(4)可變電容器。

(　)24. 依電工法規屋內配線設計圖符號標示　代表
(1)手孔　(2)電燈分電盤　(3)綠色指示燈　(4)電力分電盤。

(　)25. 依電工法規屋內配線設計圖符號標示　代表
(1)人孔　(2)電力分電盤　(3)電燈分電盤　(4)電力總配電盤。

(　)26. 依電工法規屋內配線設計圖符號標示　代表
(1)四聯插座　(2)壁燈　(3)拉線箱　(4)日光燈。

(　)27. 依電工法規屋內配線設計圖符號標示　代表
(1)四聯插座　(2)專用單插座　(3)雙連插座　(4)單插座。

解答

13.(3)	14.(3)	15.(3)	16.(3)	17.(3)	18.(3)	19.(4)	20.(4)	21.(4)	22.(4)
23.(4)	24.(4)	25.(4)	26.(4)	27.(4)					

(　)28. 依電工法規屋內配線設計圖符號標示代表
(1)接地形四聯插座　(2)專用單插座　(3)單插插座　(4)雙連插座。

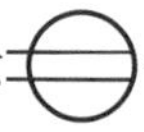

(　)29. 依電工法規屋內配線設計圖符號標示 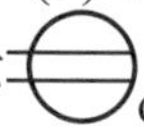 GWP 代表
(1)電爐插座　(2)接地型單插座　(3)接地型專用雙插座　(4)接地屋外型插座。

(　)30. 依電工法規屋內配線設計圖符號標示代表
(1)人孔　(2)電力分電盤　(3)電燈總配電盤　(4)電力總配電盤。

(　)31. 依電工法規屋內配線設計圖符號標示代表
(1)電燈動力混合配電盤　(2)電力分電盤　(3)電燈總配電盤　(4)電力總配電盤。

(　)32. 依電工法規屋內配線設計圖符號標示 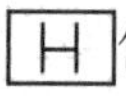 H 代表
(1)電燈動力混合配電盤　(2)電力分電盤　(3)人孔　(4)手孔。

(　)33. 依電工法規屋內配線設計圖符號標示 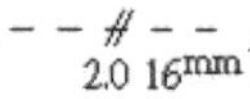 2.0 16mm 代表
(1)線路交叉不連結　(2)線路分歧接點　(3)電路至配電箱　(4)明管配線。

(　)34. 依電工法規屋內配線設計圖符號標示代表
(1)線路交叉不連結　(2)線路分歧接點　(3)電路至配電箱　(4)明管配線。

(　)35. 依電工法規屋內配線設計圖符號標示  1.3 代表
(1)線路交叉不連結　(2)線路分歧接點　(3)電路至配電箱　(4)明管配線。

(　)36. 依電工法規屋內配線設計圖符號標示代表
(1)線路交叉不連結　(2)線路分歧接點　(3)線路分歧接點　(4)導線群。

(　)37. 依電工法規屋內配線設計圖符號標示代表
(1)線路交叉不連結　(2)線路分歧接點　(3)線路分歧接點　(4)導線群。

(　)38. 依電工法規屋內配線設計圖符號標示代表
(1)線路交叉不連結　(2)線路分歧接點　(3)接地　(4)電纜頭。

(　)39. 依電工法規屋內配線設計圖符號標示代表
(1)線路交叉不連結　(2)線路分歧接點　(3)接地　(4)電纜頭。

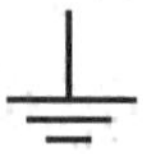

(　)40. 依電工法規屋內配線設計圖符號標示 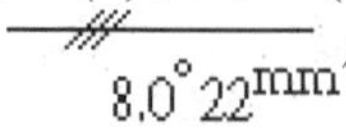 8.0° 22mm 代表
(1)埋設於平頂混凝土內或牆內管線　(2)埋設於地坪混凝土內或牆內管線
(3)電路至配電箱　(4)線路交叉不連結。

(　)41. 依電工法規屋內配線設計圖符號標示 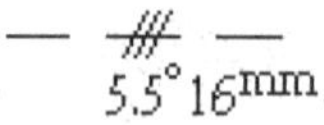 5.5° 16mm 代表
(1)埋設於平頂混凝土內或牆內管線　(2)埋設於地坪混凝土內或牆內管線
(3)電路至配電箱　(4)線路交叉不連結。

解答

28.(4)	29.(4)	30.(3)	31.(1)	32.(4)	33.(4)	34.(1)	35.(3)	36.(4)	37.(3)
38.(4)	39.(3)	40.(1)	41.(2)						

(　　)42. 依電工法規屋內配線設計圖符號標示 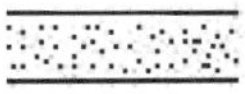
(1)匯流排槽　(2)接地　(3)比流器　(4)比壓器。

(　　)43. 依電工法規屋內配線設計圖符號標示 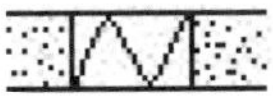
(1)分歧點附開關及熔絲之匯流排槽　(2)分歧點附斷路器之匯流排槽　(3)比流器
(4)膨脹接頭匯流排槽。

(　　)44. 依電工法規屋內配線設計圖符號標示 S
(1)分歧點附開關及熔絲之匯流排槽　(2)分歧點附斷路器之匯流排槽　(3)比流器
(4)膨脹接頭匯流排槽。

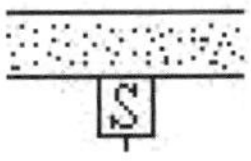

(　　)45. 依電工法規屋內配線設計圖符號標示 B
(1)分歧點附開關及熔絲之匯流排槽　(2)分歧點附斷路器之匯流排槽　(3)比流器
(4)膨脹接頭匯流排槽。

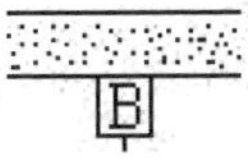

(　　)46. 依電工法規屋內配線設計圖符號標示 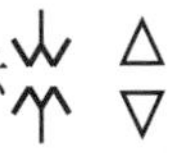
(1)匯流排槽　(2)接地　(3)比流器　(4)比壓器。

(　　)47. 依電工法規屋內配線設計圖符號標示 
(1)匯流排槽　(2)接地　(3)比流器　(4)比壓器。

(　　)48. 依電工法規屋內配線設計圖符號標示  MOF
(1)匯流排槽　(2)整套型變比器　(3)零相比流器　(4)套管型比流器。

(　　)49. 依電工法規屋內配線設計圖符號標示 
(1)匯流排槽　(2)整套型變比器　(3)零相比流器　(4)套管型比流器。

(　　)50. 依電工法規屋內配線設計圖符號標示 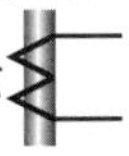
(1)匯流排槽　(2)整套型變比器　(3)零相比流器　(4)套管型比流器。

(　　)51. 依電工法規屋內配線設計圖符號標示 
(1)接地比壓器　(2)整套型變比器　(3)零相比流器　(4)套管型比流器。

(　　)52. 依電工法規屋內配線設計圖符號標示 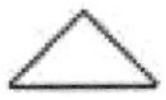
(1)三相三線△非接地　(2)三相三線△接地　(3)三相四線△非接地
(4)三相四線△一線捲中點接地。

(　　)53. 依電工法規屋內配線設計圖符號標示 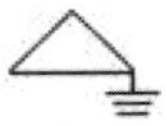
(1)三相三線△非接地　(2)三相三線△接地　(3)三相四線△非接地
(4)三相四線△一線捲中點接地。

解答

42.(1)　43.(4)　44.(1)　45.(2)　46.(4)　47.(3)　48.(2)　49.(4)　50.(3)　51.(1)
52.(1)　53.(2)

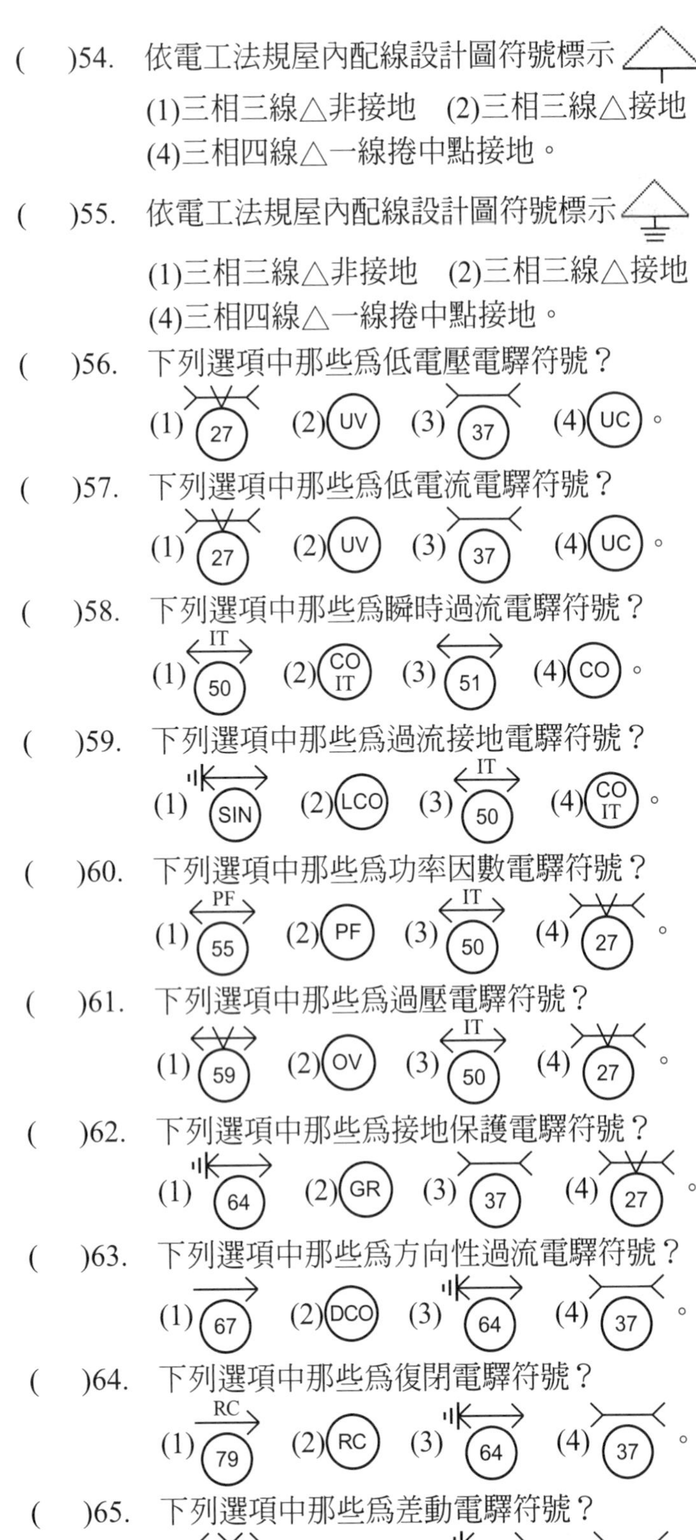

( )54. 依電工法規屋內配線設計圖符號標示

(1)三相三線△非接地 (2)三相三線△接地 (3)三相四線△非接地
(4)三相四線△一線捲中點接地。

( )55. 依電工法規屋內配線設計圖符號標示

(1)三相三線△非接地 (2)三相三線△接地 (3)三相四線△非接地
(4)三相四線△一線捲中點接地。

( )56. 下列選項中那些爲低電壓電驛符號？

(1) 27 (2) UV (3) 37 (4) UC 。

( )57. 下列選項中那些爲低電流電驛符號？

(1) 27 (2) UV (3) 37 (4) UC 。

( )58. 下列選項中那些爲瞬時過流電驛符號？

(1) IT 50 (2) CO IT (3) 51 (4) CO 。

( )59. 下列選項中那些爲過流接地電驛符號？

(1) SIN (2) LCO (3) IT 50 (4) CO IT 。

( )60. 下列選項中那些爲功率因數電驛符號？

(1) PF 55 (2) PF (3) IT 50 (4) 27 。

( )61. 下列選項中那些爲過壓電驛符號？

(1) 59 (2) OV (3) IT 50 (4) 27 。

( )62. 下列選項中那些爲接地保護電驛符號？

(1) 64 (2) GR (3) 37 (4) 27 。

( )63. 下列選項中那些爲方向性過流電驛符號？

(1) 67 (2) DCO (3) 64 (4) 37 。

( )64. 下列選項中那些爲復閉電驛符號？

(1) RC 79 (2) RC (3) 64 (4) 37 。

( )65. 下列選項中那些爲差動電驛符號？

(1) 87 (2) DR (3) 64 (4) 37 。

解答

54.(3) 55.(4) 56.(12) 57.(34) 58.(12) 59.(12) 60.(12) 61.(12) 62.(12) 63.(12)
64.(12) 65.(12)

(　)66. 下列選項中那些為安培計符號？

(　)67. 下列選項中那些為伏特計符號？
(1) V　(2) V̿　(3) R　(4) G。

(　)68. 下列選項中那些不是熔絲符號？
(1) f　(2) S　(3)　(4) F。

(　)69. 下列選項中那些為開關符號？
(1) S　(2) S_3　(3)　(4)。

(　)70. 下列選項中那些為配電盤符號？
(1)　(2)　(3)　(4)。

(　)71. 下列選項中那些為比流器符號？
(1)　(2)　(3)　(4)。

(　)72. 下列選項中那些為比壓器符號？
(1)　(2)　(3)　(4)。

(　)73. 下列選項中那些為斷路器符號？
(1) MS　(2) A.C.B.　(3)　(4)。

(　)74. 下列選項中那些為負載啓斷開關符號？
(1)　(2)　(3)　(4)。

解答

66.(12)　67.(12)　68.(234)　69.(12)　70.(12)　71.(123)　72.(12)　73.(23)　74.(12)

屋內線路裝置規則(民國 104 年 06 月 03 日修正)

第 485 條 開關類設計圖符號如下表：

名　稱	符　號	名　稱	符　號
刀形開關		無熔絲開關	N.F.B.
刀形開關附熔絲		空氣斷路器	A.C.B.
隔離開關(個別啓閉)		拉出型空氣斷路器	
空斷開關(同時手動啓閉)		油開關	OS
雙投空斷開關		電力斷路器	
熔斷開關		拉出型電力斷路器	
電力熔絲	f	接觸器	
負載啓斷開關		接觸器附積熱電驛	
負載啓斷開關附熔絲		接觸器附電磁跳脫裝置	
電磁開關	MS	四路開關	S_4
Y 一△降壓起動開關	人-△	區分器	S
自動 Y 一△電磁開關	MS 人-△	復閉器	RC
安全開關		電力斷路器(平常開啓)	
伏特計用切換開關	VS	空斷開關(附有接地開關)	
安培計用切換開關	AS	電力斷路器(附有電位裝置)	
控制開關	CS	空斷開關(電動機或壓縮空氣操作)	
單極開關	S	鑰匙操作開關	S_K
雙極開關	S_2	開關及標示燈	S_P
三路開關	S_3	單插座及開關	S
雙插座及開關	S	拉線開關	S
時控開關	S_T		

第 486 條　電驛計器類設計圖符號如下表：

名　稱	符　號	名　稱	符　號
低電壓電驛	27 或 UV	瓩需量計	KWD
低電流電驛	37 或 UC	瓦時計	WH
瞬時過流電驛	IT 50 或 CO IT	乏時計	VARH
過流電驛	51 或 CO	仟乏計	KVAR
過流接地電驛	51N 或 LCO	頻率計	F
功率因數電驛	PF 55 或 PF	功率因數計	PF
過壓電驛	59 或 OV	紅色指示燈	R
接地保護電驛	64 或 GR	綠色指示燈	G
方向性過流電驛	67 或 DCO		
方向性接地電驛	67N 或 SG		
復閉電驛	RC 79 或 RC		
差動電驛	87 或 DR		
交流安培計	A		
直流安培計	$\overline{\overline{A}}$		
交流伏特計	V		
直流伏特計	$\overline{\overline{V}}$		
瓦特計	W		

第 487 條 配電機器類設計圖如下表：

名　稱	符　號	名　稱	符　號
發電機		電容器	
電動機		避雷器	
電熱器		避雷針	
電風扇		可變電阻器	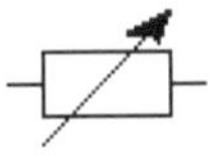
冷氣機	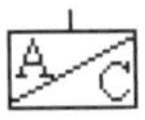	可變電容器	
整流器(乾式或電解式)		直流發電機	
電池組	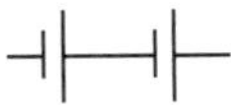	直流電動機	
電阻器	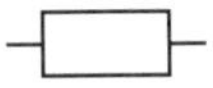		

第 488 條 變比器類設計圖符號如下表：

名　稱	符　號	名　稱	符　號
自耦變壓器		套管型比流器	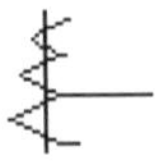
二線捲電力變壓器	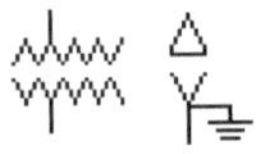	零相比流器	
三線捲電力變壓器	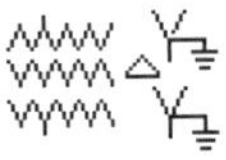	感應電壓調整器	
二線捲電力變壓器附有載換接器	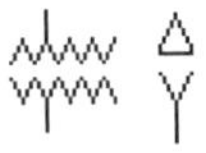	步級電壓調整器	
比壓器		比壓器(有二次捲及三次捲)	
比流器	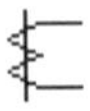	接地比壓器	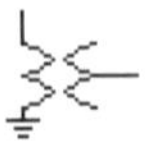
比流器(附有補助比流器)	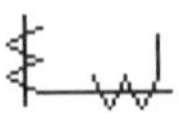	三相 V 共用點接地	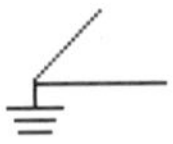

名　稱	符　號	名　稱	符　號
比流器(同一鐵心兩次線捲)		三相 V 一線捲中性點接地	
整套型變比器	MOF	三相 Y 非接地	
三相三線△非接地		三相 Y 中性線直接接地	
三相三線△接地		三相 Y 中性線經一電阻器接地	
三相四線△非接地		三相 Y 中性線經一電抗器接地	
三相四線△一線捲中點接地		三相曲折接法	
三相 V 非接地		三相 T 接線	

第 489 條　配電箱類設計圖符號如下表：

名　稱	符　號	名　稱	符　號
電燈動力混合配電盤		電力分電盤	
電燈總配電盤		人孔	M
電燈分電盤		手孔	H
電力總配電盤			

第 490 條　電線類設計圖符號如下表：

名　稱	符　號	名　稱	符　號
埋設於平頂混凝土內或牆內管線	8.0°22mm	埋設於地坪混凝土內或牆內管線	5.5°16mm
明管配線	2.0 16mm	線路交叉不連結	
電路至配電箱	1.3	線管上行	
接戶點		線管下行	

名　稱	符　號	名　稱	符　號
導線群		線管上及下行	
導線連接或線徑線類之變換		接地	
線路分歧接點		電纜頭	

第 491 條　匯流排槽類設計圖符號如下表：

名　稱	符　號	名　稱	符　號
匯流排槽		縮徑體匯流排槽	
T 型分歧匯流排槽		附有分接頭匯流排槽	
十字分歧匯流排槽		分歧點附斷路器之匯流排槽	B
L 型轉彎匯流排槽		分歧點附開關及熔絲之匯流排槽	S
膨脹接頭匯流排槽		往上匯流排槽	
偏向彎體匯流排槽		向下匯流排槽	

第 492 條　電燈、插座類設計圖符號如左表：

名　稱	符　號	名　稱	符　號
白熾燈		接線箱	P
壁燈		風扇出線口	F
日光燈		電鐘出線口	或 C
日光燈		單插座	
出口燈		雙連插座	
緊急照明燈		三連插座	

名　稱	符　號	名　稱	符　號
接線盒	J	四連插座	
屋外型插座	WP	接地型雙插座	G
防爆型插座	EX	接地型三連插座	G
電爐插座	R	接地型四連插座	G
接地型電爐插座	RG	接地型專用單插座	G
專用單插座		接地型專用雙插座	G
專用雙插座		接地屋外型插座	GWP
接地型單插座	G	接地防爆型插座	GEX

工作項目 02 電工、太陽光電發電系統之儀表及工具使用

( ) 1. 若 3½數位型電壓表之顯示範圍爲 0～200V，則該電表的解析度爲
(1)0.1 (2)0.01 (3)10 (4)1 V。

解 3 表示有 3 個位數是 1-9 全顯示。1/2 表示有一個位數是僅有 1 和 2。顯示範圍為 1~200 V，所以是 0.0~199.9 V。因此解析度為最小顯示位數 0.1 V。

( ) 2. 下列何者可測試變壓器的繞線有無錯誤，分接頭切換器有無故障或接線錯誤？
(1)絕緣電阻測定 (2)負載試驗 (3)電壓比試驗 (4)線圈電阻測定。

解 絕緣電阻測定通常用於測試設備與元件間之絕緣電阻。
負載試驗通常用於測定變壓器之負載損耗及阻抗電壓。
線圈電阻測定通常用於測試馬達線圈之阻值，以判定線圈是否破損。

( ) 3. 貫穿一匝之比流器變流比爲 150／5A，若配合 50／5A 之電流表則該比流器須貫穿
(1)1 (2)2 (3)4 (4)3 匝。

解 比流器變流比為 150／5A→ 150 A 可以誘發 5 A 的電流。50 A 的線路要三匝才有 150A 可誘發 5A 給電表。

( ) 4. 一只 300mA 類比式電流表，其準確度爲±2%，當讀數爲 120mA 時，其誤差百分率爲多少？
(1)±5% (2)±0.5% (3)±1% (4)±2%。

解 誤差值 300 mA×2%=6 mA。6 mA 佔 120 mA 的 5%。

( ) 5. 檢漏器(Ground Detector)可用以測試配電線路是否有
(1)斷路 (2)短路 (3)接地 (4)停電。

解 檢查漏電，正常電路有外洩，接到接地。Ground 是大地，所以是接地。

( ) 6. 依 CNS 標準，高壓配電盤控制電路之耐壓試驗，其試驗電壓爲
(1)500V (2)1500V (3)1000V (4)2000V。

( ) 7. 分別使用靈敏度爲 10kΩ/V 與 20kΩ/V 之類比式三用電錶，測量電路之電壓值時
(1)10kΩ/V 者不可用來測量電壓值 (2)20kΩ/V 者較爲精確
(3)10kΩ/V 者較爲精確 (4)20kΩ/V 者不可用來測量電壓值。

解 電壓值量測時儀器與測量電路並聯，電阻越大則取樣分流越小，對主線的電壓影響越小，所得的電壓值越精確。
真實電壓值 $V = I \times R_L$，量測電壓值為 $V_M = (I-I_V)R_L$，分流越小越準確，I_V 越小即 R_V 越大。

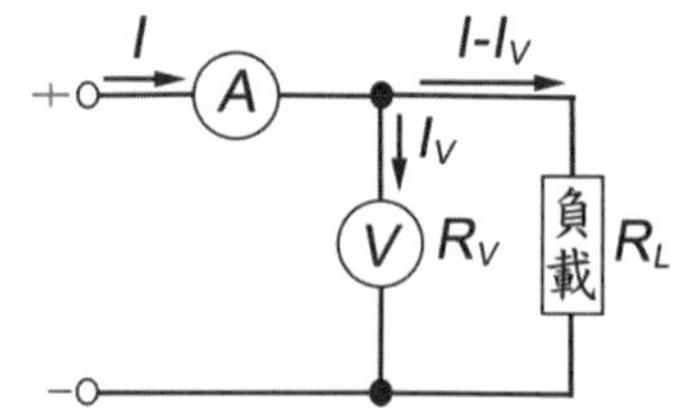

解答

1.(1)	2.(3)	3.(4)	4.(1)	5.(3)	6.(2)	7.(2)

(　) 8. 施工測量時，用以定水平面最方便又準確之儀器為
(1)平板儀　(2)雷射水平儀　(3)精密水準儀　(4)直角稜鏡。

(　) 9. 量得兩點之傾斜距離為 S，傾斜角為 α，則該兩點間之水平距離為
(1)S．cosα　(2)S．tanα　(3)S．sinα　(4)S．cotα。

解 直角三角形的斜邊為 S，水平距離為鄰邊，鄰邊比斜邊為 cosα。用以計算太陽能板傾斜後所佔的水平距離。太陽能板長 L，傾斜角 α，佔地的長度為 L．cosα。

(　)10. 測量電力電纜絕緣電阻應使用
(1)接地電阻測定計　(2)伏安計　(3)檢相計　(4)高阻計。

解 高阻計利用高電壓量測其微小的漏電流，即可知其絕緣能力。

(　)11. 使用單相瓦特計兩只測量三相電功率，若 $W_1=W_2$ 且均為正值，則此三相負載之功率因數為
(1)0.5　(2)0.7　(3)0.8　(4)1。

解 因 $W_1=V_L\times I_L\times\cos(\theta+30°)$；$W_2=V_L\times I_L\times\cos(\theta-30°)$ 若 $W_1=W_2$ 且均為正值　則 $\theta=0°$；功率因數= cos0°=1

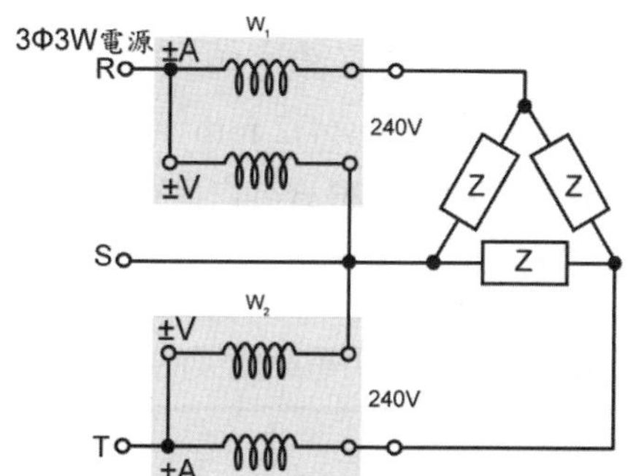

(　)12. 某類比式電壓表之滿刻度電壓為 200V 共有 200 格刻度，且可讀到 1/2 刻度，則其解析度為？
(1)1/4　(2)1/2　(3)1　(4)2 V。

解 200V 共有 200 格刻度，每格刻度 1 V，可讀到 1/2 刻度即是可精確到 1/2 V。

(　)13. 使用滿刻度為 300V 容許誤差為±1.0%之類比式電壓表測量一電路電壓，測得值為 200V，則此指示值之誤差應不超過
(1)6　(2)4.5　(3)3　(4)2 V。

解 最大誤差為 300×±1.0%=±3 V，跟測得的值無關。

(　)14. 大多數之交流電表都是指示正弦波的
(1)峰值　(2)峰對峰值　(3)平均值　(4)有效值。

解 方均根值定義：$V_{rms}=\frac{V_{pp}}{2\sqrt{2}}=\frac{V_{max}}{\sqrt{2}}$ 一般市電所標示的 AC110V 或是 AC220V，均為有效值電壓。

解答

8.(2)　9.(1)　10.(4)　11.(4)　12.(2)　13.(3)　14.(4)

(　)15. 電阻兩端測得 2.5V 電壓，同時測得電流為 0.5A，試求電阻功率值為
(1)2.5　(2)1.25　(3)0.5　(4)0.25 W。

解 P=V×I=2.5 V × 0.5 A=1.25 W

(　)16. 交流三相 11.4kV 配電線路，經測得每線上之電流為 100A，設電力計之指示為 1600kW，則其功率因數約為
(1)100%　(2)80%　(3)90%　(4)70%。

解 $P_{3\phi}=\sqrt{3}\,V_L\times I_L\times\cos\theta=\sqrt{3}\times 11.4kV\times 100A\times\cos\theta=1974kW\times\cos\theta=1600\ (kW)$

$\cos\theta=1600/1974=0.81\fallingdotseq 80\%$

(　)17. 下列何者不可以用來直接測量交流電路功率值
(1)數位功率表　(2)電力分析儀　(3)動圈式瓦特表　(4)瓦時計。

解 瓦時計 kWH 可量得累計功率

(　)18. 數位式電壓表之最大電壓指數為 199.9V 時，其顯示數位為
(1)4½數位　(2)5 數位　(3)4 數位　(4)3½數位。

解 3 個位數可以顯示 1~9，1 個位數只有 0 和 1，故為 3½。

(　)19. 用電設備單獨接地，且過電流保護器之額定值在 60A 以下之接地導線線徑為
(1)5.5 mm^2　(2)3.5 mm^2　(3)8.0 mm^2　(4)2 mm^2。

解 用戶用電設備裝置規則第八節接地第 26 條四之(三) 用電設備單獨接地之接地線或用電設備與內線系統共同接地之連接線按表 26-2 規定。

表 26-2　用電設備單獨接地之接地線或用電設備與內線系統共同接地之連接線線徑

過電流保護器之額定或標置	銅接地導線之大小
20 A 以下	1.6 mm (2.0 mm^2)
30	2.0 mm (3.5 mm^2)
60	5.5 mm^2
100	8 mm^2
200	14 mm^2
400	22 mm^2
600	38 mm^2
800	50 mm^2
1000	60 mm^2
1200	80 mm^2
1600	100 mm^2
2000	125 mm^2
2500	175 mm^2
3000	200 mm^2
4000	250 mm^2
5000	350 mm^2
6000	400 mm^2
註：移動性電具，其接地線與電源線共同置於軟管或電纜內時，得與電源線同等線徑。	

解答

15.(2)　16.(2)　17.(4)　18.(4)　19.(1)

(　　)20. 某用戶某月抄表電度，瓦特計 600 度，乏時計 800 度，則該用戶負載之功率因數爲
(1)80%　(2)90%　(3)60%　(4)70%。

解 實功率為 600 度、虛功率 800 度，總功率為 $\sqrt{600^2+800^2}$ =1000，功率因數=600/1000=60%。

(　　)21. 測試電纜絕緣電阻，應使用高阻計之電壓規格爲
(1)500　(2)1000　(3)2000　(4)5000 V。

解 電纜的耐壓為 600V，大於 500V 要用 1000V 測試。

(　　)22. 測微計之主尺每格爲 1mm，副尺每轉爲 0.5mm，副尺圓周刻度分 50 格，則該計之精度爲
(1)0.1　(2)0.05　(3)0.02　(4)0.01 mm。

解 副尺每一轉為 0.5mm，又分 50 格，所以每格可定 0.01mm，即為精度。

(　　)23. 作業時爲避免靜電損壞電子零件，最適當的方法是
(1)戴手套　(2)噴灑電解液　(3)穿無塵衣　(4)戴靜電環(接地手環)。

(　　)24. 適合較遠距離的日照計輸出規格爲
(1)4~20mA　(2)0~5A　(3)0~10V　(4)0~5V。

解 日照計感測光能量產生的訊號如果要在遠距離監測，它需要經過放大器(Amplifier)或傳感器(Transducer)傳送到儀表或資料收集器，為了能長距離傳送選用 4~20 mA 電流源傳送是較好的選擇。

(　　)25. 電流測量方法下列何者錯誤？
(1)測量交流電流時，交流電流表需與所測負載串聯
(2)測量直流電流時，直流電流表需與所測負載並聯並注意極性
(3)宜先選擇較大電流檔位，再依電流之大小依序降到適當範圍之檔位
(4)測量前先做好歸零。

解 量電流，儀表要串聯←→量電壓，儀表要並聯。

(　　)26. 爲了測量交流大電流，配合電流表宜使用
(1)電壓調整器　(2)儀表用比壓器　(3)比流器　(4)倍率器。

解 交流電可感應出電流，將大電流變比為小電流進行量測，所以用比流器可量測電流。

(　　)27. 爲了測量直流大電流和電流表配合使用的爲
(1)分壓器　(2)分流器　(3)比壓器　(4)比流器。

解 直流電電流只能應用歐姆定律，利用微小的電阻量其電壓而得流經的電流。

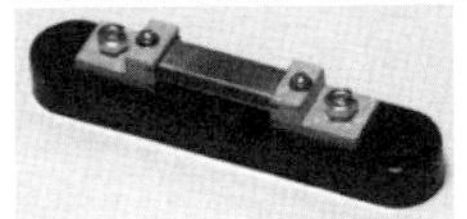

解答

20.(3)　21.(2)　22.(4)　23.(4)　24.(1)　25.(2)　26.(3)　27.(2)

(　　)28. 使用比流器測量電路之電流時，欲更換儀表(電流表)時應
(1)把儀表取下後短路比流器之二次測　(2)把比流器二次測短路後取下儀表
(3)把儀表照原樣取下二次測斷路　(4)把二次側之接地後取下儀表。

解 比流器(CT)是電流源，會有瞬間高壓，所以二次側不能開路。要先二次側短路再取下。

(　　)29. 理想之電壓表，理論上其內阻應　(1)愈大愈好　(2)愈小愈好　(3)等於零　(4)無關。

解 電壓值量測時儀器與測量電路並聯，電阻越大則取樣分流越小，對主線的電壓影響越小，所得的電壓值越精確。<請參考第 7 題>

(　　)30. 三相電路(V_P 相電壓、I_P 相電流、θ 相位角)下列何者敘述錯誤？
(1)總有效功率 $P=3V_PI_P\cos\theta$　(2)總無效功率 $Q=3V_PI_P\sin\theta$　(3)總視在功率 $S=3V_PI_P$
(4)三相功率因數 PF=S/P。

解 功率因數 PF=P/S。

(　　)31. 接地電阻計有三個接點 E、P、C，接至接地銅排的接點為
(1)E　(2)P　(3)C　(4)任一接點皆可。

解 傳統式接地電阻計有三個接點，分別為 E 、 P 、 C ， E 線接至您的接地銅排(另外可接到變壓器接地端、開關箱接地端、接地棒等測量不同位置的接地電阻); E 、 P 、 C 不可呈三角形，要呈一直線，P 與 E 離 10 公尺，C 與 P 離 10 公尺，此時 C 與 E 會距離 20 公尺。若不能現場成一直線，容許有 120 度以上的∠ E P C 。

(　　)32. 單相三線供電系統兩端的負載平衡時中性線電流為多少？
(1)0A　(2)5A　(3)10A　(4)無法確實得知。

解 負載平衡時，進和出的電流相等，故為 0 A。

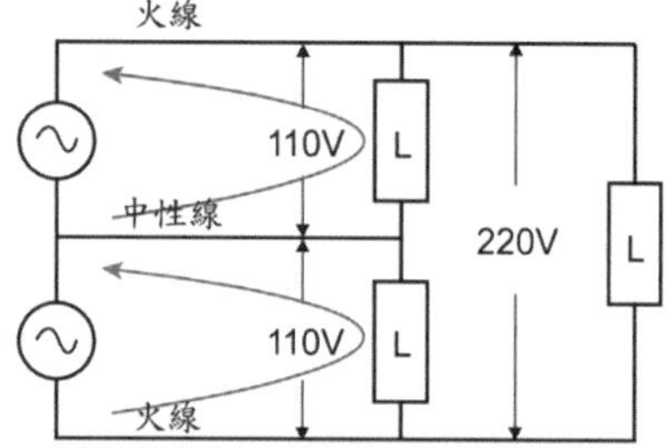

(　　)33. 太陽能電池的 I-V 特性曲線與 X 軸相交點為
(1)開路電壓　(2)功率　(3)塡充因子(F.F)　(4)效率。

解

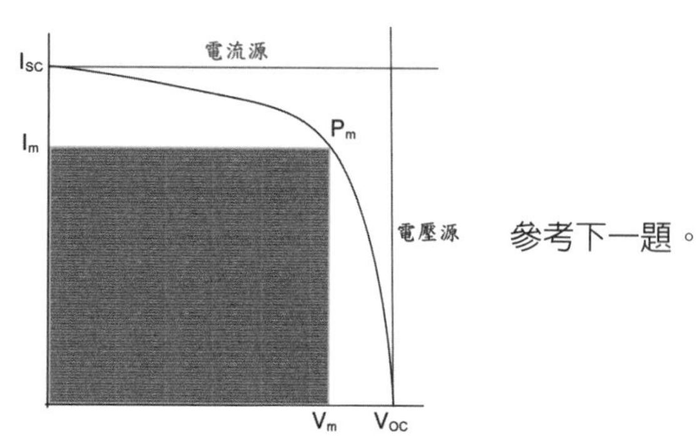

參考下一題。

解答

28.(2)	29.(1)	30.(4)	31.(1)	32.(1)	33.(1)

(　　)34. 太陽能電池 P_m 爲

(1) $V_{OC}\times I_{SC}$　(2) $V_{MP}\times I_{MP}$　(3) $V_{OC}\times I_{MP}$　(4) $V_{MP}\times I_S$。

解

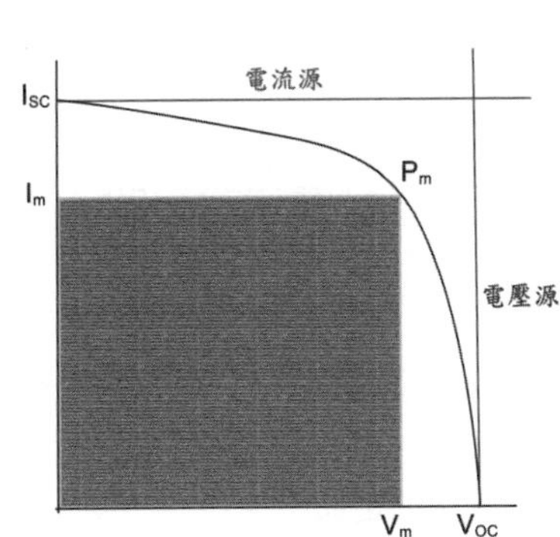

(　　)35. 太陽能電池轉換效率 η 的計算公式爲(註 P_{IN} 爲太陽光入射功率、P_M 爲最大輸出功率)

(1) $\left(\frac{P_M}{P_{IN}}\right)\times 100\%$　(2) $\left(\frac{P_{IN}}{P_M}\right)\times 100\%$　(3) $(P_{IN}\times P_M)\times 100\%$　(4) $(P_M - P_{IN})\times 100\%$。

解 效率是輸出功率與入射功率的比值。

(　　)36. 太陽光電模組在實際的應用中何者正確？

(1)日射量增加，短路電流將上升　(2)日射量增加，開路電壓有微小的下降

(3)溫度增加時，短路電流微小的下降　(4)溫度增加時太陽電池的開路電壓上升。

解 (a)日照　(b)溫度

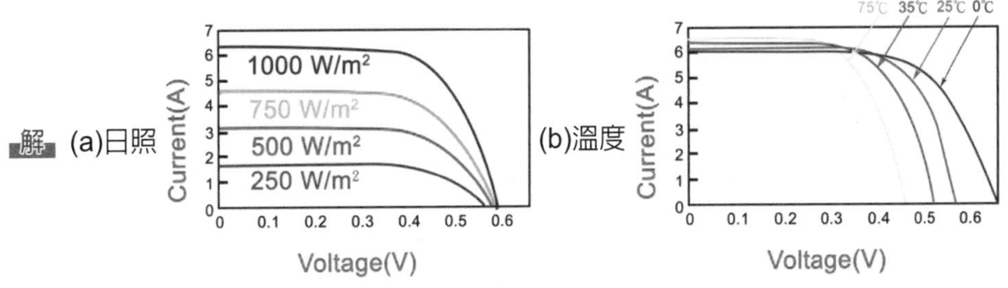

(　　)37. 太陽光電模組電纜標示 2.5mm² 表示

(1)額定電流 50A　(2)導體截面 2.5 mm²　(3)額定電壓 $250V_{DC}$　(4)導體電阻 25Ω/Km。

解 2.5mm²，mm² 是代表面積→絞線(銅線)。

(　　)38. 太陽能電池當日照條件達到一定程度時，由於日照的變化而引起較明顯變化的是

(1)開路電壓　(2)工作電壓　(3)短路電流　(4)最佳傾角。

解 請參考第 36 題的圖，短路電流隨日照變化呈線性關係。

(　　)39. 在太陽能電池外電路接上負載後，負載中便有電流流過，該電流稱爲太陽能電池的

(1)短路電流　(2)開路電流　(3)工作電流　(4)最大電流。

(　　)40. 太陽光電發電系統，電力網路因發生故障而導致電力中斷，未立即檢知並切離系統，在部份網路呈現獨立供電的現象稱爲

(1)孤島效應　(2)光伏效應　(3)充電效應　(4)霍爾效應。

解答

34.(2)　35.(1)　36.(1)　37.(2)　38.(3)　39.(3)　40.(1)

(　)41. 導線安培容量爲最大電流的

(1)1.25　(2)1.56　(3)2.0　(4)2.5 倍。

解 用戶用電設備裝置規則第 396 條之 27 二及三

電路線徑選定及電流規定如下：

一、各個電路之最大電流之計算：

(一)太陽光電電源電路之最大電流為並聯模組額定短路電流之總和乘以 1.25 倍。

(二)太陽光電輸出電路之最大電流為前目並聯太陽光電電源電路之電流總和。

(三)變流器輸出電路之最大電流應為變流器連續輸出額定電流。

(四)獨立型系統變流器輸入電路之最大電流應為變流器以最低輸入電壓產生額定電力時，該變流器連續輸入之額定電流。

二、安培容量及過電流保護裝置之額定或標置之規定如下：

(一)太陽光電系統電流應視為連續性電流。

(二)過電流保護裝置：

1.載流量不得小於依前款計算所得最大電流之 1.25 倍。但電路為含過電流保護裝置之組合，且經設計者確認用於百分之一百額定連續運轉者，得採用其百分之一百額定值。

2.端子溫度限制應符合該端子使用說明書規定，並不得超過其所連接終端、導體(線)或裝置溫度額定中之最低者。

3.運轉溫度超過攝氏 40 度，適用使用說明書所載之溫度修正係數。

4.過電流保護裝置得依第一章第十節規定。

(三)導線安培容量：不得小於下列載流量之較大者：

1.依前款計算所得最大電流之 1.25 倍，而無以溫度修正係數作修正。

2.依環境以溫度係數作修正後，按前款計算所得最大電流。

3.依環境以溫度係數作修正後，若有規定過電流保護裝置者，應配合過電流保護之額定選用導線。

(　)42. 太陽光電發電系統組列之電壓低於 500V，正極對接地絕緣電阻量測，絕緣測試器之測試電壓爲

(1)150　(2)250　(3)500　(4)100 V。

解

Test method	System voltage (Voc x 1.25)	Test voltage (V)	Minimum insulation resistance (MΩ)
Test method 1: Separate tests to array positive and array negative	<120	250	0.5
	120–500	500	1
	>500	1,000	1

(　)43. 太陽光電發電系統組列低於 600V 正極對接地絕緣電阻應大於？

(1)1　(2)5　(3)10　(4)50 MΩ。

解 參考上一題。

(　)44. 直流電流表其規格分流比爲 100A：75mV；則匹配分流器爲？

(1)0.00075　(2)0.0015　(3)0.0075　(4)0.015 Ω。

解 (1) R=V/I=0.75 mΩ=0.00075 Ω

(　)45. 配電盤上用來記錄無效電功率之儀表爲

(1)kW　(2)kWH　(3)kVAR　(4)PF。

解答

41.(1)　42.(3)　43.(1)　44.(1)　45.(3)

( )46. 瓦時計電壓線圈的構造爲？
(1)匝數少、線徑細 (2)匝數少、線徑粗 (3)匝數多、線徑細 (4)匝數多、線徑粗。

解 瓦時計電壓線圈的構造

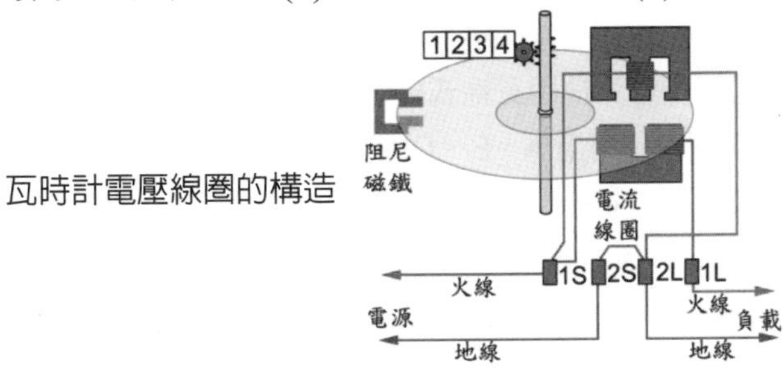

( )47. 伏特表之靈敏度爲？
(1)可測得最低伏特值 (2)歐姆與伏特比
(3)可測得最高伏特值 (4)能顯示最低電壓值。

( )48. 扭力板手設定 13-lbf · ft 等於多少 kgf · m？
(1)1.7973 (2)1.079 (3)0.0936 (4)0.8125。

解 因 1 kg=2.20462lb；1 m=3.28084ft→$13\text{lbf}\cdot\text{ft}\times\dfrac{1\text{kgf}}{2.20462\text{lbf}}\times\dfrac{1\text{m}}{3.28084\text{ft}}$ =1.7973kgf · m

( )49. 太陽光電模組之防水接頭母接頭接
(1)正極 (2)負極 (3)無明確規定 (4)視廠牌而定。

解

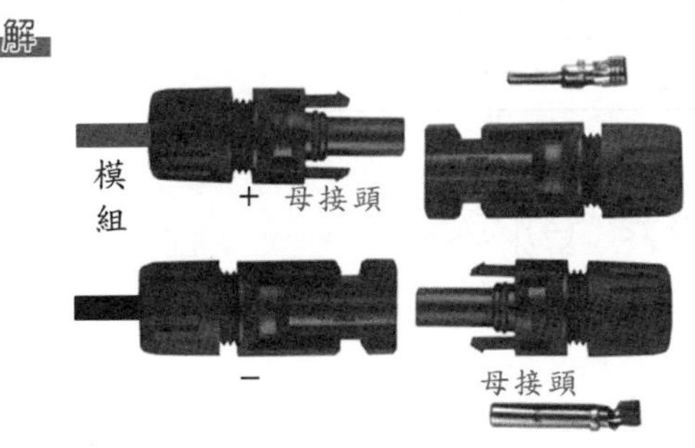

( )50. 直流集合式電表使用時，若電流太大必須外加？
(1)比流器 (2)分流器 (3)比壓器 (4)分壓器。

解 直流→分流器；交流→比流器

( )51. 蓄電池使用過程中，蓄電池放出的容量占其額定容量的百分比稱爲
(1)自放電率 (2)使用壽命 (3)放電速率 (4)放電深度。

解 放電深度 Depth of discharge, DOD 是指在電池使用過程中，電池放出的容量佔其額定容量的百分比。

將電池的電量基本放完，但還沒有損壞到電池為深放電。習慣上，稱將放掉電量 70%後為深放電，即 70%DOD；放掉電量 30%以內這段為淺放電，即 30%DOD。

延長鉛酸電池使用壽命的措施之一，就是每個月將電池深放電 70%DOD 以上一次，目的是讓極板深處的活性物質活化。平時，淺放到 10%DOD 就可以充電了。

鋰離子電池電動應盡量避免深放電，淺放電勤充最好。

解答

46.(3) 47.(2) 48.(1) 49.(1) 50.(2) 51.(4)

( )52. 若電阻式溫度感測器 PT100 之電阻值爲 100Ω 時，其溫度爲
(1)0 (2)25 (3)50 (4)100 ℃。

解 PT100 感測器 0°C 時電阻值為 100Ω，電阻變化率為 0.3851Ω/°C。由於其電阻值小，靈敏度高，所以引線的阻值不能忽略不計，採用三線式接法可消除引線線路電阻帶來的測量誤差。

PT100 鉑電阻感測器有三條引線，可用 A、B、C(或黑、紅、黃)來代表三根線：A 與 B 或 C 之間的阻值常溫下在 110 歐左右；B 與 C 之間為 0 歐，B 與 C 在內部是直通的，原則上 B 與 C 沒什麼區別。

( )53. 在中性點不接地之電力系統中，發生單相接地故障，系統的三相線電壓
(1)不變 (2)變大 (3)變小 (4)不一定。

( )54. 接地系統規格使用額定值 60A 設備需用接地線徑
(1)14 (2)3.5 (3)5.5 (4)8 mm^2。

解 用戶用電設備裝置規則第八節接地第 26 條四之(三) 用電設備單獨接地之接地線或用電設備與內線系統共同接地之連接線按表 26-2 規定。

表 26-2 用電設備單獨接地之接地線或用電設備與內線系統共同接地之連接線線徑

過電流保護器之額定或標置	銅接地導線之大小
20 A 以下	1.6 mm (2.0 mm^2)
30	2.0 mm (3.5 mm^2)
60	5.5 mm^2

( )55. 瓦時計又可稱爲
(1)無效瓦特表 (2)積算乏時表 (3)電度表 (4)伏安表。

解 1 瓩-小時(kWH)為 1 度。

( )56. 三用電表測量交流電壓所得讀值爲
(1)有效值 (2)平均值 (3)瞬間值 (4)最大值。

( )57. 依 ISO 9060 中定義，全天空輻射計 (Pyranometer) 之分類，等級最低的是哪一類？
(1)first class (2)second class (3)primary class (4)secondary class。

解 日射計(Pyranometer) 之分類，依 ISO 9060 中定義,等級由最低而高分別為:second class, first class ,secondary class, primary class 。

( )58. 連結量測儀表時，若距離超過 18 公尺，下列連線方式何者不適合？
(1)RS485 (2)RS232 (3)RS422 (4)乙太網路(Ethernet)。

解 RS232 最大通信距離爲 15m; RS485/RS422 最大通信距離爲 1200m

( )59. 2 線式 RS485 電氣訊號型式爲
(1)RZ(Return Zero) (2)NRZ(Non Return Zero) (3)TTL (4)差動(Differential)。

( )60. 下列何者非 IEC 61724 中所定義之氣象量測項目？
(1)日照 (2)風速 (3)濕度 (4)氣溫。

解 太陽能模組性能不受濕度影響。

解答

52.(1) 53.(1) 54.(3) 55.(3) 56.(1) 57.(2) 58.(2) 59.(4) 60.(3)

(　)61. 全天空輻射計輸出轉換爲 0-1600W/m^2/0-5V，若搭配數位顯示器作日照顯示並設定最大值爲 2000W/m^2，當實際日照強度爲 500W/m^2 時，顯示數值爲何？
(1)625　(2)575　(3)475　(4)433。

解 實際日照強度為 500W/m^2 時，全天空輻射計輸出 $\frac{500\frac{W}{m^2}}{1600\frac{W}{m^2}}\times 5V = 1.56V$ 到表頭，

表頭顯示數值為 $2000W/m^2 \times \frac{1.56}{5} = 625\ W/m^2$

(　)62. 全天空輻射計靈敏度爲 12.5μV/W/m^2，搭配數位顯示器作日照顯示時，若其輸入轉換爲 0-15mV/0-2000W/m^2，當實際日照強度爲 800W/m^2 時，顯示數值爲何？
(1)1500　(2)1333　(3)833　(4)667。

解 全天空輻射計送出量為 12.5μV/(W/m^2)× 800 W/m^2=10 mV

表頭顯示數值為 $2000\ W/m^2 \times \frac{10mV}{15mV} = 1333\ W/m^2$

(　)63. 下列何者非無線數據傳輸技術？
(1)IEEE 802.15　(2)Bluetooth　(3)IEEE 802.3　(4)Zigbee。

解 IEEE 802.3 是乙太網路的通訊協定。

(　)64. 下列 IEEE 802.11 無線數據傳輸標準中，在無阻隔的情形下，何者傳輸距離最長？
(1)802.11n　(2)802.11g　(3)802.11ac　(4)802.11ah。

解 802.11n 室外傳輸距離約 250m
802.11g 室外傳輸距離約 100m
802.11ac 室內傳輸距離約 250m
802.11ah 室外傳輸距離約 1km

(　)65. 下列何者爲無線數據傳輸技術？
(1)IEEE 802.3　(2)RS485　(3)IEEE 802.11　(4)Power Line Carrier。

解 Power Line Carrier 為電力線載波通訊是指利用現有電力線，通過載波方式將模擬或數字信號進行高速傳輸的技術

(　)66. 電腦與數位電表溝通的程序稱爲？
(1)通訊協定　(2)量測標準　(3)組合語言　(4)量測標準。

解 通訊協定又名網絡傳輸協議或簡稱為傳送協議，是指計算機通信或網絡設備的共同語言

(　)67. Modbus 協定中的位址範圍爲
(1)0-15　(2)0-99　(3)0-255　(4)0-999。

解答

61.(1)　62.(2)　63.(3)　64.(4)　65.(3)　66.(1)　67.(3)

( )68. 使用 RS232 連接電腦與數位電表，電腦端的 DB9 接頭至少需配接哪幾隻針腳才能實現全雙工通訊?
(1)135 (2)258 (3)147 (4)235。

解 2→Received Data; 3→Transmitted Data; 5→Ground。
只要使用其中 3 根 pin 便可達到全雙工(full duplex)通訊的目的，一根 Send，一根 receive，一根 ground。

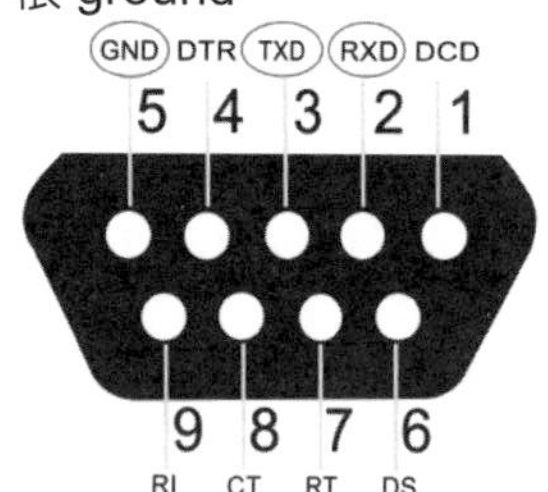

( )69. 三用電表測 DCV，讀值爲
(1)瞬間值 (2)最小值 (3)最大值 (4)平均值。

解 DCV 是平均值，ACV 是有效值。

( )70. PT100 溫度感測器有三個接點 A，B 與 b，攝氏 0 度時，A 與 B 間電阻爲
(1)0 歐姆 (2)100 歐姆 (3)200 歐姆 (4)300 歐姆。

解 PT100 表示 0℃時，電阻為 100 歐姆。

( )71. 三相 Y 接電力系統，中性點接地，發生接地故障時，中性點電流會
(1)增加 (2)減少 (3)不變 (4)等於零。

( )72. PT100 溫度感測器有三個接點 A、B 與 b，攝氏 0 度時，b 與 B 間電阻約爲
(1)0 歐姆 (2)100 歐姆 (3)200 歐姆 (4)300 歐姆。

解 PT100，B 和 b 共點，電阻為 0，做為長距離校正用。

( )73. 三相 Y 接電力系統，若線電壓爲 380V，則線對中性點電壓爲
(1)0V (2)110V (3)220V (4)380V。

解 三相 Y 接時，線對中性點電壓為相電壓，線電壓 380V= $\sqrt{3}\times$ 相電壓(220V)。

( )74. 電阻二端電壓爲 6V、功率 18W，則電阻值爲
(1)1 歐姆 (2)2 歐姆 (3)3 歐姆 (4)4 歐姆。

解 $P=VI=V^2/R$，$R=V^2/P=36/18=2$ 歐姆。

( )75. 變壓器一次線圈 2000 匝、10A、二次線圈 100 匝，則二次電流爲
(1)0A (2)50A (3)100A (4)200A。

解 $N_1/N_2=I_2/I_1$，$I_2=I_1\times N_1/N_2=10A\times2000$ 匝/100 匝=200A。

( )76. 直流電流表規格分流器爲 100A：200mV，則分流器的電阻值爲
(1)0.001 歐姆 (2)0.002 歐姆 (3)0.003 歐姆 (4)0.004 歐姆。

解 100A 流過的電位差為 200mV，則 R=V/I=200mV/100A=2mΩ=0.002Ω。

解答

68.(4) 69.(4) 70.(2) 71.(1) 72.(1) 73.(3) 74.(2) 75.(4) 76.(2)

(　　)77. 遠端監控讀不到案場照度計日射量資料的原因，下列何者不正確？
(1)線路故障　(2)照度計故障　(3)照度計位址設定錯誤　(4)照度計太便宜。

解 ①線路故障：資料無法送出，所以讀不到。②照度計故障：資料無法送出，所以讀不到。③照度計位址設定錯誤：資料送出無法辨識，也讀不到。④照度計太便宜：會有讀值，只可能精確度有問題。

(　　)78. 有關模組功率與日照強度及溫度的關係，下列敘述何者正確？
(1)模組功率與日照強度成正比，與溫度成正比
(2)模組功率與日照強度成反比，與溫度成正比
(3)模組功率與日照強度成正比，與溫度成反比
(4)模組功率與日照強度平方成正比，與溫度成反比。

(　　)79. RS485 傳輸速率的單位為
(1)dpi　(2)rpm　(3)bps　(4)pixel。

解 ①dpi=dot per inch 像素單位：每英吋點數；②rpm=revolution per minute 每分鐘轉速：每分鐘圈數。③bps=bit per second 傳輸單位：每秒位元數；④pixel 圖畫像素。

(　　)80. 理想電流表，理論上內阻應
(1)越大越好　(2)越小越好　(3)沒影響　(4)與負載電阻相同。

解 量電流需要串聯，電流表是外加裝置，所以內阻應越小越好。

(　　)81. 貫穿 1 匝的比流器變比為 150/5A，若比流器貫穿 2 匝，則變比將變為
(1)150/5A　(2)100/5　(3)75/5A　(4)60/5A。

解 比流器變比為貫穿 1 匝 150/5A，表示 1 匝的線路為 150A，可以感應出 5A 的電流。若是要 2 匝才有 150A，表示線路的滿電流為 75A，2 匝為 150A 才有足夠電流感應出 5A，所以變比為 75/5A。

(　　)82. 高壓用戶建置太陽能發電系統採併內線，並採全額躉售模式時，原用電電表應改為
(1)單向電表　(2)雙向電表　(3)三向電表　(4)機械電表。

解 雙向電表可計算送出及送入的電流，才可計算賣電及用電的費用。

(　　)83. 日射量單位為
(1)伏特/平方公尺　(2)電流/平方公尺　(3)瓦特/平方公尺　(4)瓦特/公尺。

解 日射量單位為 W/m^2。

(　　)84. 蓄電池容量為 24V50AH，充飽電後，若放電電流維持 25A，理想的持續可放電時間為
(1)2HR　(2)4HR　(3)8HR　(4)16HR。

解 50AH 電池，放電電流維持 25A，50AH /25A=2H。

(　　)85. 使用滿刻度為 200V，容許誤差為 1%的指針型電壓表測量電壓，若測量值為 100V，則其最低可能電壓為
(1)94V　(2)96V　(3)98V　(4)100V。

解 滿刻度為 200V，容許誤差為 1%的指針型電壓表，誤差值為 200V×1%=2V，測量值為 100V，則其最低可能電壓為 100V−2V=98V。

(　　)86. 突波吸收器可防止何種破壞？　(1)短路　(2)雷擊　(3)開路　(4)接地。

解答

77.(4)	78.(3)	79.(3)	80.(2)	81.(3)	82.(2)	83.(3)	84.(1)	85.(3)	86.(2)

(　　)87. 太陽光電組列絕緣測試時，下列何者正確？
(1)不得用手直接觸摸電氣設備　(2)完成絕緣測試被測設備應放電
(3)穿戴棉手套　(4)儀表測試端爲 L、接地端爲 E。

(　　)88. 指北針使用時，下列何者正確？
(1)要遠離或避開鐵製品　(2)指北針應水平地置放
(3)量測時要注意模組高度　(4)下雨天不宜量測，會影響方位判讀。

(　　)89. 有關突波吸收器之敘述，下列何者正確？
(1)最大放電電流値愈低愈好　(2)可耐突波衝擊 1 次以上
(3)無突波時爲高阻抗　(4)隨突波電流的增加，阻抗變小。

解 最大放電電流值愈高愈好，突波保護效果愈好

(　　)90. 國際防護等級(IP)下列何者敘述正確？
(1)防塵代碼 0~6　(2)防水代碼 0-8
(3)代碼數字越大防護越差　(4)IP56 比 IP65 防水性好。

解 國際防護等級認證(International Protection Marking , IEC 60529)也稱作異物防護等級(Ingress Protection Rating)或 IP 代碼(IP Code。有時候也被叫做「防水等級」「防塵等級」等，這個等級表定義了機械和電子設備能提供針對固態異物進入(包括身體部位如手指，灰塵，砂礫等)，液態滲入、意外接觸，有何等程度的防護能力。

IP 等級第一個數字表示對於固體外來物質的防護等級；第一個數字

0→無防護

1→直徑 50mm 圓球形之探測器不可以全部穿過

2→直徑 12.5mm 圓球形之探測器不可以全部穿過

3→直徑 2.5mm 圓球形之探測器不可以全部穿過

4→直徑 1.0mm 圓球形之探測器不可以全部穿過

5→灰塵並非完全隔離，但是穿透的灰塵總量不可以影響電機的正常操作或是破壞其整體之安全性

6→完全無塵

IP 等級第二個數字表示對於水的防護等級

0→無防護

1→垂直掉落的水滴不會造成損壞

2→當護罩對垂直軸任一邊傾斜不超過 15 度之任意角度垂直掉落的水滴不會造成損壞

3→對垂直軸任一邊灑水不超過 60 度的任何角度不會造成損壞

4→對護罩自任何方向潑水不會造成損壞

5→對護罩自任何方向噴射水不會造成損壞

6→對護罩自任何方向以強力水柱噴射不會造成損壞

7→在規範的壓力及時間狀態下，護罩暫時性浸入水中(測試時間 30 分鐘)，滲入的水量不可以造成損壞

8→在製造商與使用者雙方同意，且較第七項條件更嚴格的狀態下，護罩持續性浸入水中，滲入的水量不可以造成損壞

解答

87.(124)　88.(12)　89.(234)　90.(124)

(　)91.　太陽光電模組之傾斜角，下列何者敘述正確？
(1)是太陽光電組列平面與水平面的夾角　(2)緯度越高，最佳傾斜角要越大
(3)與設置地區無關　(4)傾斜角與經度有關。

(　)92.　太陽光電發電系統組列絕緣測試，下列何者敘述正確？
(1)測試電壓應大於系統開路電壓　(2)系統超過 500V 測試電壓為 1000V
(3)測試時須注意放電　(4)量測組列迴路與系統接地端之電阻。

(　)93.　市面上太陽光電發電系統使用集合式電表之 RS485 傳輸速度(bits/s)有
(1)2200　(2)4400　(3)9600　(4)19200。

(　)94.　哪一通訊介面可以多點連接？
(1)RS232　(2)RS485　(3)RS422　(4)USB。

解 RS-232 是串行數據接口標準，為改進 RS-232 通信距離短、速率低的缺點，RS-422 定義了一種平衡通信接口，將傳輸速率提高到 10Mb/s，傳輸距離延長到 4000 英尺(速率低於 100kb/s 時)，並允許在一條平衡總線上連接最多 10 個接收器。 RS-422 是一種單機發送、多機接收的單向、平衡傳輸規範，被命名為 TIA/EIA-422-A 標準。為擴展應用範圍，EIA 又於 1983 年在 RS-422 基礎上製定了 RS-485 標準，增加了多點、雙向通信能力，即允許多個發送器連接到同一條總線上，同時增加了發送器的驅動能力和衝突保護特性，擴展了總線共模範圍，後命名為 TIA/EIA-485-A 標準。

(　)95.　太陽光電模組的重要參數有
(1)最大功率　(2)開路電壓　(3)短路電流　(4)填充因數。

(　)96.　保險絲選用，下列何者敘述正確？
(1)交流保險絲與直流保險絲可通用　(2)工作電流 1.5A 選用 2A 保險絲　(3)保險絲的額定電壓 250V 可以用於 125V 的電路　(4)環境溫度會影響保險絲的動作。

(　)97.　低壓活電量測作業何者正確？
(1)檢測無熔絲開關一次側電壓時，三用電錶測試棒前端金屬裸露部份(探針)應使用絕緣膠帶包紮，僅露出測試點　(2)對於勞工於低壓電路從事接線等活電作業時，應使勞工戴用絕緣用防護具或使用活電作業用器具　(3)應訂定安全衛生工作守則，內容包括低壓電路活電作業安全事項　(4)以量測到為原則，姿勢不須考慮。

(　)98.　絕緣電阻計測量方法下列何者正確？
(1)測量前必須將被測線路或電氣設備的電源全部斷電
(2)端子“G”接設備的被測端
(3)“E”應接設備外殼
(4)“L”接到電纜絕緣護層。

解答

91.(12)　92.(123)　93.(34)　94.(234)　95.(123)　96.(234)　97.(123)　98.(134)

(　　)99. 台灣地區太陽在天空中移動的現象下列何者正確？
(1)以 6 月時(夏季)太陽的高度角最高，12 月時(冬季)太陽的高度角最低
(2)太陽高度角越小，溫度越高
(3)一天中太陽高度角以中午 12 點時的高度角最高
(4)從中午到下午，高度角越來越低。

(　　)100. 太陽光電發電系統電纜線的選用，主要考慮因素為
(1)絕緣性能　(2)耐熱阻燃性能　(3)防潮性能　(4)美觀。

(　　)101. 有效的接地系統
(1)可避免受到電擊的威脅　(2)可改善諧波失真問題　(3)提升功率因數　(4)維護工作人員安全。

(　　)102. 太陽光電發電系統組列絕緣測試下列何者敘述正確
(1)觀察該設備的電路部分與金屬外殼和支架等非帶電部分的絕緣是否良好
(2)要先將太陽光電發電系統組列電極用導線短接
(3)可使用一般三用電表電阻檔測試
(4)選用大電流的絕緣電阻測試。

解 依 IEC 62446 指出有兩種測試方法：
1.分正負分別測試。
2.正負配線先行短路，一起直接測試。

(　　)103. 下列何者為 IEC 61724 中所定義的環境類待測項目？
(1)日照　(2)風速　(3)濕度　(4)氣溫。

(　　)104. 下列何者為無線數據傳輸技術？
(1)IEEE 802.3　(2)RS485　(3)IEEE 802.11　(4)LTE。

(　　)105. 下列何者為有線數據傳輸技術？
(1)IEEE 802.3　(2)Bluetooth　(3)USB　(4)Zigbee。

(　　)106. 下列何者非為 RS232 數據傳輸鮑率？
(1)3200　(2)12000　(3)115200　(4)1200 bps。

(　　)107. 下列何者非 2 線式 RS485 數據端子的標示方式？
(1)A/B　(2)TX/RX/GND　(3)VCC/GND　(4)D+/D-。

(　　)108. 電腦以 RS485 連接變流器作量測，因距離較長導致量測時有失敗，下列何者措施可改善此情況？
(1)降低傳輸速率　(2)降低量測頻率　(3)改用 USB 來連接　(4)加上中繼器。

解答

99.(134)　100.(123)　101.(124)　102.(12)　103.(124)　104.(34)　105.(13)　106.(12)　107.(23)　108.(14)

(　　)109. 下列 IEEE 802.11 無線數據傳輸標準中，何者有使用相同頻段？
(1)802.11a 及 802.11g　(2)802.11g 及 802.11n
(3)802.11ac 及 802.11n　(4)802.11ad 及 802.11n。

解 802.11a 使用 5GHz
802.11g 使用 2.4GHz
802. 1n 使用 2.4GHz 與 5GHz 雙頻段
802.11ac 使用 5GHz
802.11ad 使用 60GHz

(　　)110. 下列何者爲常用乙太網路 RJ45 接頭之接線色碼規則(Pin 1-8)？
(1)白橙-橙-白綠-藍-白藍-綠-白棕-棕　(2)白綠-綠-白橙-藍-白藍-橙-白棕-棕
(3)白綠-綠-白橙-橙-白藍-藍-白棕-棕　(4)白橙-橙-白綠-綠-白藍-藍-白棕-棕。

解 白橙-橙-白綠-藍-白藍-綠-白棕-棕
白綠-綠-白橙-藍-白藍-橙-白棕-棕

(　　)111. 下列何者爲常用於乙太網路的直通線接線規則？
(1)EIA568A-EIA568B　(2)EIA568A-EIA568A
(3)EIA568B-EIA568A　(4)EIA568B-EIA568B。

解

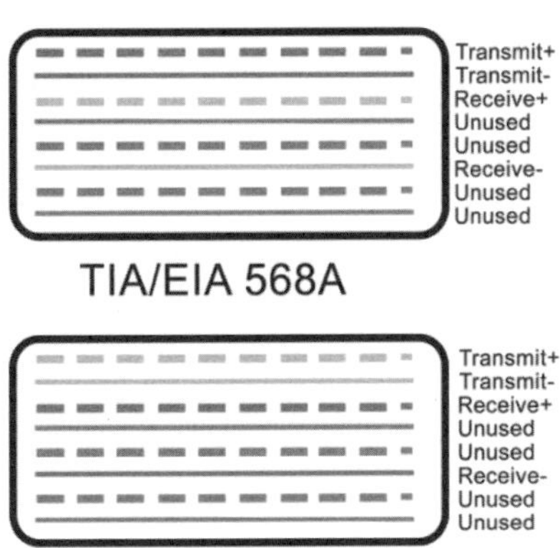

EIA568

(　　)112. RS485 可操作於下列何者通訊模式？
(1)2 線式全雙工　(2)3 線式全雙工　(3)2 線式半雙工　(4)4 線式全雙工。

解 RS485 利用兩條數據線進行傳輸時，兩條線路電壓永遠不同。在一條線為 5V，另一條線為接地(0V)時表示一種狀態。兩條線路對調其電壓，則表示另一個狀態，分別為 ON 和 OFF 狀態。RS485 這種傳輸模式可以抵抗電磁干擾且傳輸距離可以遠達 1000 公尺以上。
連接方式：
1.兩線路 RS485：此型式資料頻道僅使用兩條數據線。這意味著，在發送一個請求後，主機必須關閉其發射器，使線路處於非使用下等待設備回覆。(半雙工模式)。
2.4 線 RS485：此類型使用一組數據線(兩條線)給主機->設備使用，另一組數據線(兩條線)給設備->主機使用。兩種型式都必須連接另一條接地線。

解答

109.(23)　110.(12)　111.(24)　112.(34)

(　)113. 併聯型變流器 MPPT 主要是根據哪幾種物理量做輸出調整？
(1)電壓　(2)溫度　(3)日射量　(4)電流。
解 MPPT 最大功率追踪，功率 P=電壓 V×電流 I。

(　)114. 下列哪些可歸類爲儀表搭配用元件？
(1)比壓器　(2)高阻計　(3)接地電阻計　(4)比流器。
解 比壓器搭配電表可量測高壓；比流器搭配電表可量測大電流。
高阻計、接地電阻計都是直接量到電阻。

(　)115. 太陽光電電池的種類包括
(1)單晶矽　(2)多晶矽　(3)砷化鎵　(4)多晶鐵。
解 太陽光電電池需要是半導體可做成二極體，鐵不是半導體。

(　)116. 下列何種負載會產生無效電力？
(1)電動抽水馬達　(2)電風扇　(3)電阻器　(4)電熱器。
解 電動抽水馬達、電風扇都是線圈繞組電感性負載，所以會產生無效電力。

(　)117. 充放電控制器的功能包括
(1)蓄電池充電控制　(2)蓄電池放電管理　(3)信號檢測　(4)防止孤島效應。

解答

113.(14)　114.(14)　115.(123)　116.(12)　117.(123)

工作項目 03 導線及管槽之配置及施工

( ) 1. 下列何者爲影響矽晶太陽光電模組壽命之最主要關鍵？
(1)太陽電池 (2)封裝材料 (3)玻璃 (4)接線盒。

解 矽晶太陽光電模組中最常使用乙烯-醋酸乙烯酯共聚物(Ethylene-vinyl Acetate Copolymer; EVA)，在玻璃與電池間做為黏合之透明封裝材料，而 EVA 因長時間曝曬於陽光下，材料分子間鍵結被短波長 UV 光打斷，容易造成材料變質及黃化，進而導致太陽光電模組劣化

( ) 2. PV 系統之基礎與支撐架設計之結構計算書需由誰簽證負責
(1)結構技師 (2)工研院 (3)電機技師 (4)營建署。

解 內政部營建署 99.01.27 營署建管字第 0992901601 號函
一、按「屋頂突出物：突出於屋面之附屬建築物及雜項工作物...(四)突出屋面之管道間、採光換氣或再生能源使用等節能設施。」為建築技術規則建築設計施工編第 1 條第 10 款所明定。又按本署 96 年 11 月 6 日營署建管字第 0962918506 號函(附件一)結論(一)所載，「本部 92 年 4 月 22 日台內營字第 0920085758 號函(附件二)有關設置太陽能供電系統遭遇建築相關法規限制決議：『為簡化流程，建築物設置太陽光電發電設備高度在 1.5 公尺以下者免申請雜項執照。至其結構安全部分應由依法登記開業之建築師或土木技師或結構技師簽證負責

( ) 3. 太陽光電電源電路之最大電流等於並聯模組短路電流之總和 I_{sc} 乘以
(1)1.0 (2)1.25 (3)1.5 (4)2.0。

解 用戶用電設備裝置規則第 396 條之 27、一、(一)
電路線徑選定及電流規定如下：
一、各個電路之最大電流之計算：
(一)太陽光電電源電路之最大電流為並聯模組額定短路電流之總和乘以 1.25 倍。

解答

1.(2) 2.(1) 3.(2)

( ) 4. 太陽光電發電系統設施採何種接地工程規定？
(1)第一種 (2)第二種 (3)第三種 (4)特種。

解 所接電源是 3 相 4 線式；對地電壓超過 150 伏特，均採用第三種接地。

用戶用電設備裝置規則 第 25 條

種類	適用場所	電阻值	接地導線
特種接地	三相四線多重接地系統供電地區用戶變壓器之低壓電源系統接地，或高壓用電設備接地。	10 歐姆 以下	(1) 變壓器容量 500kVA 以下應使用 22mm^2 以上絕緣線。 (2) 變壓器容量超過 500kVA 應使用 38mm^2 以上絕緣線。
第一種接地	非接地系統之高壓用電設備接地。	25 歐姆 以下	第一種接地應使用 5.5 mm^2 以上絕緣線。
第二種接地	三相三線式非接地系統供電用戶變壓器之低壓電源系統接地。	50 歐姆 以下	(1) 變壓器容量超過 20kVA 應使用 22 mm^2 以上絕緣線。 (2) 變壓器容量 20kVA 以下應使用 8 mm^2 以上絕緣線。
第三種接地	1. 低壓用電設備接地。 2. 內線系統接地。 3. 變比器二次線接地。 4. 支持低壓用電設備之金屬體接地	1. 對地電壓 150V 以下 →100 歐姆 以下。 2. 對地電壓 151V 至 300V→50 歐姆 以下。 3. 對地電壓 301V 以上 →10 歐姆 以下。	(1) 變比器二次線接地應使用 5.5 mm^2 以上絕緣線。 (2) 內線系統單獨接地或設備共同接地之接地引接線，按表二六 － 一規定。 (3) 用電設備單獨接地之接地線或用電設備與內線系統共同接地之連接線按表二六 － 二規定。
註：裝用漏電斷路器，其接地電阻值可按表 62-2 辦理。			

( ) 5. 較長距離的感測器訊號傳送時，建議使用 4~20mA 閉電流迴路之原因爲何？
(1)抗雜訊能力佳 (2)考量功率之損耗 (3)降低準確位數 (4)線性度較佳。

解 高性能的 4~20mA 電流迴路廣泛用於工業領域的類比通訊介面，它能透過雙絞線將遠端感測器數據傳送到控制中心的可程式邏輯控制器(PLC)。這種介面簡單、能可靠地長距離傳輸數據，並具有良好的抗雜訊功能且建置成本較低，非常適合長期的工業製程控制以及遠端自動監測。

解答

4.(3) 5.(1)

( ) 6. 欲量測較大容量之直流電流時，通常數位電表會搭配何種電路及接法？
(1)搭配並接於迴路上之分流器 (2)搭配串接於迴路上之比流器
(3)搭配串接於迴路上之分流器 (4)搭配並接於迴路上之比壓器。

( ) 7. 欲量測較大容量之交流電流時，通常數位電表會搭配何種電路及接法？
(1)搭配並接於迴路上之分流器 (2)搭配串接於迴路上之比流器
(3)搭配串接於迴路上之分流器 (4)搭配並接於迴路上之比壓器。

解 交流電路，數位電表搭配比流器，串接於主電路。

( ) 8. 過電流保護裝置載流量不得小於最大電流的
(1)1.0 (2)1.25 (3)1.56 (4)2.0 倍。

解 用戶用電設備裝置規則第 396 條之 27 二之(二)
電路線徑選定及電流規定如下：
一、各個電路之最大電流之計算：
(一)太陽光電電源電路之最大電流為並聯模組額定短路電流之總和乘以 1.25 倍。
(二)太陽光電輸出電路之最大電流為前目並聯太陽光電電源電路之電流總和。
(三)變流器輸出電路之最大電流應為變流器連續輸出額定電流。
(四)獨立型系統變流器輸入電路之最大電流應為變流器以最低輸入電壓產生額定電力時，該變流器連續輸入之額定電流。
二、安培容量及過電流保護裝置之額定或標置之規定如下：
(一)太陽光電系統電流應視為連續性電流。
(二)過電流保護裝置：
1.載流量不得小於依前款計算所得**最大電流之 1.25 倍**。但電路為含過電流保護裝置之組合，且經設計者確認用於百分之一百額定連續運轉者，得採用其百分之一百額定值。

( ) 9. 下列哪一種配管不適合用於太陽光電發電系統之戶外配管？
(1)CNS2606 金屬車牙管 (2)抗紫外線 ABS (3)抗紫外 PVC (4)EMT 金屬薄管。

解 用戶用電設備裝置規則 第 223 條之二
二、ＥＭＴ管及薄導線管不得配裝於下列場所：
(一) 有發散腐蝕性物質之場所及含有酸性或鹼性之泥土中。
(二) 有危險物質存在場所。
(三) 有重機械碰傷場所。
(四) 六○○伏以上之高壓配管工程。

解答

6.(3) 7.(2) 8.(2) 9.(4)

(　)10. 下列何處之太陽光電發電系統中設備之間的連接線可採用一般室內配線用電線？
(1)太陽光電模組間之連接　(2)太陽光電組列至直流接線箱
(3)直流接線箱至變流器　(4)變流器至交流配電盤。

解 用戶用電設備裝置規則 第 396-25 條
本節有關太陽光電電源電路規定，不適用於交流模組。
交流模組規定如下：
一、太陽光電電源電路：太陽光電電源電路、導體(線)及變流器，應視為交流模組之內部配線。
二、變流器輸出電路：交流模組之輸出應視為變流器輸出電路。

(　)11. 變壓器若一次側繞組之匝數減少 20%，則二次繞組之感應電勢將
(1)升高 25%　(2)降低 20%　(3)升高 20%　(4)降低 25%。

解 因 $\frac{N_1}{N_2}=\frac{V_1}{V_2}$ 所以 $V_2=V_1\times\frac{N_2}{N_1}$ $\rightarrow V_2'=V_1\times\frac{N_2}{0.8N_1}=1.25V_2$

(　)12. A、B 爲同質材料之導線，A 之導線長度、截面積均爲 B 導線之 2 倍，R_A 及 R_B 分別代表兩導線電阻，則 R_A 及 R_B 兩導線電阻之關係爲
(1) $R_A=R_B$　(2) $R_A=R_B/2$　(3) $R_A=2R_B$　(4) $R_A=4R_B$。

解 因為 $R=\rho\frac{L}{A}$ 所以 $\frac{R_A}{R_B}=\frac{L_A}{A_A}\times\frac{A_B}{L_B}=\frac{2L_B}{2A_B}\times\frac{A_B}{L_B}=1$ 所以 $R_A=R_B$

(　)13. 變壓器之一次線圈爲 2400 匝，電壓爲 3300V，二次線圈爲 160 匝，則二次電壓爲
(1)110　(2)220　(3)330　(4)440 V。

解 因 $\frac{N_1}{N_2}=\frac{V_1}{V_2}$ 所以 $V_2=V_1\times\frac{N_2}{N_1}=3300\text{V}\times\frac{160}{2400}=220\text{ V}$

(　)14. 非金屬管與金屬管比較，前者具有何優點？
(1)耐腐蝕性　(2)耐熱性　(3)耐衝擊性　(4)耐壓性。

(　)15. 下列電線之電阻係數最大者爲
(1)鋁導線　(2)銀導線　(3)銅導線　(4)鎳鉻合金線。

解 鋁　2.83×10^{-8}
銀　1.65×10^{-8}
銅　1.75×10^{-8}
鎳鉻合金　$1.10\times10^{-6}=110\times10^{-8}$

(　)16. 24V 蓄電池、最大電流 10A，採用導線線徑爲 2.0mm^2 (電阻值 9.24Ω/km)，長度 10m，試求導線之最大壓降爲
(1)0.3%　(2)1.8%　(3)7.7%　(4)0.96%。

解 R_l=9.24×10/1000×2=0.1848Ω　←重點是兩條線
V_{Rl}=0.1848×10=1.848V
e%=1.848/24=7.7%

解答

10.(4)　11.(1)　12.(1)　13.(2)　14.(1)　15.(4)　16.(3)

(　　)17. 為避免日照產老化損壞，模組間連接線材宜採用
(1)交連聚乙烯(XLPE)　(2)聚氯乙烯(PVC)　(3)聚乙烯(PE)　(4)聚二氯乙烯(PVDC)。

解 聚氯乙烯(PVC)、聚乙烯(PE)、聚二氯乙烯(PVDC)皆會被紫外線照射分解。

(　　)18. 敷設可撓性金屬明管時，自出線盒拉出多少公分以內需裝設「護管鐵」固定？
(1)20　(2)30　(3)40　(4)50 cm。

解 用戶用電設備裝置規則第 225 條
敷設明管時，可撓金屬管每隔 1.5 公尺內及距出線盒 30 公分以內裝設「護管鐵」固定，其他金屬管可每隔二公尺內及距出線盒一公尺以內裝設「護管鐵」或其他適當之鉤架支持之。

(　　)19. 金屬管導管內之導線數 6 條、導線線徑 5.5mm²、周溫 35℃，導體絕緣物 60℃，其 A 容量為？
(1)25　(2)30　(3)35　(4)40 A。

解 用戶用電設備裝置規則第 16 條之表 16-3

表 16-3　導線管槽配線(導線絕緣物溫度 60℃者)安培容量表(周溫 35℃以下)

銅導線			同一導線管內之導線數						
線別	公稱截面積(平方公厘)	根數／直徑(公厘)	3以下	4	5-6	7-15	16-40	41-60	61以上
			安培容量(安培)						
單線		1.6	15	15	14	12	11	10	8
		2.0	20	20	17	15	13	12	11
		2.6	30	27	24	21	19	17	15
絞線	3.5	7/0.8	20	20	17	15	13	12	11
	5.5	7/1.0	30	28	25	22	19	17	14
	8	7/1.2	40	35	30	27	24	22	19
	14	7/1.6	55	50	45	40	35	30	25
	22	7/2.0	70	65	60	50	45	40	35
	30	7/2.3	90	80	70	60	55	50	45
	38	7/2.6	100	90	80	70	65	55	50
	50	19/1.8	120	110	100	85	75	65	60
	60	19/2.0	140	125	110	95	85	75	65
	80	19/2.3	165	145	130	115	100	90	80
	100	19/2.6	190	170	150	130	115	105	90
	125	19/2.9	220	200	175	150	135	120	105
	150	37/2.3	250	225	200	175	155	140	120
	200	37/2.6	300	270	235	210	185	165	145
	250	61/2.3	355	315	280	245	215	195	170
	325	61/2.6	415	370	330	290	255	230	200
	400	61/2.9	475	425	380	330	290	265	230
	500	61/3.2	535	480	430	375	330	300	260

註：1.本表適用於金屬管配線、電纜、可撓管配線及金屬線槽配線。
2.本表所稱導線數不包括中性線、接地線、控制線及訊號線。但單相三線式或三相四線式電路供應放電管燈者，因中性線有第三諧波電流存在，仍應計入。

解答

17.(1)　18.(2)　19.(1)

(　)20. 非金屬管相互間相接，若使用黏劑時，須接著長度為管徑多少倍以上？
(1)1　(2)1.2　(3)1.0　(4)0.8。

解 用戶用電設備裝置規則第 246 條之二
明管之支持應符合下列規定：
一、敷設明管時，非金屬管每隔 1.5 公尺及距左列位置在 30 公分以內應裝設護管帶固定。
(一) 配管之兩端。 (二) 管與配件連接處。 (三) 管相互間連接處。
二、非金屬管相互間及管與配件相接長度須為管之管徑 1.2 倍以上 (若使用粘劑時，可降低至 0.8 倍)，且其連接處須牢固。

(　)21. 有關太陽光電模組與各元件連接之電線，下列何者正確？
(1)耐壓 DC100V　(2)耐熱 90℃　(3)防酸防曬　(4)符合 UL 標準。

解 PVC 電線耐電壓 600V，太陽光電所使用的 XLPE 電線耐壓為 1000V。

(　)22. 模組出線若不夠長，有關連接線之施工，下列何者錯誤？
(1)得直接焊接　(2)可絞接　(3)以螺絲進行接續接線　(4)採用防水接頭銜接。

解 用戶用電設備裝置規則 第 306 條。

(　)23. 太陽光電發電系統建置週邊環境應考量？
(1)鹽害　(2)雷害　(3)潮濕　(4)噪音。

解 噪音不會影響到系統運作。

(　)24. 直流接線箱內部元件接線時，選用線徑的大小要考慮組列的
(1)最大功率電流　(2)短路電流　(3)最大功率電壓　(4)開路電壓。

解 線徑直接影響到電流甚鉅。功率 $P=I^2 \times R$。

(　)25. 有關突波吸收器之敘述，下列何者正確？
(1)安裝突波吸收器與接地端之連接線應儘可能短
(2)可吸收來自雷擊或開關切換之突波
(3)反應時間要快速
(4)串接於電路。

解 突波吸收器與電路並聯，平時沒動作。

(　)26. 太陽光電發電系統之直流配電部分需具備那些保護功能
(1)短路　(2)突波　(3)漏電　(4)功率不足。

解 功率不足會由變流器保護，直流配電部份不需保護。

(　)27. 太陽光電模組 I-V 曲線，下列敘述何者正確？
(1) I_{SC} 即是負載為 0　(2) V_{OC} 即是電流為 0
(3)填充因子(F.F.)越大效率越好　(4)溫度越高，效率越好。

解 溫度越高則開路電壓會下降較多，致使最大功率下降。

解答

20.(4)　21.(234)　22.(123)　23.(123)　24.(12)　25.(123)　26.(123)　27.(123)

(　)28. 有關直流開關與交流開關，下列何者敘述正確？
(1)交流開關與直流開關不可以互用
(2)同一容量之交流開關消弧能力較直流開關差
(3)太陽光電發電系統之開路電壓 400V，可選用 400V 開關
(4)直流開關需具備消弧能力。

解 開關的耐壓要高於系統的開路電壓，考慮到溫度係數。

解答

28.(124)

工作項目 04 配電線路工程之安裝及維修

( ) 1. 低壓接戶線按地下電纜方式裝置時，其長度

(1)不得超過 35 公尺 (2)不受限制 (3)不得超過 20 公尺 (4)不得超過 40 公尺。

解 輸配電設備裝置規則第 47 條 接戶線之長度及電線尺寸如左：

一、低壓接戶線應符合左列規定：

(三)接戶線按地下電纜方式裝置時，其長度可不受限制。

( ) 2. 導電材料中之導電率由高而低依序為

(1)金、純銅、鋁 (2)金、銀、純銅 (3)銀、純銅、金 (4)純銅、銀、鋁。

解 電阻率 銀 1.65×10^{-8}

銅 1.75×10^{-8}

金 2.40×10^{-8}

鋁 2.82×10^{-8}

在某些場合儀器上接觸點也有用金的，那是因為金的化學性質穩定而採用，並不是因為其電阻率小所致。

( ) 3. 低壓變壓器，一次側額定電流不超過多少 A 時，其過電流保護器之額定得選用 15A？

(1)9 (2)12 (3)20 (4)15 A。

解 用戶用電設備裝置規則第 177 條之一之(2)

(二) 變壓器一次側額定電流不超過 9 安培時，其過電流保護器之額定或標置得選用 15 安培者。

( ) 4. 使用電工刀剝除導線絕緣皮時，原則上應使刀口向

(1)外 (2)上 (3)內 (4)下。

解 其他三個方向會使自己受傷，易發生工安意外。

( ) 5. 低壓單獨接戶線之電壓降不得超過該線路額定電壓之多少？

(1)2% (2)1% (3)2.5% (4)1.5%。

解 輸配電設備裝置規則第 316 條一

低壓接戶線之電壓降規定如下：

一、低壓單獨接戶線電壓降不得超過 1%。但附有連接接戶線者，得增為 1.5%。

二、臨時用電工程之接戶線，電壓降不得超過 2%。

( ) 6. 敷設電纜工作人員進入人孔前，要使孔內氧氣濃度保持在多少以上？

(1)10% (2)14% (3)16% (4)18%。

解 氧氣濃度低於 18%屬缺氧狀態。

解答

1.(2) 2.(3) 3.(1) 4.(1) 5.(2) 6.(4)

( ) 7. 低壓電纜出地線在桿塔靠人行道側，其外露有電部分與地面之間距為
(1)300 公分 (2)350 公分 (3)450 公分 (4)500 公分。

解 輸配電設備裝置規則第 105 條之表 19

表十九 出地線之外露載電部份與地面之間距

與地面之間距(公分) ／ 出地線總類 ／ 出地線在桿塔上之位置	出地線電壓		
	低壓	高壓	特高壓
靠車行道之一邊	450	500	600
非靠車行道之一邊	300	350	450

( ) 8. 高壓交連 PE 電纜構造中，何者可作為電纜之突波電壓保護及接地故障電流之回路
(1)內半導電層 (2)外半導電層 (3)外皮 (4)金屬遮蔽層。

解

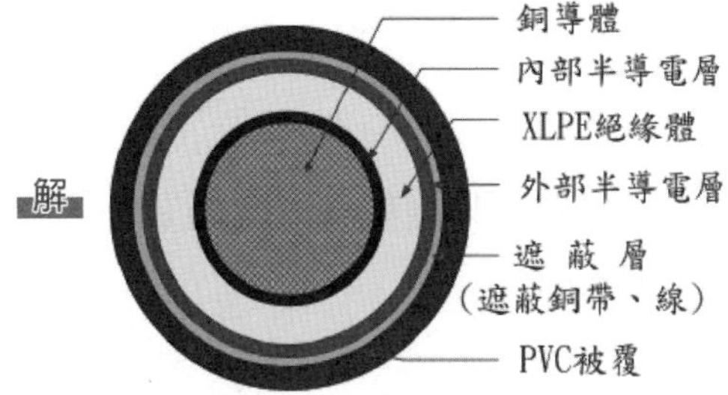

遮蔽銅線或銅帶作為突波電壓保護；使充電電流流入大地，以保持外半導電層之對地零電位；防止無線電干擾及外界電場的感變；作為接地故障電流之回路。

( ) 9. 用戶自備線管
(1)不得穿過配電場(室)內
(2)可沿配電場(室)內天花板靠牆邊穿過
(3)可沿配電場(室)內之地板牆角穿過
(4)若不影響供電設備之裝設，得准予穿過配電場(室)內。

解 台灣電力股份有限公司新增設用戶配電場所設置規範第五條二、(一)、2
2.配電場所內不得有用戶自備管線穿過。

( )10. 地下配電工作時，應注意電源方向為
(1)雙向 (2)單向 (3)上方 (4)下方。

( )11. 凡進行地下管路埋設工程，施工時有地面崩塌、土石飛落之虞或挖土深度在多少以上時，均應設置擋土設施？
(1)3.0 (2)2.5 (3)1.5 (4)1.0 公尺。

( )12. 管路埋設經過易受挖掘之路段時，應採用
(1)穿設鋼管埋設 (2)管路直埋 (3)電纜直埋 (4)RC 加強管路埋設。

( )13. 低壓管路在地面下多少深度處應佈設標示帶？
(1)40 (2)30 (3)20 (4)10 公分。

解答

7.(1) 8.(4) 9.(1) 10.(1) 11.(3) 12.(4) 13.(1)

( )14. 低壓線及接戶線之壓降，合計不得超過
(1)1.5% (2)2.5% (3)3% (4)4%。

解 用戶用電設備裝置規則第 9 條及第 447 條一
第九條供應電燈、電力、電熱或該等混合負載之低壓幹線及其分路，其電壓降均不得超過標稱電壓 3%，兩者合計不得超過 5%。
第四四七條接戶線之電壓降應符合左列規定。
一、低壓單獨接戶線電壓降不得超過 1%，但附有連接接戶線者得增為 1.5%。

( )15. 分段開關(DS)之功能為
(1)可開啓及投入故障電流 (2)可開啓及投入負載電流
(3)可開啓負載電流但不可以投入負載電流 (4)無負載時可開啓電源。

解 分段開關(DS)之功能連接在斷路器兩端，當斷路器或其它機器設備檢修時，作為隔離及分段之用。它不能啓斷故障(或負載)電流，僅能在其額定電流以下(如少量充電電流)通過時作開關操作。

( )16. 操作任何開關之前不應做之動作為
(1)認明現場開關切或入 (2)檢電、掛接地 (3)確認開關種類 (4)確定開關位置。

( )17. 低壓連接接戶線，總長度自第一支持點起不得超過
(1)45 (2)50 (3)55 (4)60 公尺。

解 輸配電設備裝置規則 第 306 條
低壓架空接戶線之長度應符合下列規定：
一、架空單獨及共同接戶線之長度以 35m 為限。但架設有困難時，得延長至 45m。
二、連接接戶線之長度自第一支持點起以 60m 為限，其中每一架空線段之跨距不得超過 20m。

( )18. 長度與直徑均相同之銅線與鋁線，銅線之電阻比鋁線之電阻
(1)大 (2)小 (3)相等 (4)視溫度大小而定。

解 (2) R=ρL/A 電阻率：銅 1.75×10^{-8}，鋁 2.82×10^{-8}

( )19. 不易掩蔽的分支線，或電纜出口線可用
(1)橡皮毯 (2)礙子套 (3)橡皮橫擔套 (4)塑膠布 掩蔽之。

( )20. 交連 PE 電纜最高連續使用溫度為
(1)65 (2)75 (3)90 (4)110 ℃。

( )21. 鋁導線作張力壓接套管，於壓接前，導線之表面污銹先用鋼絲刷擦乾淨後應塗佈
(1)機油 (2)鉻酸鋅糊 (3)防氧保護油 (4)黃油。

解 防鏽表面處理/防鏽塗層/物理性絕緣/密封塗裝/底漆：氧化鉛漆(紅丹);鉻酸鋅漆

( )22. 桿上變壓器備有多個電壓分接頭之主要目的為
(1)調整電壓 (2)調整電流 (3)調整電容 (4)調整電抗。

解答

14.(4) 15.(4) 16.(2) 17.(4) 18.(2) 19.(1) 20.(3) 21.(2) 22.(1)

(　)23. 配電線路沿道路架設，高壓線與地面至少應保持
(1)6　(2)5.5　(3)5　(4)4.5 公尺。

解 輸配電設備裝置規則 第 89 條之(三)表 89-1
表八九～一 架空線路支吊線、導線及電纜與地面、道路、軌道或水面之垂直間隔：高壓(電壓在 750 伏特以上至 22 仟伏特)供電線，支吊線、導線或電纜沿道路架設，但不懸吊在車道上方：9.道路、街道或巷道→5.6 公尺

(　)24. 桿上作業時，地面工作人員至少須保持離桿多少距離？
(1)3　(2)2.5　(3)2　(4)1 公尺。

(　)25. 搭配數位直流電表使用之分流器係運用哪項定律
(1)高斯定律　(2)歐姆定律　(3)法拉第定律　(4)楞次定律。

解 分流器上有一個微小精密的電阻(r)，利用電流(I)流通過電阻(r)所產生的壓降(V_r)，送給電表由歐姆定律 $I=V_r/r$ 得其電流值(I)。

(　)26. 搭配交流電表使用之比流器係運用哪項定律
(1)高斯定律　(2)歐姆定律　(3)牛頓運動定律　(4)法拉第定律。

解 比流器系利用法拉第定律，依據電流變化所感應出電動勢的線圈產生電流。

(　)27. 配線時可有效減少對感測器的雜訊干擾的方法為？
(1)採接地型遮蔽　(2)增加放大率　(3)保持常溫　(4)增加引線長度。

解 利用導體內部電場為零的特性。

(　)28. 導體的電阻為 3Ω，流過的電流為 2A，此導體消耗功率為
(1)5W　(2)6W　(3)10W　(4)12W。

解 $P=I^2\times R=2^2\times 3=12$ (W)

(　)29. 用電設備由 10V 電池供電，供電電流 8A，輸出功率經測量為 60W，其效率為
(1)0.75　(2)0.85　(3)1.0　(4)1.25。

解 $\eta=P_o/P_i=P_o/(V_i\times I_i)=60W/(10V\times 8A)=0.75$

(　)30. 交流電作用於一電感上，若以電感電壓之相位為 0 度，則電感電流之相位為
(1)0 度　(2)+90 度　(3)–90 度　(4)180 度。

(　)31. 絕緣導線線徑描述，下列何者正確
(1)單心線 2.0 係指其導體截面積　(2)絞線 5.5 係指其導體截面積
(3)絞線 3.5 係指其導體直徑　(4)絞線 5.5 係指其中單一根導體直徑。

解 單心線指出其直徑，2.0 係指其導體直徑為 2.0 mm；絞線指出其截面積，5.5 係指其導體截面積為 5.5 mm^2。

(　)32. 太陽光電組列電壓 V_{OC} = 300V，I_{SC} = 33A，線長為 60 公尺，採 PVC 絕緣電線配電，壓降 2%以下，最經濟之線材(平方公厘/每公里電阻 Ω 值@20℃)選用為
(1)3.5/5.24　(2)5.5/3.37　(3)8.0/2.39　(4)14.0/1.36。

解答

23.(2)　24.(1)　25.(2)　26.(4)　27.(1)　28.(4)　29.(1)　30.(3)　31.(2)　32.(3)

解 最大電流 $I_{max}=I_{SC}\times1.25=33A\times1.25=41.25A$

容許壓降 $V_{RL}=300V\times2\%=6V$

容許電阻 $R_i=6V/41.25A=0.14545\Omega$

線材(平方公厘/每公里電阻 Ω 值@20°C)< $0.14545\Omega\times\frac{1000m}{60m}=2.4242\Omega$

所以選低於 2.42 Ω 的 8.0 mm^2/2.39 Ω 即可。

(　　)33. 下列那種低壓絕緣電線可在容許溫度 78°C 下操作？

(1)耐熱 PVC 電線　(2)PE 電線　(3)SBR 電線　(4)交連 PE 電線(XLPE)。

解 用戶用電設備裝置規則第 16 條 絕緣電線之安培容量應符合下列規定：

一、常用絕緣電線按其絕緣物容許溫度如表一六～一所示。

PVC 電線及 RB 電線耐熱溫度為 60°C；耐熱 PVC 電線、PE 電線及 SBR 電線耐熱溫度為 75°C；交連 PE 電線(XLPE)耐熱 90°C。

(　　)34. 絕緣電線裝於周溫高於 35°C 處所，當溫度越高其安培容量

(1)越低　(2)越高　(3)不變　(4)依線材而定。

(　　)35. 低壓用電接地應採用何種接地

(1)特種接地　(2)第一種接地　(3)第二種接地　(4)第三種接地。

(　　)36. 一般場所配管長度超出 1.8 公尺時，不得使用何種金屬管？

(1)厚導線管　(2)薄導線管　(3)可撓金屬管　(4)EMT 管。

解 用戶用電設備裝置規則第 223 條之三之(5)

三、可撓金屬管不得配裝於下列場所：

(一) 升降機。

(二) 蓄電池室。

(三) 有危險物質存在場所。

(四) 灌水泥或直埋之地下管路。

(五) 長度超出一．八公尺者。

(　　)37. 低壓屋內配線所使用之金屬管管徑不得小於多少公厘？

(1)13　(2)19　(3)25　(4)31。

解 用戶用電設備裝置規則第 221 條金屬管之選定應符合下列規定：

一、金屬管為鐵、鋼、銅、鋁及合金等製成品。

二、常用鋼管按其形式及管壁厚度可分為厚導線管、薄導線管、ＥＭＴ管及可撓金屬管四種。

三、金屬管應有足夠之強度，其內部管壁應光滑，以免損傷導線之絕緣。

四、其內外表面須鍍鋅，但施設於乾燥之室內及埋設於不受潮濕之建物內者，其內外表面得塗有其他防銹之物質。

五、管徑不得小於一三公厘。

(　　)38. 就相同截面積及相同導線數之導線穿在金屬管內較穿在硬質 PVC 管，其安培容量通常

(1)較大　(2)較小　(3)相同　(4)無法比較。

解 金屬管之散熱較快，相同條件之金屬管配線，其安培容量較 PVC 管配線為大。

解答

33.(4)　34.(1)　35.(4)　36.(3)　37.(1)　38.(1)

(　)39. 接戶線按地下低壓電纜方式裝置時，如壓降許可，其長度

(1)不受限制　(2)不得超過 20 公尺　(3)不得超過 35 公尺　(4)不得超過 40 公尺。

解 輸配電設備裝置規則第 47 條 接戶線之長度及電線尺寸如左：

一、低壓接戶線應符合左列規定：

(三) 接戶線按地下電纜方式裝置時，其長度可不受限制。

(　)40. 屋內之低壓電燈及家庭用電器具採用 PVC 管配線時，其裝置線路與通訊線路，應保持多少公厘以上之距離？

(1)50　(2)80　(3)100　(4)150。

解 用戶用電設備裝置規則第 79 條屋內線路容許間隔應符合左列規定之一：

一、屋內線路與電訊線路、水管、煤氣管及其他金屬物間，應保持一五○公厘以上之距離，如無法保持該項規定距離，其間應加裝絕緣物隔離，或採用金屬管、電纜等配線方法。

(　)41. 敷設金屬管時，需與煙囪、熱水器及其他發散熱器之氣體，如未適當隔離者，應保持多少公厘以上之距離？

(1)150　(2)250　(3)300　(4)500。

解 用戶用電設備裝置規則第 233 條 敷設金屬管時，須與煙囪熱水管及其他發散熱氣之物體保持五○○公厘以上之距離，但其間有隔離設備者不在此限。

(　)42. 低壓屋內線路新設時，其絕緣電阻在多少 MΩ 以上？

(1)0.1　(2)1　(3)5　(4)10。

解 用戶用電設備裝置規則第 19 條 低壓電路之絕緣電阻應符合左列規定之一辦理：

四、新設時絕緣電阻，建議在一 MΩ 以上。

(　)43. 相同條件之金屬管配線，其安培容量較 PVC 管配線爲大(1.6 公厘 PVC 電線除外)，其理由是因金屬管之

(1)散熱較快　(2)耐腐蝕性強　(3)防水性較好　(4)機械強度大。

解 金屬管之散熱較快，相同條件之金屬管配線，其安培容量較 PVC 管配線為大。

(　)44. 耐水性金屬可撓導線管裝置於露出場所或能夠點檢之隱蔽場所，若該導線管可卸下時，其彎曲內側半徑須爲導線管內徑之多少倍以上？

(1)3　(2)6　(3)9　(4)12。

解 用戶用電設備裝置規則第 292-16 條金屬可撓導線管配管時應符合左列規定：

二、耐水性金屬可撓導線管彎曲時，必須按左列規定施設：

(一) 露出場所或能夠點檢之隱蔽場所裝置之導線管可卸下之場所；其彎曲內側半徑須為導線管內徑三倍以上。

(二) 露出場所或能夠點檢隱蔽場所裝置之導線管不可卸下時及無法點檢之隱蔽場所；其彎曲內側半徑須為導線管內徑六倍以上。

解答

39.(1)　40.(4)　41.(4)　42.(2)　43.(1)　44.(1)

(　　)45. 屋內低壓配線應具有適用於多少伏之絕緣等級？
(1)250　(2)300　(3)450　(4)600。

解 用戶用電設備裝置規則第 10 條 金屬可撓導線管配管時應符合下列規定：
三、低壓配線應具有適用於六〇〇伏之絕緣等級。

(　　)46. 非金屬導線槽不得使用於下列何種場所？
(1)無掩蔽場所　(2)有腐蝕性場所　(3)屬於潮濕性場所　(4)易受外力損傷之場所。

解 用戶用電設備裝置規則第 276-1 條
非金屬管導線槽得使用於下列情形：
一、無掩蔽之場所。
二、有腐蝕性氣體之場所。
三、屬於潮濕性質之場所。
非金屬管導線槽不得使用於左列情形：
一、易受外力損傷之場所。
二、屬於第二百九十四條第一款至第四款之場所。
三、除產品特別指明外之暴露於陽光照射之場所。
四、產品指定使用之周圍溫度以外之場所。

(　　)47. 在張力處所，鋁線接頭一般採用之施工方式爲
(1)扭接　(2)焊接　(3)壓接　(4)紮接。

(　　)48. 一般低壓電動機分路導線之安培容量不低於電動機額定電流之多少倍？
(1)1.25　(2)1.35　(3)1.5　(4)2.5。

解 用戶用電設備裝置規則第 157 條分路導線應符合下列規定：
一、分路導線之安培容量不低於電動機額定電流之一・二五倍。

(　　)49. 二戶以下住宅之太陽光電電源電路及輸出電路，對地電壓超過多少伏之帶電組件，應爲非合格人員不易觸及？
(1)100　(2)150　(3)300　(4)600。

解 用戶用電設備裝置規則第 396-26 條太陽光電系統中有關電路之電壓規定如下：
四、對地電壓超過一五〇伏之電路：二戶以下住宅之太陽光電電源電路及輸出電路，對地電壓超過一五〇伏之帶電組件，應為非合格人員不易觸及。

(　　)50. 二戶以下住宅之太陽光電電源電路及輸出電路，除燈座、燈具或插座外，其系統電壓最高得爲多少伏？
(1)150　(2)300　(3)600　(4)1200。

解 用戶用電設備裝置規則第 396-26 條太陽光電系統中有關電路之電壓規定如下：
三、二戶以下住宅之太陽光電電源電路及輸出電路，除燈座、燈具或插座外，其系統電壓最高得為六〇〇伏。

解答

45.(4)　46.(4)　47.(3)　48.(1)　49.(2)　50.(3)

( )51. 太陽光電電源電路中，太陽光電組列內用於連接太陽光電模組間之單芯電纜，其最大運轉溫度為攝氏多少度且耐熱、耐濕，並經設計者確認及標示適用於太陽光電配線者，得暴露於建築物外？

(1)70 (2)80 (3)90 (4)100 ℃。

解 用戶用電設備裝置規則第 396-37 條配線方法依下列規定：

一、配線系統：本規則規定管槽及電纜之配線方法，及其他專用於太陽光電組列之配線系統及配件，經設計者確認者，得使用於太陽光電組列之配線。有整合封閉體之配線裝置，其電纜應有足夠之長度以利更換。裝設於可輕易觸及處之太陽光電電源及輸出電路，其運轉之最大系統電壓大於三〇伏者，電路導體（線）應裝設於管槽中。

二、單芯電纜：太陽光電電源電路中，太陽光電組列內用於連接太陽光電模組間之單芯電纜，其最大運轉溫度為攝氏九〇度且耐熱、耐濕，並經設計者確認及標示適用於太陽光電配線者，得暴露於建築物外。但有前款規定之情形時，仍應使用管槽。

( )52. 太陽光電連接器型式應為閂式或鎖式。用於標稱最大系統電壓超過多少伏之直流電路，且可輕易觸及者，應使用需工具解開之型式？

(1)12 (2)15 (3)24 (4)30。

解 用戶用電設備裝置規則第 396-37 條連接器規定如下：

三、型式：應為閂式或鎖式。用於標稱最大系統電壓超過三〇伏之直流電路，或三〇伏以上之交流電路，且可輕易觸及者，應使用需工具解開之型式。

( )53. 高壓配電盤內裝置保護電驛有

(1)CO (2)LCO (3)UV (4)OCB 等保護電驛。

解 CO→過電流電驛；LCO→過流接地電驛；UV→低電壓電驛；OCB→油斷路器(電), OCB(oil circuit breaker)

( )54. 敷設金屬管時，如未適當隔離者，須與下列何種物體保持 500 公厘以上之距離

(1)煙囪 (2)熱水管 (3)其他發散熱氣之物體 (4)天花板。

解 用戶用電設備裝置規則第 233 條

敷設金屬管時，須與煙囪、熱水管及其他發散熱氣之物體保持 500 公厘以上之距離，但其間有隔離設備者不在此限。

( )55. 配電盤之整套型變比器(MOF)中包含

(1)電容器 (2)比壓器 (3)比流器 (4)感應電動機。

解 MOF(Metering Out Fit)是用以測量用電量、計算電費之「整套變比器」裝置。由於計器無法直接測量高電壓大電流之線路，而必須藉比壓器 PT、比流器 CT 降低電壓、變小電流之後才能使用。

( )56. 負載啓斷開關(LBS)具有

(1)開啓大故障電流能力 (2)投入額定負載電流能力

(3)啓斷額定負載電流能力 (4)過電流保護能力。

解 負載啓斷開關(Load Break Switch，LBS)：能夠啓斷其額定電流，且能閉合其額定短路電流，但無法啓斷短路電流之開關設備。

解答

51.(3) 52.(4) 53.(123) 54.(123) 55.(23) 56.(23)

(　　)57. 高壓交連 PE 電纜構造中，金屬遮蔽層功用包括
(1)遮蔽感應電壓　(2)接地故障電流之回路　(3)散熱　(4)突波電壓保護之回路。

解 遮蔽銅線或銅帶作為突波電壓保護；使充電電流流入大地，以保持外半導電層之對地零電位；防止無線電干擾及外界電場的應變；作為接地故障電流之回路。

(　　)58. 敷設高壓電纜時，不慎刮傷被覆體但未傷及遮蔽銅線時，可使用
(1)絕緣膠膏帶　(2)防水膠帶　(3)自融性膠帶　(4)電纜用塑膠帶予以補強。

(　　)59. 對灌膠式低壓電纜接頭而言，下列敘述何者正確？
(1)防水性佳　(2)絕緣性佳　(3)機械強度高　(4)施工時間較短。

解 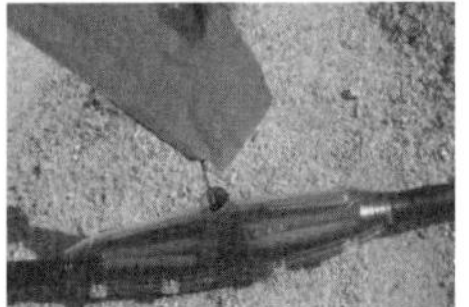

(　　)60. 電源頻率由 60Hz 變成 50Hz 時，下列那一器具之阻抗值較不受影響？
(1)白熾燈　(2)變壓器　(3)感應電動機　(4)電阻式電熱器。

解 頻率改變不受影響者是電阻式電器，白熾燈和電阻式電熱器皆是。

(　　)61. 電力電容器之功用爲何？
(1)改善功率因數　(2)調整頻率　(3)減少線路損失　(4)調整實功率。

解 電力電容可改善虛功率，改善功率因數，減少線路損失。但無法調整頻率。

(　　)62. 屋內線路與通訊線路、水管、煤氣管等，若無法保持規定距離，採用之應變措施下列何者正確？
(1)採用磁珠配線　(2)採用電纜配線　(3)採用金屬管配線　(4)加裝絕緣物隔離。

(　　)63. 下列何者不是電能的單位？
(1)安培　(2)庫倫　(3)焦耳　(4)瓦特。

解 (1)安培：電流單位；(2)庫倫：電量單位；(3)焦耳：能量單位；(4)瓦特：功率單位。

(　　)64. 凡屬用電線路之出口處並可連接用電器具者，稱爲
(1)出線頭　(2)出線盒　(3)連接頭　(4)出線口。

(　　)65. 屋內線路那些情形得用裸銅線
(1)太陽光電系統之輸出電路　(2)乾燥室所用之導線
(3)電動起重機所用之滑接導線　(4)照明電路。

解 用戶用電設備裝置規則 第 11 條
屋內線應用絕緣導線，但有下列情形之一者得用裸銅線：
一、電氣爐所用之導線。
二、乾燥室所用之導線。
三、電動起重機所用之滑接導線或類似性質者。

解答

57.(124)　58.(34)　59.(123)　60.(14)　61.(13)　62.(234)　63.(124)　64.(14)　65.(23)

(　)66. 關於電力工程絕緣導線最小線徑之規定，下列哪些正確？
(1)單線直徑不得小於 0.75 公厘　(2)單線直徑不得小於 1.6 公厘
(3)絞線截面積不得小於 2.0 平方公厘　(4)絞線截面積不得小於 3.5 平方公厘。

解 用戶用電設備裝置規則 第 12 條
絕緣導線之最小線徑不得小於左列各款規定。
二、電力工程，選擇分路導體線徑之大小，除應能承受電動機之額定電流之 1.25 倍外，單線直徑不得小於 1.6cm，絞線截面積不得小於 3.5mm^2。

(　)67. 需同時佈建太陽光電系統輸出電路及量測訊號電路時，配線方式下列何者正確？
(1)量測訊號速率低於 9600bps 時，將兩者直接混置於同一管槽內
(2)置於同一管槽內，太陽光電系統輸出電路線徑放大一級即可
(3)置於同一管槽內，但以隔板隔離
(4)分別配置於不同管槽。

解 用戶用電設備裝置規則第 396-23 條 太陽光電系統之裝設規定如下：
一、與其他非太陽光電系統之裝設：太陽光電電源電路及太陽光電輸出電路不得與其他非太陽光電系統之導線、幹線或分路，置於同一管槽、電纜架、電纜、出線盒、接線盒或類似配件。但不同系統之導體（線）以隔板隔離者，不在此限。

(　)68. 絞線直線延長連接時，不使用壓接且不加紮線，下列作法下列何者正確？
(1)7 股絞線先剪去中心之 1 股　(2)19 股絞線先剪去中心 5 股
(3)19 股絞線先剪去中心 7 股　(4)37 股絞線先剪去中心 29 股後再連接。

解 用戶用電設備裝置規則 第 15 條
導線之連接及處理應符合左列規定：
四、導體之連接如不使用壓接時，按左列方式連接之，該連接部分應加焊錫。
(一) 直線連接。
2 絞線連接，以不加紮線之延長連接時，照圖一五～三處理；七股絞線先剪去中心之一股，一九股絞線先剪去中心七股，三七股絞線先剪去中心一九股後再連接。
訣竅： 37-19　19-7　7-1

(　)69. 以定電壓(V_1)電源(具內電阻 R_1)推動一個可變電阻(R_3)負載，連接導線的等效電阻為 R_2，調整 R_3 使負載功率達到最大時，下列何者正確？
(1) $R_3 = R_1 + R_2$　(2) R_3 之電壓 $= V_1 \times 0.5$　(3) $R_1 = R_2 + R_3$　(4) R_3 之電壓 $= V_1 \times 0.333$。

解 $$P = I^2R_3 = \left[\frac{V_1}{R_1+R_2+R_3}\right]^2 R_3 = \frac{V_1^2}{\left[\frac{R_1+R_2}{\sqrt{R_3}} - \sqrt{R_3}\right]^2 + 4R_3}$$

當 $\frac{R_1+R_2}{\sqrt{R_3}} - \sqrt{R_3} = 0 \rightarrow R_3 = R_1 + R_2$ 獲得最大功率 $P_{MAX} = \frac{V_1^2}{4R_3}$

解答

66.(24)　67.(34)　68.(13)　69.(12)

(　)70. 下列低壓絕緣電線可在容許溫度 65~75℃下操作？
(1)PE 電線 (2)PVC 電線 (3)SBR 電線 (4)交連 PE 電線(XLPE)。

解 用戶用電設備裝置規則第 16 條 絕緣電線之安培容量應符合左列規定：
一、常用絕緣電線按其絕緣物容許溫度如表一六～一所示。
PVC 電線及 RB 電線耐熱溫度為 60°C；耐熱 PVC 電線、PE 電線及 SBR 電線耐熱溫度為 75°C；交連 PE 電線(XLPE)耐熱 90°C。

(　)71. 關於金屬管配線之敘述，下列何者正確？
(1)導線在金屬管內得接線延續 (2)金屬管配線應使用絕緣線 (3)交流回路時，同一回路之全部導線原則上應穿在同一管 (4)管徑最小 6 公厘。

解 用戶用電設備裝置規則第 219 條
金屬管配成之導線應符合下列規定：
一、金屬管配線應使用絕緣線。
二、導線直徑在 3.2mm 以上者應使用絞線，但長度在一公尺以下之金屬管不在此限。
三、導線在金屬管內不得接線。
用戶用電設備裝置規則第 220 條
交流回路，同一回路之全部導線原則上應穿在同一管，以維持電磁平衡。
用戶用電設備裝置規則第 221 條
金屬管之選定應符合左列規定：
五、管徑不得小於一三公厘。

(　)72. 關於金屬管之適用範圍，下列何者正確？
(1)厚導線管不得配裝於灌水泥或直埋之地下管路
(2)薄導線管不得配裝於長度超出 1.8 公尺者
(3)EMT 管不得配裝於 600V 以上之高壓配管工程
(4)可撓金屬管不得配裝於升降梯。

解 用戶用電設備裝置規則第 223 條
金屬管適用範圍應符合下列規定：
一、厚導線管不得配裝於有發散腐蝕性物質之場所及含有酸性或鹼性之泥土中。
二、EMT管及薄導線管不得配裝於左列場所：
(一) 有發散腐蝕性物質之場所及含有酸性或鹼性之泥土中。
(二) 有危險物質存在場所。
(三) 有重機械碰傷場所。
(四) 600 伏以上之高壓配管工程。
三、可撓金屬管不得配裝於左列場所：
(一) 升降機。
(二) 蓄電池室。
(三) 有危險物質存在場所。
(四) 灌水泥或直埋之地下管路。
(五) 長度超出 1.8m 者。

解答

70.(134)　71.(23)　72.(34)

( )73. 關於非金屬管之適用範圍，下列何者正確？
(1)得使用於 600V 以下不受人爲破壞之明管裝置場所
(2)供作燈具及其他設備之支持物
(3)得使用於 600V 以下易受碰損之處
(4)直埋於地下者其埋於地面下之深度不得低於 600 公厘。

解 用戶用電設備裝置規則第 240 條
非金屬管適用範圍應符合下列規定：
一、600 伏以下者：
(一) 埋設於牆壁、地板及天花板內。
(二) 使用於發散腐蝕性物質場所。
(三) 埋設於煤渣堆積場所。
(四) 潮濕處所其裝置應能防止水份侵入管中。且各項配件應能防銹。
(五) 在第二百四十一條未禁止之乾燥及潮濕場所。
(六) 不受人為破壞之明管裝置場所。
二、直埋於地下者其埋於地面下之深度不得低於六○○公厘。

( )74. 關於導線槽之使用，下列何者正確？
(1)導線槽不得穿過牆壁伸展之
(2)金屬導線槽應在每距 1.5 公尺處加一固定支撐
(3)導線槽之終端，應予封閉
(4)非金屬導線槽距終端或連接處 90 公分內應有一固定支撐。

解 用戶用電設備裝置規則第 279 條
水平裝置之金屬導線槽應在每距 1.5 公尺處加一固定支持，如裝置法確實牢固者，則該項最大距離得放寬至 3 公尺，至導線槽為垂直裝置者，其支持點距離不得超過 4.5 公尺。
用戶用電設備裝置規則第 279-1 條
非金屬導線槽距終端或連接處 90 公分內應有一固定支持。除產品另有列示支持距離外，每 90 公分應有一固定支持；惟任何情況下兩支持點間之距離，不得超過 3 公尺。
垂直裝置時，除非產品另有列示支持距離外，每 1.2 公尺應有一確實之固定支持，且兩支持點間不得有超過一處之連接。
用戶用電設備裝置規則第 281 條
導線槽遇有需要時，得穿過牆壁伸展之。

( )75. 導線在下列何種情形下不得連接？
(1)磁管內 (2)導線管內 (3)導線槽內 (4)木槽板內。

解 用戶用電設備裝置規則第 15 條導線之連接及處理應符合下列規定：
九、導線在左列情形下不得連接：
(一) 導線管、磁管及木槽板之內部。
(二) 被紮縛於磁珠及磁夾板之部分或其他類似情形。

( )76. 下列哪種裝置可選作爲接地極？
(1)銅棒 (2)鐵管 (3)瓦斯管 (4)鋼管。

解 瓦斯管通接地電流有起火之疑慮。

解答

73.(14) 74.(234) 75.(124) 76.(124)

(　　)77. 有關低壓配線之導線選用，下列敘述那些符合規定？
(1)應選用 600 伏之絕緣等級
(2)電纜額定電壓之選擇應考慮三相電力之線間電壓
(3)電燈及電熱工程，選擇分路導線之線徑大小，僅需考慮該線之安培容量是否足以擔負負載電流
(4)電動機分路導線線徑之大小，僅需考慮該線能承受電動機之額定電流。

解 用戶用電設備裝置規則第 10 條 屋內線導線應依下列規定辦理：
三、低壓配線應具有適用於六〇〇伏之絕緣等級。

(　　)78. 有管漏電斷路器之裝置或選擇，下列敘述哪些正確？
(1)漏電斷路器之額定電流容量，應不小於該電路之負載電流
(2)漏電斷路器以裝置於幹線爲原則
(3)裝置於低壓電路之漏電斷路器，應採用電流動作型式
(4)漏電警報器之聲音警報裝置，以電鈴或蜂鳴式爲原則。

解 用戶用電設備裝置規則 第 61 條　漏電斷路器以裝置於分路為原則。
用戶用電設備裝置規則 第 62 條　漏電斷路器之選擇應符合下列規定：
一、裝置於低壓電路之漏電斷路器，應採用電流動作形，且須符合左列規定：
(一) 漏電斷路器應屬表六二－一所示之任一種。
(二) 漏電斷路器之額定電流容量，應不小於該電路之負載電流。
(三) 漏電警報器之聲音警報裝置，以電鈴或蜂鳴式為原則。

(　　)79. 太陽光電連接器規定下列何者正確？
(1)應有正、負極性，且與用戶之電氣系統插座具不可互換性之構造
(2)建構及裝設，應能防止人員誤觸帶電組件
(3)應爲閂式或鎖式
(4)接地構件與搭配之連接器，在連接及解開時，應先斷後接。

解 用戶用電設備裝置規則第 396-39 條連接器規定如下：
一、構造：應有正、負極性，且與用戶之電氣系統插座具不可互換性之構造。
二、防護：建構及裝設，應能防止人員誤觸帶電組件。
三、型式：應為閂式或鎖式。用於標稱最大系統電壓超過三○伏之直流電路，或三○伏以上之交流電路，且可輕易觸及者，應使用需工具解開之型式。
四、接地構件與搭配之連接器，在連接及解開時，應先接後斷。

解答

77.(12)　78.(134)　79.(123)

工作項目 05 太陽光電組列工程之安裝與維修

( ) 1. 台灣地區固定安裝 PV 系統裝置何種方位較佳
(1)朝南 (2)朝西 (3)朝北 (4)朝東。

解 台灣位於北半球，故偏南可取得較多的日照。

( ) 2. 台灣地區固定安裝 PV 系統裝置下列何種傾斜角度可獲較佳效率
(1)90 度 (2)75 度 (3)20 度 (4)65 度。

解 以日照較強的夏至，春分-夏至-秋分的角度架設。

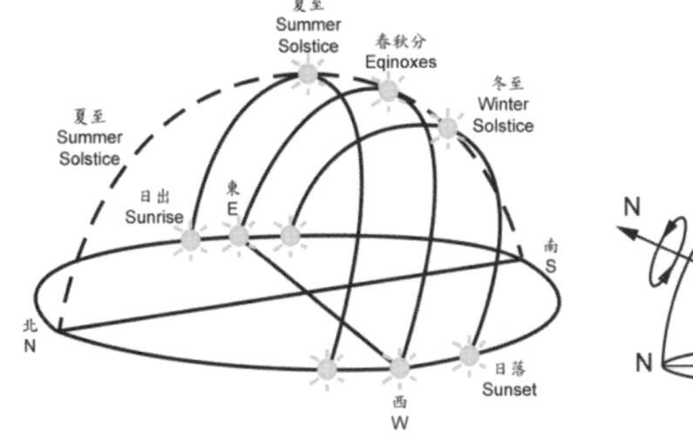

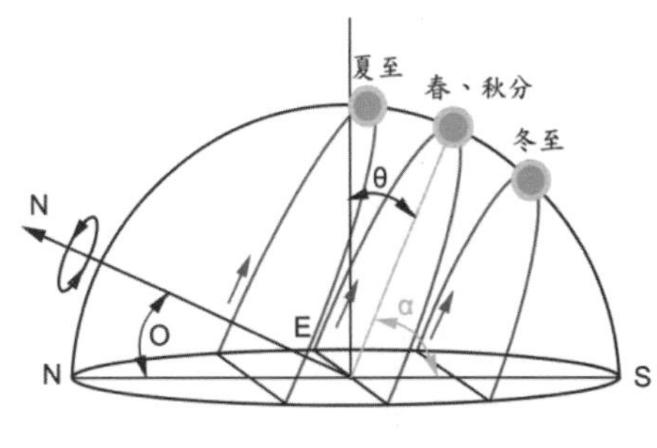

( ) 3. 建築整合型(BIPV)系統特色是
(1)方向朝南 (2)與建物結合 (3)加裝蓄電池 (4)增加熱能損失。

( ) 4. 下列何者爲目前一般常用矽晶太陽光電模組之封裝結構順序？
(1)玻璃/EVA/太陽電池電路/EVA/Tedlar (2)玻璃/太陽電池電路/EVA/Tedlar
(3)玻璃/EVA/太陽電池電路/Tedlar (4)玻璃/EVA/太陽電池電路/EVA/玻璃。

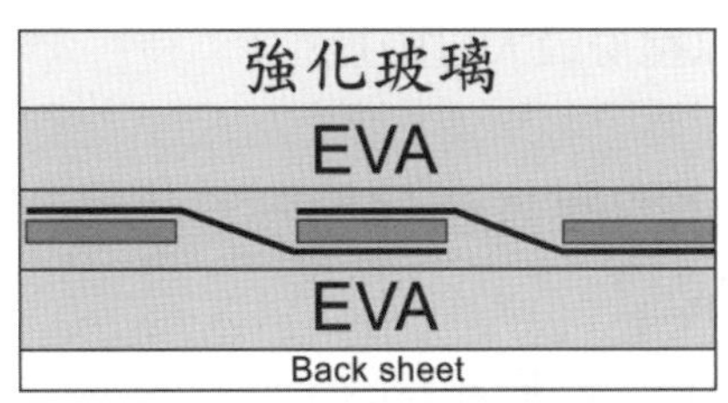

( ) 5. 下列何者爲目前一般常用薄膜太陽光電模組之封裝結構順序？
(1)玻璃/EVA/太陽電池電路/EVA/Tedlar (2)玻璃/太陽電池電路/EVA/Tedlar
(3)玻璃/EVA/太陽電池電路/EVA/玻璃 (4)玻璃/太陽電池電路/EVA/玻璃。

( ) 6. 下列何者不是太陽光電模組用玻璃之要求？
(1)高鐵含量 (2)高光穿透性 (3)高強度 (4)價格低廉。

解答

1.(1) 2.(3) 3.(2) 4.(1) 5.(2) 6.(1)

( ) 7. 下列何者是太陽光電模組常用的封裝材料？
(1)EVA (2)PVA (3)PVB (4)PVC。

解 EVA 膜的基本功能：
1.固定太陽能電池及連接電路導線提供 Cell 絕緣保護
2.進行光學藕合
3.提供適度的機械強度
4.提供熱傳導途徑
EVA 主要特性：
1.耐熱、耐低溫、抗濕及耐候性
2.對金屬玻璃及塑膠具良好的接著性
3.柔韌性&彈性
4.高透光性
5.耐衝擊性
6.低溫撓曲性

( ) 8. 對於矽晶太陽能電池溫度係數之描述何者正確
(1)電壓溫度係數為正，電流溫度係數為負
(2)電壓溫度係數為正，電流溫度係數為正
(3)電壓溫度係數為負，電流溫度係數為負
(4)電壓溫度係數為負，電流溫度係數為正。

解 開路電壓隨模組溫度升高而降低，短路電流隨模組溫度升高而些微上升。

( ) 9. 太陽光電之追日系統的主要功能為
(1)追日系統無特殊功能
(2)追日系統比較美觀
(3)追日系統可讓太陽能板正對著太陽，以獲得最大日照量
(4)追日系統可延長太陽能板壽命。

( )10. 在相同環境條件下，下列太陽電池何者發電效率最高
(1)單晶矽 (2)微晶矽 (3)多晶矽 (4)非晶矽。

( )11. 太陽光電發電系統之組列中，若有部份模組受到局部遮蔭，則
(1)不會影響整體系統的發電效率 (2)會降低整體系統的發電效率
(3)僅影響被遮蔽之模組的發電效率 (4)系統損毀。

( )12. 下列何種模組於標準測試條件下，光電轉換效率最高？
(1)非晶矽 (2)碲化鎘 (3)單或多晶矽 (4)砷化鎵。

解答

7.(1) 8.(4) 9.(3) 10.(1) 11.(2) 12.(4)

( )13. 下列何者爲填充因子(F.F.)之計算公式？
(1) $(I_{MP} \times V_{MP})/(I_{SC} \times V_{OC})$ (2) $(I_{SC} \times V_{OC})/(I_{MP} \times V_{MP})$
(3) $(I_{SC} \times V_{MP})/(I_{MP} \times V_{OC})$ (4) $(I_{MP} \times V_{OC})/(I_{SC} \times V_{MP})$。

解

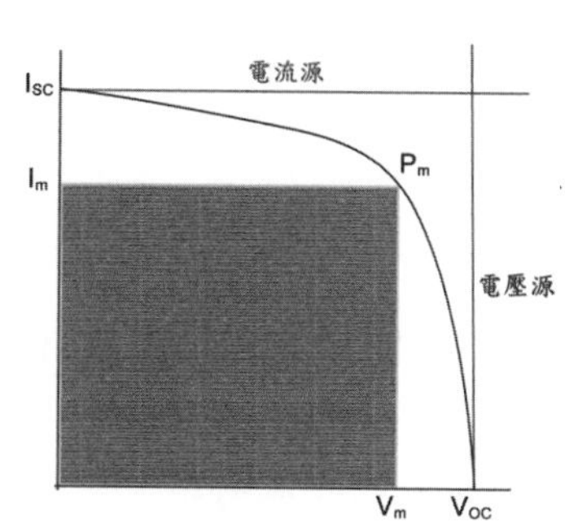

( )14. 太陽光電模組封裝材料，何者含有抗 UV 的成分？
(1)Tedlar (2)Glass (3)EVA (4)Cell Circuit。

( )15. 在太陽光電模組接線盒中，何種元件可減低模組遮蔭之減損？
(1)直流開關 (2)二極體 (3)保險絲 (4)交流開關。

( )16. 在標準測試條件(STC)下，量測太陽光電模組串列開路電壓，其值約爲
(1)模組串列數×模組之 V_{OC} (2)模組串列數×模組之 V_{MP}
(3)模組之 V_{OC} (4)模組之 V_{MP}。

解 串列開路電壓相加，等於串列模組片數×模組之 V_{OC}。

( )17. 在標準測試條件(STC)下，量測太陽光電模組串列短路電流，其值約爲
(1)模組串列數×模組之 I_{SC} (2)模組串列數×模組之 I_{MP}
(3)模組之 I_{SC} (4)模組之 I_{MP}。

解 太陽光電模組串聯電壓增加 N 倍 (N 為串聯數量)。
太陽光電模組並聯電流增加 N 倍 (N 為並聯數量)。

( )18. 關於太陽光電模組的串並聯，下列敘述何者正確？
(1)串聯數越多，電流不變，但電壓會升高
(2)並聯數越多，電流不變，電壓下降
(3)串聯數越多，電流升高，電壓也會升高
(4)並聯數越多，電流升高，電壓也會升高。

( )19. 下列何者不會影響太陽光電模組發電效率？
(1)太陽能電池破裂 (2)氣溫 (3)大氣壓力 (4)遮蔭。

( )20. 一般太陽光電模組串接以下列何種方式爲之？
(1)壓接 (2)防水快速接頭 (3)焊接 (4)絞接。

解 

解答

13.(1)	14.(3)	15.(2)	16.(1)	17.(3)	18.(1)	19.(3)	20.(2)

(　)21. 下列何者不是影響太陽光電模組 I-V 曲線之因素？
(1)日照強度　(2)太陽能電池溫度　(3)光之頻譜　(4)大氣壓力。

(　)22. 太陽光電模組之接地線顏色爲
(1)紅色　(2)綠色　(3)黃色　(4)白色。

(　)23. 太陽光電模組之接地線端子應爲
(1)Y 型　(2)O 型　(3)X 型　(4)U 型。

(　)24. 溫度感測器應安裝在太陽光電模組何位置？
(1)背面任意位置　(2)邊框　(3)背面中間有太陽能電池之位置　(4)正面任意位置。

(　)25. 下列何者爲日照計一般安裝之角度？
(1)水平　(2)垂直　(3)與模組同　(4)45 度。

(　)26. 以螺絲固定模組與支撐架，應採用下列何者工具？
(1)螺絲起子　(2)電工鉗　(3)壓接鉗　(4)扭力板手。

解

(　)27. 固定模組鋁合金框架與支撐鋼架時(兩者不同材質)，須加裝下列何者，以防止銹蝕產生
(1)不銹鋼彈簧華司　(2)絕緣墊片　(3)不銹鋼平板華司　(4)鋁片。

解 (2)異質金屬接觸會有電位差，形成電化學腐蝕。

(　)28. 下列何者不屬於太陽光電模組標準測試條件(STC)之項目？
(1)太陽能電池溫度 25℃　(2)日照強度 1000 W/m^2　(3)AM1.5　(4)標準大氣壓力。

(　)29. 銷往歐洲之矽晶太陽電池模組，需通過那些項目之產品驗證？
(1)IEC 61215 及 IEC 61646　(2)IEC 61215 及 IEC 61730
(3)IEC 61646 及 IEC 61730　(4)UL 1703。

解 IEC 61215 太陽能模組可靠度試驗
IEC 61646 薄膜太陽光電模組測試標準
IEC61730 太陽能電池系統安全鑒定
UL1703 平板型太陽能組件安全認證標準
國際電工委員會(International Electrotechnical Commission，簡稱 IEC)於 1906 年在英國倫敦正式成立。
UL 是英文保險商試驗所(Underwriter Laboratories Inc.)的簡寫。 UL 安全試驗所是美國最有權威的，也是界上從事安全試驗和鑒定的較大的民間機構。

(　)30. 銷往歐洲之薄膜太陽電池模組，需通過那些項目之產品驗證？
(1)IEC61215 及 IEC61646　(2)IEC61215 及 IEC61730
(3)IEC61646 及 IEC61730　(4)UL1703。

解答

21.(4)	22.(2)	23.(2)	24.(3)	25.(3)	26.(4)	27.(2)	28.(4)	29.(2)	30.(3)

(　)31. 太陽光電模組間之連接線需選用耐溫多少以上之耐候線？
(1)60℃　(2)70℃　(3)80℃　(4)90℃。

解 用戶用電設備裝置規則第 396-37 條配線方法依下列規定：
二、單芯電纜：太陽光電電源電路中，太陽光電組列內用於連接太陽光電模組間之單芯電纜，其最大運轉溫度為攝氏九〇度且耐熱、耐濕，並經設計者確認及標示適用於太陽光電配線者，得暴露於建築物外。但有前款規定之情形時，仍應使用管槽。

(　)32. 當日照強度增加時，太陽光電模組的開路電壓會
(1)增加　(2)降低　(3)不變　(4)先增加再降低。

(　)33. 欲量測 PV 系統模組上全頻譜日照量，應使用哪一類全天空輻射計(Pyranometer)？
(1)熱堆型(thermopile)　(2)反射式　(3)直射式　(4)矽晶型。

解 涵蓋日光全光譜的是熱堆型的。

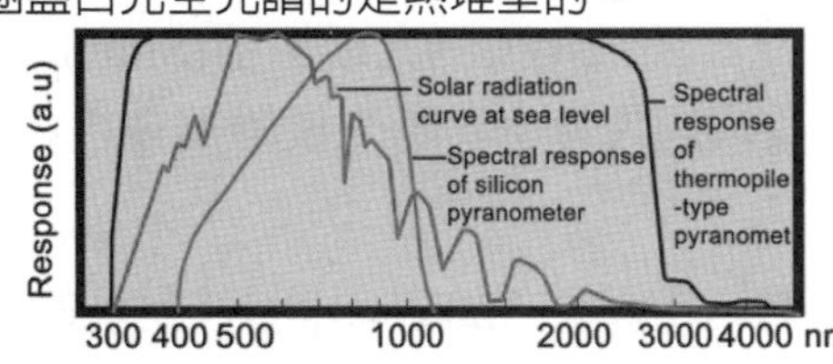

(　)34. 太陽光電模組的$V_{MP}=18\ V$，$I_{MP}=8\ A$，將此種模組做 10 串 2 並的組列，其 V_{MP} 及 I_{MP} 為
(1)180V，8A　(2)36V，80A　(3)180V，16A　(4)36V，16A。

解 太陽光電模組串聯電壓增加 N 倍(N 為串聯數量)；並聯電流增加 N 倍(N 為並聯數量)
V_{MP}=18V×10=180V　　I_{MP}=8A×2=16A

(　)35. 若太陽光電模組之$V_{OC}=21\ V$，$I_{SC}=8\ A$，而$V_{MP}=16\ V$，$I_{MP}=7\ A$，則填充因子(F.F.)約為
(1)67%　(2)77%　(3)87%　(4)97%。

解 填充因子(F.F.)$=\dfrac{V_{MP}\times I_{MP}}{V_{OC}\times I_{SC}}=\dfrac{16V\times 7A}{21V\times 8A}=67\%$

(　)36. 某太陽光電模組在 STC 測試條件下之開路電壓 V_{OC} 為 44.5V，若開路電壓溫度係數為 −0.125V/℃，當模組溫度為 45℃時，則其開路電壓為
(1)47　(2)44.5　(3)42　(4)38.875 V。

解 太陽光電模組 STC 測試條件：AM1.5、E=1000W/m^2、TC=25℃。
$V_{OC(@45℃)}$=44.5V−0.125V/℃×(45℃-25℃)=42V

解答

31.(4)　32.(1)　33.(1)　34.(3)　35.(1)　36.(3)

(　)37. 太陽光電發電系統中之組列至主直流斷路器間，配線電纜的耐電流必須大於組列短路電流的
(1)0.8 倍　(2)1 倍　(3)1.56 倍　(4)2 倍。

解 用戶用電設備裝置規則第 396 條之 27 一及二
一、各個電路之**最大電流**之計算：
(一)太陽光電電源電路之最大電流為並聯模組額定短路電流之總和乘以 1.25 倍。
二、安培容量及**過電流保護裝置之額定**或標置之規定如下：
(二)過電流保護裝置： 1.載流量不得小於依前款計算所得最大電流之 1.25 倍。
→ 1.25×1.25=1.56

(　)38. 下列何者不是矽晶太陽光電模組產線必須使用之設備？
(1)封裝機(Laminator)　(2)焊接機(Stringer)
(3)壓力釜(Autoclave)　(4)太陽光模擬器(Simulator)。

解 封裝機→封裝模組；焊接機→焊接模組電極；太陽光模擬器→性能測試。壓力釜→高壓高溫化學反應用。

(　)39. 有數片太陽光電模組串接在一起，其 PN 電壓爲 120V 試問 N 對地的電壓爲多少？
(1)120　(2)−120　(3)−60　(4)60 V。

解 PN120V，太陽能模組 P、N 對地。由於電容效應，會有 $V_{OC}/2$、$-V_{OC}/2$ 然後趨於 0，所以 N 對地有−60V。

(　)40. 有數片太陽光電模組串接在一起，其 PN 電壓爲 600V 試問 P 對地的電壓爲多少？
(1)600　(2)−300　(3)−600　(4)300 V。

解 $V_{OC}/2=300$ V。

(　)41. 有一太陽光電模組，其 P 對地的電壓爲 18Vdc 試問 PN 間的電壓爲多少？
(1)18　(2)−18　(3)−36　(4)36 V。

解 18V×2=36V；18V−(−18V)=36V。

(　)42. 太陽光電模組之間的接地的鎖孔位置下列何者正確？
(1)直接用自攻牙螺絲功孔　(2)模組上有標示接地得鎖孔　(3)模組上的任何孔洞
(4)自我找任何地方直接加工孔。

解 要由接地孔接地，否則模組廠不保固。

(　)43. 太陽光電模組安裝平鋪於鐵皮屋頂時，其模組引接線固定方式下列何者不正確？
(1)直接對接後放在鐵皮上方　(2)直接固定於支架上　(3)引接線對接後並用抗 UV 束帶固定好不接觸鐵皮　(4)直接將引線放置於鋁線槽內。

解 直接日曬會有高溫傳導到導線之可能；嚙齒動物沿鐵皮爬行啃咬。

解答

37.(3)　38.(3)　39.(3)　40.(4)　41.(4)　42.(2)　43.(1)

(　)44. 太陽光電模組在替換防水接頭時，下列那個方式不妥？
(1)拆除與鎖附時可以利用電工鉗固定　(2)對接頭應使用與原廠相容之接頭　(3)替換的接頭應注意與線徑的密合度　(4)固定時應注意其緊度的磅數。

解 電工鉗可能會破壞密合防水性。

(　)45. 有一太陽光電模組在 STC 測試下，其 Vmp 為 30V、溫度係數為-0.5%／℃，假設有 20 串模組串在一起，試問模組溫度在 45℃時，其模組串列電壓 Vmp 為多少？
(1)500　(2)520　(3)540　(4)600　V。

解 30V×20 串×[1+(-0.5%)×(45°C-25°C)]=540V。

(　)46. 下列選項中哪些可為單多晶太陽光電模組之封裝結構？
(1)玻璃-EVA-太陽能電池-EVA-玻璃
(2)玻璃-EVA-太陽能電池-EVA-背板
(3)玻璃-太陽能電池-太陽能電池-EVA-玻璃
(4)背板-EVA-太陽能電池-EVA-背板。

解 請參考第 4 題。

(　)47. 太陽光電模組背板標籤應會包含下列哪些資料？
(1)開路電壓　(2)短路電流　(3)填充因子(F.F.)　(4)抗風壓值。

(　)48. 下列何者為太陽光電模組接線盒內之元件？
(1)保險絲　(2)二極體　(3)接線座　(4)交流開關。

解

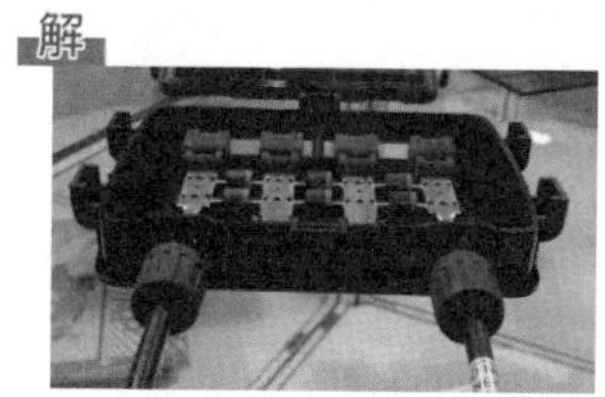

(　)49. 下列選項中哪些為太陽光電模組之接線快速接頭之型號？
(1)BNC　(2)MC3　(3)MC4　(4)RJ45。

解

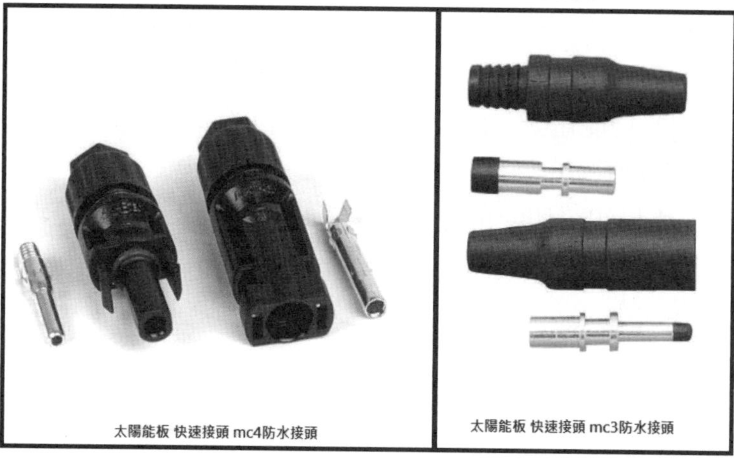

解答

44.(1)　45.(3)　46.(12)　46.(12)　47.(12)　48.(23)　49.(23)

( )50. 下列何者爲太陽光電模組影響系統發電效能之因素？
(1)熱斑 (2)模組尺寸 (3)電池裂 (4)電位誘發衰減(Potential Induced Degradation)。

解 矽晶太陽模組不同的時間歷程對應到嚴重程度不等的模組功率劣化原因，計有 p 型矽晶電池的光衰、電壓誘發功率衰退(PID)、裂隙破片與電極腐蝕；模組封裝材料乙烯醋酸乙烯酯(Ethylene Vinyl Acetate; EVA)的脫層黃化、串焊用鍍錫銅帶腐蝕等可靠度問題，另模組架設遮蔭也可能引致熱斑(Hot Spot)。於電池製程前中段應用光致發光(Photoluminescence; PL)檢測可分析矽基材的裂隙、晶格差排、少數載子活存期與擴散長度；電池製程後段應用電致發光(Electroluminescence;EL)檢測能分析磷擴散不均、指狀電極網印缺損與燒結不佳，所造成的串聯電阻增高或並聯電阻降低等劣化填充因子(Fill Factor)的因素；模組串焊製程後的 EL 影像能顯示串焊品質與檢測電池裂隙；此外，對戶外太陽光電系統進行 EL 或熱影像檢測，能確認 PID 或 Hot Spot 現象劣化的模組，以利模組替換或架設工法調整，達成太陽光電模組發電效率優化及壽限延長。
模組架設遮蔭也可能引致熱斑(Hot Spot)。
若太陽能發電系統輸出電壓的變流器沒有做好接地措施，對太陽光電模組會產生偏壓，偏壓的大小與模組於系統中的串接位置有關，偏壓愈大會造成明顯的模組輸出功率衰退，嚴重時甚至會導致電池的抗反射層分解及電極腐蝕，

( )51. 下列何者爲太陽光電模組之種類？
(1)晶矽 (2)薄膜 (3)碳化鍺 (4)CIGS。

( )52. 安裝太陽光電模組不當可能造成
(1)模組電池破裂 (2)系統發電效能不佳 (3)機械電表損壞 (4)PR 值降低。

( )53. 下列何者爲太陽光電模組之製造過程？
(1)太陽能電池串焊 (2)壓合 (3)安裝斷路器 (4)安裝接線盒。

( )54. 太陽光電模組串列檢查包含下列哪些項目？
(1)開路電壓量測 (2)短路電流量測 (3)絕緣電阻量測 (4)壓力量測。

( )55. 太陽光電模組串列電流電壓曲線(I-V Curve)量測會得知下列哪些資訊？
(1)溫度系數 (2)短路電流 (3)模組是否損壞或遮蔭 (4)開路電壓。

( )56. 經由模組串列電流電壓曲線(I-V Curve)量測曲線形狀可能得知下列哪些狀況？
(1)模組是否有局部遮蔭 (2)模組損壞 (3)模組不匹配 (4)模組種類。

( )57. 下列何者爲太陽光電模組現場檢測可能使用之設備？
(1)I-V Curve Tracer (2)多功能電表 (3)電源供應器 (4)紅外線顯像儀。

解 紅外線顯像儀用以量測溫度。

( )58. 下列何者爲安裝太陽光電模組可能使用之工具
(1)量角器 (2)螺絲起子 (3)壓力計 (4)扳手。

解 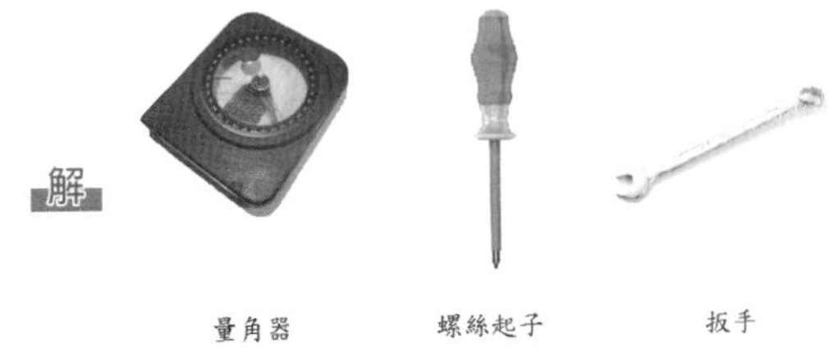
量角器 螺絲起子 扳手

解答

50.(134) 51.(124) 52.(124) 53.(124) 54.(123) 55.(234) 56.(123) 57.(124) 58.(124)

( )59. 太陽光電模組串列之長度(模組數量)會考量下列哪些資訊？
(1)當地氣溫 (2)MPPT 範圍 (3)模組之 V_{MP} (4)太陽直接照射度。

( )60. 安裝太陽光電模組需要注意哪些角度
(1)傾斜角 (2)直角 (3)方位角 (4)轉折角。

( )61. 下列何者為安裝太陽光電模組應注意事項？
(1)接地 (2)角度 (3)遮蔭 (4)氣壓。

( )62. 太陽光電模組串列接至直流箱或接續箱時需注意下列哪些事項？
(1)接線極性 (2)模組尺寸 (3)模組串列之開路電壓是否正確 (4)端子極性。

( )63. 清洗太陽光電模組應注意下列哪些事項？
(1)模組之型號是否正確 (2)清潔劑是否適當
(3)清洗人員之防護 (4)清潔工具之合適性。

( )64. 下列何者為太陽光電模組造成 PR 值不佳之可能之原因？
(1)模組數量 (2)模組不匹配 (3)模組遮蔭 (4)模組髒汙。

( )65. 下列何者為安裝太陽光電模組之錯誤作法？
(1)踩在模組上安裝 (2)選擇匹配之模組
(3)確認模組型號 (4)剪去快速接頭用防水膠布接續電纜。

( )66. 太陽光電模組安裝於固定支架時，下列何者正確？
(1)利用模組鎖孔至少採 4 點方式固定 (2)模組本身有鋁框不用考量支架水平 (3)模組採用壓件固定時應依原廠的建議點夾持 (4)螺絲固定時應符合扭力要求。

解 支架水平才不會產生分力，減損結構強度。

( )67. 太陽光電模組串列在維護拆修時，下列何者在安全上是必要的？
(1)變流器的交流開關斷離 (2)直流開關斷離 (3)確認未拆修模組之接地線不得分離 (4)擦拭模組。

解 維護拆修時接地不型斷開，因為模組照光即可能發電送出電力。
維護拆修時要先斷開交流側開關，再斷開直流側開關，以停止變流器電力的輸入與輸出。

( )68. 當在查修接地漏電流時，下列何種方式正確？
(1)量測交流測電壓 (2)電表量測 P 對地電壓值 (3)電表量測 N 對地電壓值 (4)利用絕緣阻抗計量測直流測阻抗。

解 產生漏電事宜，須量測是 P 或是 N 漏電，須各別以高阻計量測其絕緣能力。
所以，可以先以電測 P 對地或 N 對地的電壓值，若有漏電情事發生，會有電壓出現。

解答

59.(123) 60.(13) 61.(123) 62.(134) 63.(234) 64.(234) 65.(14) 66.(134) 67.(23) 68.(234)

工作項目 06 直流接線箱/交流接線箱之安裝及維修

( ) 1. 依「用戶用電設備裝置規則」規定，該規則條文若與國家標準(CNS)有關時，下列何者正確？
(1)可參考 IEC(International Electrotechnical Commission)
(2)可參考 UL(美國 Underwriters Laboratories)
(3)可參考 VDE(德國 Verband Deutscher Elektrotechnikere)
(4)應以國家標準(CNS)為準。

解 用戶用電設備裝置規則 第 6 條
本規則條文若與國家標準(CNS)有關時，應以國家標準為準；國家標準未規定時，得依國際電工技術委員會(International Electrotechnical Commission, IEC)標準或其他經中央主管機關認可之標準。

( ) 2. 下列何者不是安裝於直流接線箱之元件？
(1)突波吸收器 (2)串列開關 (3)直流斷路器 (4)機械式電表。

解 直流接線箱的元件有三：保險絲、直流斷路器、突波吸收器

( ) 3. 有關直流接線箱的說明，以下何者不正確？
(1)匯集串列或組列之輸出
(2)選用時應依場所需求，注意防塵與防水之要求
(3)箱體只能採用金屬材質
(4)箱體應張貼有警告標示，標示內部元件與變流器隔離後，仍會帶電。

解答

1.(4) 2.(4) 3.(3)

( ) 4. 以下對電器外殼保護分類等級(IP 碼)之說明，何者不正確？
(1)第一數字碼表示防止固體異物進入之保護程度
(2)第二數字碼表示防止水進入之保護程度
(3)若器具無規定分類碼之必要時，以 X 表示
(4)直流接線箱的要求等級，可以 IPX5 表示。

解 國際防護等級認證(International Protection Marking , IEC 60529)也稱作異物防護等級(Ingress Protection Rating)或 IP 代碼(IP Code。有時候也被叫做「防水等級」「防塵等級」等，這個等級表定義了機械和電子設備能提供針對固態異物進入(包括身體部位如手指，灰塵，砂礫等)，液 態滲入，意外接觸有何等程度的防護能力。

IP 等級第一個數字表示對於固體外來物質的防護等級；第一個數字
0→無防護
1→直徑 50mm 圓球形之探測器不可以全部穿過
2→直徑 12.5mm 圓球形之探測器不可以全部穿過
3→直徑 2.5mm 圓球形之探測器不可以全部穿過
4→直徑 1.0mm 圓球形之探測器不可以全部穿過
5→灰塵並非完全隔離，但是穿透的灰塵總量不可以影響電機的正常操作或是破壞其整體之安全性
6→完全無塵

IP 等級第二個數字表示對於水的防護等級
0→無防護
1→垂直掉落的水滴不會造成損壞
2→當護罩對垂直軸任一邊傾斜不超過 15 度之任意角度垂直掉落的水滴不會造成損壞
3→對垂直軸任一邊灑水不超過 60 度的任何角度不會造成損壞
4→對護罩自任何方向潑水不會造成損壞
5→對護罩自任何方向噴射水不會造成損壞
6→對護罩自任何方向以強力水柱噴射不會造成損壞
7→在規範的壓力及時間狀態下，護罩暫時性浸入水中(測試時間 30 分鐘)，滲入的水量不可以造成損壞
8→在製造商與使用者雙方同意，且較第七項條件更嚴格的狀態下，護罩持續性浸入水中，滲入的水量不可以造成損壞

( ) 5. 以下對電器外殼保護等級防塵型之說明，何者不正確？
(1)表示絕對無粉塵進入 (2)表示無法完全防止粉塵之進入，但不影響器具所應有之動作及安全性 (3)對直徑 1.0mm 以上固體異物，完全不得進入 (4)對直徑 2.5mm 以上固體異物，完全不得進入。

解 防塵型：5 灰塵並非完全隔離，但是穿透的灰塵總量不可以影響電機的正常操作或是破壞其整體之安全性
3→直徑 2.5mm 圓球形之探測器不可以全部穿過
4→直徑 1.0mm 圓球形之探測器不可以全部穿過

解答

4.(4)　5.(1)

( ) 6. 以下對電器外殼保護等級之防噴水型說明，何者正確？
(1)表示對於外殼任意方向進行強力噴水，不應造成有害的影響
(2)表示對於外殼任意方向進行噴水，不應造成有害的影響
(3)表示對外殼任意方向而來之濺水，不應造成有害的影響
(4)表示對電器垂直線傾斜 60 度範圍方向之噴水，均不應造成有害的影響。

解 防噴水型：IPX5→對護罩自任何方向噴射水不會造成損壞

( ) 7. 當直流接線箱被安裝於室外時，有關其保護等級之要求，以下何者不正確？
(1)具備塵密型能力 (2)具備防噴水能力 (3)IP65 以上，且耐紫外線 (4)IP45 以上。

解 IP65：6→完全無塵；5→對護罩自任何方向噴射水不會造成損壞。

( ) 8. 太陽光電發電系統規劃設計時，其交流配電箱若安裝於室外，絕對無粉塵進入要求其保護分類等級(IP 碼)需達多少以上
(1)IP65 (2)IP52 (3)IP54 (4)IP45。

解 要求：絕對無粉塵進入→IP6X：6→完全無塵。室外的要求：5→對護罩自任何方向噴射水不會造成損壞。所以取 IP65。

( ) 9. 有關阻隔二極體(blocking diode)的功能說明，以下何者正確？
(1)用以消除雷擊感應電壓 (2)用以降低組列輸出，保護變流器
(3)用以阻隔電流逆向流入串列 (4)用以消除火花。

解 阻絕二極體主要功用在於防止其他串列電流流向受遮蔭串列，或夜間蓄電池逆放電至串列，造成串列受損。

( )10. 因阻隔二極體工作時會產生高溫，以下處理方式何者不正確？
(1)以金屬散熱片幫助阻隔二極體散熱
(2)以直流熔線替代阻隔二極體
(3)使用塑膠材質將阻隔二極體包覆
(4)不可以交流熔線替代阻隔二極體。

( )11. 有關太陽光電輸出電路的說明，以下何者正確？
(1)指介於直流接線箱與變流器或直流用電設備間之電路導體(線)
(2)指介於變流器與併接點間之電路導體(線)
(3)指介於模組間之電路導體(線)
(4)指介於併接點與接戶開關間之電路導體(線)。

解 用戶用電設備裝置規則第 396 條之 21 之九
九、太陽光電輸出電路：指介於太陽光電電源與變流器或直流用電設備間之電路導體(線)。

解答

6.(2) 7.(4) 8.(1) 9.(3) 10.(3) 11.(1)

(　　)12. 依「用戶用電設備裝置規則」規定，直流接線箱中過電流保護裝置之額定載流量，不得小於對應串列最大電流之幾倍？

(1)1　(2)1.25　(3)1.56　(4)2 倍。

解 用戶用電設備裝置規則第 396 條之 27 一及二

電路線徑選定及電流規定如下：

一、各個電路之最大電流之計算：

(一)太陽光電電源電路之最大電流為並聯模組額定短路電流之總和乘以 1.25 倍。

二、安培容量及過電流保護裝置之額定或標置之規定如下：

(二)過電流保護裝置：

1.載流量不得小於依前款計算所得最大電流之 1.25 倍

(　　)13. 有關直流接線箱與交流配電盤內之端子安裝，以下何者不正確？

(1)應確實鎖牢固定

(2)使用溫度限制應符合該端子使用說明書規定，並得超過其所連接終端、導體(線)或裝置溫度額定中之最低者

(3)須考慮金屬表面符合防腐蝕要求

(4)若出現生銹情況，應予更新。

解 用戶用電設備裝置規則第 396 條之 27 二(二)

過電流保護裝置：端子→並"不"得超過其所連接終端、導體(線)或裝置溫度額定中之最低者。

(　　)14. 以下對太陽光電發電系統最大電壓的說明，何者正確？

(1)指變流器之輸出電壓

(2)指在串列或組列中，依最低預期周溫修正計算串聯太陽光電模組額定開路電壓總和之最高者

(3)指在串列或組列中，串聯太陽光電模組額定開路電壓總和之最高者

(4)指組列中，串聯太陽光電模組之額定耐電壓總和。

解 用戶用電設備裝置規則第 396 條之 26

一、最大電壓之計算及認定：

(一)於直流太陽光電電源電路或輸出電路中，太陽光電系統最大電壓，應依最低預期周溫修正計算串聯太陽光電模組額定開路電壓之總和。若最低預期周溫低於攝氏零下 40 度者，或使用單晶矽或多晶矽以外之模組者，其系統電壓之調整應依製造廠商之說明書。

(二)單晶矽及多晶矽模組之額定開路電壓應乘以表三九六之二十六所列之修正係數。太陽光電模組說明書中已提供太陽光電模組之開路電壓溫度係數者，不適用之。

解答

12.(2)　13.(2)　14.(2)

( )15. 當太陽日照強度增加時，太陽光電模組的短路電流會
(1)增加 (2)降低 (3)不變 (4)先增加再降低。

解 (1)

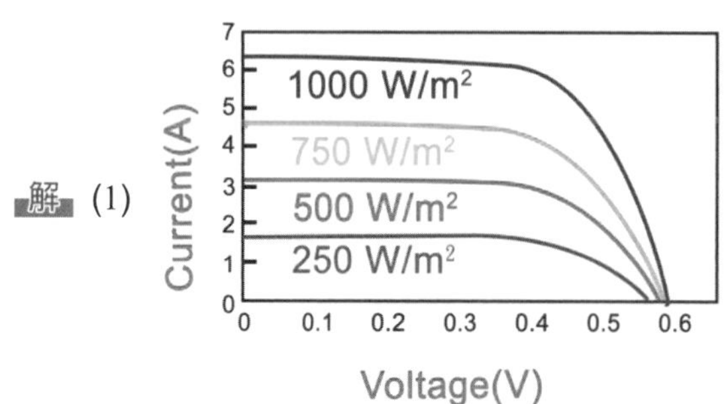

日照強度增加，短路電流上升，開路電壓些微上升，功率上升

( )16. 依「用戶用電設備裝置規則」規定，太陽光電發電系統中之直流隔離設備(斷路器)的耐電流，一般須大於組列最大短路電流的
(1)1 倍 (2)1.25 倍 (3)1.56 倍 (4)2 倍。

解 用戶用電設備裝置規則第 396 條之 27 一及二
電路線徑選定及電流規定如下：
一、各個電路之最大電流之計算：
(一)太陽光電電源電路之最大電流為並聯模組額定短路電流之總和乘以 1.25 倍。
二、安培容量及過電流保護裝置之額定或標置之規定如下：
(二)過電流保護裝置：
1.載流量不得小於依前款計算所得最大電流之 1.25 倍

( )17. 有關直流接線箱的材質選用，以下何者不正確？
(1)安裝於室外時，應選用耐紫外線之材質
(2)安裝於室外時，其箱體表面應有防蝕處理，或應選用耐腐蝕之材質
(3)於高鹽害地區使用時，304 不銹鋼箱體可符合耐腐蝕之要求
(4)ABS 材質箱體可符合耐紫外線之要求。

解 316 系列則是添加了鉬，對於抗氯離子腐蝕的能力更勝於 304 系列，是第二普遍的不鏽鋼種類。

( )18. 下列何處之太陽光電發電系統中設備之間的連接線可採用一般室內配線用電線？
(1)太陽光電模組之間 (2)組列至直流接線箱之間
(3)直流接線箱至變流器之間 (4)變流器至交流配電盤之間。

解 變流器至交流配電盤之間在室內。

( )19. 有關太陽光電系統線路之安裝，以下何者不正確？
(1)應於交流輸出端，安裝短路或過電流保護裝置
(2)為降低閃電引起之突波電壓，所有配線迴路面積應儘量縮小
(3)因太陽光電發電設備較為特殊，可不須依照「用戶用電設備裝置規則」規定施工
(4)模組串接只能到模組與變流器最大容許電壓之允許片數。

解 術科應檢人員須知→配線配管：須符合「用戶用電設備裝置規則」之導線槽配線規定。

解答

15.(1) 16.(3) 17.(3) 18.(4) 19.(3)

(　)20. 有關過電流保護保護說明，以下何者不正確？
(1)串列輸出之導線與設備應予以過電流保護保護
(2)組列輸出之導線與設備應予以過電流保護保護
(3)變流器輸出之導線與設備應予以過電流保護保護
(4)蓄電池電路之導線與設備因屬低壓，不必施以過電流保護。

(　)21. 有關太陽光電發電系統直流側安裝之說明，以下何者正確？
(1)用於任何直流部分之過電流保護裝置，應爲經確認可用於直流電路，且有適當之額定電壓、電流及啓斷容量者
(2)交流斷路器(MCB)，可作爲直流離斷開關
(3)只要變流器不啓動，接線好的直流接線箱內端子或電線是不會有電壓的
(4)直流電不會像交流電一樣對人體產生觸電危險。

(　)22. 下列那些設備不可設於之太陽光電發電系統電源側
(1)串列隔離開關　(2)串列過電流保護裝置　(3)阻隔二極體　(4)交流斷路器。
解 太陽光電發電系統電源側為直流側，不可使用交流斷路器，無法活線消弧。

(　)23. 有關直流離斷開關之說明，以下何者不正確？
(1)須具備活線消弧能力
(2)不得裝設於被接地之導體(線)
(3)不可用於交流隔離場合
(4)可用於與建築物或其他構造物內之其他導體(線)隔離。

(　)24. 有關隔離開關與隔離設備之說明，以下何者不正確？
(1)雖隔離開關僅用於太陽光電組列之維護，亦不得裝設於接地導線
(2)若該開關僅爲合格人員可觸及，接地導線亦得裝設隔離開關
(3)若該開關之額定適用於任何運轉狀況下呈現之最大直流額定電壓及額定電流，包括接地故障情況，接地導線亦得裝設隔離開關
(4)太陽光電隔離設備應裝設於輕易可觸及處，不論建築物或構造物外部或最接近系統導體(線)進屋點內部皆可，但排除浴室。

(　)25. 有關太陽光電發電系統隔離設備標示，以下何者正確？
(1)不必標示　(2)應加以永久標示
(3)有無標示均可　(4)於隔離設備外表以塗顏色標示即可。
解 用戶用電設備裝置規則第 396 條之 51
於太陽光電隔離設備處應"永久"標示下列直流太陽光電電源項目：
一、額定最大功率點電流。
二、額定最大功率點電壓。
三、最大系統電壓。
四、短路電流。
五、若有裝設充電控制器，其額定最大輸出電流。

解答

20.(4)　21.(1)　22.(4)　23.(3)　24.(1)　25.(2)

(　　)26. 單一封閉體(箱體)或在開關盤之內可安裝開關或斷路器之最大數量爲
(1)不得超過三個　(2)不得超過五個　(3)不得超過六個　(4)不得超過八個。

解 用戶用電設備裝置規則 第 396-32 條　隔離設備之裝設規定如下：

三、(四) 隔離設備之最大數量：隔離設備裝設於單一封閉體、同一群分開之封閉體或在開關盤之內或之上者，其開關或斷路器之數量不得超過六個。

(　　)27. 下列何者設備不須裝設隔離設備？
(1)變流器　(2)突波吸收器　(3)充電控制器　(4)蓄電池。

解 突波吸收器為保護裝置，不可裝設隔離設備
用戶用電設備裝置規則 第 396-33 條 變流器、蓄電池、充電控制器及其他類似設備應裝有隔離設備，使能與所有電源之全部非被接地導體(線)隔離。

(　　)28. 有關太陽光電系統之熔線規定，以下何者不正確？
(1)若熔線二側均有電源者，應裝有隔離設備，使能與所有電源隔離
(2)熔線應能獨立斷開
(3)熔線應裝於視線可及且可觸及之處
(4)熔線可與其他太陽光電電源電路熔線連動運作。

解 用戶用電設備裝置規則　第 396-34 條

太陽光電系統之熔線規定如下：

一、隔離設備：若熔線二側均有電源者，應裝有隔離設備，使能與所有電源隔離。熔線應能獨立斷開，不受其他位於太陽光電電源電路之熔線影響。

二、熔線維護：若以熔線作為過電流保護裝置係屬必須維護，不能與帶電電路隔離者，隔離設備應裝在太陽光電輸出電路上，且應位於熔線或整組熔線座位置視線可及且可觸及處，並符合第 396 條之 35 規定。若隔離設備距過電流保護裝置超過 1.8 公尺或 6 英尺，於過電流保護裝置位置應設標識，標示每一隔離設備之位置。隔離設備非為負載啓斷額定者，應標示「有負載下不得開啓」。

(　　)29. 依「用戶用電設備裝置規則」規定，如隔離設備與過電流保護裝置間超過多少距離，在過電流保護裝置位置應裝設告示板，標示每一隔離設備之位置？
(1)1.8　(2)1.5　(3)2.0　(4)3.0 公尺。

解 若隔離設備距過電流保護裝置超過 1.8 公尺或 6 英尺，於過電流保護裝置位置應設標識，標示每一隔離設備之位置。隔離設備非為負載啓斷額定者，應標示「有負載下不得開啓」。

(　　)30. 有關手動操作開關或斷路器應符合之規定，下列何者不正確？
(1)不必設於輕易可觸及處　(2)應使操作人員不會碰觸到帶電之組件
(3)應明確標示開啓或關閉之位置　(4)應具有足夠之啓斷額定。

解 用戶用電設備裝置規則　第 396-35 條

非被接地導體(線)之隔離設備應由符合下列規定之手動操作開關或斷路器組成：

一、設於可輕易觸及處。

二、可外部操作，且人員不會碰觸到帶電組件。

三、明確標示開或關之位置。

四、對設備線路端之標稱電路電壓及電流，具有足夠之啓斷額定。

解答

26.(3)　27.(2)　28.(4)　29.(1)　30.(1)

( )31. 太陽光電系統之輸出電路，其配線佈設於建築物或構造物內者，該電路自建築物貫穿點至第一個隔離設備間之配線/配管方式，以下何者不正確？
(1)應裝設於金屬管槽內 (2)應裝設於 PVC 管內
(3)配線不必放置於配管中 (4)應採用可供接地用之鎧裝電纜。

解 用戶用電設備裝置規則 第 396-37 條
建築物內之直流太陽光電電源及輸出電路：建築一體型或其他太陽光 電系統之直流太陽光電電源電路或輸出電路，配線佈設於建築物或構造物內者，該電路自建築物或構造物表面之貫穿點至第一個隔離設備間，應裝設於金屬管槽、金屬封閉體內，或採用可供接地用之鎧裝電纜

( )32. 以下那些地方應張貼內部元件與變流器隔離後仍會帶電之標示？
(1)通訊接線箱 (2)組列直流接線箱 (3)模組 (4)支撐架。

( )33. 以下說明，何者不正確？
(1)為維護變流器，直流端應裝置隔離裝置
(2)為維護變流器，交流端應裝置隔離裝置
(3)變流器之直流端應裝置直流離斷開關
(4)變流器之直流端無須裝置直流離斷開關。

( )34. 依 CNS 15199 規定，選擇與安裝太陽光電發電系統與市電供電間的隔離開關時，以下說明何者正確？
(1)太陽光電系統視為供電端、市電視為負載端
(2)太陽光電系統視為負載端、市電視為供電端
(3)太陽光電系統與市電皆視為供電端
(4)太陽光電系統與市電皆視為負載端。

解 CNS 15199 規定：選擇與安裝光電裝置與公共供電間之隔離與開關裝置時，公共供電應視為供應端，光電裝置應視為負載端。

( )35. 依 CNS 15199 規定，當串列輸出電纜之連續載流量大於或等於串列短路電流之幾倍時，得省略該線路之過負載保護？
(1)1 (2)1.25 (3)1.56 (4)2 倍。

解 CNS 15199 規定：當電線持續載流量等於或大於光電生產器 $I_{SC,STC}$ 之 1.25 倍時，可省略光電主要線路之過負載保護。

( )36. 欲進行直流接線箱檢修時，應先關閉下列那一裝置？
(1)交流斷路器 (2)直流離斷開關 (3)串列開關 (4)變流器。

解 欲進行直流接線箱檢修時，應先斷變流器的交流側電路，再斷直流側電路。所以，先斷交流斷路器。

解答

31.(3) 32.(2) 33.(4) 34.(2) 35.(2) 36.(1)

( )37. 如隔離設備在啓開位置時，端子有可能帶電者，以下標識處置何者不宜？
(1)在隔離設備上或鄰近處應設置警告標識
(2)標示「警告小心！觸電危險！切勿碰觸端子！啓開狀態下線路側及負載側可能帶電」
(3)標識應清晰可辨
(4)如果有數個地點安裝隔離設備，可統一於一處標示。

( )38. 有兩組太陽光電模組串列並接時，其 Isc 各爲 9A，試問其直流開關的耐電流爲多少？
(1)22.5A (2)18A (3)14.04A (4)28.08A。

解 用戶用電設備裝置規則 第 396-37 條 一、(一)線路的最大電流為 I_{SC} 的 1.25 倍；二、(二) 過電流保護裝置耐電流為最大電流的 1.25 倍；四、模組電路互連導線之安培容量：若採用單一過電流保護裝置保護一組二個以上之並聯模組電路者，每一模組電路互連導線之安培容量不得小於單一熔線額定加上其他並聯模組短路電流一．二五倍之和。

(線路的最大電流為 I_{MAX}= 9A×1.25=11.25，直流開關的耐電流=11.25×1.25+11.25=25.31 A)。

( )39. 有四組太陽光電模組串列並接時，其 Isc 各爲 9A，試問其各串接直流保險絲的耐電流爲多少？ (1)11.25A (2)45A (3)9A (4)18A。

解 各串即無關四組並聯。用戶用電設備裝置規則 第 396-37 條 一、(一)線路的最大電流為 I_{SC} 的 1.25 倍；二、(二) 過電流保護裝置耐電流為最大電流的 1.25 倍；耐電流為 9A×1.25×1.25=14.06 A。

( )40. 多組變流器併接交流箱時，下列狀況何者不正確？
(1)斷路器需依『用戶用電設備裝置規則』設計
(2)交流箱安裝時不用考慮變流器是否在可視範圍內
(3)交流箱安裝位置應在隨手可觸的位置
(4)箱體不可上鎖。

( )41. 有兩組太陽光電模組串列並接時，其最大電壓值在溫度係數修正後各爲 800V，試問其直流斷路器的耐壓值應大於多少？
(1)400 (2)800 (3)1248 (4)1600 V。

解 線路的最大電壓已經過溫度係數修正，直接使用即可。

( )42. 有 3 組交流斷路器其耐電流值爲 30A，試問其併接後的總斷路器耐電流需大於多少？
(1)90.5A (2)100.5A (3)110.5A (4)112.5A。

解 用戶用電設備裝置規則 第 396-37 條 各線路的最大電流預估為 30A/1.25=24，所以，總斷路器的耐電流需為 30A+24×2=78 A。

( )43. 依「用戶用電設備裝置規則」規定，對規則條文的規定，下列何者正確？
(1)若與國家標準(CNS)有關時，應以國家標準爲準
(2)國家標準未規定時，得依國際電工技術委員會(IEC)標準
(3)國家標準未規定時，可參考德國 VDE 標準
(4)國家標準未規定時，得依其他經中央主管機關認可之標準。

解答

37.(4) 38.(4) 39.(1) 40.(2) 41.(2) 42.(4) 43.(124)

(　)44. 下列何者是安裝於直流接線箱之元件？
(1)突波吸收器　(2)機械式電表　(3)交流保險絲　(4)直流斷路器。

(　)45. 有關直流接線箱的說明，下列何者正確？
(1)匯集串列或組列之輸出　(2)箱體只能採用金屬材質　(3)箱體不需張貼有安全警告標示　(4)應依場所特性具備合適之防塵與防水等級。

(　)46. 下列對電器外殼保護分類等級(IP 碼)之說明，何者正確？
(1)第一數字碼表示防止水進入之保護程度
(2)第一數字碼表示防止固體異物進入之保護程度
(3)第二數字碼表示防止水進入之保護程度
(4)第二數字碼表示防止固體異物進入之保護程度。

解 IP 等級第一個數字表示對於固體外來物質的防護等級：
0→無防護
1→直徑 50mm 圓球形之探測器不可以全部穿過
2→直徑 12.5mm 圓球形之探測器不可以全部穿過
3→直徑 2.5mm 圓球形之探測器不可以全部穿過
4→直徑 1.0mm 圓球形之探測器不可以全部穿過
5→灰塵並非完全隔離，但是穿透的灰塵總量不可以影響電機的正常操作或是破壞其整體之安全性
6→完全無塵

IP 等級第二個數字表示對於水的防護等級
0→無防護
1→垂直掉落的水滴不會造成損壞
2→當護罩對垂直軸任一邊傾斜不超過 15 度之任意角度垂直掉落的水滴不會造成損壞
3→對垂直軸任一邊灑水不超過 60 度的任何角度不會造成損壞
4→對護罩自任何方向潑水不會造成損壞
5→對護罩自任何方向噴射水不會造成損壞
6→對護罩自任何方向以強力水柱噴射不會造成損壞
7→在規範的壓力及時間狀態下，護罩暫時性浸入水中(測試時間 30 分鐘)，滲入的水量不可以造成損壞
8→在製造商與使用者雙方同意，且較第七項條件更嚴格的狀態下，護罩持續性浸入水中，滲入的水量不可以造成損壞

(　)47. 下列對電器外殼保護等級防塵型之說明，何者正確？
(1)代碼爲 5　(2)代碼爲 6　(3)表示絕對無粉塵進入　(4)表示無法完全防止粉塵之進入，但粉塵侵入量應不影響設備正常操作或損及安全性。

解 IP5X→灰塵並非完全隔離，但是穿透的灰塵總量不可以影響電機的正常操作或是破壞其整體之安全性。

解答

44.(14)　45.(14)　46.(23)　47.(14)

( )48. 下列對電器外殼保護等級防噴水型之說明，何者正確？
(1)代碼為 5
(2)代碼為 6
(3)表示對外殼朝任意方向進行噴水，應不造成損壞性影響
(4)表示對外殼朝任意方向進行強力噴水，應不造成損壞性影響。

解 IPX5→對護罩自任何方向噴射水不會造成損壞；IPX6→對護罩自任何方向以強力水柱噴射不會造成損壞。

( )49. 因阻隔二極體工作時會產生高溫，下列處理方式何者正確？
(1)以金屬散熱片幫助阻隔二極體散熱
(2)使用隔熱材質將阻隔二極體包覆
(3)以交流熔線替代阻隔二極體
(4)以直流熔線替代阻隔二極體。

( )50. 有關直流接線箱與交流配電盤內之端子安裝，下列何者正確？
(1)應確實鎖牢固定
(2)應使用 O 型端子
(3)應使用 Y 型端子
(4)所連接終端、導體(線)或裝置之額定溫度最低者，應符合該端子之溫度限制規定。

解 用戶用電設備裝置規則第 396 條之 27 二(二)
過電流保護裝置：端子→並"不"得超過其所連接終端、導體(線)或裝置溫度額定中之最低者。

( )51. 有關太陽光電發電系統組列所用突波吸收器的說明，下列何者不正確？
(1)用於對直接雷擊的保護
(2)用於對間接雷擊的保護
(3)突波吸收器故障，對發電並無影響
(4)應分別於組列之正及負輸出端各安裝一只。

解 13 應該是正確，24 是不正確

( )52. 有關直流接線箱的材質選用，下列何者不正確？
(1)安裝於室外時，應選用耐紅外線之材質
(2)於高鹽害地區使用時，無表面防蝕處理的 304 不銹鋼箱體可符合耐腐蝕之要求
(3)於室外選用 ABS 材質箱體時，應符合耐紫外線之要求
(4)箱體完成現場配管後，可忽略防塵防水能力之檢查。

解 室外，耐紫外線。 (2)高鹽害地區 304 不銹鋼箱體無法耐腐蝕。 (4)箱體完成現場配管後，要防塵防水能力之檢查。

( )53. 有關過電流保護說明，下列何者正確？
(1)對串列輸出之導線及設備應採用直流熔線予以保護
(2)直流熔線或交流熔線均可用於對組列輸出導線的保護
(3)對變流器輸出之導線與設備應予過電流保護
(4)對串列直流熔線不需定期檢查是否安裝牢固。

解答

48.(13) 49.(14) 50.(124) 51.(13) 52.(124) 53.(13)

(　　)54. 有關太陽光電系統線路之安裝，下列何者不正確？
(1)應於交流輸出端安裝漏電及過電流保護裝置
(2)爲降低雷擊引起之突波電壓，所有配線迴路面積應儘量放大
(3)須依照「用戶用電設備裝置規則」規定施工
(4)串接模組片數不需考慮模組或變流器之最大容許電壓。

(　　)55. 有關太陽光電發電系統直流側安裝之說明，下列何者不正確？
(1)用於任何直流部分之過電流保護裝置，應經確認可用於直流電路者
(2)交流斷路器不經確認可作爲直流離斷開關使用
(3)若輸出端交流開關啓斷，太陽光電輸出線路是不會有電壓的
(4)直流電對人體不會產生觸電危險。

(　　)56. 有關太陽光電發電系統隔離設備標示，下列何者不正確？
(1)不必標示
(2)應加以永久標示
(3)於隔離設備外表以粉筆作標示
(4)如隔離設備距過電流保護裝置超過 3 公尺，在過電流保護裝置位置應裝設告示板，標示每一隔離設備之位置。

解 若隔離設備距過電流保護裝置超過 1.8 公尺或 6 英尺，於過電流保護裝置位置應設標識，標示每一隔離設備之位置。隔離設備非為負載啓斷額定者，應標示「有負載下不得開啓」。

(　　)57. 下列那些須裝設隔離設備？
(1)變流器　(2)充電控制器　(3)突波吸收器　(4)蓄電池。

(　　)58. 關於電度表接線箱之敘述，下列何者正確？
(1)電度表接線箱其箱體若採用鋼板其厚度應在 1.6 公厘以上
(2)電度表接線箱應置於 3 公尺以上
(3)30 安培以上電度表應以加封印之電度表接線箱保護之
(4)用戶端接線箱應加封印。

解 用戶用電設備裝置規則　第 473 條
電度表裝設之施工要點如左：
<u>一、電度表離地面高度應在 1.8 公尺以上</u>，2.0 公尺以下為最適宜，如現場場地受限制，施工確有困難時得予增減之，惟最高不得超過 2.5 公尺，最低不得低於 1.5 公尺 (埋入牆壁內者，可低至 1.2 公尺) 。
用戶用電設備裝置規則 第 477 條
<u>二、電度表應加封印之電度表接線箱保護之</u>。但電度表如屬插座型及低壓 30 安以下者(限裝於非鹽害地區之乾燥且雨線內之場所，其進屋線使用導線管時，該管應與電表之端子盒相配合)得免之。
三、電度表接線箱，其材質及規範應考慮堅固、密封、耐候及不燃性等特性者，其箱體若採用<u>鋼板其厚度應在 1.6mm 以上</u>，採用不燃性非金屬板者其強度應符合國家標準。

(　　)59. 下列何者是安裝於直流接線箱之元件？
(1)機械式電表　(2)變流器　(3)直流斷路器　(4)突波吸收器。

解答

54.(24)　55.(234)　56.(134)　57.(124)　58.(13)　59.(34)

(　　)60. 下列何者是安裝於交流接線箱之元件？
(1)直流斷路器　(2)機械式電表　(3)交流斷路器　(4)變流器。

(　　)61. 鑲嵌於金屬接線箱面板上之數位電表，常用尺寸為
(1)96mm×48mm　(2)96mm×96mm　(3)48mm×48mm　(4)48mm×24mm。

解答

60.(23)　61.(12)

工作項目 07 變流器工程安裝及維護

( ) 1. 下列對併聯型變流器功能的說明何者為正確？
(1)將直流電轉成交流電 (2)將交流電轉成直流電
(3)不可饋入市電 (4)可調整輸出電壓值。

解 併聯型的電路是為了將電力賣給台灣電力公司，將直流電流轉成交流電，再饋入市電，維持恆定的電壓。

( ) 2. 變流器透過以下那一種功能，可讓太陽光電組列發揮最大輸出功率？
(1)將直流電轉成交流電 (2)最大功率點追蹤(MPPT)
(3)併聯保護協調 (4)對市電逆送電。

解 最大輸出功率→最大功率點追蹤(MPPT)。

( ) 3. 下列對變流器轉換效率特性的說明何者為正確？
(1)轉換效率與輸入功率無關 (2)低輸入功率時的轉換效率較差
(3)低輸入功率時的轉換效率較佳 (4)輸入功率等於額定功率。

解 變流器轉換效率特性：輸入功率太高和太低其轉換效率都不高，惟有和最大輸入功率接近才會有最大的功率。

( ) 4. 下列對變流器轉換效率特性的說明何者為不正確？
(1)轉換效率是變流器交流輸出功率與直流輸入功率之比值
(2)歐規轉換效率只限於歐洲使用
(3)同一變流器，歐規轉換效率低於最大轉換效率
(4)歐規轉換效率是一種經權重計算過的轉換效率。

解 變流器轉換效率特性：轉換效率是變流器交流輸出功率與直流輸入功率之比值。歐規轉換效率不只限於歐洲使用。歐規轉換效率是一種經權重計算過的轉換效率。同一變流器，歐規轉換效率低於最大轉換效率。

歐洲效率 EU Eff 的定義:是根據六個工作點的效率與以加權計算而得。

$$\eta_{EU} = 0.05\eta_{5\%} + 0.06\eta_{10\%} + 0.13\eta_{20\%} + 0.10\eta_{30\%} + 0.48\eta_{50\%} + 0.20\eta_{100\%}$$

另外還有加州能源效率 CEC Eff

$$\eta_{CEC} = 0.04\eta_{10\%} + 0.05\eta_{30\%} + 0.12\eta_{30\%} + 0.21\eta_{50\%} + 0.53\eta_{75\%} + 0.05\eta_{100\%}$$

( ) 5. 下列對變流器與太陽光電組列之匹配的說明何者為非？
(1)適當地對變流器與太陽光電組列進行容量匹配設計，對發電性能有利
(2)在高日照的地區，通常變流器容量可高過對應太陽光電組列容量
(3)在低日照的地區，變流器容量高過對應太陽光電組列容量乃對發電性能有利
(4)除可考量容量匹配設計外，同時應考量所選用之變流器的耐熱能力。

解 變流器轉換效率特性：匹配時轉換效率最高。(2)高日照地區，太陽光電組列可能發出高於額定的電量，所以，較高的變流器容量是需要的。(3)低日照區域，太陽光電組列無法發出接近額定的電量，所以，較低的變流器容量是恰當的。(4)容量匹配設計是必要的，但變流器無法負荷高溫時，為保護設備，通常會強制變流器降載，以保護電子零件，故其耐熱能力是必要的考量因子。

解答

1.(1) 2.(2) 3.(2) 4.(2) 5.(3)

(　) 6. 變流器的最大功率點追蹤(MPPT)功能有一定之電壓範圍，爲達到較佳的發電性能，下列說明何者爲正確？
(1)太陽光電組列的最大功率電壓範圍應涵蓋變流器 MPPT 電壓範圍
(2)太陽光電組列的最大功率電壓範圍可以部份涵蓋變流器 MPPT 電壓範圍
(3)無須特別考量太陽光電組列的最大功率電壓範圍與變流器 MPPT 電壓範圍之關係
(4)變流器 MPPT 電壓範圍應涵蓋太陽光電組列的最大功率電壓範圍。

解

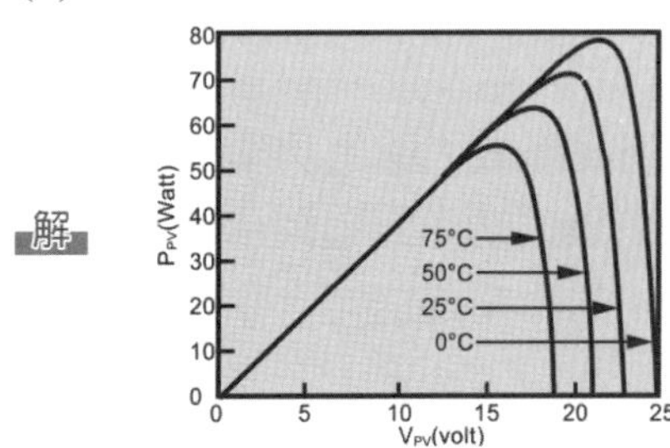

變流器 MPPT 電壓範圍應涵蓋太陽光電組列的最大功率電壓範圍。

(　) 7. 有關變流器的安裝，下列說明何者爲正確？
(1)應緊貼牆壁，以利牢靠固定
(2)應與牆壁保持距離，以利通風散熱
(3)爲考量空間充分利用，變流器可上下堆疊
(4)安裝變流器的機房不須考慮散熱。

(　) 8. 當變流器被安裝於室外時，有關其保護等級要求，下列何者<u>不正確</u>？
(1)應具備防塵能力　(2)應具備防噴流能力　(3)須達 IP54 以上　(4)須達 IP45 以上。

(　) 9. 市售變流器須通過產品驗證方可上市，下列何者<u>非必要</u>之驗證項目？
(1)安規　(2)併網　(3)電磁相容　(4)發電量。

(　)10. 有關變流器輸出電路之最大電流的說明，下列何者正確？
(1)爲變流器連續輸出額定電流
(2)爲對應太陽光電組列的額定短路電流
(3)爲對應太陽光電組列的額定最大功率電流
(4)爲對應太陽光電組列的額定短路電流之 1.25 倍。

解 用戶用電設備裝置規則 第 396-27 條
電路線徑選定及電流規定如下：
一、各個電路之最大電流之計算：
(一)太陽光電電源電路之最大電流為並聯模組額定短路電流之總和乘以 1.25 倍。
(二)太陽光電輸出電路之最大電流為前目並聯太陽光電電源電路之電流總和。
(三)變流器輸出電路之最大電流應為變流器連續輸出額定電流。
(四)獨立型系統變流器輸入電路之最大電流應為變流器以最低輸入電壓產生額定電力時，該變流器連續輸入之額定電流。

解答

6.(4)　7.(2)　8.(4)　9.(4)　10.(1)

(　)11. 依 CNS 15382 規定，併接點電壓介於市電標稱電壓之 0.85~1.10 倍時，變流器的最大跳脫時間為
(1)0.1 秒　(2)2.0 秒　(3)不須跳脫　(4)0.05 秒。

解 異常電壓之反應

電壓(市電系統連接點)	最大跳脫時間
$V/V_{NOMINAL}$<0.50	0.1 秒
0.50 <$V/V_{NOMINAL}$<0.85	2.0 秒
0.85 <$V/V_{NOMINAL}$<1.10	持續操作
1.10 <$V/V_{NOMINAL}$<1.35	2.0 秒
1.10 <$V/V_{NOMINAL}$	0.05 秒

(　)12. 依 CNS 15382 規定，併接點電壓高於市電標稱電壓之 1.10 倍且低於市電標稱電壓之 1.35 倍時，變流器的最大跳脫時間為
(1)0.1 秒　(2)2.0 秒　(3)不須跳脫　(4)0.05 秒。

解 (2) 請參考第 11 題。

(　)13. 依 CNS 15382 規定，當市電系統頻率超出±1Hz 範圍時，太陽光電系統應在多少時間內停止供電至市電系統？
(1)0.1　(2)0.2　(3)0.5　(4)1.0 秒。

解 當市電系統頻率超出範圍之±1Hz，PV 系統應在 0.2 秒內停止供電至市電系統。

(　)14. 依 CNS 15382 規定，當市電系統喪失電力時，太陽光電系統應在多少時間內停止供電？
(1)0.1　(2)0.5　(3)1.0　(4)2.0 秒。

解 當市電系統喪失電力時，PV 系統在 2 秒內必須停止供電。備考：非孤島變流器不在本標準考慮之範圍。

(　)15. 當變流器因市電系統出現異常超過範圍而跳脫後，下列說明何者正確？
(1)PV 系統控制線路應保持與市電系統連接，感測市電系統狀況以便於啓動"再連接"功能
(2)變流器當天應關機，不可再運轉
(3)應改由人工操作，由操作者自行判斷"再連接"的時間
(4)應等候市電系統電力公司通知許可後，才能人工啓動"再連接"功能。

(　)16. 依 CNS 15382 規定，因市電系統異常超過範圍而引起太陽光電系統停止供電後，在市電系統之電壓及頻率已回復至規定範圍後多少時間內(註：供電遲延時間乃決定於區域狀況)，太陽光電系統不應供電至市電系統？
(1)10 至 20 秒　(2)20 至 60 秒　(3)60 至 200 秒　(4)20 至 300 秒。

解答

11.(3)　12.(2)　13.(2)　14.(4)　15.(1)　16.(4)

( )17. 下列何項保護功能<u>非</u>作爲太陽光電變流器內建孤島保護偵測之用途？
(1)低頻保護 (2)高頻保護 (3)過電流保護 (4)低電壓保護。

( )18. 有關介於變流器輸出與建築物或構造物隔離設備間電路之導線線徑計算，下列何者正確？
(1)應以變流器之額定輸出決定 (2)應以組列之額定輸出決定
(3)應以組列額定輸出之 1.25 倍決定 (4)應以交流斷路器之跳脫額定容量決定。

解 用戶用電設備裝置規則第 396-29 條
建築物或構造物之電源側隔離設備之配線規定如下：
二、導線之線徑與保護：介於變流器輸出與建築物或構造物隔離設備間電路之導線，應以變流器之輸出額定決定其線徑。導線應依第一章第十節規定予以保護，並應設於變流器輸出端。

( )19. 依「用戶用電設備裝置規則」規定，所有併聯型系統與其他電源之併接點應於隔離設備之人員可觸及之處，下列何者<u>不必</u>標示？
(1)電源 (2)安裝廠商名稱 (3)額定交流輸出電流 (4)標稱運轉交流電壓。

解 用戶用電設備裝置規則第 396-52 條
所有併聯型系統與其他電源之併聯連接點應於隔離設備之可觸及處，標示電源及其額定交流輸出電流與標稱運轉交流電壓。

( )20. 下列對變流器轉換效率的說明，何者正確？
(1)內建變壓器有利提高效率 (2)於輕載下運轉的效率較高
(3)於過載下運轉的效率較低 (4)較高的環境溫度有利提高效率。

( )21. 當併聯型變流器併接至具有供應多分路能力之配電設備時，供電電路之匯流排或導線之過電流保護裝置額定安培容量總和，不得超過該匯流排或導線額定多少倍？
(1)1 倍 (2)1.2 倍 (3)1.5 倍 (4)1.56 倍。

解 用戶用電設備裝置規則第 396-59 條
併聯型變流器之輸出端應依下列方式之一連接：
一、供電側：電力輸出電源得連接至接戶隔離設備之供電側。
二、超過 100 瓩，且符合下列全部情況者，輸出端得於用戶區域內在一點以上連接：
(一)非電業電源聚合容量超過 100 瓩，或供電電壓超過 1000 伏。
(二)確由合格人員從事系統之維護及監管。
三、併聯型變流器：併聯型變流器之輸出端得連接至用戶任何配電設備之其他電源供電隔離設備之負載側，且符合下列規定：
(一)專用之過電流保護及隔離設備：各電源之併聯連接，應採用專用斷路器或具熔線之隔離設備。
(二)匯流排或導線之額定：供電電路之匯流排或導線，其過電流保護裝置額定安培容量之總和，<u>不得超過該匯流排或導線額定之 1.2 倍</u>。

解答

17.(3) 18.(1) 19.(2) 20.(3) 21.(2)

(　)22. 依「用戶用電設備裝置規則」規定，太陽光電系統電壓係指
(1)變壓器之輸出電壓
(2)變流器之額定輸出電壓
(3)太陽光電電源或太陽光電輸出電路之直流電壓
(4)併接點之市電電壓。

解 用戶用電設備裝置規則第 396-21 條
十三、太陽光電系統電壓：指太陽光電電源或太陽光電輸出電路之直流電壓。若為多線裝設系統者，為任二條直流導體(線)間之最高電壓。

(　)23. 依「用戶用電設備裝置規則」規定，太陽光電電源係指
(1)產生直流系統電壓及電流之組列或組列群
(2)產生交流電壓及電流之變流器
(3)系統中的任一片太陽光電模組
(4)變流器輸出電路上的插座。

解 用戶用電設備裝置規則第 396-21 條
七、太陽光電電源：指產生直流系統電壓及電流之組列或組列群。

(　)24. 有關孤島效應的說明，下列何者不正確？
(1)孤島係指市電電網的某一部份，與電網其中部份隔離後仍處於持續運作的狀態
(2)孤島包含負載及發電設備
(3)可透過監測市電電壓及頻率來控制
(4)放寬電壓及頻率範圍可增加對孤島效應的控制。

解 當市電電網供電中斷後，如果分散式發電系統(DR)仍持續獨立供電，此一現象稱為孤島發電，如果在孤島發電的情形下電網維護人員進行緊急修復動作時，極可能造成維修人員觸電的危險。

(　)25. 依電業法規定，供電電燈電壓之變動率，以不超過多少爲準？
(1)±2.5%　(2)±3%　(3)±5%　(4)±10%。

解 電業法第 36 條
供電電壓之變動率，以不超過左列百分數為準：
一、電燈電壓，高低各 5%。
二、電力及電熱之電壓，高低各 10%。電燈、電力、電熱合一線路時，依電燈電壓之標準。

(　)26. 依電業法規定，供電所用交流電週率之變動率，不得超過標準週率之多少？
(1)±2.5%　(2)±3%　(3)±4%　(4)±5%。

解 電業法第 37 條
供電所用交流電週率變動率之高低，各不得超過標準週率 4%。

解答

22.(3)　23.(1)　24.(4)　25.(3)　26.(3)

(　　)27. 依經濟部 101 年 12 月 20 日公布之「太陽光電變流器產品登錄作業要點」規定，下列何者不正確？

(1)目的爲簡化併聯申請流程並確保併聯、安規、電磁相容之安全性

(2)適用 60Hz 之併聯保護

(3)屬商品檢驗規定

(4)不適用獨立型變流器產品。

解 太陽光電變流器產品登錄作業要點

一、經濟部 (以下簡稱本部)為簡化經營電力網之電業審查太陽光電發電設備併聯申請流程，提高審查作業效率，並確保併聯、安規、電磁相容之安全性及適用 60Hz 之併聯保護，特訂定本要點。有關太陽光電變流器產品(Photovoltaic Inverter)之登錄，依本要點辦理。但商品檢驗主管機關另有規定者，從其規定。

三、本要點適用範圍為太陽光電變流器產品，但獨立型及緊急防災型(獨立/併聯混合型)之太陽光電變流器產品不適用之。

(　　)28. 依經濟部 101 年 12 月 20 日公布之「太陽光電變流器產品登錄作業要點」規定，有關申請登錄時應檢附之變流器通過認證之證明文件說明，下列何者不正確？

(1)併聯驗證證書

(2)安規驗證證書

(3)具電磁相容之可資證明文件

(4)文件的有效期限自申請日起算須至少 12 個月以上。

解 太陽光電變流器產品登錄作業要點

五、　申請人應填具太陽光電變流器產品登錄申請表，並檢具下列文件向本局提出：

(一)公司應檢具公司最新登記(變更)文件、最近一期營業人銷售額及稅額申報書；如公司設立未滿半年，得以公司負責人簽署之依法營運聲明書代替之。

(二)社團或財團法人應檢具法人登記資格證明文件及最近一期完稅證明。

(三)太陽光電變流器產品規格書。

(四)檢附以下太陽光電變流器通過認證之證明文件：

1.自申請日起算，有效期限須至少六個月以上之併聯驗證證書(含文件(Certificate)或完整試驗報告書或其他可資證明文件)。

2.自申請日起算，有效期限須至少六個月以上之安規驗證證書(含文件(Certificate)或完整試驗報告書或其他可資證明文件)。

3.具電磁相容之可資證明文件。

4.具工廠檢測之可資證明文件。

前項第一款及第二款所檢附之文件如為影本者，申請人應於文件上註記「與正本相符」字樣，並蓋申請人公司章(如為社團、財團法人則為法人全名章)及負責人印章。

解答

27.(3)　28.(4)

(　)29. 依經濟部 101 年 12 月 20 日公布之「太陽光電變流器產品登錄作業要點」規定，除登錄產品之驗證證書有效期限早於登錄期限者外，太陽光電變流器產品登錄網站之期限上限爲多久？
(1)2 年　(2)3 年　(3)4 年　(4)5 年。

解 太陽光電變流器產品登錄作業要點
十一、太陽光電變流器產品登錄本網站期限，為期二年。但登錄產品之驗證證書有效期限早於登錄期限者，登錄期限以驗證證書有效期限為準。

(　)30. 有關太陽光電組列輸出及變流器電路之標示，下列說明何者不正確？
(1)二個以上太陽光電系統之導線置於同一管槽，其配置雖可明顯辨別每一系統之導線者，仍需標示
(2)應於導線所有終端處予以標示
(3)應於連接點處予以標示
(4)應於接續點予以標示。

解 用戶用電設備裝置規則第 396-23 條
太陽光電系統之裝設規定如下：
一、與其他非太陽光電系統之裝設：太陽光電電源電路及太陽光電輸出電路不得與其他非太陽光電系統之導線、幹線或分路，置於同一管槽、電纜架、電纜、出線盒、接線盒或類似配件。但不同系統之導體(線)以隔板隔離者，不在此限。
二、標示：
(一) 下列太陽光電系統之導線，於終端、連接點及接續點應予標示。但第三目規定之多重系統因空間或配置可明顯辨別每一系統之導線者，不在此限。
1.太陽光電電源電路。
2.太陽光電輸出電路、變流器輸入及輸出電路之導線。
3.二個以上太陽光電系統之導線置於同一連接盒、管槽或設備，其每一系統之導線。
(二) 標示方法得採個別色碼、標示帶、標籤或其他經設計者確認者。

(　)31. 在更換變流器時，下列狀況何者不正確？
(1)先將交流斷路器關閉　(2)直流斷路器關閉
(3)檢測有無漏電流　(4)接地線串接時可直接脫離。

解 維護拆修時接地不能斷開，因為模組照光即可能發電送出電力。

(　)32. 有一變流器其直流最大輸入爲 36A，已知太陽光電模組在 STC 測試下，其 Isc 爲 9A，試問其最大容許幾串太陽光電模組併入該變流器？
(1)2 並　(2)3 並　(3)4 並　(4)5 並。

解 一串模組其元件耐電流需 9×1.25×1.25=14.06 A，兩串耐電流為 14.06+11.25=25.31 A；三串為 14.06+11.25×2=36.56> 36 A；所以，只可兩串併入。參考用戶用電設備裝置規則　第 396-37 條。

解答

29.(1)　30.(1)　31.(4)　32.(1)

(　　)33. 有一單相 220Vac 變流器其交流額定輸出功率爲 7kW，試問其交流斷路器的電流應大於多少？

(1)31A　(2)32A　(3)33A　(4)40A。

解 用戶用電設備裝置規則 第 396-27 條

電路線徑選定及電流規定如下：

一、各個電路之最大電流之計算：

(三) 變流器輸出電路之最大電流應為變流器連續輸出額定電流。

二、安培容量及過電流保護裝置之額定或標置之規定如下：

(二)過電流保護裝置：

1.載流量不得小於依前款計算所得最大電流之一．二五倍。

變流器額定功率 P=VI。額定電流 I=7000W÷220V=31.8A，交流斷路器的耐電流為最大電流的 1.25 倍：31.8A×1.25 倍=39.75A，故選 40A。

(　　)34. 有一三相 220/380Vac 變流器其交流額定輸出功率爲 20kW，試問其交流斷路器的電流應大於多少？

(1)3P15A　(2)3P20A　(3)3P30A　(4)3P40A。

解 三相變流器額定功率 P= $\sqrt{3}$ VI。額定電流 I=20000W÷380V÷1.732=30.39A，交流斷路器的耐電流為最大電流的 1.25 倍 30.39A×1.25 倍=37.98A，故選 3P40A。

用戶用電設備裝置規則第 396-27 條 一、(三)變流器輸出電路之最大電流應為變流器連續輸出額定電流。

(　　)35. 併聯型系統在開始併接市電後，於 300 秒內量測變流器的直流輸入電壓爲 199V，可是過了 300 秒之後電壓突然降到 170V，最可能的原因爲

(1)太陽能模組突然損壞　(2)變流器故障　(3)市電故障　(4)變流器 MPPT 啓動。

解 太陽能模組損壞，則電力會停止輸出，不會只降電壓。變流器故障不會只在 300 秒後降低電壓。市電故障時，電流器會跳脫。變流器在併上市電後，300 秒後會啓動最大功率追蹤，會在最大功率的電壓下工作。

(　　)36. 依電業法相關規定，供電電力及電熱之電壓變動率，以不超過多少爲準？

(1)±2.5%　(2)±3%　(3)±5%　(4)±10%。

解 「電業法」第 36 條

供電電壓之變動率，以不超過左列百分數為準：

一、電燈電壓，高低各 5%。

二、電力及電熱之電壓，高低各 10%。電燈、電力、電熱合一線路時，依電燈電壓之標準。

(　　)37. 在變流器的輸出端額定電壓爲 230V，但數位綜合電表的顯示電壓爲 109V，最可能的原因爲

(1)變壓器損壞　(2)變流器故障　(3)數位綜合電表的參數不正確　(4)變流器沒有接地。

解 變流器額定輸出為 230V，合理正常。電表顯示 109V，不正常，是電表不正常，未達併聯系統電壓。109V×2=218V 接近併聯電壓，判定電表參數為 1/2。

解答

33.(4)　34.(4)　35.(4)　36.(4)　37.(3)

( )38. 下列那些爲變流器產品驗證項目？
(1)系統發電效率 (2)安規 (3)併網 (4)電磁相容。

解 太陽光電變流器產品登錄作業要點：一、經濟部（以下簡稱本部）為簡化經營電力網之電業審查太陽光電發電設備併聯申請流程，提高審查作業效率，並確保併聯、安規、電磁相容之安全性及適用 60Hz 之併聯保護，特訂定本要點。

( )39. 下列何者爲併聯型變流器的基本功能？
(1)追蹤組列的最大功率點 (2)偵測交流側漏電流
(3)追蹤市電電壓 (4)防止孤島運轉。

( )40. 變流器的轉換效率與下列那些項目有關？
(1)組列最大功率點追蹤能力 (2)輸入功率與額定功率的比例
(3)市電頻率 (4)輸入電壓。

( )41. 有關變流器的運轉，下列何者爲正確？
(1)日照強度愈大，最大功率點電壓愈低
(2)日照強度愈大，最大功率點電壓愈高
(3)若偵測到組列發生漏電流，即停止輸出
(4)內部工作溫度愈高，轉換效率愈高。

解 日照強度愈大，最大功率點電壓愈高。內部工作溫度愈高，轉換效率愈低。

( )42. 下列那些狀況發生時，併聯型變流器應停止運轉輸出？
(1)市電停電 (2)組列直流開關啓斷 (3)組列發生漏電流 (4)突波吸收器故障。

( )43. 有關變流器的最大功率點追蹤(MPPT)電壓範圍，下列說明何者爲不正確？
(1)組列的最大功率電壓範圍應涵蓋變流器 MPPT 電壓範圍
(2)組列的開路電壓範圍應涵蓋變流器 MPPT 電壓範圍
(3)變流器 MPPT 電壓範圍應涵蓋組列的最大功率電壓範圍
(4)無需特別考量變流器 MPPT 與組列最大功率的電壓範圍。

( )44. 變流器與太陽光電組列之匹配說明，下列何者正確？
(1)若變流器與組列容量匹配合適，對系統發電量有利
(2)在低日照的地區，變流器容量高於對應組列容量對發電性能有利
(3)在高日照的地區，通常變流器容量可高於對應組列容量
(4)應同時考量所選用變流器的耐熱能力。

( )45. 有關變流器的安裝說明，下列何者爲正確？
(1)應與牆壁保持距離 (2)應緊貼牆壁
(3)可上下堆疊，不必間隔 (4)所裝設的機房須考慮通風需求。

( )46. 有關一般變流器的安裝說明，下列何者爲正確？
(1)需設備接地 (2)需系統接地
(3)其輸入電路需安裝直流開關 (4)其輸出電路無需安裝交流開關。

解答

38.(234) 39.(134) 40.(124) 41.(23) 42.(123) 43.(124) 44.(134) 45.(14) 46.(13)

( )47. 有關變流器輸出電路之最大電流的說明，下列何者為不正確？
(1)為對應太陽光電組列的額定短路電流之 1.25 倍
(2)為對應太陽光電組列的額定短路電流之 1.56 倍
(3)為對應太陽光電組列的額定短路電流
(4)為變流器連續輸出額定電流。

解 用戶用電設備裝置規則 第 396-27 條
電路線徑選定及電流規定如下：
一、各個電路之最大電流之計算：
(一) 太陽光電電源電路之最大電流為並聯模組額定短路電流之總和乘以一・二五倍。
(二) 太陽光電輸出電路之最大電流為前目並聯太陽光電電源電路之電流總和。
(三) 變流器輸出電路之最大電流應為變流器連續輸出額定電流。
(四) 獨立型系統變流器輸入電路之最大電流應為變流器以最低輸入電壓產生額定電力時，該變流器連續輸入之額定電流。

( )48. 當變流器因市電系統出現異常超過範圍而跳脫後，下列說明何者正確？
(1)立即人工重新啓動變流器
(2)PV 系統控制線路應保持與市電系統連接，感測市電系統狀況以便於啓動"再連接"功能
(3)市電系統之電壓及頻率已回復至規定範圍後，300 秒內不應供電至市電系統
(4)應該等候電力公司通知許可後，才能人工啓動變流器。

( )49. 有關變流器輸出與建築物或構造物隔離設備間電路之導線線徑計算，下列何者不正確？
(1)應以組列之額定輸出電流之 1.25 倍決定
(2)應以變流器之額定輸出電流決定
(3)應以變流器之額定輸出電流之 1.25 倍決定
(4)應以交流斷路器之跳脫額定容量決定。

解 用戶用電設備裝置規則第 396-29 條
建築物或構造物之電源側隔離設備之配線規定如下：
二、導線之線徑與保護：介於變流器輸出與建築物或構造物隔離設備間電路之導線，應以變流器之輸出額定決定其線徑。導線應依第一章第十節規定予以保護，並應設於變流器輸出端。

( )50. 變流器的孤島保護偵測功能，與下列何者有關？
(1)低頻保護 (2)高頻保護 (3)過電流保護 (4)低電壓保護。

( )51. 有關併聯型系統與其他電源併接點的標示說明，下列何者正確？
(1)應於隔離設備之人員可觸及處設置永久性標示
(2)須標示電源
(3)須標示額定交流輸出電流
(4)須標示直流開關的位置。

解 用戶用電設備裝置規則第 396-52 條
所有併聯型系統與其他電源之併聯連接點應於隔離設備之可觸及處，標示電源及其額定交流輸出電流與標稱運轉交流電壓。

解答

47.(123) 48.(23) 49.(134) 50.(124) 51.(123)

(　　)52. 下列何者屬於變流器的併網標準？
(1)UL1741　(2)CNS15382　(3)IEC61727　(4)VDE-AR-N4105。

解 太陽光電變流器產品登錄作業要點
六、 前點第一項第四款之認證基準，係指符合下列各款規定者：
(一) 併聯驗證：應採 CNS 15382 C6445、IEEE 1547、VDE-AR-N4105 或 VDE 0126-1-1 認證基準。
(二) 安規驗證： 應採 CNS 15426 C6450-1 、EN-62109-1 或 EN50178、UL 1741 認證基準。
(三) 電磁相容驗證： 應採 CNS 14674-1 、CNS 14674-3 、EN-61000-6-2、EN-61000-6-3 或 FCC part15 class A&B 認證基準。
IEC 61727 太陽光電(PV)系統-公共網路界面的特性

(　　)53. 下列何者屬於變流器的安規標準？
(1)CNS15426　(2)VDE-AR-N4105　(3)IEC62109　(4)UL1741。

解 (二) 安規驗證： 應採 CNS 15426 C6450-1 、EN-62109-1 或 EN50178、UL 1741 認證基準。

(　　)54. 針對非隔離型變流器說明，下列何者正確？
(1)內建變壓器
(2)在開始操作前，需自動檢查由自動斷開裝置所提供的隔離功能
(3)檢查結果失敗，應在太陽光電輸出電路與變流器輸出電路維持基本絕緣或簡易隔離
(4)檢查結果失敗，可開始操作。

(　　)55. 有關 CNS15382 併網標準的適用說明，下列何者正確？
(1)變流器爲靜態非孤島效應者　(2)變流器容量在 10kVA 以下
(3)單相或三相變流器皆可　(4)適合與高、低壓電網併網。

(　　)56. 有關獨立型變流器的說明，下列何者正確？
(1)應以可顯示眞實 RMS 値的儀表量測其電壓及電流值
(2)輸入額定範圍內任意直流電壓下，穩態電壓輸出值不得低於額定標稱電壓之 90%
(3)輸入額定範圍內任意直流電壓下，穩態電壓輸出值不得高於額定標稱電壓之 110%
(4)正弦輸出的交流輸出波形，總諧波失眞應不超過 10%。

(　　)57. 有關孤島效應的說明，下列何者正確？
(1)可能造成用戶設備損壞
(2)可能干擾電力系統恢復供電
(3)對市電線路(含電力設施)作業員造成危險
(4)併聯型太陽光電系統造成孤島效應後，市電復電時很容易再併聯。

(　　)58. 當舊型變流器要更換新款變流器時，應要符合哪些要件？
(1)最大輸入電壓　(2)最大輸入電流　(3)相同品牌　(4)最大輸入功率。

解 太陽光電變流器規範，受限最大輸入電壓、最大輸入電流及最大輸入功率，要同時考慮。

解答

52.(234)　53(134)　54.(23)　55.(123)　56.(134)　57.(123)　58.(124)

(　　)59. 當舊型變流器更換新款變流器後，其在系統設定時要注意哪些項目？
(1)市電頻率變動範圍　(2)AC 電壓變動率範圍
(3)孤島效應時間在 90 秒內　(4)RS485 通信協定是否正確。

解 太陽光電變流器系統設定時，要考慮市電之電壓變動率範圍、頻率變動範圍及 RS485 通信協定是否正確。市電停電時，變流器會停止輸出，防止孤島效應。

(　　)60. 當變流器在運作時出現接地異常時，下列何者不是主要因素？
(1)DC 斷路器跳開　(2)接地失效　(3)內部偵測電路故障　(4)太陽光電模組損壞。

解 變流器出現接地異常時，表示接地電阻過高或失效；另一原因為線路對接地的電壓過低。①DC 斷路器跳開，沒有直流電接入變流器，不會動作。②接地失效。③內部偵測電路故障，可能會顯示接地異常。④太陽光電模組損壞，沒有電力輸出，不會動作。

(　　)61. 併聯型系統中於日照 950W/m^2 時，量測到變流器的直流輸入電壓突然由 166V 升至 200V，可能的原因為
(1)太陽能模組發電突然增加　(2)市電突然停電
(3)變流器最大功率追踪故障　(4)變流器輸出端無熔絲開關跳脫。

解 變流器直流輸入電壓突然由 166V 升至 200V 時，表示最大功率追踪失敗，回到開路電壓。①太陽能模組發電突然增加，電壓不會突升，太陽能發電系統，電壓是相對較為穩定的。②市電突然停電，變流器會停止動作，防止孤岛效應，電壓回到開路電壓。③變流器最大功率追踪故障，電壓回到開路電壓。④變流器輸出端無熔絲開關跳脫，如同無市電。

解答

59.(124)　60.(14)　61. (234)

工作項目 08 變壓器工程安裝及維護

( ) 1. 測試變壓器絕緣電阻之儀器為

(1)三用電表 (2)高阻計 (3)三用表 (4)接地電阻測試器。

解 絕緣電阻表俗稱兆歐表，或稱搖表、高阻器、絕緣電阻測試儀等。

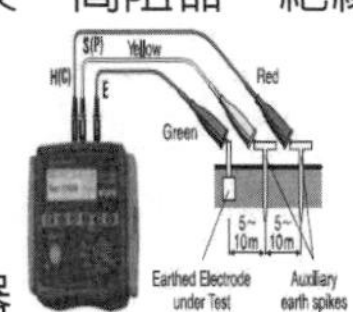

接地電阻測試器

( ) 2. 變壓器並聯使用時不需注意變壓器之

(1)一次、二次額定電壓 (2)頻率及極性 (3)阻抗 (4)出廠廠牌。

( ) 3. 下列那項為變壓器必須考慮極性的時機

(1)單相變壓器三相接線時　(2)單相變壓器作屋外使用時

(3)單相變壓器作屋內使用時　(4)單相變壓器做降壓使用時。

( ) 4. 三相電力系統 Y 型接線線電壓為 380V，則其相電壓為

(1)127 (2)190 (3)220 (4)380 V。

解 Y 接→線電壓＝$\sqrt{3}$ 相電壓；線電流＝相電流

Δ 接→線電壓＝相電壓；線電流＝$\sqrt{3}$ 相電流

Y 接線電壓 380V 相電壓＝$\dfrac{380}{\sqrt{3}}=220$

( ) 5. 變壓器鐵心所用材料屬

(1)絕緣材料 (2)導磁材料 (3)導電材料 (4)隔熱材料。

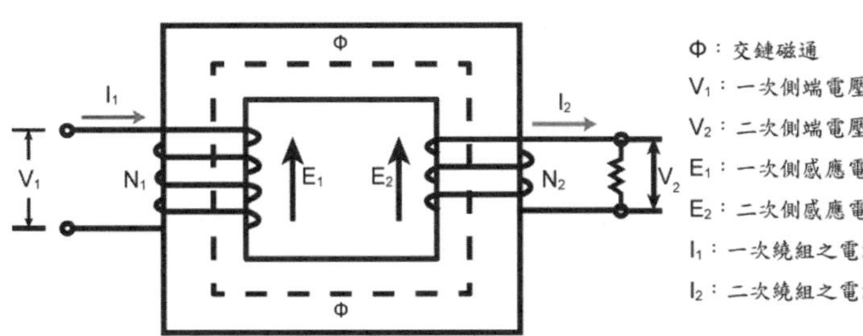

解答

1.(2)　2.(4)　3.(1)　4.(3)　5.(2)

(　) 6. F 級絕緣材料的最高容許溫度爲
(1)105　(2)90　(3)130　(4)155 ℃。

解 (4)根據不同絕緣材料耐受高溫的能力，定出 7 個允許的最高溫度，按照溫度高低排列分別爲：Y、A、E、B、F、H 和 C。它們的允許工作溫度分別爲：90、105、120、130、155、180 和 180℃以上。

絕緣種類	容許最高溫度(°C)	構成絕緣的材料
Y	90	由棉紗、絲、紙等構成，未滲透絕緣漆或未浸入油中
A	105	由棉紗、絲、紙等構成，滲透透明漆或浸入油中。
E	120	
B	130	雲母、石棉、玻璃纖維等材料，藉適當的黏合劑所構成的絕緣。
F	155	雲母、石棉、玻璃纖維等材料，藉矽化烴樹脂等之黏合劑所構成。
H	180	雲母、石棉、玻璃纖維等材料，藉矽樹脂或具有同特性之黏合劑所構成之絕緣。
C	180 以上	

(　) 7. 變壓器的損失主要包括：
(1)鐵損、銅損、鋼損　(2)鐵損、銅損、鉛損
(3)鐵損、銅損、雜散損　(4)鐵損、銅損、油損。

解 變壓器的損失有：
(1)無載時:主要是鐵損，另有極小的激磁電流所引起的銅損及介質損，可忽略不計。
(2)有載時:包括銅損、鐵損及雜散損。

(　) 8. 單相減極性變壓器一次電壓與二次電壓，其相位差爲
(1)0°　(2)90°　(3)120°　(4)180°。

(　) 9. 配電級變壓器繞組，若溫升限制爲 65℃時，則其所用絕緣材料至少爲
(1)A 級　(2)F 級　(3)H 級　(4)E 級。

解 室溫 25℃，溫升 65℃，達 90℃。故至少為 A 級。

絕緣的溫度等級	Y	A	E	B	F	H
最高允許溫度(℃)	90	105	120	130	155	180

(　)10. 容量愈大的變壓器，其效率一般
(1)愈高　(2)不變　(3)愈低　(4)視輸入電壓而定。

解答

6.(4)　7.(3)　8.(1)　9.(1)　10.(1)

(　)11. 變壓器作開路試驗之目的在測其

(1)機械強度　(2)鐵損　(3)干擾　(4)銅損。

解 開路試驗：開路試驗之目的在測鐵心損失：含渦流與磁滯損失。

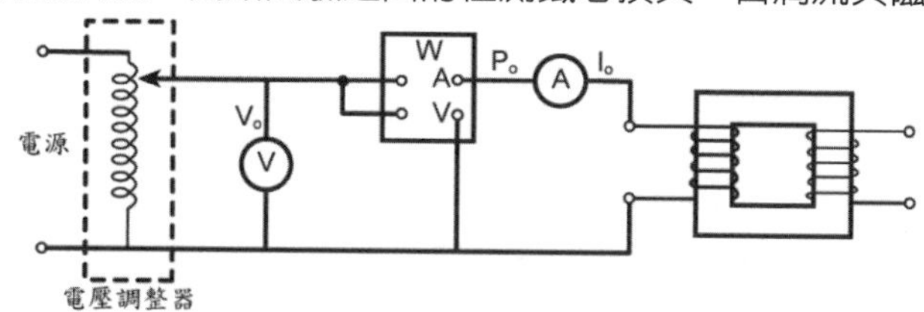

(　)12. V－V 聯接之變壓器組，其理論利用率爲

(1)86.6　(2)63.6　(3)56.7　(4)70.7 %。

解 $P = V_L I_L \cos(30+\theta) + V_L I_L \cos(30-\theta) = \sqrt{3} V_L I_L \cos\theta = \sqrt{3} V_p I_p \cos\theta$

$$\text{利用率} = \frac{\text{輸送功率}}{\text{設備容量}} = \frac{\sqrt{3} V_P I_P}{2 V_P I_P} \times 100\% = \frac{\sqrt{3}}{2} = 86.6\%$$

$\Delta-\Delta$ 若一相故障切離改為 V-V 則其容量減為原來 $\dfrac{\sqrt{3} V_p I_p}{3 V_p I_p} \times 100\% = 58\%$

(　)13. 變壓器之常用導磁材料是

(1)鋁線　(2)銅線　(3)邁拉紙　(4)矽鋼片。

解 變壓器鐵心通常使用含矽量 3%～4.5%的矽鋼片疊積而成，其厚度一般為 0.35 mm，大型者用 0.5 mm，小型者用 0.2 mm 之特殊矽鋼片或軟鐵。 鐵心含矽量越高，其電阻越大，磁滯係數也越小，因此，渦流損失及磁滯損失都會變小，尤其對磁滯損失之減少最為有效。

(　)14. 變壓器鐵心應具備

(1)導磁係數高，磁滯係數高　(2)導磁係數低，磁滯係數高

(3)導磁係數高，磁滯係數低　(4)導磁係數低，磁滯係數低之特性。

解 導磁係數 μ 要高，以減少激磁電流。

鐵心之電阻要大，以減少渦流損失。

選擇磁滯係數小之材料，以減少磁滯損失。

機械強度及加工性要好。

(　)15. 變壓器外殼接地是爲了

(1)提高絕緣電阻　(2)預防人員感電　(3)提高對地的電位　(4)提高負載容量。

(　)16. 變壓器繞組與鐵心間的絕緣稱爲

(1)相間絕緣　(2)線間絕緣　(3)對地絕緣　(4)層間絕緣。

(　)17. 配電變壓器的分接頭設在

(1)高壓側與低壓側均不設　(2)高壓側與低壓側均設　(3)低壓側　(4)高壓側。

解 因變壓器高壓側的電流會比較低壓側來得小，且分接頭有接觸電阻的問題，將分接頭設在高壓側，其通過分接開關的電流比較小，也較安全。

(　)18. 變壓器作耐壓試驗時其外殼

(1)接保險絲後接地　(2)應直接接地　(3)不做接地　(4)串聯電阻接地。

解答

11.(2)	12.(1)	13.(4)	14.(3)	15.(2)	16.(3)	17.(4)	18.(2)

(　)19. 單相 10kVA 變壓器，一次額定電壓為 6600V，二次額定電壓為 240V，則一次額定電流為

(1)0.15　(2)1.52　(3)15.2　(4)152 A。

解 $S_1=V_1I_1=V_2I_2 \rightarrow I_1=\frac{10\ kVA}{6600\ V}=1.52A$

(　)20. 驗證變壓器線圈層間絕緣強度之試驗，是

(1)感應電壓試驗　(2)交流耐壓試驗　(3)絕緣電阻試驗　(4)無載試驗。

(　)21. 桿上變壓器之分接頭需要切換，應在何種情況下施行？

(1)通電情況下　(2)不通電情況下　(3)容量較小者可在通電情況下　(4)無載情況下。

(　)22. 變壓器之額定容量通常以

(1)kVA　(2)kW　(3)kVAR　(4)kWH 表示。

解 kVA:視在功率單位　kW:實功率單位　kVAR: 虛功率單位　kWH:度

(　)23. Y 連結之變壓器，其線電壓與相電壓之比為

(1)3　(2)$1/\sqrt{3}$　(3)1/3　(4)$\sqrt{3}$。

解 Y 接線電壓 = $\sqrt{3}$ 相電壓

(　)24. 變壓器高壓線圈之導體電阻較低壓線圈之導體電阻為

(1)高　(2)低　(3)相同　(4)大型者相同，小型者較低。

解 高壓線圈之導體電阻 $Z_1=\frac{V_1}{I_1}=\frac{V_2\times\frac{N_1}{N_2}}{I_2\times\frac{N_2}{N_1}}=\frac{V_2}{I_2}\left(\frac{N_1}{N_2}\right)^2=Z_2\times\left(\frac{N_1}{N_2}\right)^2$

(　)25. 測定變壓器之匝比及極性的儀表要用

(1)高阻計　(2)安培計　(3)三用電表　(4)匝比試驗器。

(　)26. 目前台灣的變壓器使用頻率額定為

(1)30　(2)40　(3)50　(4)60 Hz。

(　)27. 比流器(C.T.)二次側短路的目的為

(1)安全　(2)減少電流　(3)增加電流　(4)減少壓降。

解 C.T. 開路會產生大電壓，P.T. 短路會產生大電流

(　)28. 變壓器運轉溫度升高時，其絕緣電阻將

(1)增加　(2)減少　(3)不變　(4)升高 10 度以上增加，10 度以下不變。

(　)29. 3300/110V 之變壓器，如高壓側升高至 3450V 時則二次側端電壓將

(1)升高　(2)降低　(3)不變　(4)小於 110V。

解 $\frac{V_1}{V_2}=\frac{N_1}{N_2}$　$\frac{N_1}{N_2}$比值不變高壓側升壓低壓側亦升壓

解答

19.(2)	20.(1)	21.(2)	22.(1)	23.(4)	24.(1)	25.(4)	26.(4)	27.(1)	28.(2)
29.(1)									

( )30. 二具變壓器欲並聯使用時，不用考慮
(1)變壓比須相同 (2)百分阻抗須相等 (3)頻率須相同 (4)尺寸大小。

( )31. 3.3kV/110V 變壓器如二次線圈爲 20 匝，則一次圈數爲
(1)200 (2)400 (3)600 (4)800 匝。

解 $\frac{V_1}{V_2}=\frac{N_1}{N_2}\Rightarrow\frac{3.3\text{kV}}{110\text{V}}=\frac{N_1}{20}\Rightarrow N_1=600$

( )32. 施作變壓器短路試驗之目的在測其
(1)機械強度 (2)鐵損 (3)油損 (4)銅損。

( )33. 關於變壓器銅損之敘述，下列何者正確？
(1)與頻率平方成正比 (2)與負載電流平方成正比
(3)與負載電流成正比 (4)短路試驗之目的在測其銅損。

( )34. 下列何者依據法拉第定律原理製造之用電設備
(1)比流器 (2)比壓器 (3)變壓器 (4)電容器。

解 法拉第定律：電路中所生感應電動勢ε之大小等於通過電路內磁通量的時變率，而感應電動勢之方向乃在抵抗磁通量變化之方向。
電容器沒有感磁生電。

( )35. 變壓器的絕緣套管應具備之特性爲？
(1)接續性高 (2)絕緣性低 (3)接觸性能低 (4)絕緣性高。

( )36. 變壓器依其負載的特性可分爲
(1)單繞組 (2)雙繞組 (3)定電壓 (4)定電流。

( )37. 變壓器之開路試驗可以測出
(1)鐵損 (2)渦流損 (3)磁滯損 (4)銅損。

( )38. 依中國國家標準(CNS)規定，變壓器繞組之導電材料爲？
(1)銅 (2)鋁 (3)鐵 (4)鋼。

( )39. 下列何者爲固體絕緣材料
(1)凡立水 (2)瓷器 (3)雲母 (4)玻璃纖維。

解 凡立水是絕緣漆的俗稱。是以高分子聚合物為基礎，能在一定的條件下固化成絕緣膜或絕緣整體的重要絕緣材料。

( )40. 下列何者不是變壓器之常用導磁材料
(1)鋁線 (2)銅線 (3)邁拉紙 (4)矽鋼片。

解 邁拉紙是一種聚酯薄膜，又叫麥拉紙，絕緣帶，麥拉膜，常用於電機線圈的捆紮用

( )41. 下列之敘述何者正確？
(1)比流器二次側不可開路 (2)比壓器二次側不可短路
(3)比流器二次側不可短路 (4)比壓器二次側不可開路。

解 C.T. 開路會產生大電壓，P.T. 短路會產生大電流

解答

30.(4) 31.(3) 32.(4) 33.(24) 34.(123) 35.(14) 36.(34) 37.(123) 38.(12) 39.(234)
40.(123) 41.(12)

工作項目 09 太陽光電發電系統及線路之檢查與故障排除

(　) 1. 矽基太陽電池的效率隨著溫度上升而
(1)增加　(2)降低　(3)無關　(4)不變。

(　) 2. 當日照強度增加時，太陽光電模組 I-V 曲線之改變何者正確？
(1)短路電流(I_{SC})增高，開路電壓(V_{OC})增高
(2)短路電流(I_{SC})增高，開路電壓(V_{OC})降低
(3)短路電流(I_{SC})降低，開路電壓(V_{OC})降低
(4)短路電流(I_{SC})降低，開路電壓(V_{OC})增高。

解 日照強度增加，電流上升,電壓些微上升,功率上升

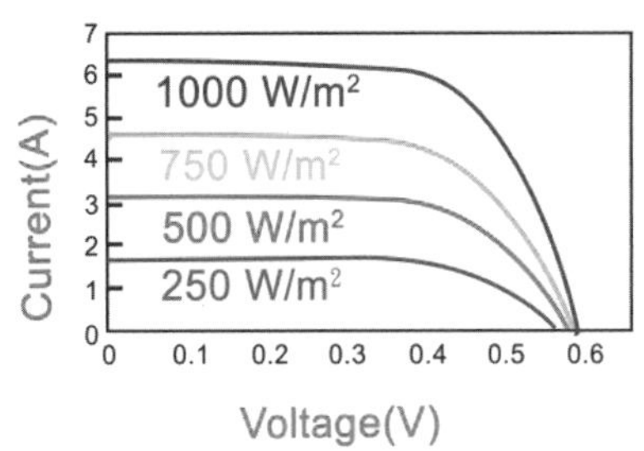

(　) 3. 當太陽電池溫度增高時，太陽光電模組 I-V 曲線之改變何者正確？
(1)短路電流(I_{SC})增高，開路電壓(V_{OC})增高
(2)短路電流(I_{SC})增高，開路電壓(V_{OC})降低
(3)短路電流(I_{SC})降低，開路電壓(V_{OC})降低
(4)短路電流(I_{SC})降低，開路電壓(V_{OC})增高。

解 溫度增加時，電流些微上升(正溫度係數),電壓較明顯下降(負溫度係數),功率下降(負溫度係數)

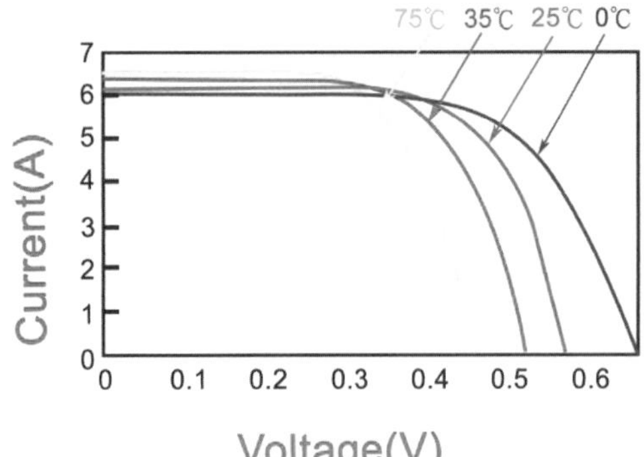

解答

1.(2)　2.(1)　3.(2)

(　) 4. 下列何者爲太陽光電模組最大功率(P_M)之計算方式？
(1)短路電流(I_{SC})×開路電壓(V_{OC})
(2)最大功率電流(I_{MP})×開路電壓(V_{OC})
(3)最大功率電流(I_{MP})×最大功率電壓(V_{MP})
(4)短路電流(I_{SC})×最大功率電壓(V_{MP})。

解

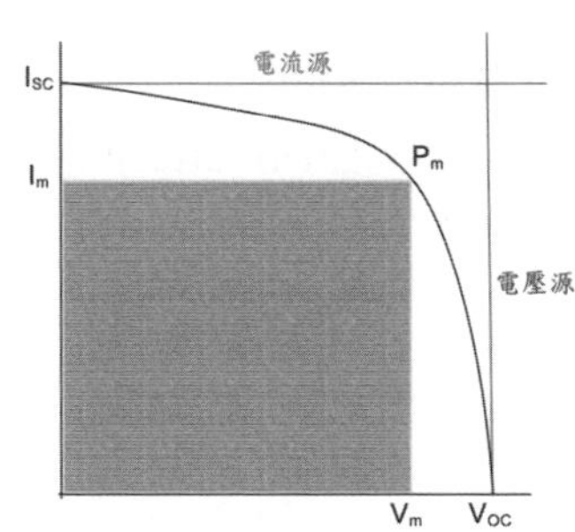

(　) 5. 一片 150 mm×180 mm 的太陽電池在標準測試條件(STC)下最大可輸出 5 W 功率，則其效率約爲
(1)14.8　(2)15.3　(3)16.4　(4)18.5 %。

解 標準測試條件 1000 W/m²→效率= $\dfrac{5\text{W}}{0.15\text{m}\times0.18\text{m}\times1000\dfrac{\text{W}}{\text{m}^2}}$ ×100%=18.5%

(　) 6. 有效減少對感測器(sensor)的雜訊干擾的方法之一爲？
(1)增加放大率　(2)保持高溫　(3)確實隔離與接地　(4)增加引線長度。

(　) 7. IEC 61724 中所定義，常用於 PV 系統效能指標爲：
(1)Rp　(2)GI　(3)Yr　(4)Tam。

解 IEC 61724 全名為「太陽光電系統之性能監測－量測、數據交換與分析指南」，主要的性能測試項目包含：日平均發電量 (Daily Mean Yield, DMY)、系統性能比 (Performance Ratio, R_P)、系統效率 (PV Plant Efficiency, η_{tot})等。

(　) 8. IEC 61724 規範中所要求之電壓準確度爲？
(1)10%　(2)5%　(3)2%　(4)1% 以內。

解 The accuracy of voltage and current sensors, including signal conditioning, shall be better than 1 % of the reading.

(　) 9. IEC 61724 規範中所要求之功率準確度爲？
(1)10%　(2)5%　(3)2%　(4)1% 以內。

解 The accuracy of power sensors, including signal conditioning, shall be better than 2 % of the reading.

(　)10. 下列何者非 IEC 61724 中所定義之氣象量測項目？
(1)日照　(2)風速　(3)濕度　(4)模板溫度。

解答

4.(3)　5.(4)　6.(3)　7.(1)　8.(4)　9.(3)　10.(3)

(　)11. 下列何者爲數位電表常用之量測協定？
(1)HTTP　(2)Modbus　(3)ISO 9060　(4)IEC 71624。

解 **Modbus** 是一種串行通信協定，是 Modicon 於 1979 年，為使用可編程邏輯控制器（PLC）通信而發表的。Modbus 是工業領域通信協定的業界標準（De facto），並且現在是工業電子裝置之間相當常用的連線方式。

(　)12. 下列電力量測點中何者需作雙向電力潮流之量測？
(1)PV 陣列迴路　(2)電池迴路
(3)變流器(inverter)輸出迴路　(4)變流器(inverter)輸入迴路。

解 電池迴路有充電、放電，必須作雙向電力潮流之量測。

(　)13. 欲量測 PV 系統模組面上全頻譜之日照強度，應使用哪一類全天空輻射計(Pyranometer)？
(1)熱堆型　(2)反射式　(3)直射式　(4)矽晶型。

解 全天空輻射計(Pyranometer)亦稱 global solar radiation, 又稱總水平輻射(Total horizontal radiation)，係在指水平面上接受之全部太陽輻射，包括直接來自太陽之直達輻射(Direct radiation) 及來自天空(sky)(經由雲，空氣分子, 灰塵等散射陽光)之漫輻射(Diffuse radiation)。全天空輻射之測量係使用天空輻射表(計)(Pyranometer) 以熱電、光電或雙金屬感應器來測量。

(　)14. 一片太陽電池模組的最大電壓爲 18V，最大電流爲 8A，若將此等模組作 10 串 2 並的組列，其最大電壓及電流爲
(1)180V，8A　(2)36V，80A　(3)180V，16A　(4)36V，16A。

解 組列 10 串→電壓 10 倍，V=18V×10=180V；2 並→電流 2 倍，A=8A×2=16A。

(　)15. 一片太陽電池模組之開路電壓爲 21 V，短路電流爲 8 A，而最大電壓爲 16 V，最大電流 7 A，則其填充因子(F.F.)約爲
(1)67%　(2)77%　(3)87%　(4)97%。

解 (1)填充因子 $F.F.=\frac{V_{mp}I_{mp}}{V_{oc}I_{sc}}\times100\%=\frac{16\times7}{21\times8}\times100\%=66.7\%$

(　)16. 下列何者非太陽光電發電系統的損失因子？
(1)模組 STC 下實際功率與額定功率之差異　(2)模組溫度係數　(3)變流器轉換效率　(4)模組的轉換效率。

解 損失因子有:光電板品質，INVERTER 效率，線路損失，溫度效應，遮陰效應，灰塵污漬，PV 串列設計。---模組的轉換效率為元件製作所致。

(　)17. 有關日照強度量測準確性(誤差)的要求，IEC61724 的規定爲何？
(1)5%　(2)1%　(3)0.5%　(4)3% 以內。

解 The accuracy of irradiance sensors, including signal conditioning, shall be better than 5 % of the reading.

(　)18. 監測 PV 系統發電時，與日照變化有關之量，以下監測取樣週期何者不合適？
(1)10　(2)30　(3)60　(4)100 秒。

解答

11.(2)	12.(2)	13.(1)	14.(3)	15.(1)	16.(4)	17.(1)	18.(4)

(　)19. PV 系統中，過電流保護裝置爲
(1)變阻器　(2)隔離開關　(3)無熔絲開關　(4)阻絕二極體等。

(　)20. PV 系統維護需要中斷直流電路時，應
(1)關斷隔離開關　(2)關斷無熔絲開關　(3)壓開卡式保險絲座　(4)拉開快速接頭。

(　)21. 太陽光電模組的串併聯，會使電壓電流有何影響，下列敘述何者爲正確？
(1)串聯越多，電流不變，但電壓會升高　(2)並聯越多，電流不變，電壓下降
(3)串聯越多，電流升高，電壓也會升高　(4)並聯越多，電流升高，電壓也會升高。

解 串聯：電壓升高，電流不變←→並聯：電流增加，電壓不變

(　)22. 一系統輸入 150 瓦，輸出 120 瓦，請問該系統的效率爲若干？
(1)1　(2)0.8　(3)1.25　(4)0.75。

解 效率＝輸出/輸入= $\frac{120}{150}$ =0.8

(　)23. 理想 PV 系統的轉換效率爲
(1)$\eta=0$　(2)$\eta<1$　(3)$\eta>1$　(4)$\eta=1$。

(　)24. 若太陽能輻射爲 1 kW/m^2，太陽光電模組之轉換效率爲 15%，欲提供直流電功率 3kW，則至少需安裝太陽光電模組面積爲
(1)50　(2)40　(3)30　(4)20 m^2。

解 3 kW=1 kW/m^2 × 0.15 × A　→　A=20 m^2。

(　)25. 爲防止異質金屬間的電位銹蝕，異質金屬接觸面間，宜使用下列何種墊片隔離？
(1)不銹鋼墊片　(2)銅材質墊片　(3)鋁材質墊片　(4)耐候絕緣墊片。

(　)26. 有一 5kWp 的 PV 系統，在 3 月份(31 天)共發電 500 度，其日平均發電量約爲？
(1)3.23　(2)4　(3)5　(4)6　kWh/d/kWp。

解 1 度電=1 瓩-小時。5kWp×31 days×每 kWp 日平均發電量=500 kWh　→ 每日平均發電量 $=\frac{500\text{kWh}}{5\text{kWp}\times 31d}$ =3.23 kWh/d/kWp

(　)27. 若太陽光電發電系統組列中有模組之正負極導體誤接到設備接地，下列何種方式可用來診斷此項異常？
(1)量測組列開路電壓　(2)量測組列短路電流
(3)量測組列模板溫度　(4)量測組列對地電阻。

(　)28. Pt100 型溫度感測器引線計有 3 條，其中 B 接點引出 2 條的功用爲何？
(1)白金阻體溫度補償用　(2)方便接線，接一線即可
(3)導線阻抗補償用　(4)電壓輸出補償用。

解 PT100 溫度感測器 0℃時電阻值為 100Ω，電阻變化率為 0.3851Ω/℃。由於其電阻值小，靈敏度高，所以引線的阻值不能忽略不計，採用三線式接法可消除引線線路電阻帶來的測量誤差。

解答

19.(3)	20.(2)	21.(1)	22.(2)	23.(4)	24.(4)	25.(4)	26.(1)	27.(4)	28.(3)

( )29. 一片太陽光電模組之 Voc 為 21V，Isc 為 8A，Vmp 為 16V 及 Imp 為 7A，以 10 串 2 並方式組成一直流迴路，日照值 800W/m^2，氣溫 30℃，在儀表正常及線路良好情形之下，量測此迴路之短路電流，下列何值最為可能？

(1)9.2 (2)11.2 (3)13.2 (4)15.2 A。

解 模組的短路電流幾乎和日照成正比，溫度上升時短路電流略增。串聯電流不變，並聯電流增加，2 並 I_{SC} 為 8A×2=16A，16×800÷1000=12.8A，溫度上升時短路電流略增。故選 13.2A。

( )30. 一片太陽光電模組之 V_{oc} 為 21V，I_{sc} 為 8A，V_{mp} 為 16V 及 I_{mp} 為 7A，以 10 串 2 並方式組成一直流迴路，日照值 800W/m^2，氣溫 30℃，在儀表正常及線路良好情形之下，量測此迴路之開路電壓，下列何值最為可能？

(1)150 (2)190 (3)210 (4)230 V。

解 模組的開路電壓受日照些微影響，溫度上升時開路電壓會明顯下降。並聯電壓不變，串聯電壓增加，10 串 V_{OC} 為 21V×10=210V，溫度上升時開路電壓會明顯下降。故選 190V。

( )31. 一片太陽光電模組之 V_{oc} 為 36V，I_{sc} 為 8A，V_{mp} 為 33V 及 I_{mp} 為 7A，以 10 串 4 並方式組成一直流迴路，日照 800W/m^2，板溫 20℃，在儀表正常及線路良好情形之下，以 DC 勾表量得此迴路之短路電流值為 32A，下列敘述何者最為可能？

(1)勾表未歸零 (2)模組故障 (3)迴路保險絲燒斷 (4)勾表反相。

解 模組的短路電流幾乎和日照成正比，4 並 I_{SC} 為 8A×4=32A，32×800÷1000=25.6A，電流不正確，推測電表未歸零。模組故障及迴路保險絲燒斷會該模組迴路無輸出，電流減少。勾表反相電流負值，但值不變。

( )32. 一只日射計其輸出為 4-20mA 型式，對應輸入範圍 0~1600W/m^2，搭配使用型號與設定正確的日照表，日照表內輸入端電阻 100Ω，當日照強度為 500W/m2 時，日照表輸入端電壓值約為？

(1)0.5V (2)60mV (3)0.9V (4)100mV。

解 日射計其輸出為 4-20mA 型式，對應輸入範圍 0~1600W/m^2。當日照強度為 500W/m^2 時，電流量為 $\frac{20-4}{1600-0}\times 500+4=9\text{mA}$，所以，根據 V=IR，V=9mA×100Ω=900mV=0.9V。

( )33. PT100 溫度感測器之電阻變化率為 0.3851Ω/℃，室溫下(20℃)其 Ab 兩端電阻值約為？

(1)90 (2)110 (3)120 (4)0 Ω。

解 PT100 溫度感測器，標準測試條件下(0℃)為 100Ω。所以 20℃ 下電阻為 100+0.3851×20=107.7≅110Ω。

( )34. PT100 溫度感測器之電阻變化率為 0.3851Ω/℃，室溫下(20℃)其 Bb 兩端電阻值約為？

(1)90 (2)110 (3)120 (4)0 Ω。

解 PT100 溫度感測器，Bb 同接點作為校正用，故為 0Ω。

解答

29.(3) 30.(2) 31.(1) 32.(3) 33.(2) 34.(4)

( )35. 下列何者不會影響併聯型變流器啓動？
(1)日照太低
(2)變流器輸入端兩線接反
(3)直流接線箱內保險絲燒斷
(4)直流接線箱內突波吸收器接地點未接。

解 直流接線箱内突波吸收器在線路正常時沒有作用，不會影響線路。

( )36. 併聯型變流器輸入端開路電壓量測值接近於零，但未短路，下列敘述何者最爲可能？
(1)直流接線箱內開關未閉合 (2)變流器輸入端兩線接反
(3)直流接線箱內保險絲短路 (4)日照強度低於 $300W/m^2$。

解 直流接線箱内開關未閉合，則線路無電流，直流電壓為零。
變流器輸入端兩線接反，電壓為負值，不為零。直流接線箱内保險絲短路，線路失去保護但電流不變，電壓不會為零。日照強度低於 $300W/m^2$，依然會有電壓，電壓不會為零。

( )37. 下列那些性能指標適用於 PV 系統的長期性能評估？
(1)日平均發電量 (2)系統性能比 (3)系統效率 (4)直流發電比。

解 IEC 61724 全名為「太陽光電系統之性能監測－量測、數據交換與分析指南」，主要的性能測試項目包含：日平均發電量 (Daily Mean Yield, DMY)、系統性能比 (Performance Ratio, Rp)、系統效率 (PV Plant Efficiency, η_{tot})等，上述項目為 PV 系統竣工完成或運轉數年後，國際上普遍利用此三種性能指標，來評估整體 PV 系統性能的運作狀況。

$$\text{直流發電比}(R_A)=\frac{P_A}{P_{rated}\times\dfrac{\text{日照強度}}{1000\,W/m^2}}=\frac{P_A\times 1000W/m^2}{P_{rated}\times\text{日照強度}}$$

P_A為組列輸出功率；P_{rated}為組列額定功率；

( )38. 日射計的世界標準分 ISO 9060 與 WMO-No.8，下列那些爲 ISO 9060 之日射計級別？
(1)High Quality (2)Secondary Standard (3)First Class (4)Second Class。

解 ISO 9060 日射計級別：Secondary Standard(最高級), First Class, Second Class(第三級)
WMO-No.8 日射計級別：High Quality, Good Quality, Mode

( )39. 一般 PV 系統模組上安裝全天空輻射計(Pyranometer)之位置應爲：
(1)傾斜 40 度 (2)同模組傾斜角度 (3)傾斜 60 度 (4)同模組同方位角。

( )40. 下列那些屬於蓄電池的操作參數
(1)電壓 (2)電流 (3)功率密度 (4)放電時間。

( )41. 太陽光電系統性能比的高低與下列那些有關？
(1)傾斜角 (2)組列遮陰 (3)天候 (4)變流器效率。

解 性能比係表示 PV 系統的真實性能接近理想性能之程度指標，基本上與 PV 系統之所在位置、傾斜角、方位角、額定容量無關，允許跨系統間的性能比較。

解答

35.(4) 36.(1) 37.(123) 38.(234) 39.(24) 40.(124) 41.(234)

( )42. 當併聯型太陽光電發電系統未正常輸出，變流器面板出現"No Grid"或"No Utility"或類似故障訊息，可能原因爲何？
(1)併聯開關被切離 (2)DC 開關被切離 (3)無日照 (4)市電停電維護中。

解 No Utility = 無市電。
No Grid = 無外部的電力供應→1. AC 斷路器跳開；2. 中斷 AC 介面

( )43. 併聯型太陽光電發電系統無輸出，經檢查確認變流器無故障訊息且開關位置皆正常，還有哪些可能原因造成此現象？
(1)風速太小 (2)日照量太低 (3)變流器併聯偵測中 (4)市電停電維護中。

解 變流器開機 5 分鐘後才會有輸出。變流器無故障訊息，所以 4 不可能。

( )44. 太陽光電發電系統組列配線完成後，以儀表檢查時，下列哪些操作正確？
(1)以直流電表量測開路電壓
(2)以三用電表量測正負端之間的絕緣阻抗
(3)以直流勾表量測短路電流
(4)以三用電表量測接地電阻。

解 絕緣阻抗需使用高阻器測量；接地電阻須以接地電阻測試儀測量。

( )45. 以 RS485 二線式方式連接數位電表，電表及配線都正確，但監測電腦無法正常量得數據，可能原因爲何？
(1)配線太短 (2)數位電表與監測電腦鮑率不同
(3)數位電表顯示位數太少 (4)數位電表位址不對。

解 鮑率(Baud rate)為通訊的速率，顯示每秒所傳輸的位元數，發送和接收要一致。
位址藉以分辨個別設備。

( )46. 儀表檢查發現單片模組開路電壓正常而太陽光電發電系統組列開路電壓太低，可能原因爲何？
(1)溫度太低 (2)日照太低 (3)有模組漏接 (4)有模組正負反接。

( )47. 獨立型太陽光電發電系統變流器啓動後隨即跳脫，可能原因爲何？
(1)太陽光電 DC 開關被切離 (2)頻率不對
(3)日照太低且蓄電池蓄電不足 (4)負載過大。

( )48. 檢查直流配電箱中元件，下列何種情形係屬異常？
(1)保險絲電阻大於 1 MΩ (2)突波保護器正極端點對地電阻爲零
(3)直流離斷開關投入閉合時電阻爲零 (4)保險絲電阻爲零。

解 突波吸收器（Surge Absorber），是一種會隨著電壓值不同而改變電阻值的電阻器，變阻器當電壓超過額定的電壓值時，變阻器的電阻會急速下降近於短路的狀態

( )49. 直流數位電表顯示之電壓爲負，電流爲正但數值不正確，可能原因爲何？
(1)數位電表未接電源 (2)分流器正負接反 (3)分流器規格不對 (4)電表之電壓正負端點接線錯誤。

解答

42.(14) 43.(23) 44.(13) 45..(24) 46.(34) 47.(34) 48.(12) 49.(34)

(　)50. 下列數位電表搭配元件，何者有誤？
(1)直流數位電表與比流器　(2)直流數位電表與分流器
(3)交流數位電表與比流器　(4)交流數位電表與分流器。

解 直流數位電表與分流器←→交流數位電表與比流器

(　)51. 日輻射計靈敏度爲 9.3 μV/W/m²，搭配 5 位數數位顯示器作日照顯示時，若輸入轉換爲 0-10 mV/ 0-1000 W/ m²，顯示結果爲何？
(1)顯示值偏高　(2)顯示值偏低　(3)無法顯示　(4)顯示值不正確。

解 感測器在日照 1000 W/m² 時，送出 $9.3\ \frac{\mu V}{W/m^2} \times 1000\ W/m^2 = 9.3\ mV$ <10 mV 給電表。

電表讀值→當日照為 1000 W/m² 時，電表顯示為 930 W/m²。

(　)52. 更換故障模組時，下列敘述何者正確？
(1)系統需停機　(2)只限在夜間施工
(3)正常模組之外殼仍需保持接地　(4)將組列正負短路後更換故障模組。

(　)53. 太陽光電模組內含 2 只旁通二極體，當模組內 1 片太陽能電池斷線，由模組引線量測該故障時，下列何者正確？
(1)開路電壓顯著降低　(2)輸出功率顯著降低　(3)短路電流顯著降低　(4)完全無輸出。

解

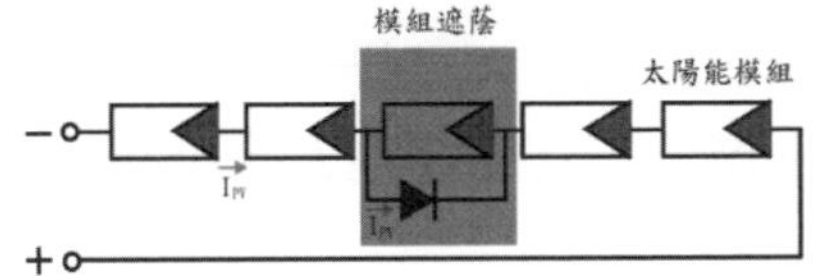

(　)54. 獨立型太陽光電發電系統中蓄電池老化蓄電降低時，常見現象有
(1)蓄電池電壓偏高　(2)蓄電池溫度偏高　(3)無法有效充電　(4)續電力不足。

(　)55. 太陽光電發電系統無輸出，日照正常時經檢查短路電流爲零，可能原因爲何？
(1)日照計故障　(2)保險絲熔斷　(3)DC 開關接點故障　(4)接線脫落。

(　)56. 併聯型太陽光電發電系統正常併聯輸出，但交流數位電表顯示數值不正確，可能原因爲何？
(1)電壓接點配線太短
(2)比流器匝數比設定錯誤
(3)未使用夾具
(4)比流器二次側電流與電表輸入規格不符。

(　)57. 下列哪些情形無法正確量測出太陽光電發電系統組列之短路電流？
(1)直流離斷開關未閉合　(2)突波保護器地線未接
(3)串列保險絲熔斷　(4)太陽光電模組設備接地未接。

解答

50.(14)　51.(24)　52.(13)　53.(12)　54.(34)　55.(234)　56.(24)　57.(13)

( )58. 關於 Pt100 型溫度感測器之儀表側接線方式何者有誤？
(1)B 及 B'短路 (2)B 及 B'反接 (3)不作延長續接 (4)僅接 A 及 B 二線。

解 PT100 鉑電阻感測器有三條引線，可用 A、B、C（或黑、紅、黃）來代表三根線，A 與 B 或 C 之間的阻值常溫下在 110 歐左右；B 與 C 之間為 0 歐，B 與 C 在內部是直通的，原則上 B 與 C 沒什麼區別。A 線接在儀表上接感測器的一個固定的端子，B 和 C 接在儀錶上的另外兩個固定端子， B 和 C 線的位置可以互換，但都得接上。如果中間接有加長線，三條導線的規格和長度要相同。

( )59. 對單相交流系統之負載作量測，下列哪些數值組合係量測錯誤？
(1)225V/5.2A/1009W (2)117V/5.1A/825W
(3)231V/4.1A/1011W (4)118V/5.5A/605W。

解 單相 功率 $P=V_L \times I_L \times \cos\theta$ →若 $\cos\theta>1$ 則錯誤。

( )60. 以三相交流數位電表來量測三相四線式交流負載之相電壓、相電流及負載功率，若 CT 的匝數比設定正確無誤，下列哪幾組數值可判定出電表接線有誤？
(1)225V/5.2A/4009W (2)117V/5.1A/825W
(3)231V/4.1A/2211W (4)118V/5.1A/2205W。

解 三相 功率 $P=\sqrt{3} \times V_L \times I_L \times \cos\theta = 3 \times V_P \times I_P \times \cos\theta$ →若 $\cos\theta>1$ 則錯誤。

( )61. 以三相交流數位電表來量測三相三線式交流負載之線電壓、線電流及功率，若 CT 的匝數比設定正確無誤，下列哪幾組數值可判定出電表接線有誤？
(1)225V/4.1A/2205W (2)117V/8.1A/2205W (3)231V/6.1A/2205W
(4)118V/5.1A/2205W。

解 三相三線式交流負載為Δ接線，其功率 $P_T=3V_PI_P=\sqrt{3}\,V_LI_L$，
①1.732×225V×4.1A=1598W<2205W，有誤。
②1.732×117V×8.1A=1641W<2205W，有誤。
③1.732×231V×6.1A=2440W>2205W，可能的。
④1.732×118V×5.1A=1042W<2205W，有誤。
答案應為 1、2、4。

( )62. 一片太陽光電模組之 Voc 爲 30V，Isc 爲 9A，Vmp 爲 28V 及 Imp 爲 8A，以 10 串 4 並方式組成一直流迴路，日照 $800W/m^2$，板溫 20℃，儀表正常歸零，量得此迴路之開路電壓爲 290V，短路電流爲 14A，可能原因爲？
(1)DC 開關故障開路 (2)有模組故障 (3)各分路保險絲皆未裝置 (4)並接線錯誤。

解 日照為 $800W/m^2$，電壓受日照影響較小，V_{MP}=28V*10=280V；短路電流幾乎和日成正比，I_{SC}=9A*(800/1000)*4 並=28.8A，結果只量到 14A，代表有兩迴路沒有電力。①DC 開關故障開路，則沒有電力流過，現有 14A，所以不可能。②有模組故障，則沒有電流，可能。③各分路保險絲皆未裝置，則完全沒有電流，不可能。④並接線錯誤，則電流無法流通，可能。

解答

58.(14) 59.(23) 60.(14) 61.(124) 62.(24)

( )63. 一只日射計其輸出為 4-20mA 型式，對應輸入範圍 0~1600W/m^2，搭配使用型號與設定正確的日照表，在接線正確良好情形之下，若顯示為無限大(或上限，或負值)，可能原因有？
(1)日射計等級太低 (2)日照表內輸入端電阻燒斷 (3)日射計故障 (4)日射計安裝方位不正確。

解 直流接線箱內開關未閉合，則線路無電流，直流電壓為零。①日射計等級太低，依然會有量測值，並不會顯示無限大(或上限，或負值)。②日照表內輸入端電阻燒斷，則會顯示無限大(或上限，或負值)。③日射計故障，則會顯示無限大(或上限，或負值)。④日射計安裝方位不正確，則依然會有量測值。

( )64. 併聯系統之單相變流器功能正常，輸入端開路電壓值及市電電壓值正常，各開關皆已閉合，但變流器沒有啓動，可能原因有？
(1)日照太低 (2)變流器輸入端兩線接反 (3)DC 端保險絲燒斷 (4)變流器輸出端兩線接反。

解 日照太低時，沒有電流流入，變流器會沒有啓動。②變流器輸入端兩線接反，則變流器會自我保護不會啓動。③DC 端保險絲燒斷，則沒有電壓及電流，和題目有量到開路電壓的條件不合。④變流器輸出端兩線接反，變流器短路。

解答

63.(23) 64.(12)

工作項目 10 避雷器及突波吸收器工程安裝及維護

( ) 1. 根據「用戶用電設備裝置規則」規定，高壓以上用戶之變電站應裝置 (1)LA (2)ACB (3)DS (4)PCS 以保護其設備。

解 依用戶用電設備裝置規則第四百三十九條
高壓以上用戶之變電站應裝置避雷器(LA)以保護其設備。

( ) 2. 避雷器裝置的目的，係當線路對地發生異常高壓時，可在線路與大地間提供一 (1)高電抗 (2)低阻抗 (3)高容抗 (4)高阻抗 讓異常高壓產生之突波電流導入大地以保護設備之安全。

( ) 3. 避雷器之英文代號為 (1)DS (2)LS (3)LA (4)CS。

解 避雷器 lightning arrester 代號為 LA。

( ) 4. 標稱電壓為 11.4kV 之 Y 接線接地系統避雷器應選用之額定電壓為 (1)12kV (2)3.3kV (3)9kV (4)4.5kV。

解 $\frac{11.4\text{ kV}}{\sqrt{3}} = 6.58\text{ kV}$ →取 9kV

( ) 5. 根據「用戶用電設備裝置規則」，避雷器與電源線間之導線及避雷器與大地間之接地導線應使用 (1)鋁線 (2)銅線或銅電纜線 (3)鋼心鋁線 (4)鋁匯流排。

解 依用戶用電設備裝置規則第四百四十三條
避雷器與電源線（或匯流排）間之導線及避雷器與大地間之接地導線**應使用銅線或銅電纜線**，應不小於 14 mm^2，該導線應儘量縮短，避免彎曲，並不得以金屬管保護，如必需以金屬管保護時，則管之兩端應與接地導線妥為連結。

( ) 6. 根據「用戶用電設備裝置規則」，避雷器與電源線間之導線及避雷器與大地間之接地導線其線徑應不小於 (1)5.5 (2)14 (3)8 (4)22 mm^2。

解 同第 5 題

( ) 7. 根據「用戶用電設備裝置規則」，連接避雷器之導線應盡量縮短並避免彎曲並不得以 (1)金屬管 (2)PVC 管 (3)電纜線 (4)非金屬線槽 保護。

解 同第 5 題

( ) 8. 根據「用戶用電設備裝置規則」，避雷器之接地電阻應在 (1)100 (2)50 (3)10 (4)5 Ω 以下。

解 依用戶用電設備裝置規則第 444 條:避雷器之接地電阻應在 10 歐以下。

解答

1.(1)	2.(2)	3.(3)	4.(3)	5.(2)	6.(2)	7.(1)	8.(3)

(　)9. 避雷器是一種
(1)過電流　(2)過電阻　(3)過電抗　(4)過電壓保護設備。

解 避雷器是一種過電壓保護設備，將突波導入大地，限制電壓，它主要的是自動閥的作用，自動地將雷擊及開關突波等異常電壓放電，限制電壓，避免設備的絕緣破壞並於放電後又自動地阻止電力系統電流通過，上述動作必須在極短時間內完成，以免擾亂電力系統。
避雷器的作用主要功能為，防止雷突波導致設備破壞(電壓高、時間短)及防止開關突波(電壓較低、時間長)，在依不同需求之應用下，可將避雷器區分下列數種等級：變電所級(Station)、中間級(Intermediate)、配電級(Distribution)。

(　)10. 避雷器將突波電流導入大地放電時的電壓稱為
(1)續流　(2)放電電壓　(3)導流電壓　(4)絕緣耐壓。

(　)11. 若避雷器發生故障，可立即自動切離避雷器之接地端，是因避雷器加裝何種保護元件
(1)分壓器　(2)分流器　(3)隔離器　(4)分段開關。

解 避雷器用隔離器
當避雷器發生事故時，隔離器將立即自動切離避雷器之接地端，並可由目測檢視出故障之避雷器，以防止線路二次故障，變電所跳脫無法供電。
由線圈、元件及間隙所組合而成，並置於電木管器內，尾端可加裝 22 ㎜ ^{2} 電焊線以利安裝於接地系統。在正常使用狀態下，對各種之突波、衝擊電流皆不會自動切離，但當避雷器故障，發生持續性電流無法切斷時，隔離器將產生效用。

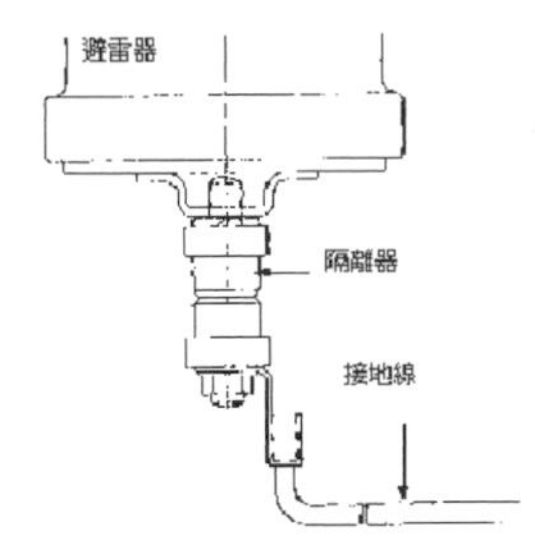

(　)12. ZnO 元件是一種固態保護元件，由於無間隙可供火花放電，此元件能對於有害系統或設備的過電壓作快速反應，此元件之避雷器稱為
(1)氧化鋅避雷器　(2)碳化矽避雷器　(3)碳化硫避雷器　(4)氧化鐵避雷器。

HYW-0.22~0.66KV

HYW-1.14KV

HY5W-3~6KV

HY5WZ-3~6KV

HY5WS-10KV

HY5WZ-10KV

解答

9.(4)　10.(2)　11.(3)　12.(1)

(　　)13. 低壓電源突波保護器其連接線應該
(1)越長越好
(2)越短越好
(3)長短皆不影響保護功能
(4)電線阻抗會增強突波保護器的保護功能。

解 影響因素有：
(1) 雷擊突波保護器和配電盤之間的接線阻抗。
(2) 雷擊突波保護器內部元件本身的電感，即雷擊突波保護器內部連接線的電感量。
因此，雷擊突波保護器的生產廠家建議保護器和配電盤之間的接線越短越好， 最好是直線，不要彎曲，在 15 mm 內。

解答

13.(2)

工作項目 11 配電盤、儀表、開關及保護設備之安裝及維護

(　) 1. 電磁開關英文代號為
(1)MS　(2)MC　(3)TH-RY　(4)NFB。
解 電磁開關 Magnetic Switch，代號 MS。

(　) 2. 積熱電驛的英文代號為
(1)MS　(2)MC　(3)TH-RY　(4)NFB。
解 積熱電驛 Thermal Relay　，代號 TH-RY。

(　) 3. 伏特計是用來測量電路中的下列何種電量？
(1)電阻　(2)電流　(3)電壓　(4)功率。

(　) 4. 控制電路中按鈕開關的英文代號為？
(1)KS　(2)PB　(3)TH-RY　(4)COS。
解 按鈕開關 Push Button，代號 PB。

(　) 5. 無熔絲開關的規格中 IC 表示？
(1)跳脫容量　(2)框架容量　(3)啓斷容量　(4)極數。
解 NFB 規格
AF(框架容量):指整個 NFB 內部導電結構框架，就是可以通過這個斷路器的最大電流。 Ampere of Frame 框架的安培數。
AT(額定電流):或稱跳脫電流，代表電流達到此數值時，會跳脫切斷電路以保障設備安全。Ampere of Tripping 跳脫的安培數。
IC(啓斷容量):起斷容量指能容許故障時的最大短路電流，短路電流依照線路、機械種種特性而不同。Interrupting Capacity 中斷容量。
IC > AF ≧ AT

(　) 6. 限時電驛中，一般稱 ON DELAY TIMER 是指？
(1)通電延遲　(2)斷電延遲　(3)通電/斷電延遲　(4)閃爍電驛。
解 **通電延遲限時電驛（ON Delay Relay 或 ON Timer）**：當激磁線圈通電後限時接點在設定的時間後，才會改變狀態（a 變 b，b 變 a）；而線圈斷電時，則接點立刻恢復為原來的狀態。
斷電延遲限時電驛（OFF Delay Relay 或 OFF Timer）：當激磁線圈通電後限時接點立刻改變狀態（a 變 b，b 變 a）；而線圈斷電時，則接點在設定的時間後，才會恢復為原來的狀態。
雙設定延遲限時電驛（ON-OFF Delay Relay 或 Twin Timer）：當激磁線圈通電後限時接點在設定的時間（ON Time）後改變狀態（a 變 b，b 變 a）；再經另一設定的時間（OFF Time）後恢復為原來的狀態，如此不斷重覆上述狀態。而線圈斷電時，接點即刻停止變化並恢復為原來的狀態。
Y-Δ 啓動專用限時電驛（Y-ΔDelay Relay）：當激磁線圈通電後 Y 接點閉合，在設定的時間後，Y、Δ 接點同時保持打開狀態（0.1~0.7 秒）後，Δ 接點閉合。而線圈斷電時，接點即刻停止變化並恢復為原來的狀態。

解答

1.(1)　2.(3)　3.(3)　4.(2)　5.(3)　6.(1)

( ) 7. 積熱電驛主要功能是保護負載的

(1)過電流 (2)過電壓 (3)逆相 (4)低電流。

解 通常與電磁接觸器組合使用，它利用雙金屬片(Bimetal)作為電動機過載保護之用，與主電路負載串聯。當電動機經過長時間之運轉，發生過載或過熱時，使串聯於主電路的發熱元件產生過大的熱量，雙金屬片彎曲，產生機械動作，觸發積熱繼電器的常開及常閉接點(常開接點一般會連接過載指示燈)，從而使控制電路停止工作。由於主電路繼電器線圈截流，所以主電路電流中斷。

( ) 8. 電氣圖中之 AS 係指

(1)電流切換開關 (2)電壓切換開關 (3)單切開關 (4)自動開關。

解 A→Ampere 安培→電流；S→Switch 開關。

( ) 9. 電氣圖中之 VS 係指

(1)電流切換開關 (2)選擇開關 (3)單切開關 (4)電壓切換開關。

解 V→Voltage 伏特→電壓；S→Switch 開關。

( )10. 如圖所示，當按住 PB 時 MC 的動作為

(1)不動作 (2)動作且自保持 (3)動作 1 秒鐘 (4)斷續動作直到放開 PB 後停止動作。

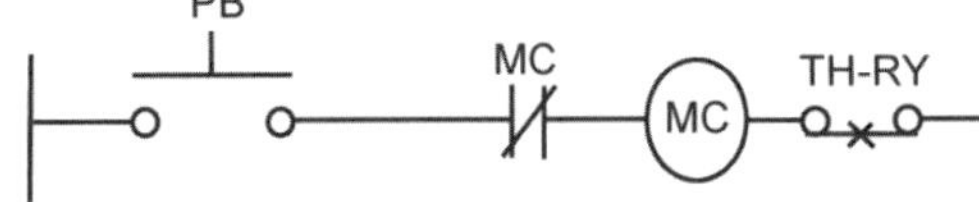

解 Relay 的激磁線圈接至 b 接點，當按鈕開關按下後切換至 a 接點，Relay 沒有激磁電流通過，又切回 b 接點，又有激磁電流通過，如此斷續動作直到放開 PB 後停止動作

( )11. 線路中裝置比流器主要的目的是

(1)降低電壓 (2)將大電流轉換成小電流以利量測 (3)短路保護 (4)過載保護。

解 電力系統之高電壓及大電流，若欲直接測量是件困難又危險的事。通常須利用變比器將其轉換成低電壓及小電流，再配合電流表及電壓表來測量。變比器有比流器(CT)及比壓器(PT)二種。

( )12. 比流器的二次側常用規格為

(1)10 (2)5 (3)20 (4)15 A。

( )13. 比壓器的二次側常用規格為

(1)220 (2)380 (3)50 (4)110 V。

( )14. 變壓器的銅損是由何者所造成？

(1)鐵心的磁滯現象 (2)鐵心的飽和現象 (3)線圈的漏磁 (4)線圈的電阻。

解 銅損（Copper loss）是指變壓器繞線或是其他電子設備上，因導線流過電流產生的熱。銅損和鐵損一樣，都是能量的耗損。不論導線的材質是銅或是其他金屬（例如鋁），導線上的損失都稱為銅損。

( )15. 無熔絲開關之 AF 代表

(1)故障電流 (2)跳脫電流 (3)額定電流 (4)框架電流。

解 AF(框架容量):Ampere of Frame 框架的安培數。
請參考第 5 題

解答

7.(1)	8.(1)	9.(4)	10.(4)	11.(2)	12.(2)	13.(4)	14.(4)	15.(4)

(　)16. 下列四種金屬材料導電率最大者爲
(1)鎢　(2)鋁　(3)銅　(4)銀。

解 導電率:銀>銅>金>鋁>鎢。

(　)17. 依據電工法規屋內配線設計圖 (VAR)，如圖所示爲
(1)功率表　(2)功因表　(3)無效功率表　(4)瓦時表。

(　)18. 依據電工法規屋內配線設計圖 ($\overline{\overline{A}}$)，如圖所示爲
(1)交流電流表　(2)直流電流表　(3)直流電壓表　(4)瓦特表。

(　)19. 依據電工法規屋內配線設計圖 (KWH)，如圖所示爲
(1)仟瓦時表　(2)乏時表　(3)需量表　(4)瓦特表。

(　)20. 依據電工法規屋內配線設計圖 [VS]，如圖所示爲
(1)電壓切換開關　(2)電流切換開關　(3)選擇開關　(4)限制開關。

(　)21. 高阻計主要用途係用來量測
(1)絕緣電阻　(2)接地電阻　(3)電流　(4)電壓。

(　)22. 爲防止人員感電事故而裝置的漏電斷路器，其規格應採用
(1)高感度延時型　(2)中感度高速型　(3)高感度高速型　(4)中感度延時型。

(　)23. 在三相四線 Δ 接地系統中，三相匯流排 A、B、C 相之安排，根據「用戶用電設備裝置規則」要求，下列何相應爲接地電壓較高之一相？
(1)A 相　(2)B 相　(3)C 相　(4)任何一相皆可。

解 用戶用電設備裝置規則 第 65 條
三相匯流排 A、 B、C 相之安排，面向配電盤或配電箱應由前到後， 由頂到底，或由左到右排列。在三相四線△接線系統， B 相應為對地電壓較高之一相。

(　)24. 匯流排及導線之安排要特別留意避免造成下列那一種效應而造成過熱?
(1)電阻效應　(2)電容效應　(3)飛輪效應　(4)電感效應。

解 用戶用電設備裝置規則 第 65 條
匯流排及導線之安排應避免由於感應效果而造成過熱。
導線之間會有互感。

(　)25. 分路用配電箱，其過電流保護器極數不得超過
(1)42　(2)32　(3)22　(4)52 個。

解 用戶用電設備裝置規則 第 67 條
分路用之配電箱，其過電流保護器極數不得超過 42 個。主斷路器不計入，兩極斷路器以二個過電流保護器，三極斷路器以三過電流保護器計。

解答

16.(4)	17.(3)	18.(2)	19.(1)	20.(1)	21.(1)	22.(3)	23.(2)	24.(4)	25.(1)

(　　)26. 配電箱之分路額定值如爲 30 安培以下者，其主過電流保護器應不超過
(1)100　(2)150　(3)200　(4)50 A。

解 用戶用電設備裝置規則 第 67 條
配電箱之分路額定值如為 30 安以下者，其主過電流保護器應不超過 200 安。

(　　)27. 配電箱內之任何過電流保護裝置，如遇裝接負載在正常狀態下將連續滿載三小時以上者，該過電流保護裝置負載電流以不超過其額定值之
(1)50%　(2)60%　(3)70%　(4)80% 爲宜。

解 用戶用電設備裝置規則 第 67 條
配電箱內之任何過電流保護裝置，如遇裝接負載正常狀態下將連續滿載三小時以上者，除該過電流保護裝置確能照其額定值連續負載外， 該負載電流以不超過其額定值之 80%為宜。

(　　)28. 根據「用戶用電設備裝置規則」，配電盤及配電箱箱體若採用鋼板其厚度應在
(1)1.2　(2)1.6　(3)2.0　(4)1.0 公厘以上。

解 用戶用電設備裝置規則 第 68 條
箱體若採用鋼板其厚度應在 1.2mm 以上，採用不燃性之非金屬板者，其強度應具有相當於本條規定之鋼板強度

(　　)29. 根據「用戶用電設備裝置規則」，儀表、訊號燈、比壓器及其他附有電壓線圈之設備，應由另一回路供應之，該電路之過電流保護裝置之額定值不得超過
(1)15　(2)20　(3)30　(4)40 A。

解 用戶用電設備裝置規則 第 68 條
儀表、訊號燈、比壓器及其他附有電壓線圈之設備，應由另一電路供應之，該電路之過電流保護裝置之額定值不得超過 15A。但此等設備如因該過電流保護裝置動作，而可能有發生危險之虞時，得不裝設該項過電流保護。

(　　)30. 配置於配電盤上之計器、儀表、電驛及儀表用變比器，應依規定加以接地，變比器一次側接自對地電壓超過 300 伏以上線路時，其二次側迴路
(1)不可接地　(2)均應加以接地　(3)接地與否皆可　(4)由業者決定。

解 用戶用電設備裝置規則 第 66-1 條　接地裝置應符合左列規定：
二、配置於配電盤上之計器、儀表、電驛及儀表用變比器，應依左列規定加以接地：
(一) 變比器一次側接自對地電壓超過三〇〇伏以上線路時，其二次側迴路均應加以接地。

(　　)31. 裝於住宅處所之 20 安以下分路之斷路器及栓形熔絲應屬那一種保護裝置？
(1)延時性者　(2)瞬時性　(3)不安全　(4)不可靠。

解 用戶用電設備裝置規則第 48 條　裝於住宅處所之二〇安以下分路之斷路器及栓形熔絲應屬一種延時性者。

解答

26.(3)　27.(4)　28.(1)　29.(1)　30.(2)　31.(1)

(　)32. 配電盤及配電箱之裸露導電部分及匯流排，除屬於開關及斷路器之部分者外，電壓爲 250~600 伏的異極架設於同一敷設面者其間之間隔至少爲
(1)50　(2)32　(3)25　(4)19 公厘。

解 用戶用電設備裝置規則第 68 條　配電盤及配電箱之構造應符合左列規定：
六、裸露之導電部分及匯流排，除屬於開關及斷路器之部分者外，其異極間之間隔按表六八之規定為原則。

表 68　裸露導電部分異極間之間隔(mm)

電　壓	異　極　間		帶電體對地
	架於同一敷設面者	保持於自由空間者	
不超過 125V 者	19	13	13
不超過 250V 者	32	19	13
不超過 600V 者	50	25	25

(　)33. 交流數位綜合電表有的會有電流正負值顯示能力，因此，比流器安裝時要注意方向，一但發現電表顯示爲負值時，應當如何轉爲正値？
(1)二次側接地　(2)加裝分流器　(3)加裝無熔絲開關　(4)二次側的配線互調。

解 交流數位綜合電表有電流正負值顯示能力，二次側配線接反會出現負值，調換即可。

(　)34. 比流器 CT 會有感應高壓造成危險，所以 CT 的那一個端點接地？
(1)一次側 S　(2)一次側 L　(3)二次側 S(k)　(4)二次側 L(l)。

解 CT 的一次側接主電力，感應電流在二次側，CT 正常工作時磁通密度很低，而短路時由於一次側短路電流變得很大，使磁通密度大大增加，有時甚至遠遠超過飽和值。感應電流由 S(k)流出，由 L(l)流入，所以要在 L(l)側接地。

(　)35. 以 10 串 3 並方式組成一個太陽光電直流迴路，直流接線箱內保險絲數量爲？
(1)2　(2)3　(3)6　(4)10 只。

解 10 串 3 並方式組成一個太陽光電直流迴路，每一串一組保險絲，3 並則正負共 6 組保險絲。

(　)36. 一片太陽光電模組之 V_{oc} 爲 21V，I_{sc} 爲 8A，V_{mp} 爲 16V 及 I_{mp} 爲 7A，以 10 串 2 並方式組成一直流迴路，以高阻計檢測此迴路之絕緣阻抗，最合適的測試電壓檔位爲？
(1)250　(2)500　(3)1000　(4)1500 V。

解 絕緣阻抗的量測依開路電壓為準則，10 串 2 並則電壓 $V_{OC}=21V\times10=210V$，$210V\times1.25=262.5V$ 落在 120~500 之間，依 IEC 62446 測試電壓為 500V。

解答

32.(1)　33.(4)　34.(4)　35.(3)　36.(2)

( )37. 以三相交流數位電表來量測三相三線式交流負載功率，至少需搭配幾個 CT？
(1)1 (2)2 (3)3 (4)4。

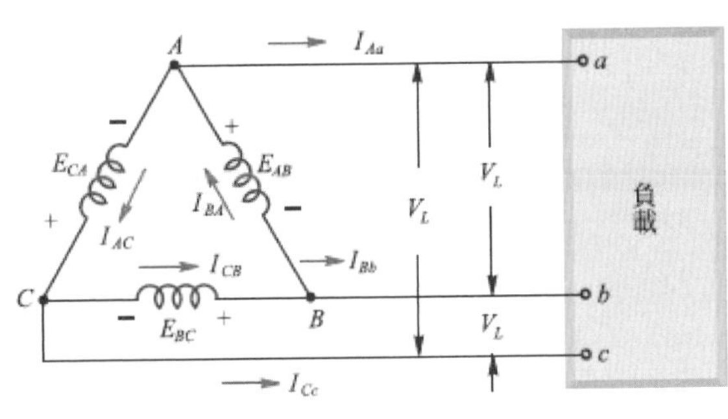

解 三相三線式交流負載

$I_{Aa}=I_{BA}+I_{CA}$ ……(1)

$I_{Bb}=I_{CB}+I_{AB}$ ……(2)

$I_{Cc}=I_{AC}+I_{BC}$ ……(3)

(3)= –[(1)+(2)]

所以，兩個 CT 即可算出第三條的電流。

( )38. 以三相交流數位電表(ABCN)來量測三相三線式(RST) 交流負載之總功率，若只用 2 只 CT，R 線 CT 接在 A 相，T 線 CT 接在 C 相，則下列電壓接線何者正確？
(1)S 線接 A 或 B (2)S 線不接 (3)S 線接 B (4)S 線接 N。

( )39. 以 1 只電流錶來量測三相三線式系統線電流，需搭配何種開關？
(1)電流切換開關 (2)選擇開關 (3)單切開關 (4)電壓切換開關。

解 只有一只電流表，所以，需要電流切換開關來切換三相的電流。

( )40. 下列何者非「用戶用電設備裝置規則」中所規範之斷路器標準額定電流值？
(1)5 (2)10 (3)20 (4)40 A。

解 用戶用電設備裝置規則第 50 條 斷路器應符合左列規定：

一、斷路器之標準額定電流值為：一〇、一五、二〇、三〇、四〇、五〇、六〇、七〇、七五、九〇、一〇〇、一二五、一五〇、一七五、二〇〇、二二五、二五〇、三〇〇、三五〇、四〇〇、五〇〇、六〇〇、七〇〇、八〇〇、一〇〇〇、一二〇〇、一六〇〇、二〇〇〇、二五〇〇、三〇〇〇、四〇〇〇。

( )41. 根據「用戶用電設備裝置規則」，非接地導線之保護應符合
(1)斷路器應分別啓斷電路中之各非接地導線 (2)單相二線非接地電路不得使用單極斷路器 (3)三相四線電路非接地電路不得使用單極斷路器 (4)電路中每一非接地之導線應有一個過電流保護裝置。

解 用戶用電設備裝置規則第 54 條 非接地導線之保護應符合左列規定：

一、電路中每一非接地之導線應有一個過電流保護裝置。

二、斷路器應能同時啓斷電路中之各非接地導線。但單相二線非接地電路或單相三線電路或三相四線電路(不接三相負載者)，得使用單極斷路器，以保護此等電路中之各非接地導線。

( )42. 根據「用戶用電設備裝置規則」，供裝置開關或斷路器之金屬配(分) 電箱，如電路對地電壓超過多少時，應加接地？
(1)0 (2)100 (3)150 (4)200 V。

解 用戶用電設備裝置規則第 44 條 供電裝置開關或斷路器之金屬配 (分) 電箱，如電路對地電壓超過一五〇伏，應加接地。

解答

37.(2) 38.(4) 39.(1) 40.(1) 41.(4) 42.(3)

(　)43. 根據「用戶用電設備裝置規則」，太陽光電系統中電纜、隔離開關、過電流保護裝置及其他設備之電壓額定應以下到何者來認定
(1)最大電壓　(2)開路電壓　(3)工作電壓　(4)額定電壓。

解 用戶用電設備裝置規則第 396-26 條太陽光電系統中有關電路之電壓規定如下：
一、最大電壓之計算及認定：
(三) 電纜、隔離開關、過電流保護裝置及其他設備之電壓額定應以最大電壓認定。

(　)44. 一片太陽光電模組之 Voc 爲 30V，Isc 爲 8A，Vmp 爲 28V 及 Imp 爲 7A，以 10 串 2 並方式組成一直流迴路，模組 Voc 的溫度係數爲-0.3%／℃，模組 Isc 的溫度係數爲 0.05%/℃，板溫範圍 10~60℃，此迴路隔離開關之額定電壓至少須爲
(1)286.5　(2)300　(3)313.5　(4)354 V。

解 10 串 2 並開路電壓為 V_{OC}=30V×10 串=300V，板溫最低為 10℃，模組 V_{OC}的溫度係數為-0.3%/℃，所以開路壓為 300V×[1+(-0.3%)×(10℃-25℃)]=313.5V。

(　)45. 根據「用戶用電設備裝置規則」，三相匯流排 A、B、C 相之安排，面向配電盤或配電箱應由 (1)前到後　(2)頂到底　(3)後到前　(4)底到頂 或由左到右排列。

解 用戶用電設備裝置規則 第 65 條
三相匯流排 A、B、C 相之安排，面向配電盤或配電箱應由前到後， 由頂到底，或由左到右排列。在三相四線△接線系統， B 相應為對地電壓較高之一相。

(　)46. 根據「用戶用電設備裝置規則」，配電盤、配電箱應由具有
(1)耐酸性　(2)耐熱性　(3)耐鹼性　(4)不燃性 之物質所製成。

解 用戶用電設備裝置規則 第 68 條
配電盤、配電箱應由具有耐熱性及不燃性之物質所製成。

(　)47. 無熔絲開關主要包含下列哪些主要規格？
(1)框架容量　(2)跳脫容量　(3)啓斷容量　(4)過電壓容量。

解 NFB 規格
AF(框架容量):指整個 NFB 內部導電結構框架，就是可以通過這個斷路器的最大電流。
AT(額定電流):或稱跳脫電流，代表電流達到此數值時，會跳脫切斷電路以保障設備安全。
IC(啓斷容量):起斷容量指能容許故障時的最大短路電流，短路電流依照線路、機械種種特性而不同。

(　)48. 電磁開關包含下列哪些元件？
(1)電磁接觸器　(2)積熱電驛　(3)電力電驛　(4)限時電驛。

解 電磁開關(Magnetic Switch)，簡稱 M.S，電磁開關是指電磁接觸器及積熱電驛兩者組合為一元件，電磁接觸器(Magnetic Contactor)簡稱 M.C，電磁接觸器的原理跟繼電器類似，它是利用電磁線圈纏繞在鐵芯上產生磁力進而吸引接點打開或閉合的狀態，一般都是應用在大負載的情形較多。

解答

43.(1)　44.(3)　45.(12)　46.(24)　47.(123)　48.(12)

( )49. 根據「用戶用電設備裝置規則」，接戶開關之接線端子應採用下列哪些方法裝接 (1)有壓力之接頭 (2)焊錫焊接 (3)有壓力之夾子 (4)隨意絞接即可。

解 用戶用電設備裝置規則 第 32 條
接戶開關之接線端子應採用有壓力之接頭或夾子或其他安全方法裝接，但不得用焊錫焊接。

( )50. 根據「用戶用電設備裝置規則」，下列哪些設備之電源得接於接戶開關之電源側，但須接於電度表之負載側？
(1)馬達啓動迴路開關 (2)電燈控制開關 (3)限時開關 (4)緊急照明之電源。

解 用戶用電設備裝置規則 第 33 條
限時開關之電源及緊急照明之電源得接於接戶開關之電源側，但須於電度表之負載側。

( )51. 下列哪些場所需裝置漏電斷路器？
(1)工程興建之臨時用電 (2)噴水池 (3)家庭客廳乾燥處所 (4)辦公處所之飲水機。

解 用戶用電設備裝置規則 第 59 條
左列各款用電設備或線路，應按規定施行接地外，並在電路上或該等設備之適當處所裝設漏電斷路器。
一、建築或工程興建之臨時用電設備。
二、游泳池、噴水池等場所水中及周邊用電設備。
三、公共浴室等場所之過濾或給水電動機分路。
四、灌溉、養魚池及池塘等用電設備。
五、辦公處所、學校和公共場所之飲水機分路。
六、住宅、旅館及公共浴室之電熱水器及浴室插座分路。
七、住宅場所陽台之插座及離廚房水槽 1.8 公尺以內之插座分路。
八、住宅、辦公處所、商場之沉水式用電設備。
九、裝設在金屬桿或金屬構架之路燈、號誌燈、廣告招牌燈。
十、人行地下道、陸橋用電設備。
十一、慶典牌樓、裝飾彩燈。
十二、由屋内引至屋外裝設之插座分路。
十三、遊樂場所之電動遊樂設備分路。

( )52. 有關漏電斷路器之裝置下列哪些正確？
(1)以裝置於分路爲原則 (2)陸橋用電設備應裝設漏電斷路器 (3)防止感電事故爲目的應採中感度延時型 (4)漏電斷路器額定電流容量須小於負載電流。

解 用戶用電設備裝置規則 第 61 條 漏電斷路器以裝置於分路為原則。
用戶用電設備裝置規則 第 59 條 十、人行地下道、陸橋用電設備。

( )53. 有關比流器的敘述，下列哪些正確？
(1)英文代號 CT (2)通常一次側電流爲流過負載之電流
(3)一次側電流固定爲 5A (4)二次側不可接地以免影響量測。

解 比流器，英文代號 CT；通常一次側電流為流過負載之電流；二次側電流固定為 5A；二次側一定要接地，開路會有大電壓。

解答

49.(13) 50.(34) 51.(124) 52.(12) 53.(12)

( )54. 斷路器應有耐久而明顯之標示，用以表示其
(1)額定電流 (2)啓斷電流 (3)額定電壓 (4)生產日期。

解 用戶用電設備裝置規則第 50 條 斷路器應符合左列規定：
四、斷路器應有耐久而明顯之標示，用以表示其額定電流、啓斷電流、額定電壓及廠家名稱或其代號。

( )55. 以三相交流數位電表(ABCN)來量測三相三線式(RST) 交流負載之總功率，若只用 2 只 CT，R 線 CT 接在 A 相，T 線 CT 接在 C 相，則下列電壓之量測接線哪幾組正確？
(1)T 線接 C (2)S 線不接 (3)S 線接 N (4)S 線接 B。

( )56. 一片太陽光電模組之 Voc 為 33V，Isc 為 8A，Vmp 為 30V 及 Imp 為 7A，以 10 串 4 並方式組成一直流迴路，板溫範圍 0~70℃，選用突波吸引器其耐壓值下列哪些合適？
(1)250 (2)330 (3)600 (4)850 V。

解 10 串 4 並開路電壓為 V_{OC}=33V×10 串=330V，板溫最低為 0℃，溫度修正係數為 1.25，所以開路壓為 300V×1.25=375V。所以，(3) 600、(4) 850 都大於 375V。

( )57. 以 1 只電流表來量測三相三線式系統線電流，需搭配下列哪些元件？
(1)選擇開關 (2)電流切換開關 (3)比流器 (4)分流器。

解 只有一只電流表，所以，需要電流切換開關來切換三相的電流；而電流的量測需要比流器的計量。

( )58. 下列哪些不是「用戶用電設備裝置規則」中所規範之斷路器標準額定電流值？
(1)160 (2)80 (3)40 (4)20 A。

解 用戶用電設備裝置規則第 50 條斷路器應符合左列規定：
一、斷路器之標準額定電流值為：一〇、一五、二〇、三〇、四〇、五〇、六〇、七〇、七五、九〇、一〇〇、一二五、一五〇、一七五、二〇〇、二二五、二五〇、三〇〇、三五〇、四〇〇、五〇〇、六〇〇、七〇〇、八〇〇、一〇〇〇、一二〇〇、一六〇〇、二〇〇〇、二五〇〇、三〇〇〇、四〇〇〇。

解答

54.(123) 55.(13) 56.(34) 57.(23) 58.(12)

工作項目 12 接地系統工程之安裝及維修

( ) 1. 根據「用戶用電設備裝置規則」，高低壓用電設備非帶電金屬部分之接地稱為
(1)設備接地
(2)內線系統接地
(3)低壓電源系統接地
(4)設備與系統共同接地。

解 用戶用電設備裝置規則 第 24 條
接地方式應符合左列規定之一：
一、設備接地：高低壓用電設備非帶電金屬部分之接地。
二、內線系統接地：屋內線路屬於被接地一線之再行接地。
三、低壓電源系統接地：配電變壓器之二次側低壓線或中性線之接地。
四、設備與系統共同接地：內線系統接地與設備接地共用一接地線或同一接地電極。

( ) 2. 根據「用戶用電設備裝置規則」，配電變壓器之二次側低壓線或中性線之接地稱為
(1)設備接地
(2)內線系統接地
(3)低壓電源系統接地
(4)設備與系統共同接地。

解 參考第 1 題

( ) 3. 根據「用戶用電設備裝置規則」，內線系統接地與設備接地共用一接地線或同一接地電極稱為
(1)設備接地
(2)內線系統接地
(3)低壓電源系統接地
(4)設備與系統共同接地。

解 參考第 1 題

解答

1.(1) 2.(3) 3.(4)

( ) 4. 根據「用戶用電設備裝置規則」，三相四線多重接地系統供電地區用戶變壓器之低壓電源系統接地應採 (1)第一種接地 (2)第二種接地 (3)第三種接地 (4)特種接地。

解 用戶用電設備裝置規則 第 25 條

種類	適用場所	電阻值	接地導線
特種接地	三相四線多重接地系統供電地區用戶變壓器之低壓電源系統接地，或高壓用電設備接地。	10 歐姆 以下	(1) 變壓器容量 500kVA 以下應使用 22mm^2 以上絕緣線。 (2) 變壓器容量超過 500kVA 應使用 38mm^2 以上絕緣線。
第一種接地	非接地系統之高壓用電設備接地。	25 歐姆 以下	第一種接地應使用 5.5 mm^2 以上絕緣線。
第二種接地	三相三線式非接地系統供電用戶變壓器之低壓電源系統接地。	50 歐姆 以下	(1) 變壓器容量超過20kVA應使用22 mm^{2}以上絕緣線。 (2) 變壓器容量 20kVA 以下應使用 8 mm^2 以上絕緣線。
第三種接地	1. 低壓用電設備接地。 2. 內線系統接地。 3. 變比器二次線接地。 4. 支持低壓用電設備之金屬體接地	1. 對地電壓 150V 以下 →100 歐姆 以下。 2. 對地電壓 151V 至 300V→50 歐姆 以下。 3. 對地電壓 301V 以上 →10 歐姆 以下。	(1) 變比器二次線接地應使用 5.5 mm2 以上絕緣線。 (2) 內線系統單獨接地或設備共同接地之接地引接線，按表二六 － 一規定。 (3) 用電設備單獨接地之接地線或用電設備與內線系統共同接地之連接線按表二六 － 二規定。
註：裝用漏電斷路器，其接地電阻值可按表 62-2 辦理。			

表 26-1 內線系統單獨接地或與設備共同接地之接地引接線線徑

接戶線中之最大截面積(mm^2)	銅接地導線大小(mm^2)
30 以下	8
38-50	14
60-80	22
超過 80-200	30
超過 200-325	50
超過 325-500	60
超過 500	80

解答

4.(4)

表 26-2　用電設備單獨接地之接地線或用電設備與內線系統共同接地之連接線線徑

過電流保護器之額定或標置	銅接地導線之大小
20A 以下	1.6 mm (2.0 mm^2)
30A	2.0 mm (3.5mm^2)
60A	5.5 mm^2
100A	8 mm^2
200A	14 mm^2
400A	22 mm^2
600A	38 mm^2
800A	50 mm^2
1000A	60 mm^2
1200A	80 mm^2
1600A	100 mm^2
2000A	125 mm^2
2500A	175 mm^2
3000A	200 mm^2
4000A	250 mm^2
5000A	350 mm^2
6000A	400 mm^2
註：移動性電具，其接地線與電源線共同置於軟管或電纜內時，得與電源線同等線徑。	

(　) 5. 根據「用戶用電設備裝置規則」，非接地系統之高壓用電設備接地應採 (1)第一種接地 (2)第二種接地 (3)第三種接地 (4)特種接地。

解

第一種接地	非接地系統之高壓用電設備接地。	<25Ω	>5.5 mm^2

(　) 6. 根據「用戶用電設備裝置規則」，三相三線式非接地系統供電地區用戶變壓器之低壓電源系統接地應採 (1)第一種接地 (2)第二種接地 (3)第三種接地 (4)特種接地。

解

第二種接地	三相三線式非接地系統供電用戶變壓器之低壓電源系統接地。	<50Ω	(1) <20kVA→ 8 mm^2 (2) >20kVA→ 22 mm^2

(　) 7. 根據「用戶用電設備裝置規則」，低壓用電設備接地應採 (1)第一種接地 (2)第二種接地 (3)第三種接地 (4)特種接地。

解

第三種接地	1. 低壓用電設備接地。 2. 內線系統接地。 3. 變比器二次線接地。 4. 支持低壓用電設備之金屬體接地	對地電壓 1. <150V →100 歐姆 2. 151-300V→50 歐姆。 3. >301V →10 歐姆。	(1) 變比器二次線接地→ 5.5 mm^2。 (2) 內線系統單獨接地或設備共同接地→表 26-1 規定。 (3) 用電設備單獨接地之接地線或用電設備與內線系統共同接地→表 26-2 規定。

解答

5.(1)　6.(2)　7.(3)

(　) 8. 根據「用戶用電設備裝置規則」，變比器二次線之接地應採
(1)第一種接地　(2)第二種接地　(3)第三種接地　(4)特種接地。

解

第三種接地	1. 低壓用電設備接地。 2. 內線系統接地。 **3. 變比器二次線接地。** 4. 支持低壓用電設備之金屬體接地	對地電壓 1. <150V→100 歐姆 2. 151-300V→50 歐姆。 3. >301V→10 歐姆。	(1) 變比器二次線接地→ 5.5 mm^2。 (2) 內線系統單獨接地或設備共同接地→表 26-1 規定。 (3) 用電設備單獨接地之接地線或用電設備與內線系統共同接地→表 26-2 規定。

(　) 9. 根據「用戶用電設備裝置規則」，特種接地之接地電阻應低於
(1)10　(2)100　(3)50　(4)25 Ω。

解

特種接地	三相四線多重接地系統供電地區用戶變壓器之低壓電源系統接地，或高壓用電設備接地。	10 歐姆 以下	(1) <500kVA→22 mm^2 (2) >500kVA→38 mm^2

(　)10. 根據「用戶用電設備裝置規則」，第一種接地之接地電阻應低於
(1)25　(2)50　(3)100　(4)200 Ω。

解

第一種接地	非接地系統之高壓用電設備接地。	<25Ω	5.5 mm^2

(　)11. 根據「用戶用電設備裝置規則」，第二種接地之接地電阻應低於
(1)10　(2)100　(3)50　(4)25 Ω。

解

第二種接地	三相三線式非接地系統供電用戶變壓器之低壓電源系統接地。	<50Ω	(1) <20kVA→ 8 mm^2 (2) >20kVA→ 22 mm^2

(　)12. 根據「用戶用電設備裝置規則」，第三種接地對地電壓低於 150V 時之接地電阻應低於
(1)10　(2)100　(3)50　(4)25 Ω。

解

第三種接地	1. 低壓用電設備接地。 2. 內線系統接地。 3. 變比器二次線接地。 4. 支持低壓用電設備之金屬體接地	對地電壓 **1. <150V →100 歐姆** 2. 151-300V→50 歐姆。 3. >301V →10 歐姆。	(1) 變比器二次線接地→ 5.5 mm^2。 (2) 內線系統單獨接地或設備共同接地→表 26-1 規定。 (3) 用電設備單獨接地之接地線或用電設備與內線系統共同接地→表 26-2 規定。

解答

8.(3)　9.(1)　10.(1)　11.(3)　12.(2)

(　)13. 根據「用戶用電設備裝置規則」，第三種接地對地電壓範圍在 151V~300V 時之接地電阻應低於 (1)10 (2)100 (3)50 (4)25 Ω。

解

第三種接地	1. 低壓用電設備接地。 2. 內線系統接地。 3. 變比器二次線接地。 4. 支持低壓用電設備之金屬體接地	對地電壓 1. <150V →100 歐姆 **2. 151-300V →50 歐姆。** 3. >301V →10 歐姆。	(1) 變比器二次線接地→ 5.5 mm^2。 (2) 內線系統單獨接地或設備共同接地→表 26-1 規定。 (3) 用電設備單獨接地之接地線或用電設備與內線系統共同接地→表 26-2 規定。

(　)14. 根據「用戶用電設備裝置規則」，第三種接地對地電壓在 301V 以上時之接地電阻應低於 (1)10 (2)100 (3)50 (4)25 Ω。

解

第三種接地	1. 低壓用電設備接地。 2. 內線系統接地。 3. 變比器二次線接地。 4. 支持低壓用電設備之金屬體接地	對地電壓 1. <150V →100 歐姆 2. 151-300V→50 歐姆。 **3. >301V →10 歐姆。**	(1) 變比器二次線接地→ 5.5 mm^2。 (2) 內線系統單獨接地或設備共同接地→表 26-1 規定。 (3) 用電設備單獨接地之接地線或用電設備與內線系統共同接地→表 26-2 規定。

(　)15. 根據「用戶用電設備裝置規則」，特種接地變壓器容量超過 500kVA 應使用 (1)38 (2)22 (3)14 (4)5.5 mm^2 之導線。

解

特種接地	三相四線多重接地系統供電地區用戶變壓器之低壓電源系統接地，或高壓用電設備接地。	10 歐姆 以下	(1) <500kVA→22 mm^2 **(2) >500kVA→38 mm^2**

(　)16. 根據「用戶用電設備裝置規則」，第一種接地應使用 (1)38 (2)22 (3)14 (4)5.5 mm^2 之導線。

解

第一種接地	非接地系統之高壓用電設備接地。	<25Ω	5.5 mm^2

(　)17. 根據「用戶用電設備裝置規則」，第二種接地變壓器容量超過 20kVA 應使用 (1)38 (2)22 (3)14 (4)5.5 mm^2 之導線。

解

第二種接地	三相三線式非接地系統供電用戶變壓器之低壓電源系統接地。	<50Ω	(1) <20kVA→ 8 mm^2 **(2) >20kVA→ 22 mm^2**

解答

13.(3)　14.(1)　15.(1)　16.(4)　17.(2)

( )18. 根據「用戶用電設備裝置規則」，變比器二次線接地應使用
(1)38 (2)22 (3)14 (4)5.5 mm^2 之導線。

解

第三種接地	1. 低壓用電設備接地。 2. 內線系統接地。 3. 變比器二次線接地。 4. 支持低壓用電設備之金屬體接地	對地電壓 1. <150V →100 歐姆 2. 151-300V →50 歐姆。 3. >301V →10 歐姆。	**(1) 變比器二次線接地→ 5.5 mm^2。** (2) 內線系統單獨接地或設備共同接地→表 26-1 規定。 (3) 用電設備單獨接地之接地線或用電設備與內線系統共同接地→表 26-2 規定。

( )19. 根據「用戶用電設備裝置規則」，接地導線以使用
(1)銅線 (2)鋁線 (3)鋼線 (4)鎢絲 爲原則。

解 用戶用電設備裝置規則 第 27 條
六、接地線以使用銅線為原則，可使用裸線、被覆線或絕緣線。個別被覆或絕緣之接地線，其外觀應為綠色或綠色加一條以上之黃色條紋者。

( )20. 根據「用戶用電設備裝置規則」則，在接地引接線上
(1)應加裝保護開關 (2)不得加裝保護開關 (3)視需要可加裝保護開關 (4)沒有規定。

解 用戶用電設備裝置規則 第 29 條
二、接地引接線應藉焊接或其他方法使其與人工接地極妥接，在該接地線上不得加裝開關及保護設備。

( )21. 根據「用戶用電設備裝置規則」，使用銅板做接地極時，其厚度至少為？
(1)0.1 (2)0.7 (3)1.0 (4)1.5 公厘以上。

解 用戶用電設備裝置規則 第 29 條
三、銅板作接地極，其厚度應在 0.7mm 以上，具與土地接觸之總面積不得小於 900 cm^2，並應埋入地下 1.5m 以上。

( )22. 根據「用戶用電設備裝置規則」，使用銅板做接地極時，其與土地接觸總面積不得小於
(1)900 (2)500 (3)100 (4)300 平方公分。

解 參考第 21 題

( )23. 根據「用戶用電設備裝置規則」，使用銅板做接地極時，其埋設深度應至少爲在
(1)1.5 (2)1 (3)5 (4)10 公尺。

解 參考第 21 題

( )24. 根據「用戶用電設備裝置規則」，使用鐵管或鋼管做接地極時，長度不得短於 0.9 公尺，且內徑應在 (1)19 (2)15 (3)8 (4)12 公厘以上。

解 用戶用電設備裝置規則 第 29 條
四、鐵管或鋼管作接地極，其內徑應在 19mm 以上；接地銅棒作接地極，其直徑不得小於 15mm，且長度不得短於 0.9 公尺，並應垂直釘沒於地面下 1 公尺以上，如為岩石所阻，則可橫向埋設於地面下 1.5 公尺以上深度。

解答

18.(4) 19.(1) 20.(2) 21.(2) 22.(1) 23.(1) 24.(1)

(　)25. 根據「用戶用電設備裝置規則」，使用接地銅棒做接地極時，長度不得短於 0.9 公尺，且直徑不得小於 (1)19 (2)10 (3)8 (4)15 公厘。

解 參考第 24 題

(　)26. 根據「用戶用電設備裝置規則」，使用鐵管或鋼管或接地銅棒做接地極時，應垂直釘沒於地面下至少爲？ (1)2 (2)1.5 (3)2.5 (4)1.0 公尺。

解 參考第 24 題

(　)27. 根據「用戶用電設備裝置規則」，接地管、棒及鐵板之表面，以鍍
(1)鋼 (2)鐵 (3)銀 (4)鋅或銅 爲宜。

解 用戶用電設備裝置規則 第 29 條

六、接地管、棒及鐵板之表面以鍍鋅或包銅者為安，不得塗漆或其他絕緣物質。

(　)28. 根據「用戶用電設備裝置規則」，下列何種接地設施於人易觸及之場所時，自地面下 0.6 公尺至地面上 1.8 公尺均應以絕緣管或板掩蔽
(1)第一種 (2)第三種 (3)特種及第二種 (4)第一及第三種。

解 用戶用電設備裝置規則 第 29 條

七、特種及第二種系統接地，設施於人易觸及之場所時，自地面下 0.6 公尺起至地面上 1.8 公尺，均應以絕緣管或板掩蔽。

(　)29. 根據「用戶用電設備裝置規則」，單相二線之幹線或分路，如對地電壓超過 150V 時，其被接地之導線應
(1)線頭線尾識別即可　(2)不必加以識別
(3)整條導線加以識別　(4)由施工者自己決定。

解 用戶用電設備裝置規則 第 70 條

三、單相二線之幹線或分路如對地電壓超過 150 伏時，其被接地之導線應整條加以識別。

(　)30. 根據「用戶用電設備裝置規則」，接地型插座及插頭，插頭之接地極之長度應較其他非接地極 (1)略短 (2)略長 (3)長短皆可 (4)無硬性規定。

解 用戶用電設備裝置規則 第 73 條

接地型之插座及插頭其供接地之端子應與其他非接地端子有不相同形體之設計以為識別，且插頭之接地極之長度應較其他非接地極略長。

(　)31. 根據「用戶用電設備裝置規則」，分路中被接地導線
(1)應裝開關或斷路器
(2)不得裝開關或斷路器
(3)得裝開關或斷路器但不可與非接地導線同時啓斷
(4)視需要裝開關或斷路器。

解 用戶用電設備裝置規則 第 35 條

分路中被接地導線不得裝開關或斷路器，但如裝開關或斷路器時，必須與非接地之導線能同時啓斷。該被接地導線如未裝開關，應以妥善方法妥接於端子上，以便利分離，而不致妨礙測量該電路之絕緣。

解答

25.(4)　26.(4)　27.(4)　28.(3)　29.(3)　30.(2)　31.(2)

(　　)32. 下列何者與易被雷擊無關？
(1)土壤的電阻率　(2)太陽光電系統系統電壓
(3)太陽光電系統裝置高度　(4)地下埋有金屬礦和金屬管線密集處。

解 雷擊，雲層和地面形成放電通路的條件，雲層與地表之間的大氣成分、溫度、濕度、氣壓等，雲層與地表的距離，以及地表的形貌也有關聯。突出的地表物體會使它和雲層之間的距離縮短，易導電(電阻較小)的容易引發放電現象，即俗稱的引雷，避雷針也是以此為原理製造。

(　　)33. 有關太陽光電接地系統，下列何者錯誤？
(1)未帶電的金屬體無須接地
(2)每片模組邊框皆應接地
(3)依模組邊框指定孔進行接地安裝
(4)模組邊框未能有效接地可使用砂紙刷去表面氧化層。

(　　)34. 台灣俗稱 2 分螺絲表示直徑
(1)6.35mm　(2)2 英吋　(3)7.93mm　(4)1/2 英吋。

解 1 吋為 25.4mm，1 吋均分為 8 等分，2 分為 2×1/8 吋=2/8 吋=6.35 mm

(　　)35. 接地系統應將接地棒體垂直打入土壤中，打入之接地棒之深度至少應為
(1)10　(2)50　(3)100　(4)200 公分。

解 用戶用電設備裝置規則第 29 條　接地系統應符合左列規定之一辦理：
四、鐵管或鋼管作接地極，其內徑應在一九公厘以上；接地銅棒作接地極，其直徑不得小於一五公厘，且長度不得短於○・九公尺，並應垂直釘沒於地面下一公尺以上，如為岩石所阻，則可橫向埋設於地面下一・五公尺以上深度。

(　　)36. 下列何項非太陽光電模組測試儀器？
(1)電力品質分析儀　(2)三用電表　(3)熱顯像儀　(4)高斯計。

解 ①電力品質分析儀：分析電力品質。② 三用電表：可量測電壓或電流(勾表)。③ 熱顯像儀：量測模組及線路的溫度分布。④ 高斯計：量測磁場，不會用到。

(　　)37. 系統或電路導線內被接地之導線稱為
(1)被接地導線　(2)接地導線　(3)中性線　(4)地線。

解 用戶用電設備裝置規則第 7 條　本規則除另有規定外，名詞定義如下：
二十六、共同中性導體(線)：以兩種不同之電壓或不同之供電方式共用中性導體(線)者。
三十七、接地：線路或設備與大地或可視為大地之某導電體間有導電性之連接。
三十八、被接地：被接於大地或被接於可視為大地之某導電體間有導電性之連接。
三十九、被接地導線：系統或電路導線內被接地之導線。
四十、接地線：連接設備、器具或配線系統至接地極之導線。

解答

32.(2)　33.(1)　34.(1)　35.(3)　36.(4)　37.(1)

(　)38. 接地系統應符合
(1)鐵管或鋼管作接地極，其內徑應在 10 公厘以上
(2)接地銅棒作接地極，其直徑不得小於 20 公厘
(3)接地銅棒作接地極且長度不得短於 0.9 公尺，並應垂直釘沒於地面下一公尺以上
(4)如爲岩石所阻，則可橫向埋設於地面下 1 公尺以上深度。

解 用戶用電設備裝置規則第 29 條　接地系統應符合左列規定之一辦理：
四、鐵管或鋼管作接地極，其內徑應在一九公厘以上；接地銅棒作接地極，其直徑不得小於一五公厘，且長度不得短於○・九公尺，並應垂直釘沒於地面下一公尺以上，如為岩石所阻，則可橫向埋設於地面下一・五公尺以上深度。

(　)39. 供裝置開關或斷路器之金屬配電箱，如電路對地電壓超過多少，應加接地？
(1)150　(2)250　(3)350　(4)450 V。

解 用戶用電設備裝置規則第 44 條　供裝置開關或斷路器之金屬配(分)電箱，如電路對地電壓超過一五○伏，應加接地。

(　)40. 被接地導線之識別應符合下列何者規定？
(1)屋內配線自責任分界點至接戶開關之電源側屬於進屋線部分，其中被接地之導線應整條加以識別
(2)多線式幹線電路或分路中被接地之中性線不需要識別
(3)單相二線之幹線或分路如對地電壓超過 440 伏時，其被接地之導線應整條加以識別
(4) 8 平方公厘以下之絕緣導線欲作爲電路中之識別導線者，其外皮必須爲白色或淺灰色，以資識別。

解 用戶用電設備裝置規則第 70 條　被接地導線之識別應符合左列規定：
一、屋內配線自責任分界點至接戶開關之電源側屬於進屋線部分，其中被接地之導線應整條加以識別。
二、多線式幹線電路或分路中被接地之中性線應加識別。
三、單相二線之幹線或分路如對地電壓超過一五○伏時，其被接地之導線應整條加以識別。
四、一四平方公厘以下之絕緣導線欲作為電路中之識別導線者，其外皮必須為白色或淺灰色，以資識別。

(　)41. 分路過電流保護器用以保護分路配線、操作器之
(1)低電流　(2)接地故障　(3)開路　(4)欠相。

解 用戶用電設備裝置規則第 153 條　標準電動機分路應包括左列各部分(如圖一五三所示)。前項圖一五三之分路導線及設備，應依左列規定辦理：
五、分路過電流保護器(P1)：該保護器用以保護分路配線、操作器及電動機之過電流、短路及接地故障。

解答

38.(3)　39.(1)　40.(1)　41.(2)

( )42. 非被接地導體(線)之隔離設備應由符合下列何項規定之手動操作開關或斷路器？
(1)不得設於可輕易觸及處
(2)可外部操作，且人員容易碰觸到帶電組件
(3)明確標示開或關之位置
(4)對設備線路端之標稱電路阻抗，具有足夠之啓斷額定。

解 用戶用電設備裝置規則 第 396-35 條 非被接地導體(線)之隔離設備應由符合下列規定之手動操作開關或斷路器組成：
一、設於可輕易觸及處。
二、可外部操作，且人員不會碰觸到帶電組件。
三、明確標示開或關之位置。
四、對設備線路端之標稱電路電壓及電流，具有足夠之啓斷額定。

( )43. 太陽光電系統電壓超過多少伏，雙極系統之中間抽頭導線，應直接被接地？
(1)50 (2)100 (3)150 (4)200 V。

解 用戶用電設備裝置規則第 396-42 條 太陽光電系統電壓超過五○伏二線式系統之其中一條導線，及雙極系統之中間抽頭導線，應直接被接地，或採其他方法使達到等效之系統保護，且採用經設計者確認適用於該用途之設備。但符合前條規定之系統者，不在此限。

( )44. 設備接地導體(線)及裝置規定下列何項正確？
(1)太陽光電模組框架、電氣設備及導體(線)線槽暴露之非載流金屬組件，僅對高電壓接地
(2)用於模組框架接地者，應經施工者確認爲可供太陽光電模組接地
(3)用於搭接太陽光電模組金屬框架之裝置，得用於搭接太陽光電模組之暴露金屬框架至鄰近太陽光電模組之金屬框架
(4)太陽光電組列及構造物之設備接地導體(線)，應與太陽光電組列導體(線)裝設於不同一管槽或電纜內。

解 用戶用電設備裝置規則第 396-44 條 設備接地導體(線)及裝置規定如下：
一、設備接地：太陽光電模組框架、電氣設備及導體(線)線槽暴露之非載流金屬組件，不論電壓高低，均應符合第二十八條規定。
二、設備接地導線：太陽光電組列及其他設備間之設備接地導體(線)應符合第二十八條規定。
三、構造物作為設備接地導體(線)：經設計者確認用於太陽光電模組或其他設備等金屬框架接地用之裝置，得作為搭接暴露之金屬表面或其他設備至支撐構造物之用。非為建築物鋼材之金屬支撐構造物，用於接地時，應為經設計者確認之設備接地導體(線)，或為經設計者確認之連接各區段金屬間之搭接跳接線或裝置，並應搭接至接地系統。
四、太陽光電裝配用系統及裝置：用於模組框架接地者，應經設計者確認為可供太陽光電模組接地。
五、鄰近模組：經設計者確認用於搭接太陽光電模組金屬框架之裝置，得用於搭接太陽光電模組之暴露金屬框架至鄰近太陽光電模組之金屬框架。
六、集中佈放：太陽光電組列及構造物之設備接地導體(線)，應與太陽光電組列導體(線)裝設於同一管槽或電纜內。

解答

42.(3) 43.(1) 44.(3)

(　　)45. 太陽光電模組之設備接地導線線徑小於多少，應以管槽或電纜之鎧裝保護？
(1)8　(2)14　(3)22　(4)38 平方公厘。

解 用戶用電設備裝置規則第 396-46 條　太陽光電模組之設備接地導線線徑小於一四平方公厘或六 AWG 者，應以管槽或電纜之鎧裝保護，以免受外力損壞。但位於牆壁或隔板之空心部分，不致受外力損壞，或已受保護免受外力損壞者，不在此限。

(　　)46. 依「用戶用電設備裝置規則」規定，被接地導線之絕緣皮應使用下列哪些顏色識別
(1)白色　(2)灰色　(3)黑色　(4)紅色。

解 用戶用電設備裝置規則 第 27 條
八、被接地導線之絕緣皮應使用白色或灰色，以茲識別。

(　　)47. 下列哪些設備在低壓電源系統無須接地？
(1)低壓電動機之外殼
(2)電氣爐之電路
(3)金屬導線管及其連接之金屬箱
(4)易燃性塵埃處所運轉之電氣起重機。

解 用戶用電設備裝置規則 第 27 條
一〇、低壓電源系統無需接地者如下：
(一) 電氣爐之電路。
(二) 易燃性塵埃處所運轉之電氣起重機。

(　　)48. 下列哪些設備在低壓電源系統須接地？
(1)低壓電動機之外殼　(2)電纜之金屬外皮　(3)金屬導線管及其連接之金屬箱　(4)易燃性塵埃處所運轉之電氣起重機。

解 用戶用電設備裝置規則 第 27 條
十一、低壓用電設備應加接地者如左：
(一)低壓電動機之外殼。
(二)金屬導線管及其連接之金屬箱。
(三)非金屬管連接之金屬配件如配線對地電壓超過 150 伏或配置於金屬建築物上或人可觸及之潮濕處所者。
(四)電纜之金屬外皮。
(五)X 線發生裝置及其鄰近金屬體。
(六)對地電壓超過 150 伏之其他固定設備。
(七)對地電壓在 150 伏以下之潮濕危險處所之其他固定設備。
(八)對地電壓超過 150 伏移動性電具。但其外殼具有絕緣保護不為人所觸及者不在此限。
(九)對地電壓 150 伏以下移動性電具使用於潮濕處所或金屬地板上或金屬箱內者，其非帶電露出金屬部分需接地。

解答

45.(2)　46.(12)　47.(24)　48.(123)

( )49. 根據「用戶用電設備裝置規則」，接地的種類除第三種接地外，尚有
(1)第一種接地 (2)第二種接地 (3)特種接地 (4)第四種接地。

( )50. 接地系統應符合規定施工，其中接地線應以使用銅線爲原則，可使用哪些類型
(1)裸線 (2)被覆線 (3)絕緣線 (4)塑膠線。

解 用戶用電設備裝置規則 第 27 條
六、接地線以使用銅線為原則，可使用裸線、被覆線或絕緣線。個別被覆或絕緣之接地線，其外觀應為綠色或綠色加一條以上之黃色條紋者。

( )51. 下列哪些是特種接地適用之處所
(1)高壓用電設備接地
(2)低壓設備接地
(3)內線系統接地
(4)三相四線多重接地系統供電地區用戶變壓器之低壓電源系統接地。

解 用戶用電設備裝置規則 第 25 條

特種接地	三相四線多重接地系統供電地區用戶變壓器之低壓電源系統接地，或高壓用電設備接地。	10 歐姆 以下	(1) <500kVA→22 mm^2 (2) >500kVA→38 mm^2

( )52. 下列哪些是第三種接地適用之處所
(1)高壓用電設備接地
(2)三相四線多重接地系統供電地區用戶變壓器之低壓電源系統接地
(3)低壓用電設備接地
(4)內線系統接地。

解 用戶用電設備裝置規則 第 25 條

第三種接地	**1. 低壓用電設備接地。** 2. 內線系統接地。 3. 變比器二次線接地。 4. 支持低壓用電設備之金屬體接地	對地電壓 1. <150V →100 歐姆 2. 151-300V→50 歐姆。 3. >301V →10 歐姆。	(1) 變比器二次線接地→ 5.5 mm^2。 (2) 內線系統單獨接地或設備共同接地→表 26-1 規定。 (3) 用電設備單獨接地之接地線或用電設備與內線系統共同接地→表 26-2 規定。

( )53. 用電設備單獨接地之接地線連接線徑若過電流保護器之額定爲 20A 以下時，可使用之銅接地導線爲
(1)1.6mm (2)5.5mm^2 (3)2.0mm (4)2.0mm^2。

解 20A 以下→1.6 mm (2.0 mm^2)

( )54. 用電設備單獨接地之接地線連接線徑若過電流保護器之額定爲 30A 以下時，可使用之接地導線爲
(1)1.6mm (2)3.5mm^2 (3)2.0mm (4)2.0mm^2。

解 30A →2.0 mm (3.5mm^2)

解答

49.(123) 50.(123) 51.(14) 52.(34) 53.(14) 54.(23)

(　)55. 下列哪些接地需使用 $5.5mm^2$ 以上之絕緣導線？
(1)第一種接地
(2)第二種接地變壓器容量超過 20kVA 以上
(3)變比器(PT、CT)二次線接地
(4)第二種接地變壓器容量 20kVA 以下。

解 表 26-2 用電設備單獨接地之接地線或用電設備與內線系統共同接地之連接線線徑：

過電流保護器之額定或標置	銅接地導線之大小
20A 以下	1.6 mm (2.0 mm^2)
30A	2.0 mm (3.5mm^2)
60A	5.5 mm^2
100A	8 mm^2
200A	14 mm^2
400A	22 mm^2
600A	38 mm^2
800A	50 mm^2
1000A	60 mm^2
1200A	80 mm^2
1600A	100 mm^2
2000A	125 mm^2
2500A	175 mm^2
3000A	200 mm^2
4000A	250 mm^2
5000A	350 mm^2
6000A	400 mm^2
註：移動性電具，其接地線與電源線共同置於軟管或電纜內時，得與電源線同等線徑。	

(　)56. M10 × 40 六角頭螺絲，下列何者敘述正確？
(1)直徑 10mm　(2)長度 40mm　(3)直徑 40mm　(4)長度 10mm。

解 M10×40：M10 螺絲，螺絲直徑為 10mm，×40 表示螺絲長度為 40mm。

(　)57. 高壓設備發生接地時，下列選項何者正確？
(1)室內不得接近故障點 2m 以內　(2)室外不得接近故障點 3m 以內　(3)進入規定範圍人員應穿絕緣靴　(4)接觸設備的外殼和支架時，應戴絕緣手套。

解 ①室內不得接近故障點 4m 以內②室外不得接近故障點 8m 以內，這是防止高壓形成的跨步電壓，會在人體內形成一個閉合迴路產生電流。

(　)58. 太陽光電系統防雷和接地要考量
(1)儘量避免避雷針的投影落到組列上　(2)中性線接觸是否良好　(3)各組件金屬外殼不能單獨接到接地幹線　(4)接地的方式可以採用螺絲連接。

解答

55.(13)　56.(12)　57.(34)　58.(14)

(　)59. 多線式電路是指
(1)單相三線式交流電路　(2)三相三線式交流電路　(3)三相四線式直流電路　(4)三線直流電路。

解 用戶用電設備裝置規則第 7 條　本規則除另有規定外，名詞定義如下：
多線式電路：指單相三線式、三相三線式、三相四線式交流電路或三線以上直流電路。

(　)60. 分路中被接地導線下列何者正確？
(1)不得裝開關或斷路器　(2)但如裝開關或斷路器時，必須與非接地之導線能不同時啓斷　(3)該被接地導線如未裝開關，應以妥善方法妥接於端子上　(4)裝開關有助於測量該電路之絕緣。

解 用戶用電設備裝置規則第 35 條　分路中被接地導線不得裝開關或斷路器，但如裝開關或斷路器時，必須與非接地之導線能同時啓斷。該被接地導線如未裝開關，應以妥善方法妥接於端子上，以便利分離，而不致妨礙測量該電路之絕緣。

解答

59.(124)　60.(13)

工作項目 13 再生能源相關法規之認識與運用

( ) 1. 依「再生能源發展條例」規定，再生能源發電設備獎勵總量為？
(1)50 萬瓩至 100 萬瓩　(2)100 萬瓩至 300 萬瓩
(3)300 萬瓩至 650 萬瓩　(4)650 萬瓩至 1000 萬瓩。

解 再生能源發展條例第 6 條(已修正)
中央主管機關得考量國內再生能源開發潛力、對國內經濟及電力供應穩定之影響，自本條例施行之日起二十年內，每二年訂定再生能源推廣目標及各類別所占比率。本條例再生能源發電設備獎勵總量為總裝置容量 650 萬瓩至 1000 萬瓩；其獎勵之總裝置容量達 500 萬瓩時，中央主管機關應視各類別再生能源之經濟效益、技術發展及相關因素，檢討依第四條第三項所定辦法中規定之再生能源類別。再生能源熱利用推廣目標及期程，由中央主管機關視其經濟效益、技術發展及相關因素定之。

( ) 2. 依「再生能源發展條例」立法精神，我國推動再生能源推動機制為？
(1)碳稅
(2)再生能源配比制(Renewable Portfolio Standard, RPS)
(3)電網饋電制度(feed-in Tariff, FIT)
(4)綠色電價制度。

解 價格管理制度係政府按不同再生能源發電技術來擬定各種再生能源固定收購電價，稱為 FIT(Feed-in Tariff)制度，主要分為兩種收購型式，第一種為政府在一定期間內以固定的躉購費率收購再生能源所生產的電力，如德國 FIT 制度即以此方式推行。第二種為再生能源電價差額補助(Premium FIT)，由政府制定再生能源收購電價，而再生能源所生之電力交由電力市場進行標售，由政府補助標得電力業者按其得標價格與實際電力市場銷售價格之差額，如西班牙、捷克、丹麥(陸域風力)及荷蘭。

( ) 3. 「再生能源發展條例」主要排除不及下列設置容量之自用發電設備，不受電業法第 97 條、第 98 條、第 100 條、第 101 條及第 103 條規定之限制？
(1)1000 瓩　(2)500 瓩　(3)250 瓩　(4)100 瓩。

解 再生能源發展條例第 5 條(已修正)
設置利用再生能源之自用發電設備，其裝置容量不及 500 瓩者，不受電業法第九十七條、第九十八條、第一百條、第一百零一條及第一百零三條規定之限制。

解答

1.(4)　2.(3)　3.(2)

( ) 4. 下列何者非「再生能源發展條例」規定之基金用途？
(1)再生能源電價之補貼
(2)再生能源設備之補貼
(3)辦理再生能源業務人員之加班費
(4)再生能源之示範補助及推廣利用。

解 再生能源發展條例第 7 條
第一項基金之用途如下：
一、再生能源電價之補貼。
二、再生能源設備之補貼。
三、再生能源之示範補助及推廣利用。
四、其他經中央主管機關核准再生能源發展之相關用途

( ) 5. 爲鼓勵與推廣無污染之綠色能源，提升再生能源設置者投資意願，再生能源躉購費率不得低於下列何者？
(1)國內電業化石燃料發電平均成本 (2)電業迴避成本
(3)設置成本 (4)法律未明文規定。

解 再生能源發展條例第 9 條(已修正)
為鼓勵與推廣無污染之綠色能源，提升再生能源設置者投資意願，躉購費率不得低於國內電業化石燃料發電平均成本。

( ) 6. 依「再生能源發電設備設置管理辦法」規定，太陽光電發電設備應於何時與經營電力網之電業辦理簽約？
(1)自同意備案之日起 1 個月內 (2)自同意備案之日起 2 個月內
(3)自設備登記之日起 1 個月內 (4)自設備登記之日起 2 個月內。

解 再生能源發電設備設置管理辦法第八條
第八條 太陽光電發電設備設置者應自同意備案之日起二個月內與經營電力網之電業辦理簽約；其他再生能源發電設備設置者應自同意備案之日起六個月內與經營電力網之電業辦理簽約。

( ) 7. 第三型太陽光電發電設備係指設置裝置容量不及下列容量之自用發電設備？
(1)500 瓩 (2)250 瓩 (3)100 瓩 (4)30 瓩。

解 再生能源發電設備設置管理辦法第三條(已修正)
第三條 本辦法用詞定義如下：
一、再生能源發電設備認定：指本辦法所規定申請同意備案至取得設備登記之程序。
二、第一型再生能源發電設備：指電業依電業法規定，設置利用再生能源發電之發電設備。
三、第二型再生能源發電設備：指依電業法規定，設置容量在五百瓩以上並利用再生能源發電之自用發電設備。
→(108.12.18 修正)三、第二型再生能源發電設備：指依電業法及其相關規定，裝置容量在二千瓩以上並利用再生能源發電之自用發電設備。
四、第三型再生能源發電設備：指依本條例第五條規定，裝置容量不及 500 瓩並利用再生能源發電之自用發電設備。
→(108.12.18 修正)四、第三型再生能源發電設備：指裝置容量未達二千瓩並利用再生能源發電之自用發電設備。
五、太陽光電發電設備：指利用太陽電池轉換太陽光能為電能之發電設備。

解答

4.(3) 5.(1) 6.(2) 7.(1)

( ) 8. 依「再生能源發電設備設置管理辦法」規定，第三型太陽光電發電設備申請人與經營電力網之電業，於簽約之日起多久，應完成第三型再生能源發電設備之設置及併聯，並向中央主管機關申請設備登記？
(1)半年 (2)1 年 (3)2 年 (4)3 年。

解 再生能源發電設備設置管理辦法第十條
→(108.12.18 修正)
第十條 第一型再生能源發電設備設置者，於取得同意備案文件後，應檢附第十一條第一項第四款及第五款文件，並依電業法及其相關規定申請發電業執照；以取得發電業執照視同設備登記文件。
第二型再生能源發電設備設置者，於取得同意備案文件後，應檢附第十一條第一項第四款及第五款文件，並依電業法及其相關規定申請自用發電設備登記證；以取得自用發電設備登記證視同設備登記文件。
第三型再生能源發電設備設置者除屬自用且無躉售電能予公用售電業者應自同意備案之日起一年內外，應自與公用售電業簽約之日起一年內，完成第三型再生能源發電設備之設置及併網，並向主管機關申請設備登記；逾期未完成設置及併網，並申請設備登記或辦理展延者，得依第七條重新申請同意備案。

( ) 9. 依「再生能源發電設備設置管理辦法」規定，太陽光電發電設備設置於下列地點之一者，裝置容量應合併計算？
(1)太陽光電發電設備所設置之土地地號於同一小段或無小段之同一段，且土地所有權人同一
(2)科學工業園區
(3)經濟部加工出口區
(4)其他政府機關開發園區。

解 再生能源發電設備設置管理辦法第六條
→(108.12.18 修正)
第六條 同類再生能源發電設備設置於下列地點之一者，於主管機關發給同意備案文件前，其裝置容量應合併計算：
一、同一用電場所之場址。
二、非用電場所同一地號之場址。
三、太陽光電發電設備所設置之土地地號於同一小段或無小段之同一段，且土地所有權人同一。但設置於住宅建物、科學工業園區、經濟部加工出口區、其他政府機關開發園區、政府機關所有或管理之土地，或土地共有人依契約於其管理之土地設置者，不在此限。
同一申請人設置同類再生能源發電設備，於主管機關發給同意備案文件前，其設置場址之土地或建物為相鄰或相同者，裝置容量應合併計算。但設置於住宅建物者，不在此限。
前二項再生能源發電設備，經主管機關合併計算者，其電能躉購費率適用合併後裝置容量之級距；其裝置容量達二千瓩以上者，應依電業法規及其他相關規定辦理。

解答

8.(2) 9.(1)

( )10. 依「再生能源發電設備設置管理辦法」規定，第一型及第二型太陽光電發電設備，取得同意備案後，後續作業主要依據下列何種法規辦理？
(1)再生能源發電設備設置管理辦法 (2)石油管理法 (3)電業法 (4)天然氣法。

解 再生能源發電設備設置管理辦法第十條
→(108.12.18 修正)第十條　第一型再生能源發電設備設置者，於取得同意備案文件後，應檢附第十一條第一項第四款及第五款文件，並依電業法及其相關規定申請發電業執照；以取得發電業執照視同設備登記文件。

( )11. 依「再生能源發電設備設置管理辦法」規定，有關再生能源同意備案文件內容，下列何者非為記載事項？
(1)申請人 (2)再生能源發電設備躉購費率
(3)再生能源發電設備設置場址 (4)再生能源發電設備型別及使用能源。

解 →(108.12.18 修正)第十二條　前條設備登記申請案，經審查通過，主管機關應發給設備登記文件；其記載事項如下：
一、申請人。
二、再生能源發電設備型別及使用能源。
三、發電設備數量、總裝置容量、設置場址、設置型式、併網電號及簽約與併網日期。
四、同意備案編號及設備登記編號。
五、其他依法應履行之事項。

( )12. 申請第三型太陽光電發電設備同意備案，不需檢附下列何種文件？
(1)電業籌備創設備案文件影本 (2)設置場址使用說明
(3)申請人身分證明文件 (4)併聯審查意見書。

解 再生能源發電設備設置管理辦法第七條
→(108.12.18 修正) 再生能源發電設備設置管理辦法第七條
三、第三型再生能源發電設備：
(一)申請人身分證明文件。
(二)設置場址使用說明。
(三)設置場址之電費單據。但未供電者，免附。
(四)足資辨識設置場址及位置照片。
(五)輸配電業核發之併網審查意見書。但經輸配電業報請中央主管機關核定，並公告符合一定容量及條件者，免附。
(六)地政機關意見書(設置於屋頂者，免附)，但太陽光電發電設備或風力發電設備設置於地面者，應符合土地使用管制項目之相關規定，並檢附相關證明文件。
(七)其他經主管機關指定之文件。

解答

10.(3)　11.(2)　12.(1)

( )13. 依「再生能源發電設備設置管理辦法」規定，太陽光電發電設備係指下列何者？
(1)指農林植物、沼氣及國內有機廢棄物直接利用或經處理所產生之能源
(2)利用太陽電池轉換太陽光能爲電能之發電設備
(3)直接利用地熱田產出之熱蒸汽推動汽輪機發電，或利用地熱田產生之熱水加溫工作流體使其蒸發爲氣體後，以之推動氣渦輪機之發電設備
(4)指轉換風能爲電能之發電設備。

解 再生能源發電設備設置管理辦法 第三條
五、太陽光電發電設備：指利用太陽電池轉換太陽光能為電能之發電設備。

( )14. 再生能源發電設備認定係指下列何種程序？
(1)爲規定申請同意備案之程序 (2)爲規定申請設備登記之程序
(3)爲規定查驗之程序 (4)爲規定申請同意備案至取得設備登記之程序。

解 →(108.12.18 修正)一、再生能源發電設備認定：指依本辦法規定申請同意備案至設備登記，經主管機關審查通過並發給相關證明文件之程序。

( )15. 依「再生能源發展條例」規定，所設置再生能源發電設備與電業簽訂購售電契約，其適用公告躉購費率年限爲何？
(1)1 年 (2)5 年 (3)10 年 (4)20 年。

( )16. 依「再生能源發電設備設置管理辦法」規定，第二型再生能源發電設備係指依電業法規定，設置容量在多少瓩以上並利用再生能源發電之自用發電設備？
(1)250 (2)500 (3)750 (4)100。

解 →(108.12.18 修正) 三、第二型再生能源發電設備：指依電業法及其相關規定，裝置容量在二千瓩以上並利用再生能源發電之自用發電設備。

( )17. 第三型太陽光電發電設備申請人，未於期限內完成發電設備之設置及併聯並向中央主管機關申請設備登記，應如何辦理展延？
(1)於屆期前 1 個月內敘明理由，向中央主管機關申請展延，展延期限不得逾 6 個月
(2)於屆期前 1 個月內敘明理由，向中央主管機關申請展延，展延期限不得逾 1 年
(3)於屆期前 2 個月內敘明理由，向中央主管機關申請展延，展延期限不得逾 6 個月
(4)於屆期前 2 個月內敘明理由，向中央主管機關申請展延，展延期限不得逾 1 年。

解 再生能源發電設備設置管理辦法第九條
逾期未完成設置及併聯，並申請設備登記或辦理展延，得依第六條重新申請同意備案。
前項規定事項未能於期限內完成者，得於屆期前二個月內敍明理由，向中央主管機關申請展延，每次展延期間不得逾六個月；未於期限內完成併聯並申請設備登記或核准展延者，同意備案失其效力。
→(108.12.18 修正) 再生能源發電設備設置管理辦法第十條 ...再生能源發電設備設置者未能於前項所定期限內完成者，得於屆期前二個月內，依規定格式填具展延申請表，並檢附相關文件（附件三），向主管機關申請展延，每次展延期間不得逾六個月；逾期未完成再生能源發電設備之設置、併網、申請設備登記或經核准展延者，其同意備案文件失其效力。

解答

13.(2) 14.(4) 15.(4) 16.(2) 17.(3)

( )18. 依「設置再生能源設施免請領雜項執照標準」規定，太陽光電發電設備設置於建築物屋頂或露臺，其高度自屋頂面或露臺面符合下列何者高度，得免依建築法規定申請雜項執照？(1)6 公尺 (2)5.5 公尺以下 (3)5 公尺以下 (4)4.5 公尺以下。

解 設置再生能源設施免請領雜項執照標準第 5 條
設置太陽光電發電設備，符合下列條件之一者，得免依建築法規定申請雜項執照：
一、設置於建築物屋頂或露臺，其高度自屋頂面或露臺面起算三公尺以下。
二、設置於屋頂突出物，其高度自屋頂突出物面起算一點五公尺以下。
三、設置於非都市土地使用管制規則所定之再生能源發電設施容許使用項目及許可使用細目之用地，其設置面積未超過六百六十平方公尺，並符合該管制規則有關建蔽率及容積率之規定，其高度為三公尺以下。太陽光電發電設備設置於屋頂、露臺或屋頂突出物，不得超出該設置區域。
→(107.11.21 修正) 設置再生能源設施免請領雜項執照標準第 5 條
設置太陽光電發電設備，符合下列條件之一者，得免依建築法規定申請雜項執照：
一、設置於建築物屋頂或露臺，包含支撐架並得結合新設頂蓋，其高度自屋頂面或露臺面起算四點五公尺以下。
二、設置於屋頂突出物，包含支撐架並得結合新設頂蓋，其高度自屋頂突出物面起算一點五公尺以下。
三、設置於地面，其高度自地面起算四點五公尺以下。

( )19. 再生能源發電設備設置者與電業間因「再生能源發展條例」所生之爭議，應先如何處理：(1)向經濟部申請調解 (2)向經濟部提起訴願 (3)提起行政訴訟 (4)提起民事訴訟。

解 →(107.11.21 修正) 再生能源發展條例第 19 條

( )20. 依「再生能源發展條例」規定，再生能源躉購費率及其計算公式不需綜合考量下列何種因素？
(1)平均裝置成本 (2)年發電量 (3)線路併聯容量 (4)運轉年限。

解 再生能源發展條例第 9 條
前項費率計算公式由中央主管機關綜合考量各類別再生能源發電設備之平均裝置成本、運轉年限、運轉維護費、年發電量及相關因素，依再生能源類別分別定之。
→(107.11.21 修正)中央主管機關應邀集相關各部會、學者專家、團體組成委員會，審定再生能源發電設備生產電能之躉購費率及其計算公式，必要時得依行政程序法舉辦聽證會後公告之，每年並應視各類別再生能源發電技術進步、成本變動、目標達成及相關因素，檢討或修正之。
前項費率計算公式由中央主管機關綜合考量各類別再生能源發電設備之平均裝置成本、運轉年限、運轉維護費、年發電量、漁業補償、電力開發協助金、維護與除役成本、偏遠地區及相關因素，依再生能源類別分別定之。

解答

18.(4) 19.(1) 20.(3)

(　　)21. 再生能源發電設備屬下列情形之一者，不以迴避成本或第一項公告費率取其較低者躉購：
(1)再生能源發電設備購電第 10 年起
(2)運轉超過 20 年
(3)再生能源發展條例施行前，已運轉且未曾與電業簽訂購電契約
(4)全國再生能源發電總設置容量達規定之獎勵總量上限後設置。

解 再生能源發展條例第 9 條
再生能源發電設備屬下列情形之一者，以迴避成本或第一項公告費率取其較低者躉購：
一、本條例施行前，已運轉且未曾與電業簽訂購售電契約。
二、運轉超過二十年。
三、全國再生能源發電總裝置容量達第六條第二項所定獎勵總量上限後設置者。

(　　)22. 依「設置再生能源設施免請領雜項執照標準」規定，申請第三型太陽光電發電設備設備登記時，如太陽光電發電設備達 100 瓩以上，下列何者<u>非屬應檢附文件</u>？
(1)依法登記執業之電機技師或相關專業技師辦理設計與監造之證明文件
(2)監造技師簽證之竣工試驗報告
(3)原核發之再生能源發電設備同意備案文件影本
(4)與施工廠商簽訂之工程合約書。

解 設置再生能源設施免請領雜項執照標準 第六條
設置前條太陽光電發電設備者，應於設置前，檢附下列證明文件送所在地主管建築機關備查：
一、太陽光電發電設備之再生能源發電設備同意備案文件影本。
二、依法登記開業或執業之建築師、土木技師或結構技師出具太陽光電發電設備免請領雜項執照簽證表及結構安全證明書。
前條太陽光電發電設備應於竣工後，檢附依法登記開業或執業之建築師、土木技師或結構技師出具之太陽光電發電設備工程完竣證明書，報請所在地主管建築機關備查。
再生能源發電設備設置管理辦法第十條
七、經申請人或其代理人簽署之完工驗收文件；如設置再生能源發電設備達<u>一百瓩</u>以上，符合電業設備及用戶用電設備工程設計及監造範圍認定標準者，應另檢附<u>依法登記執業之電機技師或相關專業技師辦理設計與監造之證明文件</u>及<u>監造技師簽證之竣工試驗報告</u>。
→(107.11.21 修正) 設置再生能源設施免請領雜項執照標準 第六條
設置前條太陽光電發電設備者，應於設置前，檢附下列證明文件送所在地主管建築機關備查：
一、再生能源發電設備同意備案文件影本。
二、依法登記開業或執業之建築師、土木技師或結構技師出具太陽光電發電設備免請領雜項執照簽證表(附件一)及結構安全證明書(附件二)。
有下列情形之一者，應另檢附太陽光電發電設備結構計算說明書：
一、設置高度超過三公尺。
二、設置仰角非固定。
三、設置範圍超出建築物外牆中心線或其代替柱中心線。
四、設置支撐架結合新設頂蓋。
前條太陽光電發電設備應於竣工後，檢附依法登記開業或執業之建築師、土木技師或結構技師出具之太陽光電發電設備工程完竣證明書(附件三)，報請所在地主管建築機關備查。

解答

21.(1)　22.(4)

(　　)23. 經營電力網之電業與再生能源發電設備設置者，簽訂之購售電契約中應約定項目，不包括下列那一事項？
(1)併聯　(2)運轉　(3)轉移　(4)查核。

解 →(108.12.18 修正)
第 十四 條 基於供電可靠度、電力品質、供電安全及購售電量等因素，經營電力網之電業與再生能源發電設備設置者，簽訂之購售電契約中，應約定併聯、運轉及查核相關事項。

(　　)24. 有關太陽光電發電設備設置，下列何者非屬得免依建築法規定申請雜項執照之項目
(1)於建築物屋頂設置，高度自屋頂面起算 3 公尺以下
(2)於建築物露臺設置，高度自屋頂面起算 3 公尺以下
(3)設置於屋頂突出物，高度自屋頂突出物面起算 1.5 公尺以下
(4)設置於建築用地，高度自地面起算 5 公尺以上，其設置面積或建蔽率無限制。

解 一、設置於建築物屋頂或露臺，包含支撐架並得結合新設頂蓋，其高度自屋頂面或露臺面起算 4.5 公尺以下。
二、設置於屋頂突出物，包含支撐架並得結合新設頂蓋，其高度自屋頂突出物面起算 1.5 公尺以下。
三、設置於地面，其高度自地面起算 4.5 公尺以下。但經目的事業主管機關核准者，包含支撐架並得結合新設頂蓋，其高度自地面起算 9 公尺以下。

(　　)25. 有關「設置再生能源設施免請領雜項執照標準」所稱建築物，下列何者正確？
(1)依建築法規定取得使用執照的雜項工作物　(2)依建築法規定取得建造執照及其使用執照者　(3)公有建築物　(4)與建築法所稱建築物相同。

解 設置再生能源設施免請領雜項執照標準第 3 條
本標準所稱建築物，指依建築法規定取得建造執照及其使用執照者，或實施建築管理前，已建造完成之合法建築物。

(　　)26. 設置太陽光電發電設備，應由依法登記開業或執業之專業人員出具結構安全證明書，不包括下列何者？
(1)機械技師　(2)土木技師　(3)建築師　(4)結構技師。

解 設置再生能源設施免請領雜項執照標準 第 6 條
設置前條太陽光電發電設備者，應於設置前，檢附下列證明文件送所在地主管建築機關備查：
一、太陽光電發電設備之再生能源發電設備同意備案文件影本。
二、依法登記開業或執業之建築師、土木技師或結構技師出具太陽光電發電設備免請領雜項執照簽證表及結構安全證明書。
前條太陽光電發電設備應於竣工後，檢附依法登記開業或執業之建築師、土木技師或結構技師出具之太陽光電發電設備工程完竣證明書，報請所在地主管建築機關備查。

解答

23.(3)　24.(4)　25.(2)　26.(1)

( )27. 太陽光電發電設備設置於屋頂，下列何者正確？
(1)不得超出外牆 1 公尺　(2)不得超出外牆 1.5 公尺
(3)不得超出外牆 2 公尺　(4)不得超出該設置區域。

解 設置再生能源設施免請領雜項執照標準第 5 條
太陽光電發電設備設置於屋頂、露臺或屋頂突出物者，得視為屋簷，其最大設置範圍以建築物外牆中心線或其代替柱中心線外一公尺為限，且不得超過建築基地範圍。

( )28. 設置太陽光電發電設備，應於何時即可向所在地主管建築機關申請免雜項備查？
(1)取得併聯同意後　(2)取得同意備案後　(3)與經營電力網之電業簽約後　(4)完工後。

解 設置再生能源設施免請領雜項執照標準 第 6 條
設置前條太陽光電發電設備者，應於設置前，檢附下列證明文件送所在地主管建築機關備查：
一、太陽光電發電設備之再生能源發電設備同意備案文件影本。
二、依法登記開業或執業之建築師、土木技師或結構技師出具太陽光電發電設備免請領雜項執照簽證表及結構安全證明書。
前條太陽光電發電設備應於竣工後，檢附依法登記開業或執業之建築師、土木技師或結構技師出具之太陽光電發電設備工程完竣證明書，報請所在地主管建築機關備查。

( )29. 設置多少裝置容量之太陽光電發電設備，於設置前得認定爲太陽光電發電設備？
(1)1 瓦以上　(2)100 瓦以上　(3)1 瓩以上　(4)10 瓩以上。

解 再生能源發電設備設置管理辦法第四條
設置前條第五款至第八款或第十款至第十五款之發電設備，其總裝置容量在一瓩以上且屬定置型者，於設置前得認定為再生能源發電設備。

( )30. 再生能源發電設備設置者與電業間之爭議，中央主管機關原則應於受理申請調解之日起多久內完成？
(1)1 個月　(2)2 個月　(3)3 個月　(4)6 個月。

( )31. 下列何者爲「再生能源發展條例」之主要立法目的？
(1)增進能源多元化　(2)推廣抽蓄式水力利用
(3)改善環境品質　(4)增進國家永續發展。

解 再生能源發展條例第 1 條
為推廣再生能源利用，增進能源多元化，改善環境品質，帶動相關產業及增進國家永續發展，特制定本條例。

( )32. 下列何者爲「再生能源發展條例」所定義的再生能源？
(1)太陽能　(2)風力　(3)生質能　(4)化石燃料經蒸汽重組所生產的氫能。

解 再生能源發展條 第三條
再生能源：指太陽能、生質能、地熱能、海洋能、風力、非抽蓄式 水力、國內一般廢棄物與一般事業廢棄物等直接利用或經處理所產 生之能源，或其他經中央主管機關認定可永續利用之能源。

解答

27.(4)　28.(2)　29.(3)　30.(3)　31.(134)　32.(123)

(　　)33. 下列何者爲「再生能源發展條例」所定之基金用途？
(1)再生能源電價之補貼　(2)再生能源設備之補貼
(3)設置融資利息之補貼　(4)再生能源之示範補助及推廣利用。

解 再生能源發展條 第七條
…第一項基金之用途如下：
一、再生能源電價之補貼。
二、再生能源設備之補貼。
三、再生能源之示範補助及推廣利用。
四、其他經中央主管機關核准再生能源發展之相關用途。
→(108.05.01 修正)
一、再生能源設備之補貼。
二、再生能源之資源盤點、示範補助、推廣利用及輔導成立認證機構。
三、再生能源發電、儲能之研發補助。
四、執行本條例有關再生能源發電設備認定及查核之支出及補助。
五、其他經中央主管機關核准再生能源發展之相關用途。

(　　)34. 依「再生能源發展條例」規定，再生能源發電設備所在地經營電力網之電業，其併聯及躉購義務爲何？
(1)衡量電網穩定性，在現有電網最接近再生能源發電集結地點予以併聯、躉購
(2)不必提供該發電設備停機維修期間所需之電力
(3)非有正當理由，並經中央主管機關許可，不得拒絕併聯
(4)不計成本負擔經濟合理性受理併聯。

解 再生能源發展條例第 8 條
再生能源發電設備及其所產生之電能，應由所在地經營電力網之電業，衡量電網穩定性，在現有電網最接近再生能源發電集結地點予以併聯、躉購及提供該發電設備停機維修期間所需之電力；電業非有正當理由，並經中央主管機關許可，不得拒絕；必要時，中央主管機關得指定其他電業為之。
→(108.05.01 已修)

(　　)35. 依「再生能源發展條例」規定，下列說明何者爲正確？
(1)電業衡量電網穩定性，在現有電網最接近再生能源發電集結地點予以併聯、躉購
(2)在既有線路外，加強電力網之成本，由再生能源發電設備設置者負擔
(3)電業躉購再生能源電能，應與再生能源發電設備設置者簽訂契約
(4)再生能源發電設備及電力網連接之線路，由經營電力網之電業興建及維護。

解 再生能源發展條例第九條
在既有線路外　，其加強電力網之成本，由電業及再生能源發電設備設置者分攤
再生能源發展條例第 8 條
再生能源發電設備及電力網連接之線路，由再生能源發電設備設置者自行興建及維護；必要時，與其發電設備併聯之電業應提供必要之協助；所需費用，由再生能源發電設備設置者負擔。
→(108.05.01 已修)

解答

33.(124)　34.(13)　35.(13)

(　　)36. 有關再生能源發電設備生產電能之躉購費率及其計算公式的說明，下列何者爲正確？(1)由中央主管機關內部自行審定　(2)每年檢討或修正　(3)綜合考量各類別再生能源發電設備之平均裝置成本等，依再生能源類別分別定之　(4)再生能源發電的目標達成情形爲考量因素。

解 再生能源發展條例第 9 條

中央主管機關應邀集相關各部會、學者專家、團體組成委員會，審定再生能源發電設備生產電能之躉購費率及其計算公式，必要時得依行政程序法舉辦聽證會後公告之，每年並應視各類別再生能源發電技術進步、成本變動、目標達成及相關因素，檢討或修正之。

前項費率計算公式由中央主管機關綜合考量各類別再生能源發電設備之平均裝置成本、運轉年限、運轉維護費、年發電量及相關因素，依再生能源類別分別定之。為鼓勵與推廣無污染之綠色能源，提升再生能源設置者投資意願，躉購費率不得低於國內電業化石燃料發電平均成本。

(　　)37. 各類別再生能源之費率計算公式係考量下列那些因素訂定？(1)年發電量　(2)平均裝置成本　(3)運轉年限　(4)業者維護能力。

解 再生能源發展條例第 9 條

中央主管機關應邀集相關各部會、學者專家、團體組成委員會，審定再生能源發電設備生產電能之躉購費率及其計算公式，必要時得依行政程序法舉辦聽證會後公告之，每年並應視各類別再生能源發電技術進步、成本變動、目標達成及相關因素，檢討或修正之。

前項費率計算公式由中央主管機關綜合考量各類別再生能源發電設備之平均裝置成本、運轉年限、運轉維護費、年發電量、漁業補償、電力開發協助金、維護與除役成本、偏遠地區及相關因素，依再生能源類別分別定之。

(　　)38. 設置下列那些太陽光電發電設備前，須向中央主管機關申請設備認定？

(1)500 瓦太陽能路燈

(2)住宅屋頂設置 5 瓩自用型太陽光電發電設備

(3)住宅屋頂設置 5 瓩併聯型太陽光電發電設備

(4)遊艇設置 5 瓩太陽光電發電設備。

解 →(108.12.18 修正) 再生能源發電設備設置管理辦法

第四條　設置前條第五款至第八款或第十款至第十五款之發電設備，其總裝置容量在一瓩以上且屬定置型者，於設置前得認定為再生能源發電設備。

(　　)39. 於下列那些地點設置太陽光電發電設備，裝置容量應合併計算？(1)經濟部加工出口區　(2)土地地號於同一小段或無小段之同一段，且土地所有權人同一　(3)同一用電場所之場址　(4)非用電場所同一地號之場址。

解 →(108.12.18 修正)再生能源發電設備設置管理辦法第六條

第六條　同類再生能源發電設備設置於下列地點之一者，於主管機關發給同意備案文件前，其裝置容量應合併計算：

一、同一用電場所之場址。

二、非用電場所同一地號之場址。

三、太陽光電發電設備所設置之土地地號於同一小段或無小段之同一段，且土地所有權人同一。但設置於住宅建物、科學工業園區、經濟部加工出口區、其他政府機關開發園區、政府機關所有或管理之土地，或土地共有人依契約於其管理之土地設置者，不在此限。

解答

36.(234)　37.(123)　38.(23)　39.(234)

(　)40. 下列那些太陽光電發電設備設置申請案，其裝置容量無需合併計算？
(1)無躉售電能者
(2)同一申請人設置於住宅建物，經直轄市、縣(市)政府專案核准者
(3)依「建築整合型太陽光電發電設備示範獎勵辦法」取得認可文件者
(4)於公有廳舍屋頂設置者。

(　)41. 有關申請太陽光電發電設備同意備案，下列說明何者為正確？
(1)第一型太陽光電發電設備應先依電業法規定取得自用發電設備籌備創設備案文件
(2)第二型太陽光電發電設備應先依電業法規定取得自用發電設備工作許可證
(3)第三型太陽光電發電設備應先取得經營電力網之電業核發之併聯審查意見書
(4)設置者應先與施工廠商簽訂工程合約。

解 第六條申請人申請再生能源發電設備同意備案，應填具申請表(格式如附件一)，並按設備型別及使用能源種類，分別檢附下列文件：
一、第一型再生能源發電設備：依電業法及相關法規核發之電業籌備創設備案文件影本。
二、第二型再生能源發電設備：依電業法規定核發之自用發電設備工作許可證影本。
三、第三型再生能源發電設備：
(一)申請人身分證明文件。
(二)設置場址使用說明。
(三)設置場址最近一期之電費單據。但未供電者，免附。
(四)發電設備設置計畫書。
(五)經營電力網之電業核發之併聯審查意見書。
(六)地政機關意見書(設置於屋頂者，免附)，但太陽光電發電設備設置於地面者，應符合土地使用管制項目之規定，並檢附相關證明文件。
→(108.12.18 修正)再生能源發電設備設置管理辦法第七條
第七條　申請人依第四條第一項規定申請再生能源發電設備認定時，應依規定格式填具同意備案申請表，並按設備型別及使用能源種類，分別檢附下列文件：
一、第一型再生能源發電設備：依電業法及其相關規定核發之電業籌設許可文件影本。
二、第二型再生能源發電設備：依電業法及其相關規定核發之自用發電設備工作許可函影本。
三、第三型再生能源發電設備：
(一)申請人身分證明文件。
(二)設置場址使用說明。
(三)設置場址之電費單據。但未供電者，免附。
(四)足資辨識設置場址及位置照片。
(五)輸配電業核發之併網審查意見書。但經輸配電業報請中央主管機關核定，並公告符合一定容量及條件者，免附。
(六)地政機關意見書(設置於屋頂者，免附)，但太陽光電發電設備或風力發電設備設置於地面者，應符合土地使用管制項目之相關規定，並檢附相關證明文件。
(七)其他經主管機關指定之文件。

解答

40.(12)　41.(23)

( )42. 申請於屋頂設置第三型太陽光電發電設備同意備案，需檢附文件下列何者正確？
(1)經營電力網之電業核發之併聯審查意見書
(2)申請人身分證明文件
(3)地政機關意見書
(4)自用發電設備工作許可證影本。

解 再生能源發電設備設置管理辦法第六條
第六條申請人申請再生能源發電設備同意備案，應填具申請表(格式如附件一)，並按設備型別及使用能源種類，分別檢附下列文件：
三、第三型再生能源發電設備：
(一)申請人身分證明文件。
(二)設置場址使用說明。
(三)設置場址最近一期之電費單據。但未供電者，免附。
(四)發電設備設置計畫書。
(五)經營電力網之電業核發之併聯審查意見書。
(六)地政機關意見書(設置於屋頂者，免附)，但太陽光電發電設備設置於地面者，應符合土地使用管制項目之規定，並檢附相關證明文件。

( )43. 有關太陽光電發電設備設置者與經營電力網電業之簽約規定，下列何者正確？
(1)自同意備案之日起 1 個月內辦理簽約
(2)自同意備案之日起 2 個月內辦理簽約
(3)未於期限內辦理簽約者，同意備案失其效力
(4)無需躉購電能之同意備案者，得免簽約。

解 再生能源發電設備設置管理辦法第八條
太陽光電發電設備設置者應自同意備案之日起二個月內與經營電力網之電業辦理簽約；其他再生能源發電設備設置者應自同意備案之日起六個月內與經營電力網之電業辦理簽約。未於前項期限內辦理簽約者，同意備案失其效力。經營電力網之電業所設置之再生能源發電設備，以中央主管機關發給同意備案文件日，視為簽訂契約日。無需與經營電力網之電業簽約躉購電能之同意備案者，得免與經營電力網之電業簽約；惟基於供電安全、可靠度及電力品質考量，設備併聯及運轉仍需符合電業法及本條例相關規定。再生能源發電設備設置者逾第一項期限未辦理簽約，同一申請人於同一場址一年內不得重新申請同意備案。但有正當理由者，不在此限。
前項正當理由，中央主管機關除申請人所提理由外，並得就申請人之辦理簽約情形、簽約費率及相關因素審核之。
→(108.12.18 修正)再生能源發電設備設置管理辦法第九條

解答

42.(12) 43.(234)

( )44. 太陽光電發電設備因設備老舊或損壞，申請更換與裝置容量有關之設備者，下列何者說明正確？

(1)應由施工廠商向經營電力網之電業提出申請

(2)應由經營電力網之電業核轉中央主管機關同意，始得更換

(3)更換設備後之總裝置容量不得超過原設備登記之總裝置容量

(4)更換後應檢附購售電合約報中央主管機關備查。

解 再生能源發電設備設置管理辦法第十六條

再生能源發電設備於運轉期間因設備老舊、損壞及其他相關事由，申請更換與裝置容量有關之設備者，應經由經營電力網之電業核轉中央主管機關同意後，始得更換，且更換設備後之總裝置容量不得超過原設備登記之總裝置容量。前項裝置容量設備更換後，應檢附第十條第一項第三款、第五款至第七款文件報中央主管機關備查。

→(108.12.18 修正)再生能源發電設備設置管理辦法第十三條

第十三條　第三型再生能源發電設備於運轉期間，因設備老舊、損壞或其他相關事由，申請更換與裝置容量有關之設備者，應經由輸配電業核轉主管機關同意後，始得更換，且更換設備後之總裝置容量不得超過原設備登記文件所記載之總裝置容量。

( )45. 有關「設置再生能源設施免請領雜項執照標準」所稱建築物，包括下列何者？

(1)依建築法規定取得使用執照的雜項工作物

(2)與建築法所稱建築物相同

(3)依建築法規定取得建造執照及其使用執照者

(4)實施建築管理前，已建造完成之合法建築物。

解 「設置再生能源設施免請領雜項執照標準」第 3 條

本標準所稱建築物，指依建築法規定取得建造執照及其使用執照者，或實施建築管理前，已建造完成之合法建築物。

→(107.11.21 修正) 設置再生能源設施免請領雜項執照標準 第三條

第三條　本標準所稱建築物，指符合下列情形之一者：

一、依建築法規定取得建造執照及其使用執照，或合於建築法第九十八條規定之合法建築物。

二、實施建築管理前，已建造完成之合法建築物。

解答

44.(23)　45.(34)

(　)46. 設置太陽光電發電設備，符合下列那些條件得免依建築法規定申請雜項執照？
(1)於建築物屋頂設置，高度自屋頂面起算 6 公尺以下
(2)設置於建築物露臺，高度自屋頂面起算 4.5 公尺以下
(3)設置於屋頂突出物，高度自屋頂突出物面起算 1.5 公尺以下
(4)設置於建築用地，高度自地面起算 3 公尺以下，其設置面積或建蔽率無限制。

解 設置再生能源設施免請領雜項執照標準第 5 條
設置太陽光電發電設備，符合下列條件之一者，得免依建築法規定申請雜項執照：
一、設置於建築物屋頂或露臺，其高度自屋頂面或露臺面起算 3 公尺以下。
二、設置於屋頂突出物，其高度自屋頂突出物面起算一點五公尺以下。
三、設置於非都市土地使用管制規則所定之再生能源發電設施容許使用項目及許可使用細目之用地，其設置面積未超過 660 平方公尺，並符合該管制規則有關建蔽率及容積率之規定，其高度為 3 公尺以下。太陽光電發電設備設置於屋頂、露臺或屋頂突出物，不得超出該設置區域。
→(107.11.21 修正) 設置再生能源設施免請領雜項執照標準第 5 條
設置太陽光電發電設備，符合下列條件之一者，得免依建築法規定申請雜項執照：
一、設置於建築物屋頂或露臺，包含支撐架並得結合新設頂蓋，其高度自屋頂面或露臺面起算四點五公尺以下。
二、設置於屋頂突出物，包含支撐架並得結合新設頂蓋，其高度自屋頂突出物面起算一點五公尺以下。
三、設置於地面，其高度自地面起算四點五公尺以下。

(　)47. 有關太陽光電發電設備之躉購費率說明，下列何者說明正確？
(1)依完工運轉併聯日適用電能躉購費率
(2)依與電業簽訂購售電契約日適用電能躉購費率
(3)自完工日起躉購 20 年
(4)契約 20 年到期後即不能持續售電。

解答

46.(23)　47.(13)

CHAPTER 2

乙級太陽光電設置術科應試技巧

一、緒論

二、術科測試應檢人須知

三、術科試題公告資料

(一)104201 第一測試題(併聯型試題)

(二)104202 第二測試題(獨立型試題)

四、術科試題及崗位

五、術科測試流程

(一)第一站

1.方位角和傾斜角的設定

2.太陽能模組的組裝

3.支撐架的組裝

4.可撓金屬管之配管

5.MC4 防水接頭的組合

6.配線(直流接線箱)

7.故障排除

8.數據量測

(二)第二站

1.鋁線槽配置

2.配線

3.表頭 ID 設定

4.功能檢測紀錄

5.完成工作。

6.繳交記錄表。

7.善後工作。

一、緒論

(一) 本試題分二題(試題編號 104201～02，104201 第一測試題指併聯型、104202 第二測試題指獨立型)，每題各有二站；應檢人必須測試一題且該題二站檢定同時及格，始認定合格。

(二) 紀錄表應以實際測量數據為準(含單位)，不得紀錄不確實之數據(如未操作或假操作即紀錄)或藉故延長時間，否則以不及格論。

(三) 不遵守檢定場規則或犯嚴重錯誤致危及機具設備安全或損壞者，監評人員得令即時停檢，並離開檢定場，其檢定結果以不及格論外，並照價賠償。

(四) 應檢人於術科測試進行中，對術科測試採實作方式之試題及試場環境有疑義者，應即時當場提出，由監評人員予以紀錄，未即時當場提出並經作成紀錄者，事後不予處理。

(五) 各站提前完成者或各站間待檢者，應在各站休息區等候應檢(中途需離場者，須向監評人員報備同意)，禁止與他人交談，並不得使用手機，否則以不及格論。

(六) 檢定期間應檢人應注意各項用電安全，除事先詳讀考題規定外，亦請注意各崗位張貼或監評人員宣布的注意事項。應檢人於潮濕處應注意避免觸(漏)電情形發生。

(七) 應檢人於烈日下操作時應多飲水，且注意自己身體狀況，若有不適應立即向檢定場人員反應。

二、術科測試應檢人須知

(一) 術科測試前場地開放

術科辦理單位於檢定前一星期內，將開放一天(含)以上，供應檢人參觀瞭解場地機具設備。

(二) 術科測試

1. 攜帶文件：報到時應攜帶(1)身分證(或法定證明文件)、(2)准考證、(3)術科測試通知單。
2. 服裝要求：全程配戴工作安全帽；著長袖上衣(可戴袖套)、長褲。應使用電氣安裝允許的絕緣工具，及保持工具的乾燥。不得穿戴金屬戒指、表帶等金屬配飾；不得穿著涼鞋、拖鞋或赤腳，否則不得入場。
3. 報到時間：報到時間爲早上 8:00～8:30，於 9:00 開始測試，第一站測試開始 15 分尚未進場者不得進場，第二站應準時入場。而且遲到者不得補時。測試未滿 45 分鐘不得出場。
4. 除自備工具及應檢身份證明文件外，其他物品均不得攜入檢定場。報到手續未辦妥者或未帶規定之自備工具者，不予進場檢定。監評人員可允許應檢人使用與檢定場準備之相同性質工具作業。
5. 測試前抽題：由術科測試編號最小號之應檢人代表抽出一崗位編號，其餘應檢人則依術科測試編號之順序(含遲到及缺考)依接續工作崗位進行測試。
6. 測試前：監評長報告、自備工具檢查、抽題、場地工具檢查(器具、工具、材料、元件及數量)。應檢人到各站報到後，先行填寫檢定編號、日期及姓名，再行開始檢定。

7. 測試時間：第一站爲 120 分鐘在 9:00 開始、第二站爲 120 分鐘在 13:00 開始，時間配當表如下下表所示。
8. 測試結束：應將現場及工具復原，經檢查確認後始可離場。

表一、太陽光電設置技術士技能檢定術科測試應檢人自備工具表

編號	設備名稱	規格	單位	數量	備註
1	直流夾式電表	DC 30 A 以上； DCV300V 以上	個	1	交直流夾式電流表亦可
2	交流夾式電表	AC 30 A 以上； ACV300V 以上	個	1	
3	螺絲起子	十字型 100 mm(4") 附絕緣套管	支	1	配線不得使用電動起子
4	螺絲起子	一字型 100 mm(4") 附絕緣套管	支	1	
5	端子壓接鉗	1.25~5.5 mm^2	支	1	1. 端子壓接限用單一功能壓接鉗 2. 壓接鉗棘輪功能需完整
6	剝線鉗	1.25~5.5 mm^2	支	1	可使用自動剝線鉗，棘輪功能需正常。
7	電工鉗	6"或 8"附絕緣套管	支	1	
8	原子筆	藍色或黑色	支	1	
9	捲尺	3 m	只	1	
10	絕緣手套	低壓電氣用	雙	1	
11	棉手套	工作用	雙	1	
12	工作安全帽	工作用	頂	1	
13	計算機	簡易型(無儲存記憶功能)	只	1	
14	電動起子	手持式，電池供電	支	1	限使用於護管夾與鋁製線槽之固定

壹拾玖、術科測試時間配當表

每一檢定場，每日排定測試場次 1 場；程序表如下：

時　間	內　容	備　註
08：00－08：30	1.監評前協調會議(含監評人員檢查儀具設備) 2.應檢人報到完成	
08：30－09：00	1.應檢人抽題 2.場地設備及供料、自備儀具及材料等作業說明 3.測試應注意事項說明 4.應檢人試題疑義說明 5.應檢人檢查儀具及材料 6.其他事項	
09：00－11：00	1.第一站測試 2.監評人員過程評分	第一站 120 分鐘
11：00－12：00	監評人員各崗位評分	
12：00－13：00	監評人員休息用膳時間	
13：00－15：00	1.第二站測試 2.監評人員過程評分	第二站 120 分鐘
15：00－16：00	監評人員各崗位評分	
16：00－16：30	監評人員進行成績登錄	
16：30－17：00	檢討會(監評人員及術科測試辦理單位視需要召開)。	

(三) 術科測試綜合注意事項

1. 各模組、支撐架、變流器、監視系統、直流接線箱及交流配電箱等設備皆須實施接地，並須符合「用戶用電設備裝置規則」之接地規定。
2. 配線配管須符合「用戶用電設備裝置規則」之導線槽配線規定。
3. 不得在有負載的情況下斷開連接線。
4. 送電中若需檢查元件和線路，應啓斷(OFF)「直流開關」，以斷開直流輸入回路。
5. 應檢人於潮濕處應注意避免觸(漏)電情形發生。

三、術科試題公告資料

(一) 104201 第一測試題(併聯型試題)

1. 第一站

   (1) 模擬太陽能板之方位角及傾斜角設置

   首先，完成前述監評指定方位角與傾斜角調整後，將實際數據填入附表 1-1，並向監評人員報驗，報驗後不得再作調整。

壹拾、術科測試試題第一、二測試試題第一站功能檢測紀錄表

附表 1-1

術科測試編號		檢定日期	年 月 日
姓名		檢定起訖時間	時 分至 時 分
檢定系統類型	□獨立型 □併聯型	檢定崗位	第 崗

一、模組角度

項次	項目	監評人員指定	紀錄值	單位	監評人員評定結果
1	方位角				

注意事項：

有關組列安裝方位角與傾斜角，為配合檢定需求，僅以模組角度調整模擬裝置作為調整，其角度由監評人員指定，應檢人所調整之方位角、傾斜角與監評人員指定之角度誤差需在方位角±10 度内、傾斜角±3度内。方位角超過 20 度或傾斜角超過 10 度，即為不及格。

(2) 太陽能模組及支撐架之組裝

依附圖 1-1 所示，應檢人必須完成支撐架部份組裝(標示部分)。

使用現場提供之器具參照附圖 1-1 並依注意事項固定模組。(注意：鋁擠型架 3 片太陽能模組；鍍鋅鋼架爲 2 片模組。另外，有邊桿 1 支。)

圖1-1支撐架及模組安裝圖

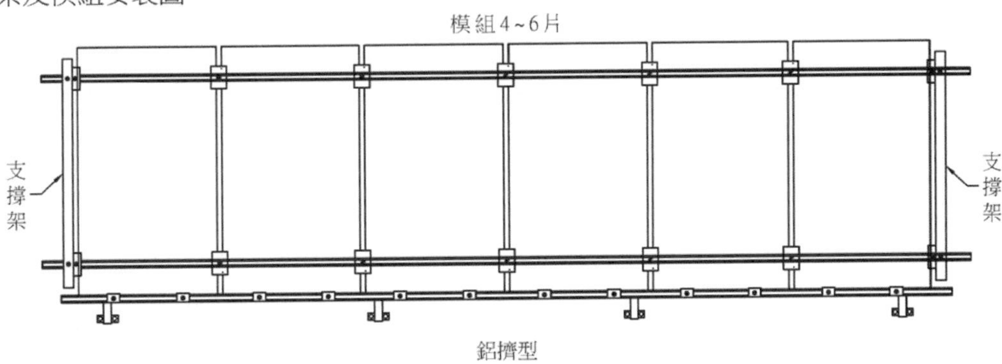

鋁擠型

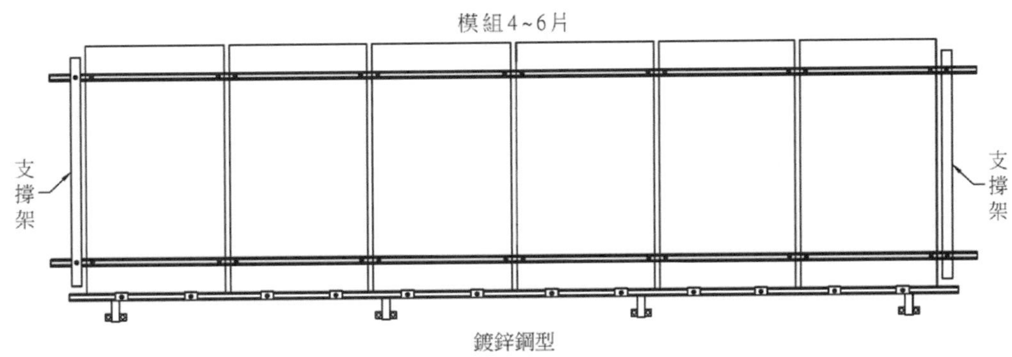

鍍鋅鋼型

註：
1.應檢人須依檢定場指定位置組立模組及支撐架。
2.鋁擠型需安裝三片模組+一根支撐架，共10組螺絲組。
3.鍍鋅鋼型需安裝二片模組+一根支撐架，共10組螺絲組。
4.螺絲經鎖緊後，應於螺絲組上畫一鎖緊標示。
(視檢定場支撐架之不同工法，可作適當調整)

注意事項：

A. 支撐架安裝所用之每一螺絲組需包括螺絲、彈簧墊片、平板墊片及螺帽(齒花螺帽不在此限)，使用扭力板手鎖緊螺絲，並於螺絲組上畫一鎖緊標示。

B. 每一模組至少要有四個固定點，組列應安裝 8 組螺絲，並注意固定點須具備左右對稱性，模組間距應一致。

C. 每一螺絲組須包括螺絲、彈簧墊片、平板墊片及螺帽，異質金屬材料相互搭接時，須加裝絕緣墊片隔離，以防止銹蝕產生。(尺寸可視原廠模組固定孔大小而略加修正)

D. 若採用固定夾，不得損壞模組邊框或投影在模組玻璃上，且固定夾與模組邊框重疊部分寬度至少 9 mm。

E. 鎖緊扭力必須配合現場之螺絲尺寸及扭力值之規定，並於螺絲組上畫一鎖緊標示。

F. 模組串並聯引出線，其鬆弛部份不超過 80 mm，必要時以束線帶固定，電線彎曲半徑需依相關法規之規定。

G. 模組與直流接線箱間須採用電纜線與防水接頭接線，不得直接焊接、絞接或以螺絲進行接續接線，接頭必須裝置正確與牢固。

H. 模組電纜線連接前，須確認極性，並確實銜接。

I. 安裝帶電之導體時，應使用絕緣工具及絕緣手套配線，若有發生觸電之情形，以不及格判定。

(3) 直流接線箱之配管及配線

配管：依附圖 1-2(併聯型)說明，自行裝配可撓金屬管及其固定接頭。

配線：

A. 完成模組接線與設備接地接線，並量測組列設備接地連續性。

B. 製作連接模組與直流接線箱之電纜線及其防水接頭，並完成配線；在報備功能檢測前，不得將該應檢人製作完成的防水接頭接至模組。

C. 依應檢併聯型系統之類型，依附圖 1-4-1 說明，自行剪剝、壓接，完成直流接線箱配線，(註：為配合檢定，限定在端子台之間配線，箱體與元件已由檢定場裝妥)。

D. 完成直流接線箱至直流配電盤之所有穿線與配線。

圖1-2直流接線箱配管圖(併聯型)

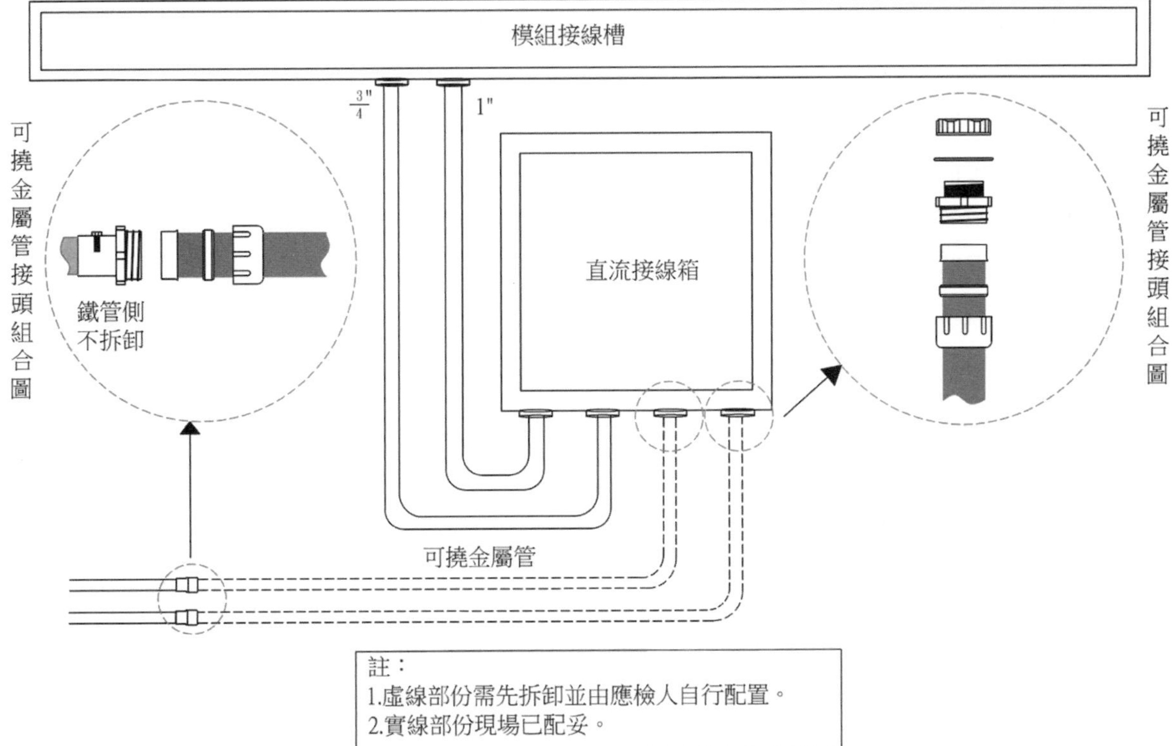

注意事項：

A. 管端接頭必須裝置正確與牢固。

B. 內徑側之彎曲半徑須為導線管內徑之 6 倍以上。

圖1-4-1併聯型直流接線箱單線圖與元件配置圖一

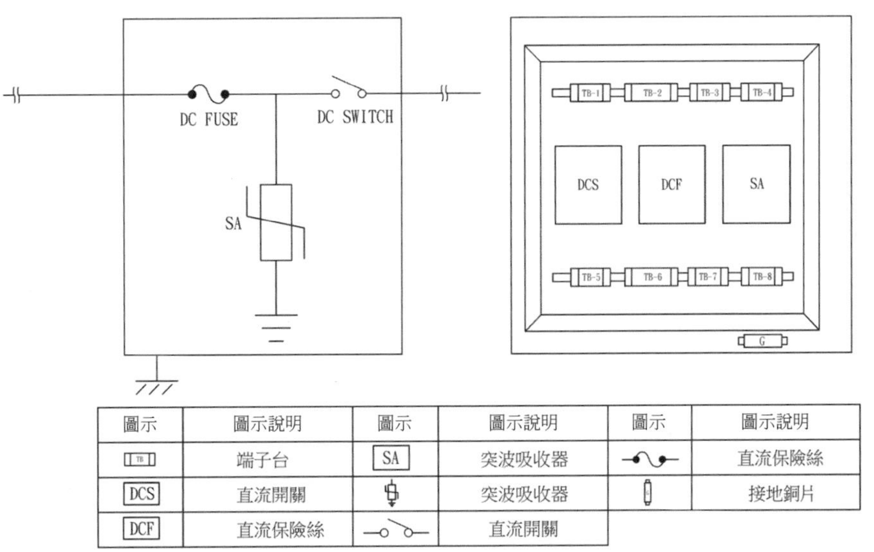

圖示	圖示說明	圖示	圖示說明	圖示	圖示說明
TB	端子台	SA	突波吸收器		直流保險絲
DCS	直流開關		突波吸收器		接地銅片
DCF	直流保險絲		直流開關		

備註： 1. 元件位置可做適當調整。
2. 隔離設備配置於箱體內部者，應設置隔板使隔離開關可外部操作，且不會碰觸帶電組件。

注意事項：

A. 配線採 O 型端子壓接，線頭以色線套標示，剪線長度不超過二連接端子間 1.5 倍為原則，相鄰端子間不受此限。

B. 接地線之接地點，由應檢人自行接線，採 3.5 mm^2 綠色導線施作 O 型端子壓接接地，非帶電金屬導體皆必須接地，模組之接地需加裝齒型墊片。

C. 模組接地須依螺帽、平板墊片、模組接地孔、齒型墊片、端子及螺絲順序組裝。

D. 剝線不得損斷金屬線芯。

E. 務必依照現場之配線圖配線，若因配線錯誤或工作不當而損壞檢定器具、設備，致影響功能者，除判定不及格外，尚須照價賠償。

(4) 系統故障排除

A. 第一站配線完成後，應檢人應在檢定時間內，自行檢查線路與各元件無誤後，向監評人員報備並經同意，方可將應檢人製作之 PV 防水接頭接至模組。

B. 系統中設有若干元件或線路故障，所有故障發現後，都必須排除，再貼上紅點●標記，以供監評評分。(例如：比流器匝數不對，需更換後再貼上紅點●)，若需要元件或接線則報備，若不需要協助則自行排除不報備，直接貼上紅點。

C. 系統功能正常後，依附表 1-1 項目進行檢測，並將實際量測數據填入，繳交該紀錄表後不得再行修改。

注意事項：

A. 系統元件或線路故障，應向監評人員報備並完成故障排除。

B. 應檢人若需調線時，應向監評人員報備。

壹拾柒、第一、二試題第一站之故障項目表

<table>
<tr><td colspan="2">檢定日期</td><td>年　　月　　日</td><td>檢定系統類型</td><td>□獨立型□併聯型</td></tr>
<tr><td colspan="2">項目</td><td colspan="3">故障項目(應檢人須排除之項目)</td></tr>
<tr><td rowspan="7">模組及直流接線箱</td><td rowspan="3">線路部分</td><td colspan="3"></td></tr>
<tr><td>□接地
元件名稱：</td><td>□訊號線
元件名稱：</td><td rowspan="2">□其它：</td></tr>
<tr><td>□元件接線
元件名稱：</td><td></td></tr>
<tr><td rowspan="2">元件部分</td><td>□日射計</td><td>□模組溫度感測器</td><td rowspan="2">□其它：</td></tr>
<tr><td>□直流開關</td><td>□保險絲</td></tr>
<tr><td rowspan="6">交直流配電箱</td><td rowspan="2">線路部分</td><td>□接地
元件名稱：</td><td>□電表接線
元件名稱：</td><td rowspan="2">□其它：</td></tr>
<tr><td>□元件接線
元件名稱：</td><td>□訊號線
元件名稱：</td></tr>
<tr><td rowspan="4">元件部分</td><td>□保險絲</td><td>□數位電表
元件名稱：</td><td rowspan="4">□其它：</td></tr>
<tr><td>□直流負載</td><td>□交流負載</td></tr>
<tr><td>□分流器</td><td>□開關
位置：__________</td></tr>
<tr><td>□比流器</td><td></td></tr>
<tr><td colspan="2">說明</td><td colspan="3">1. 元件部分之故障及調整設計包含元件規格不符。
2. 線路部分之故障及調整設計包含斷線與調線(不得製作接觸不良)。
3. 數位電表之 ID 調整非故障項目。</td></tr>
<tr><td colspan="5">註：
1. 本表於檢定結束後附於每位應檢人之紀錄表後。
2. 應檢人須排除之項目，以勾選 3～5 處且元件與線路部分平均分配為原則。
3. 故障或調整處之設定必須由監評長確認後簽名。</td></tr>
<tr><td colspan="2">監評人員簽名</td><td colspan="3"></td></tr>
<tr><td colspan="2">監評長簽名</td><td colspan="3"></td></tr>
</table>

注意事項：

A. 系統元件或線路故障，應向監評人員報備並完成故障排除，並貼上紅色圓點，以利監評評定。

B. 應檢人若需調線時，應向監評人員報備。

(5) 量測與記錄(含項目、記錄值、單位、應檢人自行判斷)

A. 模組角度(如前所述)

B. 太陽光電模組規格

a. 最大功率點(P_{mp})

b. 最大功率點電壓(V_{mp})

c. 最大功率點電流(I_{mp})

d. 開路電壓(V_{oc})

e. 短路電流(I_{sc})

C. 串列特性

a. 組列設備接地連續性：兩條接地引入線間電阻

b. 開路電壓(V_{oc})：日照強度、串列 1 V_{oc} (注意：獨立型有串列 2 V_{oc})

c. 短路電流(I_{sc})：日照強度、I_{sc}

d. 組列輸出與接地端絕緣量測(獨立型量測 2 串列)：儀器輸出電壓、P_1-E、N_1-E。(注意：獨立型有 P_2-E、N_2-E)

注意事項：

A. 量測 V_{oc} 或組列與接地端絕緣電阻前，須將直流開關及串列保險絲切離。

B. 量測 I_{sc} 時，採用應檢人自製之電線，用以短路直流開關的輸出端，以勾表進行電流量測。

C. 日照強度讀值依現場共用日射值顯示器。

D. 必須依實際量測數據填入紀錄表內。

壹拾貳、術科測試試題第一、二測試試題第一站紀錄表

附表 1-1

術科測試編號		檢定日期	年 月 日
姓名		檢定起訖時間	時 分至 時 分
檢定系統類型	□獨立型□併聯型	檢定崗位	第 崗

一、模組角度

項次	項目	監評人員指定	紀錄值	單位	監評人員評定結果
1	方位角				
2	傾斜角				

二、太陽光電模組規格

項次	項目	紀錄值	單位	監評人員評定結果
1	最大功率點(P_{mp})			
2	最大功率點電壓(V_{mp})			
3	最大功率點電流(I_{mp})			
4	開路電壓(V_{oc})			
5	短路電流(I_{sc})			

三、串列特性

項次	項目		紀錄值	單位	監評人員評定結果
1	組列設備接地連續性	串列遠端模組外框與接地銅片間電阻			
2	開路電壓(V_{oc})	日照強度			
		串列 1V_{oc}			
		串列 2V_{oc}			
3	短路電流(I_{sc})	日照強度			
		I_{sc}			
4	組列輸出與接地端絕緣量測(獨立型量測 2 串列)	儀器輸出電壓			
		P_1-E			
		N_1-E			
		P_2-E			
		N_2-E			

說明：

1. 方位角以正南方為 0 度，正東方為−90 度，正西方為＋90 度。
2. 本紀錄表中，每一小項未依實際值記錄、單位填寫錯誤，監評人員評定該小項為不及格，評定不及格之小項合計達 3 小項者，本紀錄表評定為不及格。
3. 評定結果由監評人員填寫，上述各項評定結果及格打「○」，不及格打「×」。

紀錄表評審結果	□及格□不及格(請註明原因)：
監評人員簽名	〈請勿於測試結束前先行簽名〉

(6) 完成後，應將現場工具等復原與模組表面、施工區域清潔(本項作業不列在檢定時間內，但列於評分項目)。

2. 第一測試題(併聯型試題)第二站

(1) 直流側配線箱、交流側配電箱之配管及配線

配管：

應檢人依附圖 2-1，使用可撓金屬管與鋁製線槽配置。其裝置尺寸位置需依現場標示線施作。

圖2-1併聯型配管圖

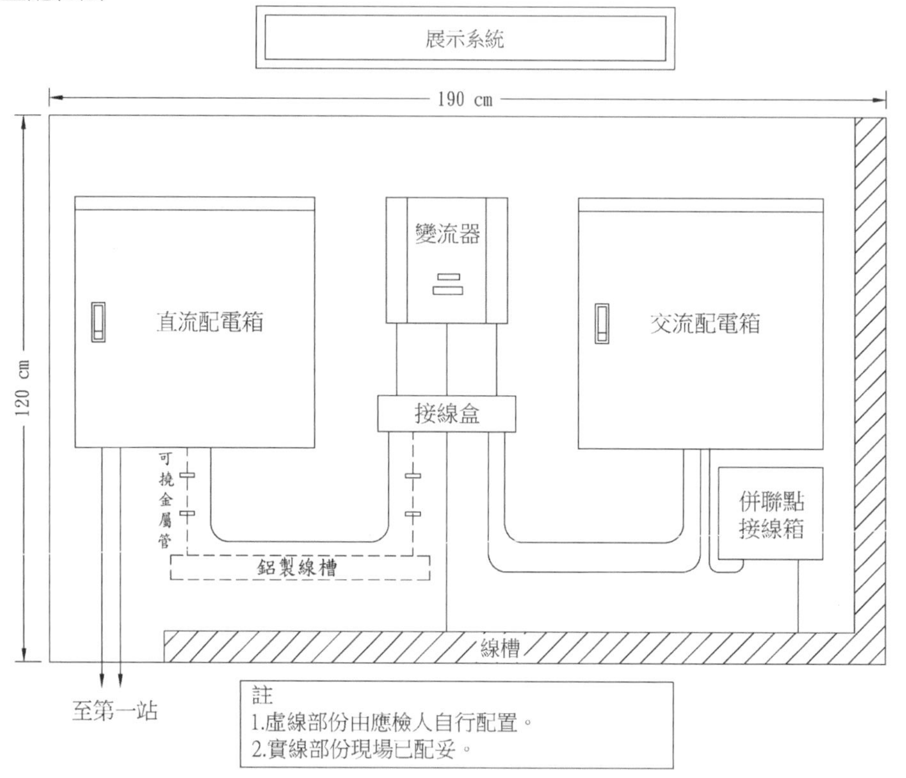

配線：

A. 應檢人請依附圖 2-2 所示併聯型之線路圖，以正確方法剪剝、壓接配線。(爲配合檢定，限定在端子台之間配線，箱體與元件已由檢定場裝妥，如圖 2-3)。

B. 分流器的取樣，併聯型採正取樣。分流器取樣配線錯誤，爲重大錯誤，不及格。

C. 直流配電箱及交流配電箱之電表電源皆使用交流電源。

圖2-2併聯型單線圖

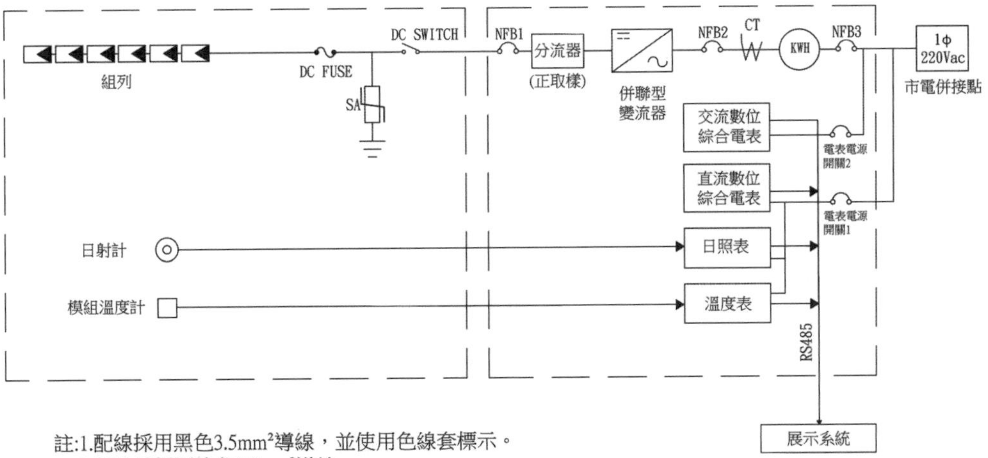

註:1.配線採用黑色3.5mm²導線，並使用色線套標示。
2.接地線採用綠色3.5mm²導線。
3.模組接至保險絲一次側與第一站接至第二站限用PV電纜線。
4.虛線框內為配線範圍，但同箱體內儀表之間電源線與RS485線已配妥。
5.引入虛線框內之配線由場地備妥，應檢人須接上。
6.本試題分流器限使用正取樣配線(分流器串接於正極導線)。
7.相關模組接線所用防水接頭（連接器）未繪製於本單線圖。

圖2-3併聯型元件配置圖

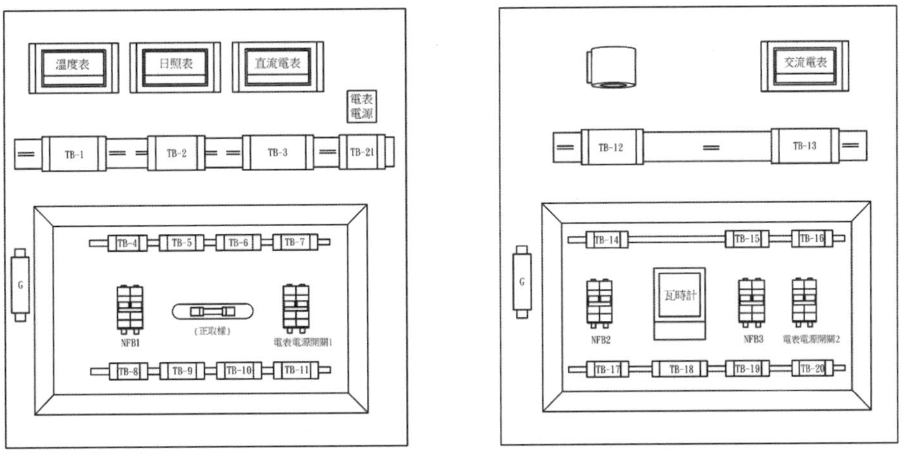

直流配電箱　　交流配電箱

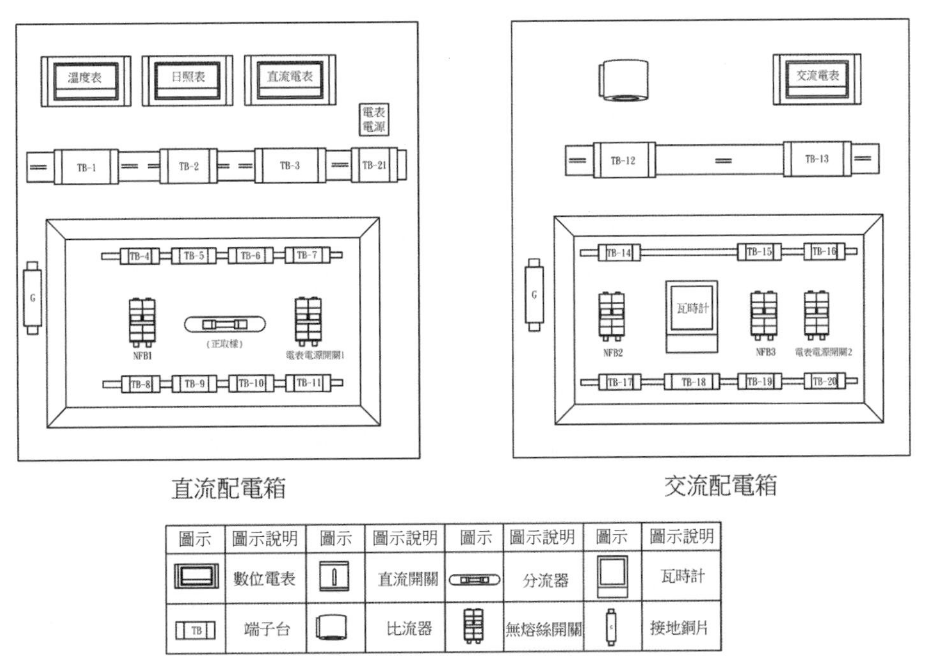

圖示	圖示說明	圖示	圖示說明	圖示	圖示說明	圖示	圖示說明
	數位電表		直流開關		分流器		瓦時計
TB	端子台		比流器		無熔絲開關		接地銅片

(2) 儀表 ID 設定及功能檢測

A. 配線完成後，應檢人應在檢定時間內，自行檢查線路無誤後，向監評人員報備並經同意，方可送電並作功能檢測。

B. 如發現有元件或線路故障，應向監評人員報備。

C. 嚴禁變流器輸入端極性接反。

D. 接地線之接地點，由應檢人自行接線，採 3.5 mm^2 綠色導線施作 O 型端子壓接接地，非帶電金屬導體皆必須接地。

儀表 ID 設定：

應檢人需自行設定儀表 ID 位址，以達到系統即時監測資料顯示功能。

(3) 送電前檢測

A. 必須確定市電併聯點之供電規格是否符合。

B. 自行檢測前，所有開關必須處於切離狀態

C. 送電前須向監評人員報備並經同意，應檢人依照順序投入直流開關及交流開關，斷電時反之。

D. 請依照檢定場提供之使用說明書操作數位電表及變流器。

(4) 性能量測與計算(含項目、記錄值、單位、應檢人異常判斷)

A. 變流器規格(注意：場地設置)

a. 輸入電壓範圍

b. 最大功率追蹤電壓範圍

c. 額定輸出功率

d. 額定輸出電壓：相線(注意：單相 2 線、單相 3 線、3 相 3 線及 3 相 4 線等)、電壓

B. 送電前檢測(注意：判別併接點特性)

a. 併接點電力系統電壓(量測值)：相線、電壓

b. 組列開路電壓

C. 變流器量測

a. 日照強度

b. 模組溫度(數位溫度表)

c. 輸入電壓(數位綜合電表)

d. 輸入電壓(應檢人量測)

e. 輸入電流(數位綜合電表)

f. 輸入電流(應檢人量測)

g. 輸入功率(應檢人計算)

h. 輸出電壓(數位綜合電表)

i. 輸出電流(數位綜合電表)

j. 輸出功率(數位綜合電表)

D. 系統量測與計算

a. 日照強度

b. 組列電壓

c. 組列電流

d. 組列功率

e. 直流發電比(R_A) 計算式(應檢人量測值計算)

f. 直流發電比(R_A) 計算值

(注意：R_A 要量測兩次，且需列出數值算式。)

說明：

1. 直流發電比(R_A)需列出數值算式，記錄值 1、2 之數值或計算式錯誤，本紀錄表評定為不及格。
2. 本紀錄表中，小項未依實際值記錄、單位填寫錯誤、判斷結果錯誤或 R_A 計算值錯誤，監評人員評定該小項為不及格，評定不及格之小項合計達 3 小項者，本紀錄表評定為不及格。

壹拾貳、術科測試試題第一測試試題第二站紀錄表

附表 2-1　　　　P(1/2)

術科測試編號		檢定日期	年　月　日
姓名		檢定起訖時間	時　分至　時　分
檢定系統類型	併聯型	檢定崗位	第　崗

一、變流器規格

項次	項目	紀錄值		單位	監評人員評定結果
1	輸入電壓範圍				
2	最大功率追蹤電壓範圍				
3	額定輸出功率				
4	額定輸出電壓	相線	＿＿＿相＿＿＿線		
		電壓			

二、送電前檢測

項次	項目	紀錄值		單位	監評人員評定結果
1	併接點電力系統電壓(量測值)	相線	＿＿＿相＿＿＿線		
		電壓			
2	組列開路電壓				

三、變流器量測

項次	項目	紀錄值	單位	應檢人異常打勾	監評人員評定結果
1	日照強度				
2	模組溫度(數位溫度表)				
3	輸入電壓(數位綜合電表)				
4	輸入電壓(應檢人量測)			／	
5	輸入電流(數位綜合電表)				
6	輸入電流(應檢人量測)			／	
7	輸入功率(應檢人計算)			／	
8	輸出電壓(數位綜合電表)				
9	輸出電流(數位綜合電表)				
10	輸出功率(數位綜合電表)				

四、系統量測與計算					
項次	項目	紀錄值 1	紀錄值 2	單位	監評人員 評定結果
1	日照強度				
2	組列電壓				
3	組列電流				
4	組列功率				
5	直流發電比(R_A)				
說明： 1. 直流發電比(R_A)需列出數值算式，算式錯誤，本紀錄表評定為不及格。 2. 本紀錄表中，小項未依實際值記錄、單位填寫錯誤、判斷結果錯誤或未作判斷，監評人員評定該小項為不及格，評定不及格之小項合計達 3 小項者，本紀錄表評定為不及格。 3. 評定結果由監評人員填寫，上述各項評定結果及格打「○」，不及格打「×」。					
紀錄表評審結果	□及格□不及格(請註明原因)：				
監評人員簽名	〈請勿於測試結束前先行簽名〉				

注意事項：

A. 必須依實際量測數據填入紀錄表內。

B. 直流發電比 R_A 計算方式：

$$R_A = \frac{P_A}{P_0 \times \frac{G_I}{G_o}} = \frac{P_A \times G_o}{P_0 \times G_I}$$

(注意：建議看成 $R_A = \frac{\text{組列輸出功率}P_A \times 1000\ \text{W/m}^2}{\text{組列額定功率}P_0 \times \text{現場日照強度}G_I}$ 或 $R_A = \frac{V_A \times I_A \times 1000}{P_{MP} \times N \times G_I}$)

組列輸出功率(單位：W) $P_A = V_A \times I_A$

組列額定功率(單位：W) $P_0 = \Sigma_{i=1}^{N} P_i$

現場日照強度(單位： W/m^2) G_I

標準測試日照強度(單位： W/m^2) $G_o = 1000\ \text{W/m}^2$

符號說明：

V_A ：組列量測電壓

I_A ：組列量測電流

P_i ：第 i 片模組額定最大功率

N ：組列所含模組之片數

C. 功能正常後，依附表 2-1 項目量測與計算，並將實際量測數據填入，繳交紀錄表後不得再行修改。

D. 變流器效率量測項中，直流輸入端項目必須由應檢人自行量測，交流輸出端項目可參考數位綜合電表讀值。

(5) 完成配線(含蓋上線槽蓋及復原箱體蓋)後，繳交記錄表。

應將現場工具等復原與施工區域清潔(本項作業不列在檢定時間內，但列於評分項目)。

(二) 104202 第二測試題(獨立型試題)

1. 第二測試題(獨立型試題)第一站

(1) 模擬太陽能板之方位角及傾斜角設置

首先，完成前述監評指定方位角與傾斜角調整後，將實際數據填入附表 1-1，並向監評人員報驗，報驗後不得再作調整。

壹拾、術科測試試題第一、二測試試題第一站紀錄表

附表 1-1

術科測試編號		檢定日期	年 月 日
姓名		檢定起訖時間	時 分至 時 分
檢定系統類型	□獨立型□併聯型	檢定崗位	第 崗

一、模組角度

項次	項目	監評人員指定	紀錄值	單位	監評人員評定結果
1	方位角				
2	傾斜角				

注意事項：

A. 有關組列安裝方位角與傾斜角，為配合檢定需求，僅以模組角度調整模擬裝置作為調整，其角度由監評人員指定，應檢人所調整之方位角、傾斜角與監評人員指定之角度誤差需在方位角±10 度內、傾斜角±3 度內。方位角超過 20 度或傾斜角超過 10 度，即為不及格。

(2) 太陽能模組及支撐架之組裝

依附圖 1-1 所示，應檢人必須完成支撐架部分組裝(標示部分)。

使用現場提供之器具參照附圖 1-1 並依注意事項固定模組。(註：鋁擠型架 3 片太陽能模組；鍍鋅鋼架爲 2 片模組。另外，有邊桿 1 支。)

圖1-1支撐架及模組安裝圖

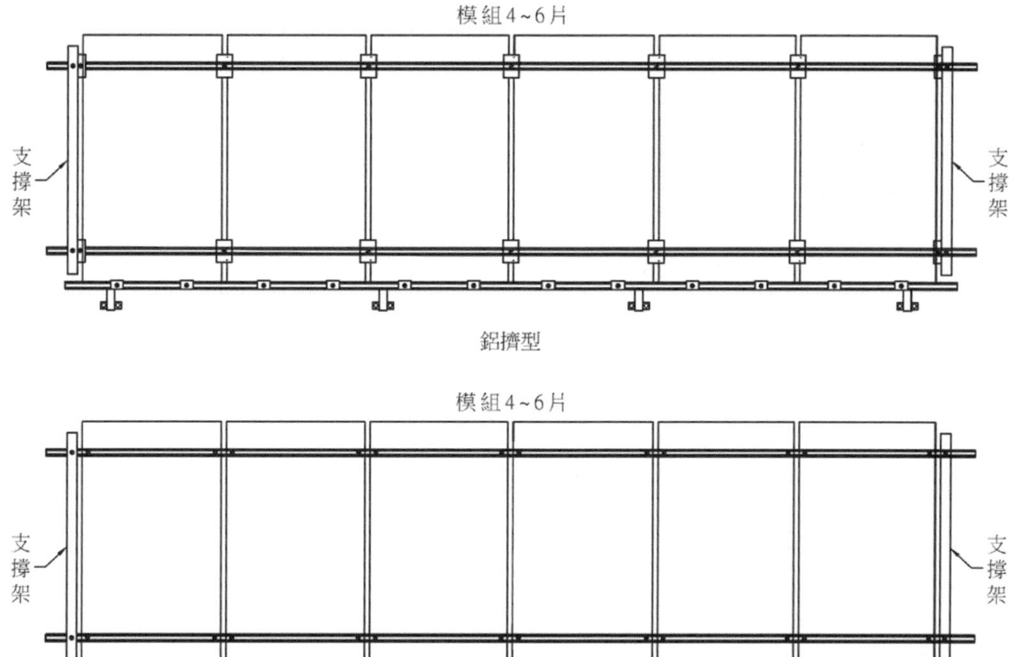

註：
1.應檢人須依檢定場指定位置組立模組及支撐架。
2.鋁擠型需安裝三片模組+一根支撐架，共10組螺絲組。
3.鍍鋅鋼型需安裝二片模組+一根支撐架，共10組螺絲組。
4.螺絲經鎖緊後，應於螺絲組上畫一鎖緊標示。
(視檢定場支撐架之不同工法，可作適當調整)

注意事項：

A. 支撐架安裝所用之每一螺絲組需包括螺絲、彈簧墊片、平板墊片及螺帽(齒花螺帽不在此限)，使用扭力板手鎖緊螺絲，並於螺絲組上畫一鎖緊標示。

B. 每一模組至少要有四個固定點，組列應安裝 8 組螺絲，並注意固定點須具備左右對稱性，模組間距應一致。

C. 每一螺絲組須包括螺絲、彈簧墊片、平板墊片及螺帽，異質金屬材料相互搭接時，須加裝絕緣墊片隔離，以防止銹蝕產生。(尺寸可視原廠模組固定孔大小而略加修正)

D. 若採用固定夾，不得損壞模組邊框或投影在模組玻璃上，且固定夾與模組邊框重疊部分寬度至少 9 mm。

E. 鎖緊扭力必須配合現場之螺絲尺寸及扭力值之規定，並於螺絲組上畫一鎖緊標示。

F. 模組串並聯引出線，其鬆弛部分不超過 80 mm，必要時以束線帶固定，電線彎曲半徑需依相關法規之規定。

G. 模組與直流接線箱間須採用電纜線與防水接頭接線，不得直接焊接、絞接或以螺絲進行接續接線，接頭必須裝置正確與牢固。

H. 模組電纜線連接前，須確認極性，並確實銜接。

I. 安裝帶電之導體時，應使用絕緣工具及絕緣手套配線，若有發生觸電之情形，以不及格判定。

(3) 直流接線箱之配管及配線

配管：依附圖 1-3(獨立型)說明，自行裝配可撓金屬管及其固定接頭。

配線：

A. 完成模組接線與設備接地接線，並量測組列設備接地連續性。

B. 製作連接模組與直流接線箱之電纜線及其防水接頭，並完成配線；在報備功能檢測前，不得將該應檢人製作完成的防水接頭接至模組。

C. 依應檢獨立型系統之類型，依附圖 1-5-1 及-2 說明，自行剪剝、壓接，完成直流接線箱配線，(註：爲配合檢定，限定在端子台之間配線，箱體與元件已由檢定場裝妥，如圖 1-5-1 及-2 所示)。

D. 完成直流接線箱至直流配電盤之所有穿線與配線。

圖1-3直流接線箱配管圖(獨立型)

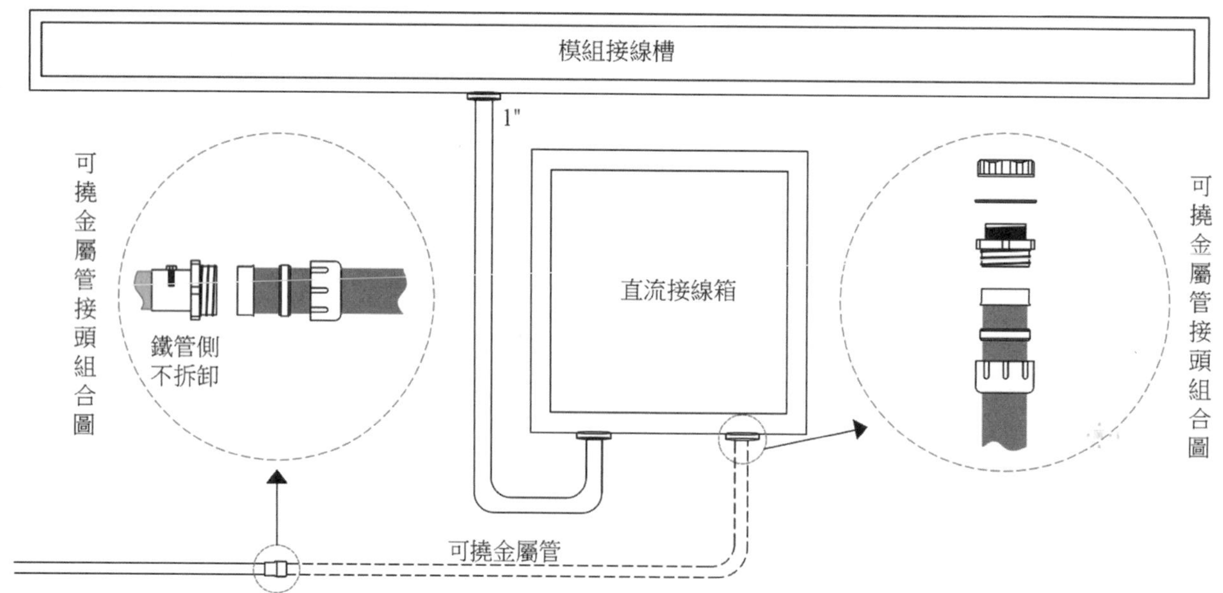

圖1-5-1獨立型直流接線箱單線圖與元件配置圖一

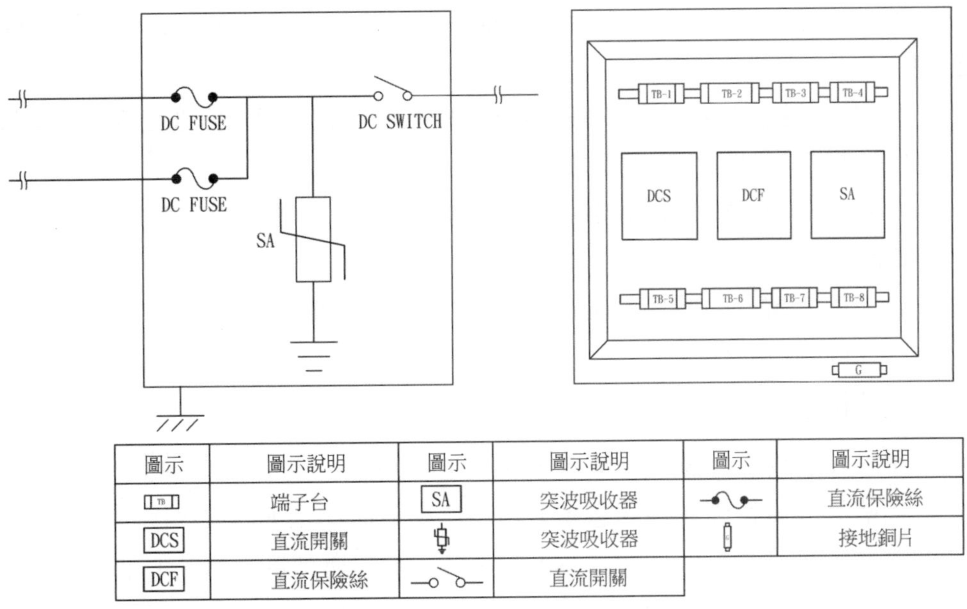

圖示	圖示說明	圖示	圖示說明	圖示	圖示說明
TB	端子台	SA	突波吸收器		直流保險絲
DCS	直流開關		突波吸收器		接地銅片
DCF	直流保險絲		直流開關		

備註：1. 元件位置可做適當調整。
2. 隔離設備配置於箱體內部者，應設置隔板使隔離開關可外部操作，且不會碰觸帶電組件。

圖1-5-2獨立型直流接線箱單線圖與元件配置圖二

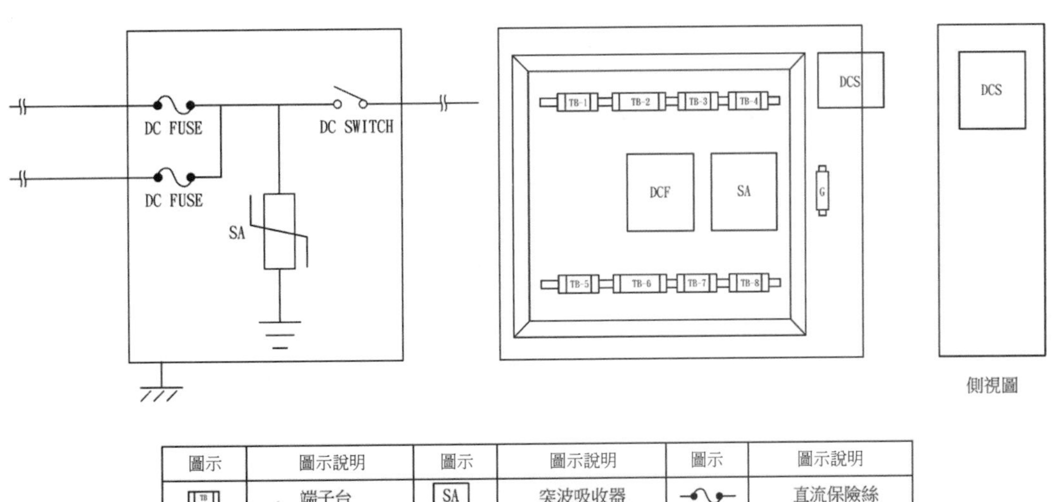

側視圖

圖示	圖示說明	圖示	圖示說明	圖示	圖示說明
TB	端子台	SA	突波吸收器		直流保險絲
DCS	直流開關		突波吸收器		接地銅片
DCF	直流保險絲		直流開關		

注意事項：

A. 配線採 O 型端子壓接，線頭以色線套標示，剪線長度不超過二連接端子間 1.5 倍為原則，相鄰端子間不受此限。

B. 接地線之接地點，由應檢人自行接線，採 3.5 mm^2 綠色導線施作 O 型端子壓接接地，非帶電金屬導體皆必須接地，模組之接地需加裝齒型墊片。

C. 模組接地須依螺帽、平板墊片、模組接地孔、齒型墊片、端子及螺絲順序組裝。

D. 剝線不得損斷金屬線芯。

E. 務必依照現場之配線圖配線，若因配線錯誤或工作不當而損壞檢定器具、設備，致影響功能者，除判定不及格外，尚須照價賠償。

(4) 系統故障排除

A. 第一站配線完成後，應檢人應在檢定時間內，自行檢查線路與各元件無誤後，向監評人員報備並經同意，方可將應檢人製作之 PV 防水接頭接至模組。

B. 系統中設有若干元件或線路故障，所有故障發現後，都必須排除，再貼上紅點●標記，以供監評評分。(例如：比流器匝數不對，需更換後再貼上紅點●)，若需要元件或接線則報備，若不需要協助則自行排除不報備，直接貼上紅點。

C. 系統功能正常後，依附表 1-1 項目進行檢測，並將實際量測數據填入，繳交該紀錄表後不得再行修改。

壹拾柒、第一、二試題第一站之故障項目表

<table>
<tr><td colspan="2">檢定日期</td><td>年　　月　　日</td><td>檢定系統類型</td><td>□獨立型□併聯型</td></tr>
<tr><td colspan="2">項目</td><td colspan="3">故障項目(應檢人須排除之項目)</td></tr>
<tr><td rowspan="5">模組及直流接線箱</td><td rowspan="3">線路部分</td><td colspan="3"></td></tr>
<tr><td>□接地
元件名稱：</td><td>□訊號線
元件名稱：</td><td rowspan="2">□其它：</td></tr>
<tr><td>□元件接線
元件名稱：</td><td></td></tr>
<tr><td rowspan="2">元件部份</td><td>□日射計</td><td>□模組溫度感測器</td><td rowspan="2">□其它：</td></tr>
<tr><td>□直流開關</td><td>□保險絲</td></tr>
<tr><td rowspan="6">交直流配電箱</td><td rowspan="2">線路部份</td><td>□接地
元件名稱：</td><td>□電表接線
元件名稱：</td><td rowspan="2">□其它：</td></tr>
<tr><td>□元件接線
元件名稱：</td><td>□訊號線
元件名稱：</td></tr>
<tr><td rowspan="4">元件部份</td><td>□保險絲</td><td>□數位電表
元件名稱：</td><td rowspan="4">□其它：</td></tr>
<tr><td>□直流負載</td><td>□交流負載</td></tr>
<tr><td>□分流器</td><td>□開關
位置：＿＿＿＿＿</td></tr>
<tr><td>□比流器</td><td></td></tr>
<tr><td colspan="2">說　明</td><td colspan="3">1. 元件部份之故障及調整設計包含元件規格不符。
2. 線路部份之故障及調整設計包含斷線與調線(不得製作接觸不良)。
3. 數位電表之 ID 調整非故障項目。</td></tr>
<tr><td colspan="5">註：
1. 本表於檢定結束後附於每位應檢人之紀錄表後。
2. 應檢人須排除之項目，以勾選 3～5 處且元件與線路部份平均分配為原則。
3. 故障或調整處之設定必須由監評長確認後簽名。</td></tr>
<tr><td colspan="2">監評人員簽名</td><td colspan="3"></td></tr>
<tr><td colspan="2">監評長簽名</td><td colspan="3"></td></tr>
</table>

注意事項：

A. 系統元件或線路故障，應向監評人員報備並完成故障排除。

B. 應檢人若需調線時，應向監評人員報備。

(5) 量測與記錄

A. 模組角度(如併聯型所述)

B. 太陽光電模組規格

a. 最大功率點(P_{mp})

b. 最大功率點電壓(V_{mp})

c. 最大功率點電流(I_{mp})

d. 開路電壓(V_{oc})

e. 短路電流(I_{sc})

C. 串列特性

a. 組列設備接地連續性：兩條接地引入線間電阻

b. 開路電壓(V_{oc})：日照強度、串列 1 V_{oc}、串列 2 V_{oc}

c. 短路電流(I_{sc})：日照強度、I_{sc}

d. 組列輸出與接地端絕緣量測(獨立型量測 2 串列)：儀器輸出電壓、P_1-E、N_1-E、P_2-E、N_2-E

壹拾、術科測試試題第一、二測試試題第一站紀錄表

附表 1-1

術科測試編號		檢定日期	年 月 日
姓名		檢定起訖時間	時 分至 時 分
檢定系統類型	□獨立型□併聯型	檢定崗位	第 崗

一、模組角度

項次	項目	監評人員指定	紀錄值	單位	監評人員評定結果
1	方位角				
2	傾斜角				

二、太陽光電模組規格

項次	項目	紀錄值	單位	監評人員評定結果
1	最大功率點(P_{mp})			
2	最大功率點電壓(V_{mp})			
3	最大功率點電流(I_{mp})			
4	開路電壓(V_{oc})			
5	短路電流(I_{sc})			

三、串列特性

項次	項目		紀錄值	單位	監評人員評定結果
1	組列設備接地連續性	兩條接地引入線間電阻			
2	開路電壓(V_{oc})	日照強度			
		串列 1V_{oc}			
		串列 2V_{oc}			
3	短路電流(I_{sc})	日照強度			
		I_{sc}			
4	組列輸出與接地端絕緣量測(獨立型量測 2 串列)	儀器輸出電壓			
		P_1-E			
		N_1-E			
		P_2-E			
		N_2-E			

說明：

1. 方位角以正南方為 0 度，正東方為−90 度，正西方為＋90 度。
2. 本紀錄表中，每一小項未依實際值記錄、單位填寫錯誤、判斷結果錯誤或未作判斷，監評人員評定該小項為不及格，評定不及格之小項合計達 3 小項者，本紀錄表評定為不及格。
3. 評定結果由監評人員填寫，上述各項評定結果及格打「○」，不及格打「×」。

紀錄表評審結果	□及格□不及格(請註明原因)：
監評人員簽名	〈請勿於測試結束前先行簽名〉

注意事項：

A. 量測 V_{oc} 或組列與接地端絕緣電阻前，須將直流開關及串列保險絲切離。

B. 量測 I_{sc} 時，應採用應檢人自行自製電線，用以短路直流開關輸出端，以勾表進行電流量測。

C. 日照強度讀值依現場共用日射值顯示器。

D. 必須依實際量測數據填入紀錄表內。

(6) 完成後，應將現場工具等復原與模組表面、施工區域清潔(本項作業不列在檢定時間內，但列於評分項目)。

2. 第二測試題(獨立型試題)第二站

(1) 組流側配線箱、負載側配電箱之配管及配線

配管：

應檢人依應檢獨立型系統，於箱體間依附圖 3-1 使用可撓金屬管與鋁製線槽管配置，其裝置尺寸位置需依現場標示線施作。

圖3-1獨立型配管圖

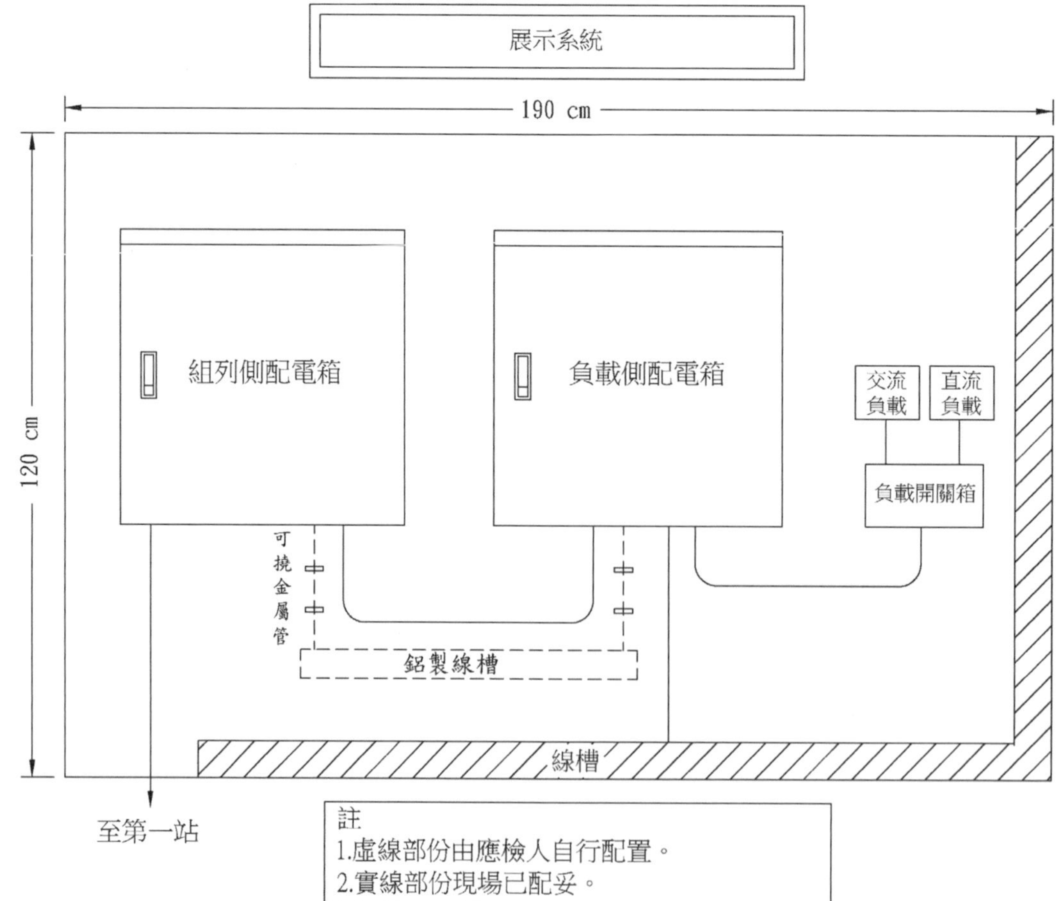

配線：

依附圖 3-2 所示之線路圖，以正確方法剪剝、壓接配線。(為配合檢定，限定在端子台之間配線，箱體與元件已由檢定場裝妥，如圖 3-3)。

圖3-2獨立型單線圖

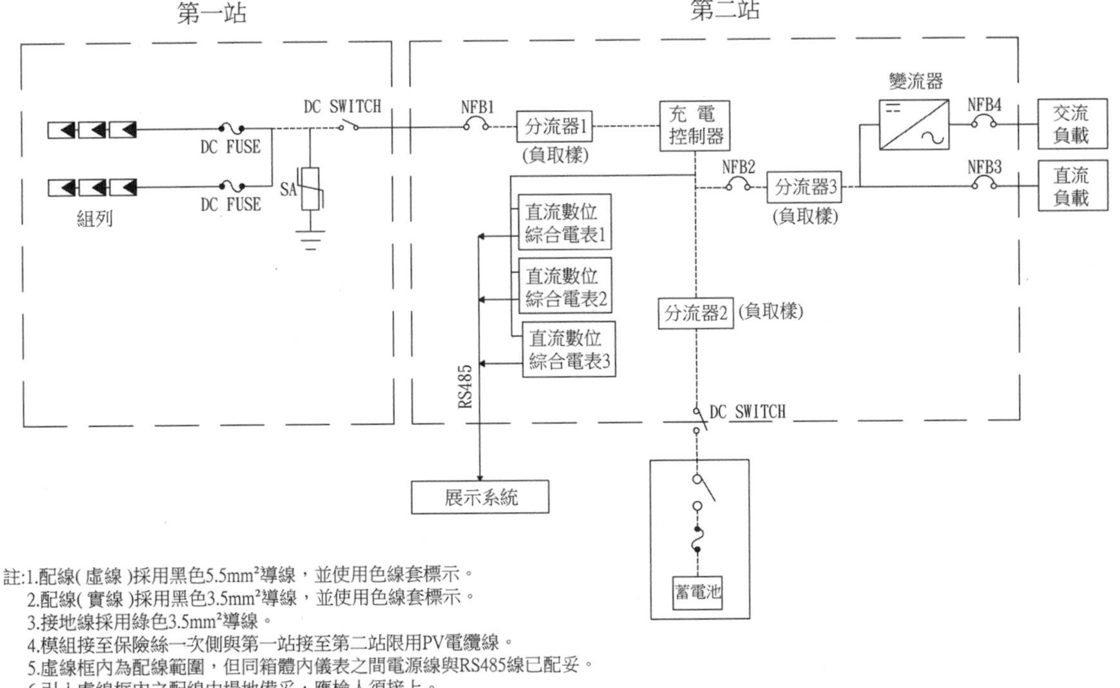

註:1.配線(虛線)採用黑色5.5mm^2導線，並使用色線套標示。
2.配線(實線)採用黑色3.5mm^2導線，並使用色線套標示。
3.接地線採用綠色3.5mm^2導線。
4.模組接至保險絲一次側與第一站接至第二站限用PV電纜線。
5.虛線框內為配線範圍，但同箱體內儀表之間電源線與RS485線已配妥。
6.引入虛線框內之配線由場地備妥，應檢人須接上。
7.綜合電表3需接NFB2一次側。
8.本試題分流器限使用負取樣配線。
9.相關模組接線所用防水接頭（連接器）未繪製於本單線圖。

圖3-3獨立型元件配置圖

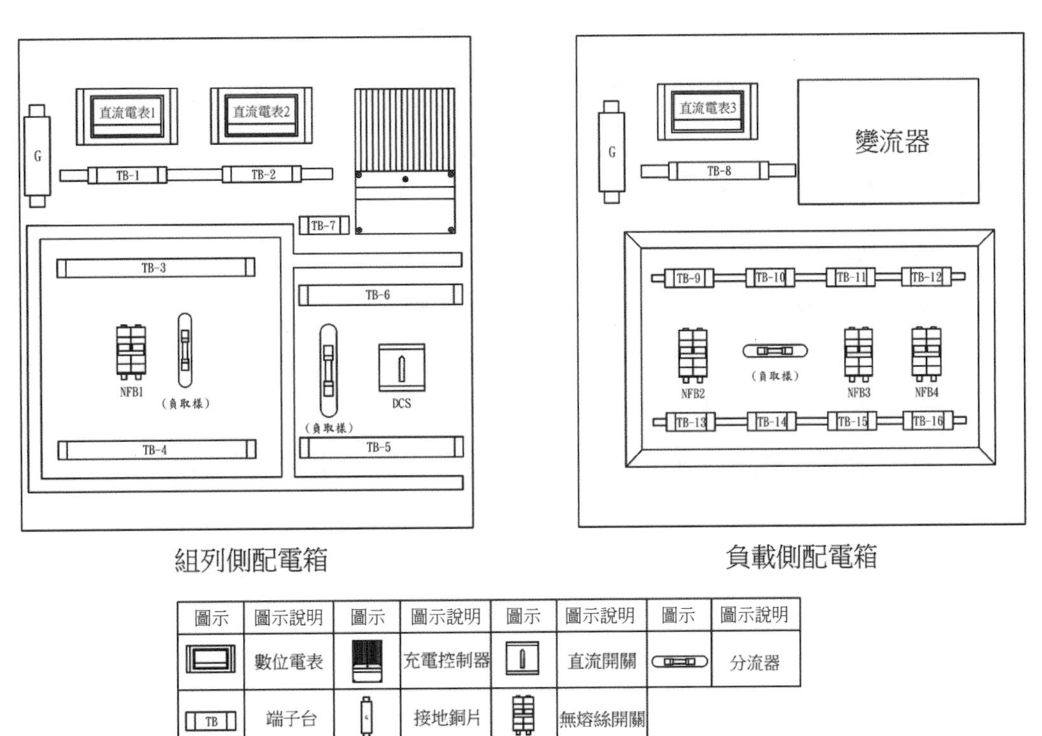

注意事項：

A. 配電箱配線

a. 分流器採負取樣，分流器取樣配線錯誤為重大錯誤，不及格。

b. 嚴禁充電控制器、變流器、蓄電池極性接反。

c. 採 O 型端子壓接，線頭以色線套標示，剪線長度以不超過二端子間距離之 1.5 倍為原則，相鄰端子間不受此限。

d. 接地線之接地點，由應檢人自行接線，採 3.5 mm^2 綠色導線施作 O 型端子壓接接地，非帶電金屬導體皆必須接地。

e. 剝線過程中不得損斷金屬線芯。

f. 若因配線錯誤或工作不當而損壞檢定器具、設備致影響功能者除判定不及格外，尚須照價賠償。

B. 充電控制器、蓄電池接線

a. 裝置帶電之導體時，應使用絕緣工具及絕緣手套配線，有發生蓄電池短路或觸電之情形，以不及格判定。

(2) 儀表 ID 設定及功能檢測

A. 配線完成後，應檢人應在檢定時間內，自行檢查線路無誤後，向監評人員報備並經同意，方可送電並作功能檢測。

B. 如發現有元件或線路故障，應向監評人員報備。

C. 儀表 ID 設定：

應檢人需自行設定儀表 ID 位址，以達到系統即時監測資料顯示功能。

(3) 送電檢測

A. 必須確定負載是否正常

B. 自行檢測前，所有開關必須處於切離狀態。

C. 送電前須向監評人員報備並經同意，應檢人方可自行投入蓄電池開關、組列直流開關、負載開關。

D. 量測「直流負載電流」應投入直流負載。量測「變流器輸入端電流」時，應投入交流負載。

E. 請依照檢定場提供之使用說明書操作數位電表、變流器及充電控制器。

(4) 性能量測與計算(含項目、記錄值、單位、應檢人自行判斷)

功能正常後，依附表 2-2 項目量測與計算，並將實際量測數據填入，繳交紀錄表後不得再行修改。

A. 送電前系統檢測
   a. 組列開路電壓
   b. 蓄電池開路電壓
   c. 直流負載電阻
   d. 交流負載電阻

B. 負載側配電箱量測
   a. 直流負載電流(數位綜合電表讀值)
   b. 直流負載電流(應檢人量測)
   c. 變流器輸入端電流(數位綜合電表讀值)
   d. 變流器輸入端電流(應檢人量測)

C. 系統電流量測與計算
   a. 現場日照強度
   b. 組列電壓(數位綜合電表讀值)
   c. 組列電壓(應檢人量測)
   d. 組列電流(數位綜合電表讀值)
   e. 組列電流(應檢人量測)
   f. 蓄電池電流(數位綜合電表讀值)
   g. 蓄電池電流(應檢人量測)
   h. 負載總電流(數位綜合電表讀值)
   i. 負載總電流(應檢人量測)
   j. 直流發電比(R_A)計算式(以應檢人量測值計算)
   k. 直流發電比(R_A)計算值

   (注意：R_A 要量測兩次，且需列出數值算式。)

壹拾貳、術科測試試題第二測試試題第二站紀錄表

附表 2-2　　P(1/2)

術科測試編號		檢定日期	年　月　日
姓名		檢定起訖時間	時　分至　時　分
檢定系統類型	獨立型	檢定崗位	第　崗

一、送電前系統檢測

項次	項目	紀錄值	單位	應檢人異常打勾	監評人員評定結果
1	組列開路電壓				
2	蓄電池開路電壓				
3	直流負載電阻				
4	交流負載電阻				

二、負載側配電箱量測

項次	項目	紀錄值	單位	應檢人異常打勾	監評人員評定結果
1	直流負載電流 (數位綜合電表讀值)				
2	直流負載電流 (應檢人量測)			／	
3	變流器輸入端電流 (數位綜合電表讀值)				
4	變流器輸入端電流 (應檢人量測)			／	

P(2/2)

三、系統電流量測與計算

項次	項目	紀錄值1	紀錄值2	單位	應檢人異常打勾	監評人員評定結果
1	現場日照強度					
2	組列電壓 (數位綜合電表讀值)					
3	組列電壓 (應檢人量測)					
4	組列電流 (數位綜合電表讀值)					
5	組列電流 (應檢人量測)					
6	蓄電池電流 (數位綜合電表讀值)					
7	蓄電池電流 (應檢人量測)					
8	負載總電流 (數位綜合電表讀值)					
9	負載總電流 (應檢人量測)					
10	直流發電比 (R_A) 計算式 (應檢人量測值計算)					
11	直流發電比 (R_A)計算值					

說明：
1. 直流發電比(R_A)需列出算式，記錄值1、2之數值或計算式錯誤，本紀錄表評定為不及格。
2.本紀錄表中，未依實際值記錄、單位填寫錯誤、判斷結果錯誤或R_A計算值錯誤，監評人員評定該小項為不及格，評定不及格之小項合計達 3 小項者，本紀錄表評定為不及格。
3.評定結果由監評人員填寫，上述各項評定結果及格打「○」，不及格打「×」。

紀錄表評審結果	□及格　□不及格（請註明原因）：
監評人員簽名	〈請勿於測試結束前先行簽名〉

注意事項：

A. 必須依實際量測與計算數據填入紀錄表內(依檢定場提供共用日照強度顯示器讀值)。

B. 應接上交流與直流負載並進行量測與計算 R_A。

直流發電比 R_A 計算方式：

$$R_A = \frac{P_A}{P_0 \times \frac{G_I}{G_o}} = \frac{P_A \times G_o}{P_0 \times G_I}$$

(注意：建議看成 $R_A = \frac{\text{組列輸出功率} P_A \times 1000\ \text{W/m}^2}{\text{組列額定功率} P_0 \times \text{現場日照強度} G_I}$ 或 $R_A = \frac{V_A \times I_A \times 1000}{P_{MP} \times N \times G_I}$)

組列輸出功率(單位：W) $P_A = V_A \times I_A$

組列額定功率(單位：W) $P_0 = \sum_{i=1}^{N} P_i$

現場日照強度(單位：W/m^2) G_I

標準測試日照強度(單位：W/m^2) $G_o = 1000\ \text{W/m}^2$

符號說明：

V_A ：組列量測電壓

I_A ：組列量測電流

P_i ：第 i 片模組額定最大功率

N ：組列所含模組之片數

C. 負載總電流係指投入所有系統負載(含變流器)之直流總電流。

(5) 完成配線(含蓋上線槽蓋及復原箱體蓋)後，繳交記錄表

應將現場工具等復原與施工區域清潔(本項作業不列在檢定時間內，但列於評分項目)。

四、術科試題及崗位

(一) 試題與崗位

全國的檢定場依試題 104201 第一測試題(併聯型試題)及 104202 第二測試題(獨立型測試題)之崗位，搭配的支撐架有鋁擠型架及鍍鋅鋼架。

1. 104201 併聯型試題

104201 併聯型試題在第一站，需配日射計及溫度感測器的信號，至第二站的日照表及溫度表。

日射計

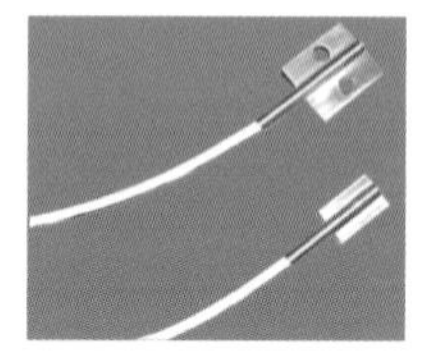

溫度貼片

第一站模擬太陽能板、指北針、角度規、太陽能模組、直流接線箱外觀如下圖所示：

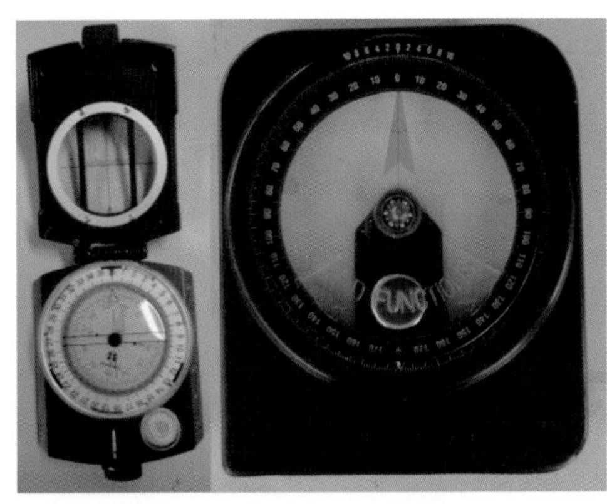

正修科技大學考場模擬太陽能板、指北針、角度規圖
(各考場設置略有差異)

正修科技大學考場鋁擠型支撐架太陽能模組及直流接線箱圖

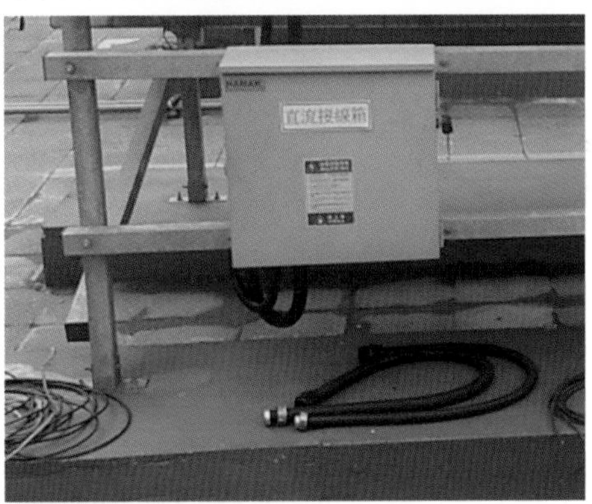

健行科技大學考場鋁擠型支撐架太陽能模組及直流接線箱圖

健行科技大學考場鍍鋅鋼支撐架及崗位圖

弘光科技大學考場鋁擠型支撐架太陽能模組及直流接線箱圖

第二站的崗位外觀如下圖所示：

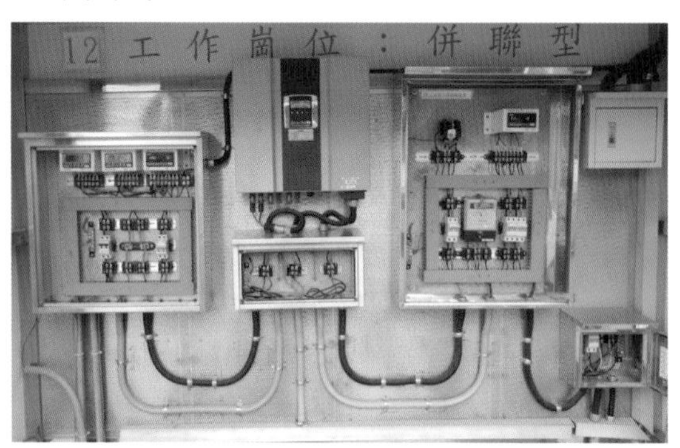

正修科技大學考場併聯型第二站外觀圖

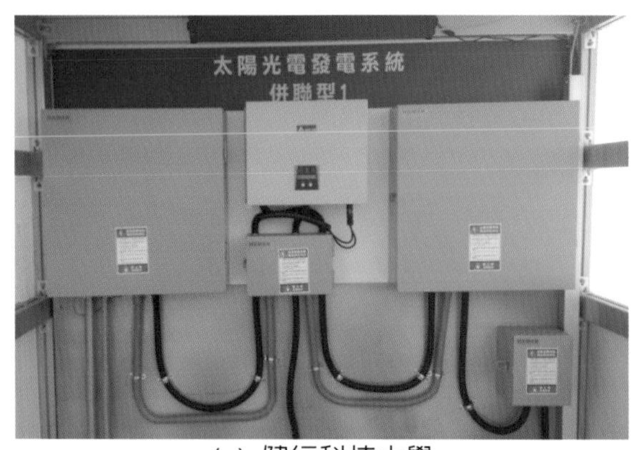

(a) 健行科技大學

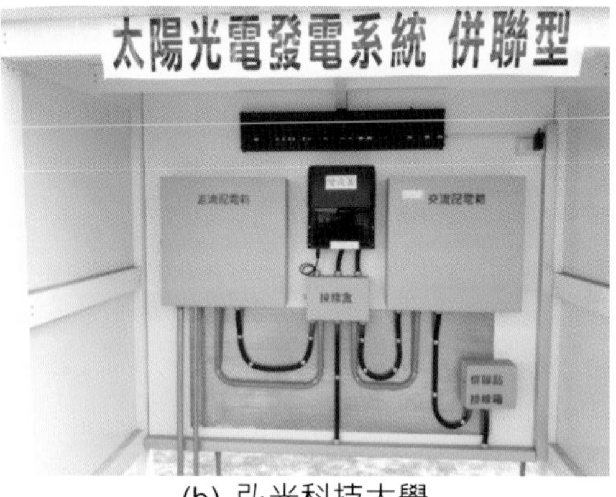

(b) 弘光科技大學

(c) 勞動部勞動力發展署雲嘉南分署

(d) 崑山科技大學

考場併聯型第二站外觀圖

(註：左側 PVC 管改成可撓金屬管配鋁線槽，右側 PVC 管改成可撓金屬管)

2. 104202 獨立型測試題

   104202 獨立型試題在第一站，不需配日射計及溫度感測器的信號。

   第一站模擬太陽能板指北針、角度規、太陽能模組同併聯型。

   直流接線箱外觀如下圖所示。

正修科技大學考場獨立型直流接線箱圖

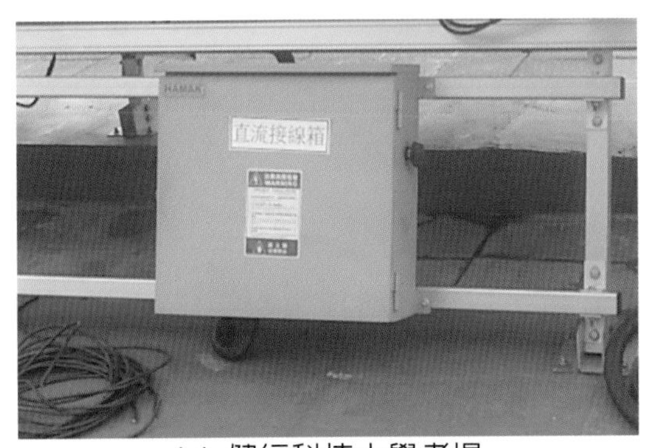

(a) 健行科技大學考場

(b) 弘光科技大學考場

獨立型直流接線箱圖

第二站的崗位外觀如下圖所示。

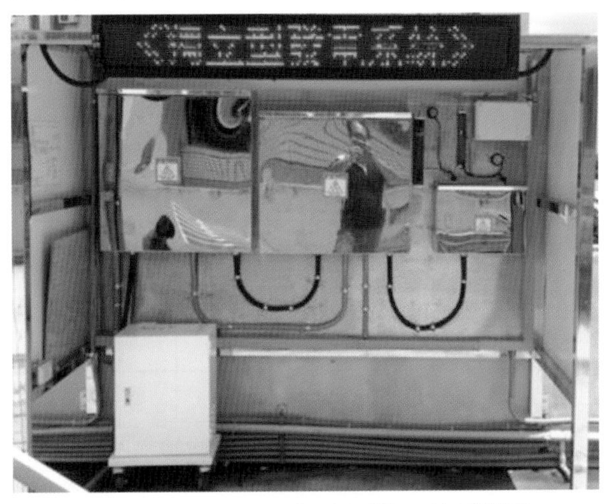

正修科技大學考場獨立型第二站外觀圖

(註：左側 PVC 管改成可撓金屬管配鋁線槽，右側 PVC 管改成可撓金屬管)

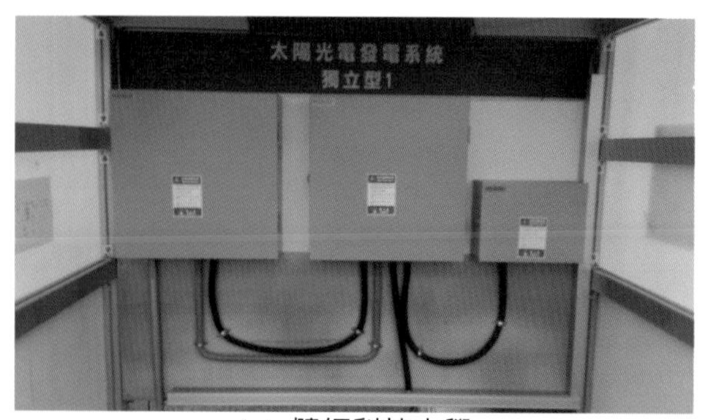

(a) 健行科技大學

(b) 勞動部勞動力發展署雲嘉南分署

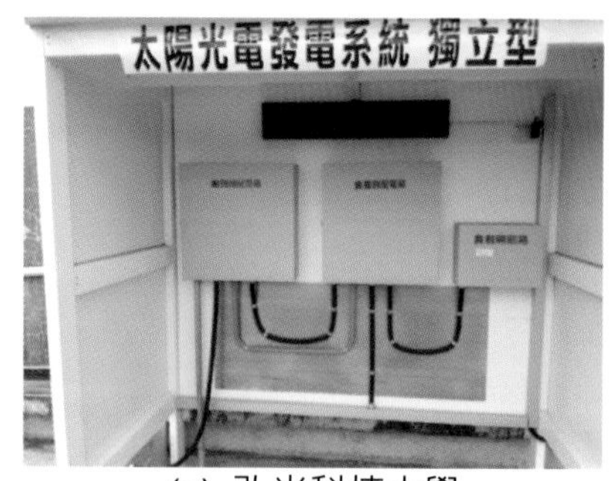

(c) 弘光科技大學

(d) 崑山科技大學

檢定場獨立型第二站外觀圖

(註：左側 PVC 管改成可撓金屬管配鋁線槽，右側 PVC 管改成可撓金屬管)

(二) 體系上分成兩大系統：

1. 鋁擠型架及鍍鋅鋼架分別配屬併聯型及獨立型崗位，以正修科技大學的檢定場為代表。
2. 鋁擠型架配屬獨立型崗位，而鍍鋅鋼架則配屬併聯型崗位，以健行科技大學的檢定場為代表。

五、術科測試流程(以正修科技大學考場器材為範例)

(一)第一站

1. 方位角和傾斜角的設定。

   監評指定方位角及傾斜角

一、模組角度					
項次	項目	監評人員指定	紀錄值	單位	監評人員評定結果
1	方位角	**20°**	**20**	度	
2	傾斜角	**15°**	**15**	度	

方位角及傾斜角填寫範例

(1) 方位角

A. 記錄表中強調：方位角以正南方爲 0 度，正東方爲–90 度，正西方爲+90 度。

B. 一般的認知中，正北爲 0 度，正東方爲+90 度，正西方爲–90 度。當你拿著指北針，面對太陽能板時，如果太陽能板面向正南，而你面對太陽能板則是面向正北，面向正北的指北針顯示爲 0 度，也就是太陽能板正南方爲 0 度。相同的道理，太陽能板面向正東時，人面向太陽能板爲正西，所以爲指北針顯示爲 270 度，亦即是–90 度($270-360=-90$)。太陽能板面向正西時，定爲+90 度也是相同道理。

C. 所以，此一檢定的重點是「面向太陽能板」。

考場所使用的模擬太陽能板及指北針型式圖

D. 測試調整的要領如下：

方法一：指北針直接手持

a. 測試指北針在此一空間是否受到磁場影響。

拿指北針時，水平儀得使氣泡在紅色圓圈中。

測得正修科大場地太陽能板面向正南，表示指北針未受磁場干擾，不需修正，可直接量測。

測得正修科大場地太陽能板面向正南圖

說明：正修場地太陽能板設置朝向正南方，可做為基準；場地校正方位角(大樓方位)為–14 度；健行科大的地磚基準為–18 度。

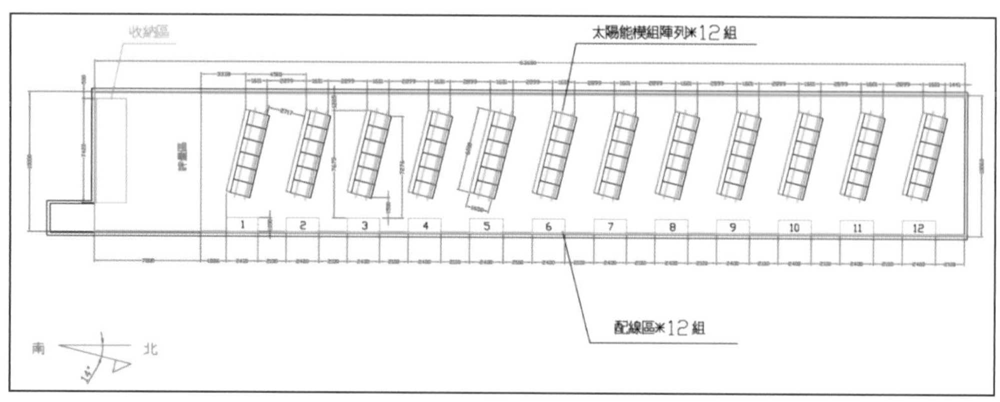

正修科大的場地方位圖

b. 水平拿穩指北針，調到監評指定的角度，將小太陽能板的邊框旋轉對齊指北針的對準線，固定小太陽能板的螺絲，即可完成。

注意事項：

A. 在正修的場地得此結果，表示您所在位置未受到其他磁性物質影響。可直接使用指北針量測，不需修正顯示的角度。

B. 若受到其他磁性物質影響顯示+X 或–X 度，則在使用時得再往上加。例如監評指定+20 度，您的指北針原為+5 度，則需調到指北針顯示為 25 度(+5 度加+20 度)方為正確。若指北針原為–5 度，則需調到指北針顯示為 15 度(–5 度加+20 度)方為正確。

C. 若非受磁場影響，可向監評報告，請場地更換正常的指北針來使用。

方法二：指北針放在板子上

a. 將指北針放在小太陽能板上，邊貼緊邊框，將小太陽能板長方平行於場地的校正基準線，此時指北針讀出的方位即爲基準值。

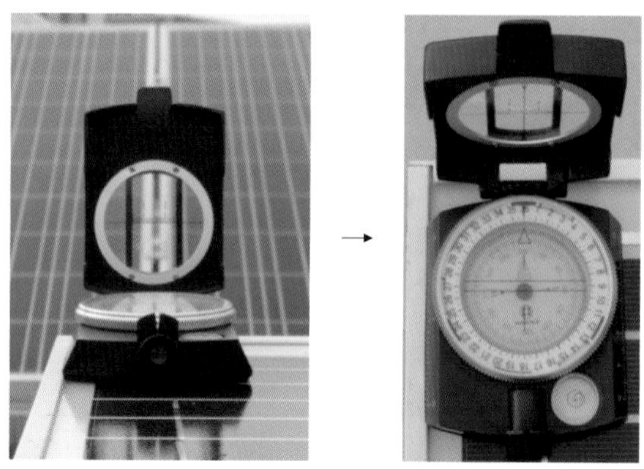
指北針放在小太陽能板上量測其基準方位圖

b. 將指北針平放(扳開上方支架，扣於模擬模組上方)，左側直尺部分緊靠模擬模組邊框，旋轉小太陽能板至監評指定的角度，固定螺絲。
若是角度不對(受到小太陽能板下方鐵板影響)，即進行修正，程序如方法一注意事項。

+20度

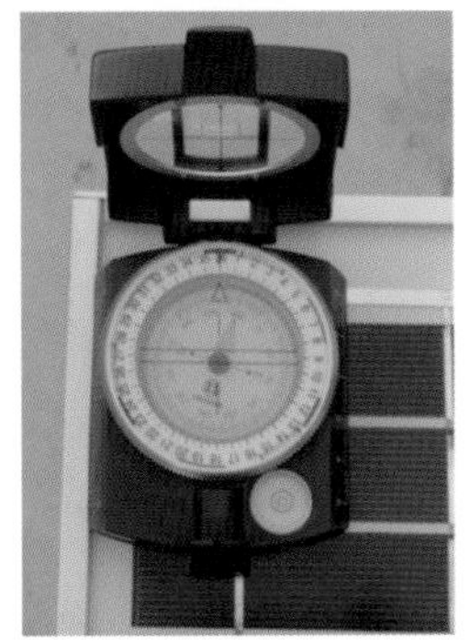

−20(340度)

方位角調整讀值圖

c. 最後，拿起指北針，遠離磁性物質，做角度上的確認。

注意事項：

A. 注意東西方向的誤判。
B. 注意太陽能板是朝南傾斜。朝北傾斜表示方位差了 180 度，若大於 20 度不及格。
C. 建築物中的鋼筋、鐵架等可感磁物體，皆會干擾指北針的定位。

(2) 傾斜角的調整

A. 相對上，傾斜角的調整較爲單純，首先，將角度計歸零，置於小太陽能板上，傾斜小太陽能板到所需的角度。固定螺絲，即可完成。
B. 測試調整的要領如下：
a. 將角度計歸零。

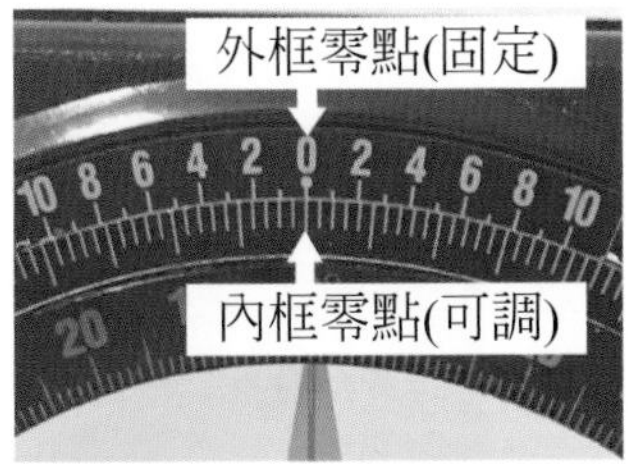

角度規內環和外環 0 點對齊的歸零圖

b. 將角度計底部吸上鐵尺，鐵尺平端朝向邊框，置於小太陽能板上，平行長邊，傾斜小太陽能板到所指定的角度。(例如：11 度)

角度計的放置位置及讀值圖

c. 固定腳架螺絲，即可完成。

d. 完成記錄表的填寫，置於小太陽能板下。

e. 將指北針、角度計"分開"放置於小太陽能板下，立即報驗。

C. 待監評同意後，不用等監評評分即可開始太陽能模組的安裝。(注意流程) 監評將會依據表格評分。

注意事項：組列方位角、傾斜角調整後未報驗，即為不及格。

2. 太陽能模組的組裝

針對模組的組裝，考量有鋁擠型架及鍍鋅鋼架，以測試 8 組螺絲爲準則。所以，鋁擠型架測試組裝 3 塊太陽能模組，而鍍鋅鋼架則測試 2 塊太陽能模組。(請注意片數)

鋁擠型架在考場方面，參考業界有兩種鎖固方法，一爲「螺絲下鎖」的方法在鋁擠型架溝槽置入車牙鋁塊，螺絲由上方鎖入而迫緊，具有較多的鋁支架接觸面積而提高鎖固強度。第二種爲傳統的「螺絲上鎖」的方法將螺絲置入鋁擠型架溝槽，由於接觸的面積不足，較易拉裂鋁擠型架。

應試技巧：

(1) 鋁擠型架

A. 「螺絲下鎖」的場地（鋁擠型架溝槽放置車牙鋁塊或螺帽）

由左至右依序為螺絲、彈簧華司、平華司、車牙鋁塊圖

由左至右依序為邊壓板、中壓版圖

a. 拆下鋁擠型架的邊蓋，置入車牙鋁塊，推到適當位置。

車牙鋁塊的置入方式圖

車牙鋁塊的鎖固位置圖

b. 組合螺絲依螺絲、彈簧華司、平華司、中壓板(或邊壓板)順序，以手持鎖入車牙鋁塊。手持鎖入一、二牙時，拉一下，除去螺絲的不垂直，方可鎖緊。再以扭力板手鎖到適當的扭力值(例如，40kGf-cm)。結果如下圖所示：

模組固定壓板固定方式圖

c. 以白板筆畫上鎖緊標示，如下圖所示。(建議：連邊桿鎖固後一併畫記。)

鋁擠型螺絲畫鎖緊標示方法圖

B. 「螺絲上鎖」的場地(螺絲置入鋁擠型架溝槽)

a. 拆下鋁擠型架的邊蓋。

b. 站在太陽能模組後方，抽起太陽能模組卡在下滑檔片下，使太陽能模組上翹，於上方橫桿鋁擠溝槽置入 3 根六角螺絲，外加邊桿螺絲 1 支，移到適當位置。

鋁擠型架上方軌道置入螺絲的方法圖

c. 再將太陽能模組向上抽起，越過下方橫桿，下方接觸地面或卡在交叉處，即可於下方橫桿鋁擠溝槽置入另 3 根六角螺絲，外加邊桿螺絲 1 支，移到適當位置。

鋁擠型架下方橫桿置入螺絲方法圖

d. 蓋上兩支橫桿的邊蓋。

e. 由固定側依序組合太陽能模組。螺絲依序組合固定夾(壓板)、平華司、彈簧華司、螺帽；以扭力扳手鎖至固定扭力，最後，於螺絲組上畫一鎖緊標示。[註：固定夾(壓板)，不得損壞模組邊框或投影在模組玻璃上，且固定夾與模組邊框重疊部分寬度至少 9 mm。]

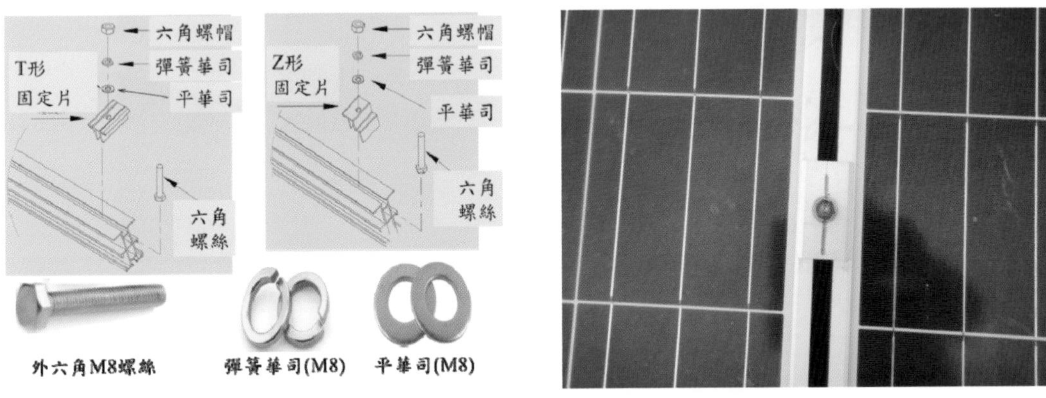

鋁擠型架螺絲組合示意圖及鎖緊標示線圖

f. 扭力扳手之扭力值場地已設定，約爲正常扭力值的 27%，標定值 150 kgf·cm，所以採用 40 kgf·cm，應檢人不得調整。以手動固定後，約轉動 1/4-1/3 圈會有“咔”一聲即到達所需的扭力值。機械式的扭力扳手表現並不明顯，請特別留意，在鋁擠型架極易造成扭力過大而毀損支撐架情事發生，毀損場地設施即爲不及格。

(注意：扭力扳手轉動時，要平行於太陽能模組表面，否則有可能發生不正常動作，因而聽不到“咔”一聲。)

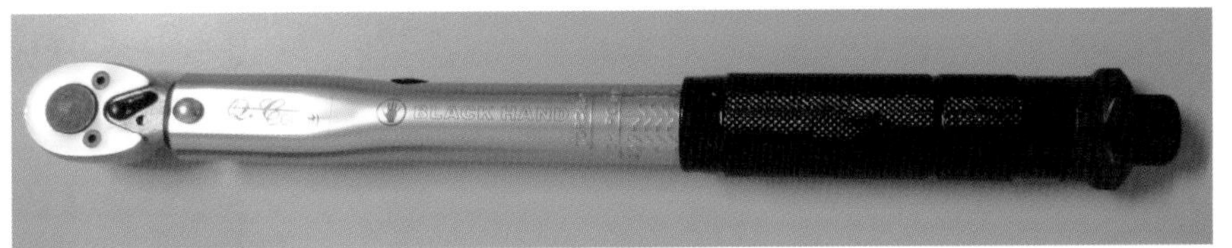

扭力扳手外觀圖

(2) 鍍鋅鋼架

鍍鋅鋼架外觀及固定螺絲位置圖

a. 螺絲貫穿鍍鋅鋼管，防止異質金屬間的電位銹蝕，異質金屬接觸面間，使用*耐候絕緣墊片*隔離。依下圖墊片組合，上端以開梅扳手固定螺帽，下端先以扳手鎖上，最後以扭力扳手鎖緊。

鍍鋅鋼架螺絲組合示意圖及耐候絕緣墊片位置圖

b. 最後，於螺絲組之螺絲上畫一鎖緊標示。

注意：由於螺帽在模組內，無法進行畫線，所以畫在螺絲上。

鍍鋅鋼架之螺絲鎖緊標示圖

3. 支撐架的組裝

邊桿固定，乃模擬支撐架的組裝。

考試重點：

A. 螺絲及墊片的組合。

B. 螺絲的方向。

C. 固定至規定的扭力值。

D. 螺絲鎖緊標示。

應試技巧：

A. 準備螺絲，鋁擠型架的螺絲同太陽能模組；而鍍鋅鋼架的螺絲長度上較太陽能模組的固定螺絲長；兩者皆是朝下鎖固，如下圖所示：

鋁擠型架及鍍鋅鋼架邊桿位置及螺絲方向圖

B. 鋁擠型架的螺絲順序爲螺絲、彈簧華司、平華司、邊桿、車牙鋁塊；而鍍鋅鋼架爲螺絲、平華司、邊桿、平華司、彈簧華司、螺帽依序固定，順序如下圖所示：

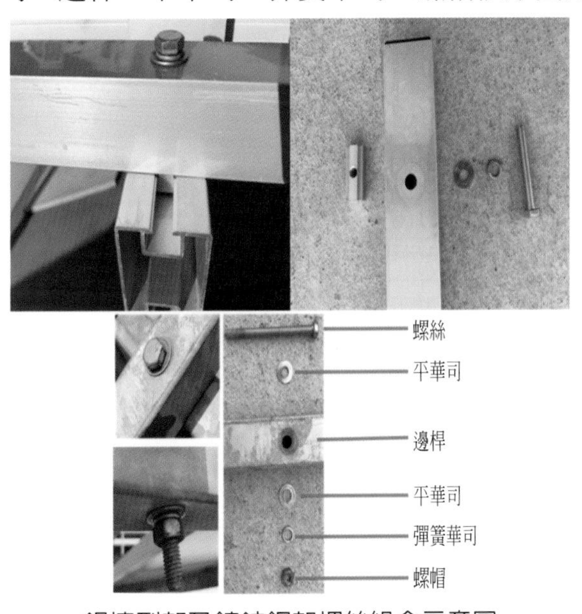

鋁擠型架及鍍鋅鋼架螺絲組合示意圖

C. 最後，於螺絲上畫一鎖緊標示。

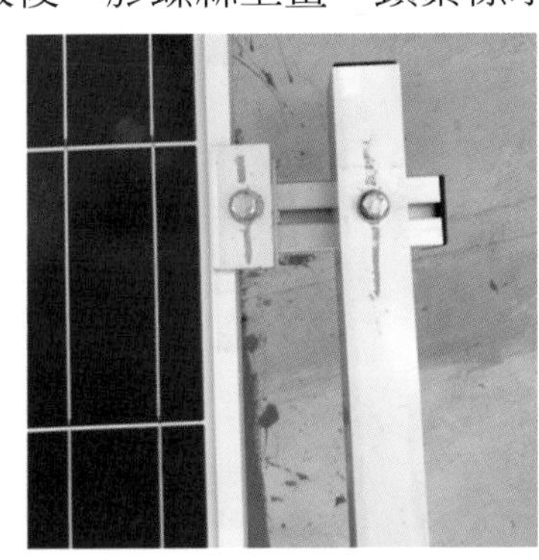

鋁擠型架及鍍鋅鋼架螺絲鎖緊標示示意圖

4. 可撓金屬管之配管

依圖 1-2 併聯型及圖 1-3 獨立型的配接圖，進行可撓金屬管的配接。

併聯型的有兩管，分別為 1″及¾″ 兩管，分別走電力線及訊號線。

注意：

A.電力和訊號不可混管。

B.獨立型只有 1″一管。

接管必須牢靠。（注意：由可撓金屬管對著接頭依逆時針方向轉動是緊固的。）

配接要領：

A. 依說明圖接合可撓金屬管及箱體。先將「蓋螺帽」及「塑膠圈」套入「可撓金屬管」，再將「鐵套」依缺口旋入「可撓金屬管」，利用「蓋螺帽」將「可撓金屬管」固定於「主體」上； 將「主體」套上「橡膠墊片」，再穿過「箱體孔」，依序套上「鎖緊螺帽」及「護口塑膠」，將主體固定於箱體上，如下圖所示。應檢時鐵套、塑膠圈、蓋螺帽已組合完成。

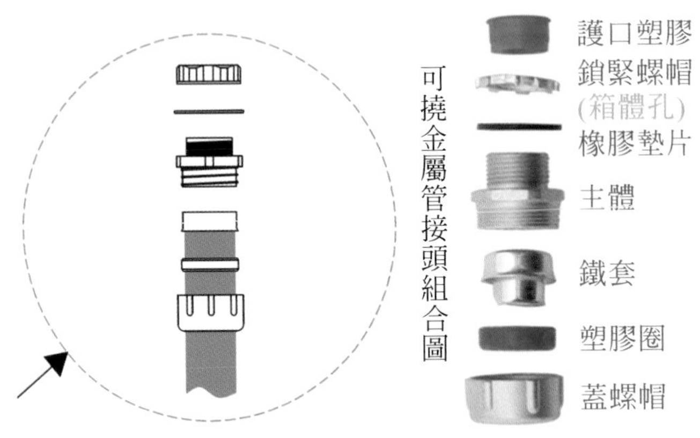

可撓金屬管和箱體的組合示意圖

B. 依說明圖接合可撓金屬管及 EMT 管。先將「蓋螺帽」及「塑膠圈」套入「可撓金屬管」，再將「鐵套」依缺口旋入「可撓金屬管」，利用「蓋螺帽」將「可撓金屬管」固定於「本體」上；將「本體」套到 EMT 管上，固定螺絲即完組裝，如下圖所示。(檢定場螺絲不可鎖斷！)

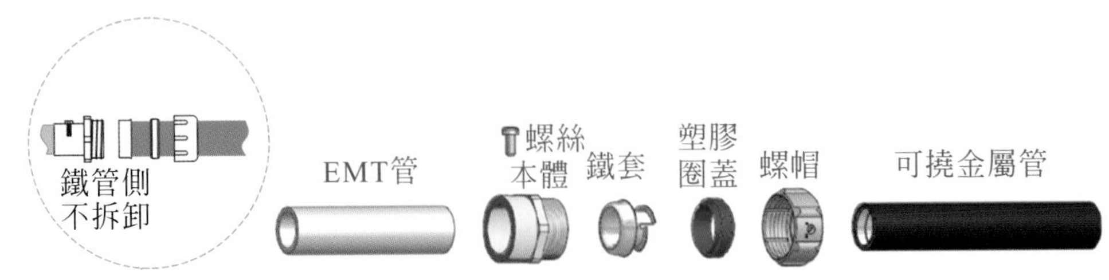

可撓金屬管和 EMT 管的組合示意圖

5. MC4 防水接頭的組合

A. 進行配線之前，需先組合太陽能板接線。104201 併聯型試題需要全部串聯，使電壓接近 220 V。正修科大檢定場是 6 串；健行科大檢定場是 5 串。104202 獨立型試題是 3 串 2 並。

B. 製作 MC4 接頭以 PV 耐候線接回太陽能板的電力。需先確定所接的線路正負極性，其對接組合如下圖所示：

注意：

A. 尚未報備送電，應檢人所製作的 MC4 接頭不可接上，否則以不及格論。會有感電之危險。(注意：檢定場已發生多起違例事件，請留意)

B. 公母針的配置要正確，公母相配為原則。

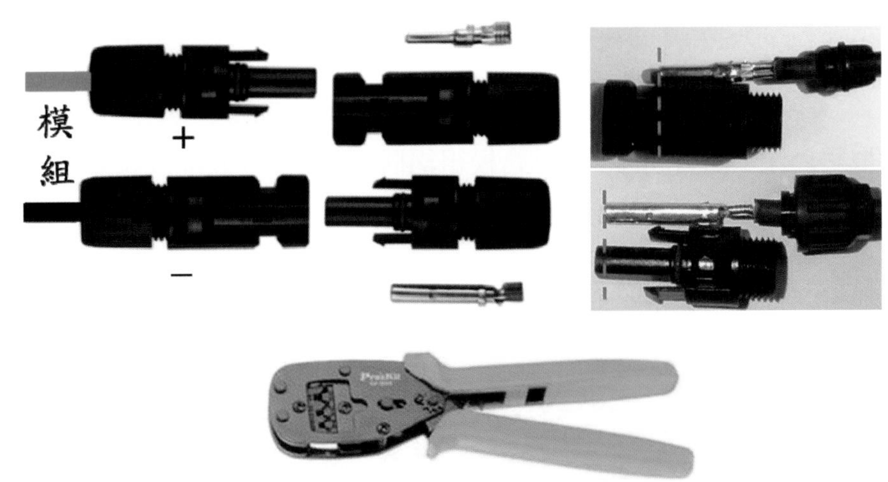

MC4 組合示意圖及壓接工具鉗圖

應試技巧：

A. 先將 PV 耐候線(4.0 mm^2)以剝線鉗剝下適當長度，將金屬針置於 MC4 專用壓接鉗之 4 號位置上，插入 PV 耐候線金屬進行壓接。(注意：剝線不宜太長，在母針側可能會影響到公針的接合。)

B. 壓接好拉一下確認，分公母直接穿入 MC4 塑膠保護殼中，直到聽到「咔」一聲，方才完成單邊接合(由孔中看到銅針的位置是否和上圖相同)。接著利用手及專用工具將迫緊螺帽迫緊，達到防水的目的。

C. 等到配線完成後、檢查完畢，報備送電後應檢人自製的 MC4 接頭方可接上。

6. 配線(直流接線箱)

依單線圖，進行電路的配線。

在線圖中沒有出現的是接地線，所有的接地對太陽能模組板採連續接地，只有一條接線進入直流接線箱，遠端由考場備妥，提供量測用，如下圖所示。再加上突波吸收器(SA)的接地及接到第二站的接地線、箱體之設備接地，接在接地銅排上。

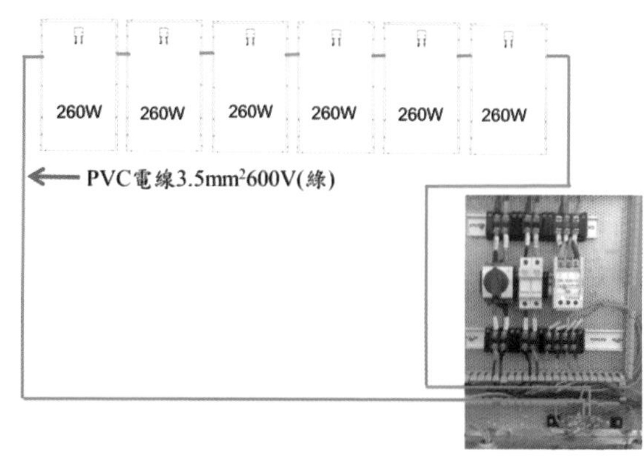

太陽能模組的接地示意圖

齒型墊片僅一面有利牙，須貼合模組鋁框，組合順序及完成圖如下圖所示。(常見組合錯誤不及格)

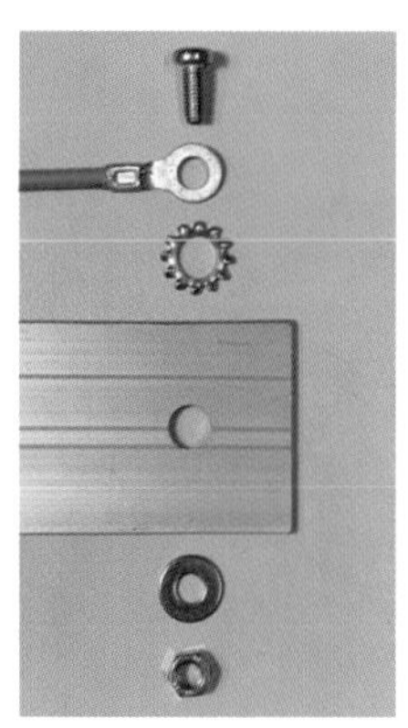

接地螺絲組合順序及組合圖

直流開關：啓斷是採用旋轉的方式，所以，閉合的時候上下正負會交錯，如下圖所示。

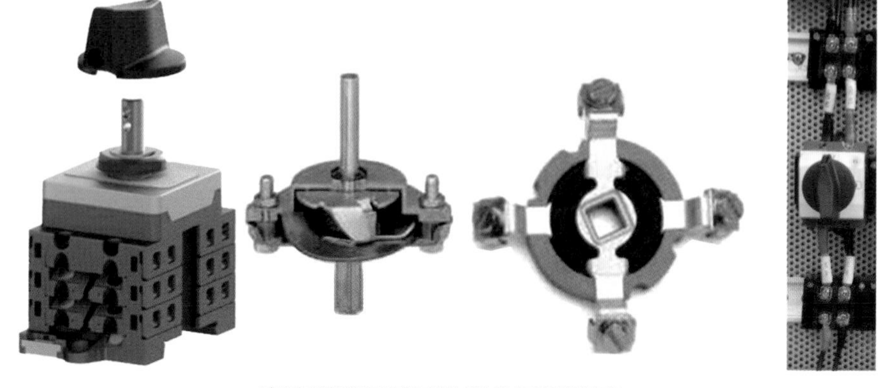

直流開關及其接點部件及線路圖

保險絲及保險絲座：扳開前方蓋子，可同時上下斷開線路，不會有感電之虞，如下圖所示。

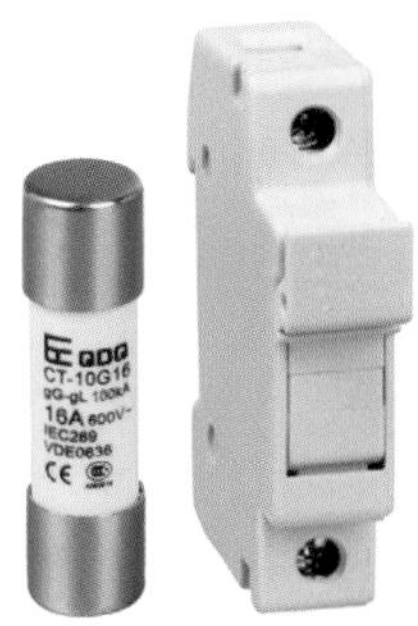

保險絲及保險絲座

突波吸收器，有正、負、接地三個端點，如下圖所示。

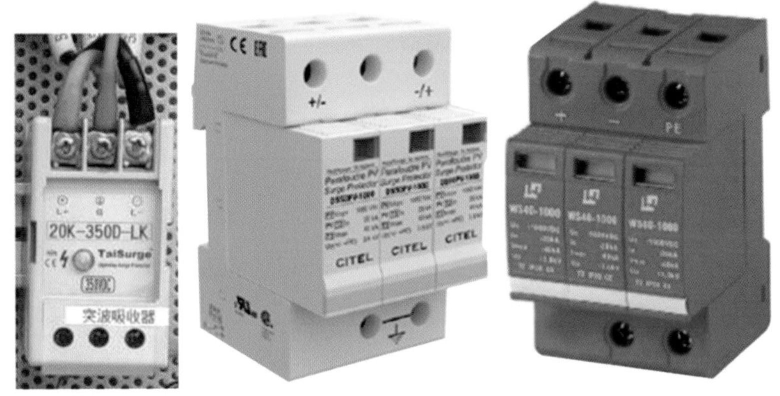

不同型式的突波吸收器

分流器：搭配電表量測大直流電流用，大螺絲為電力接點，小螺絲為信號接點，無方向性。外觀如下圖所示。

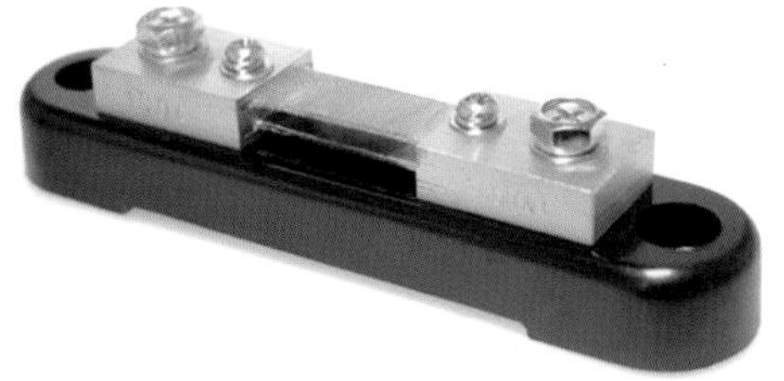

分流器的外觀圖

比流器：搭配電表量測大交流電流用，主電流通過中心圓孔；由 ***k***、***l*** 量測感應電流。外觀如下圖所示。

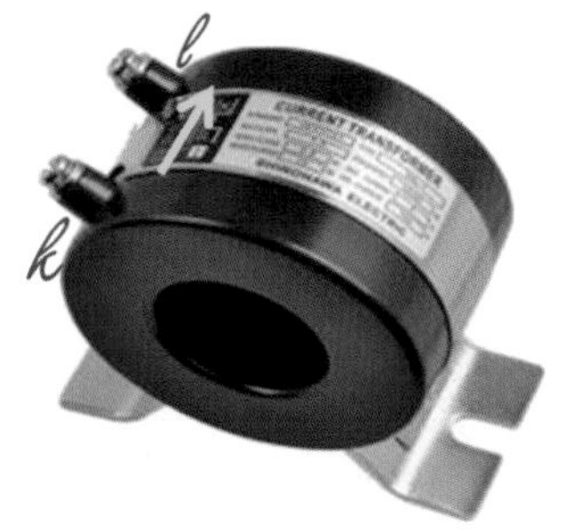

比流器的外觀圖

穿線器：過站導線需使用穿線器，紮膠帶由上而下，順管而行才不會拉扯脫出，順序如下圖所示。結尾折一下呈三角形自黏，方便拆線。

要點爲：1.穿線器需要每一圈都有黏到膠帶；2.電線的切口都要被膠帶包覆。

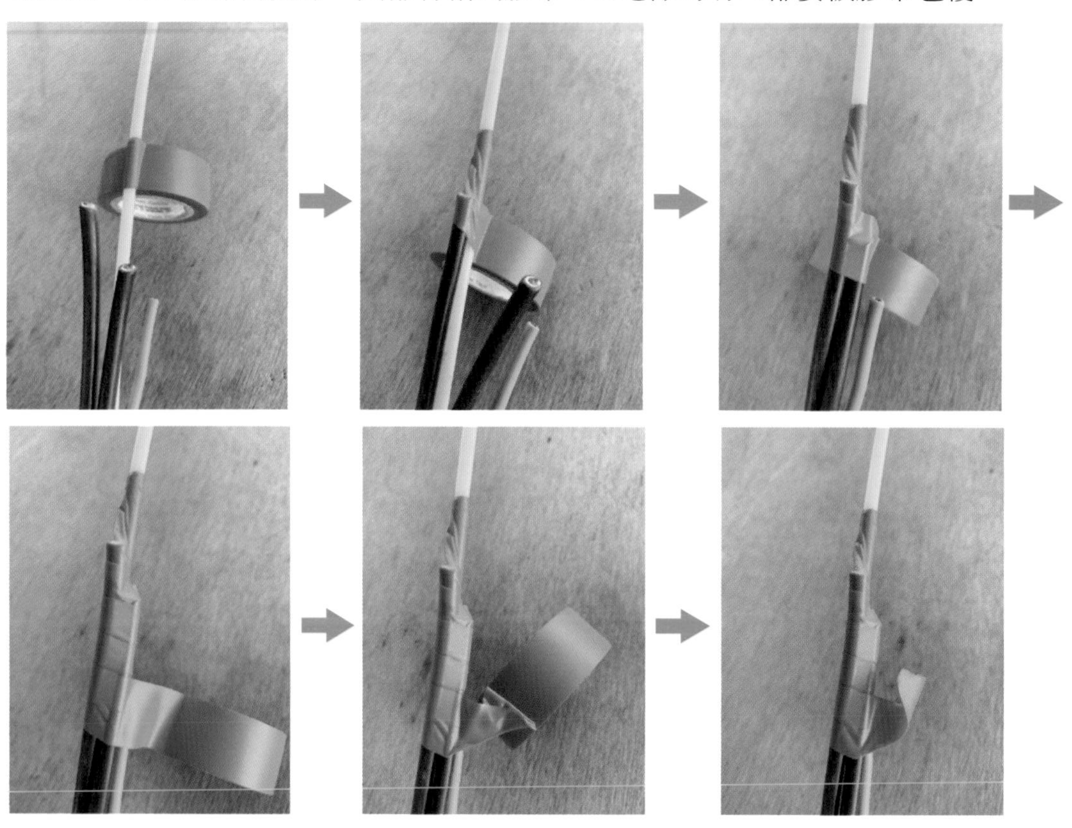

穿線器紮線順序圖

穿過箱的可繞金屬管，則不需穿線器，只需紮好線頭即可穿過。

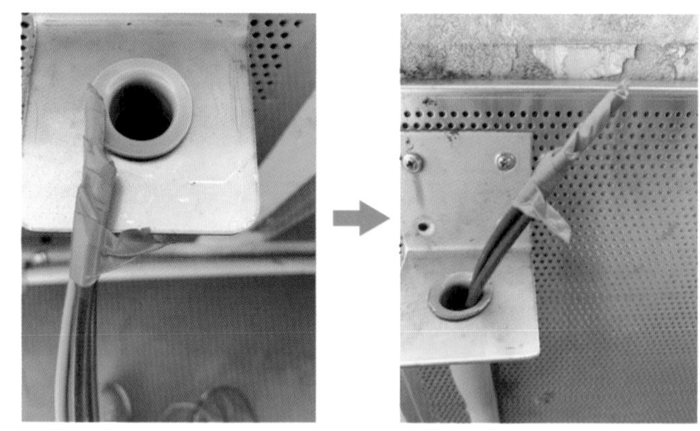

(1) 併聯型

A. 依單線圖將太陽能板全部串聯，PV 耐候線自太陽能板接回後，以 3.5 mm^2 PVC 線配線。

B. 配線原則，由太陽能板正負極分別分紅黑進入保險絲(FUSE)上方電源側，再由下方負載側繞回直流開關(DC SWITCH)的上方電源側，同時，分歧到突波吸收器(SA)。留意直流開關的下方負載側會正負換邊，將 PV 耐候線及接地線經 1″ 的管接到第二站的端子上。

併聯型直流接線箱之元件配置及配線圖

C. 檢定場的 PV 耐候線會較長，請勿剪短。若無法進線槽，可將多餘部分引出線槽而置於盤箱內。

D. 溫度計及日照計信號以 4 芯的 24AWG 隔離線，經 3/4″ 管接到第二站的溫度表及日照表端子上，接點端子採針型端子。

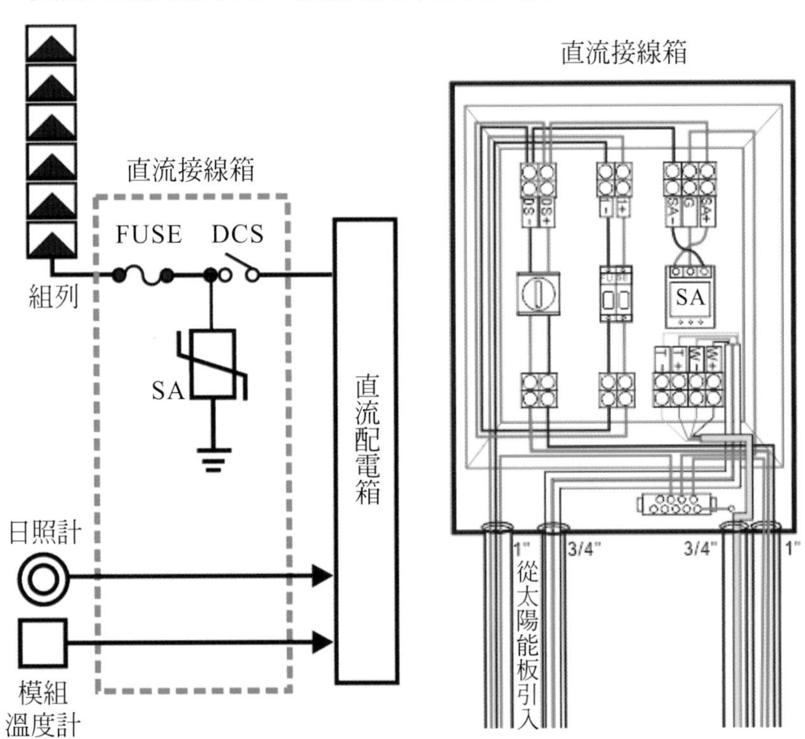

併聯型直流接線箱之單線圖及參考配線圖

(2) 獨立型

A. 將太陽能板 3 個串聯 2 組並聯，PV 耐候線自太陽能板接回後，以 3.5 mm^2 PVC 線並聯後，以 5.5 mm^2 PVC 線配線。

用戶用電設備裝置規則　第 396-27 條

電路線徑選定及電流規定如下：

一、各個電路之最大電流之計算：

(一) 太陽光電電源電路之最大電流為並聯模組額定短路電流之總和乘以 1.25 倍。

(三) 變流器輸出電路之最大電流應為變流器連續輸出額定電流。

(四) 獨立型系統變流器輸入電路之最大電流應為變流器以最低輸入電壓產生額定電力時，該變流器連續輸入之額定電流。

二、安培容量及過電流保護裝置之額定或標置之規定如下：

(二) 過電流保護裝置：

1.載流量不得小於依前款計算所得最大電流之一・二五倍。

(三) 導線安培容量：不得小於下列載流量之較大者：

1.依前款計算所得最大電流之一・二五倍，而無以溫度修正係數作修正。

四、模組電路互連導線之安培容量：若採用單一過電流保護裝置保護一組二個以上之並聯模組電路者，每一模組電路互連導線之安培容量不得小於單一熔線額定加上其他並聯模組短路電流一・二五倍之和。

B. 太陽能模組 I_{sc}=9.01 A，過電流保護裝置(熔絲、直流開關)的容量要大於 $I_{MAX}\times1.25=(I_{sc}\times1.25)\times1.25=14.1$ (A)

⇨過電流保護裝置採用 15 A，線徑採用 3.5mm^2(安培容量 20 A)。

C. 獨立型為兩串並聯，過電流保護裝置(熔絲、直流開關)的容量要大於 $I_{熔絲}+I_{sc}\times1.25=15+11.3=26.3$ (A)，線徑採用 5.5mm^2(安培容量 30 A)。

D. 配線原則，由太陽能板正負極兩組分別分紅黑進入保險絲(FUSE)上方電源側，兩組正負在保險絲下方負載側並聯後再繞回直流開關(DC SWITCH)的上方電源側，同時以 3.5 mm^2 PVC 線分歧到突波吸收器(SA)。留意直流開關的下方負載側會正負換邊，將 PV 耐候線及接地線經 1″ 的管接到第二站的端子上。

獨立型直流接線箱之元件配置及配線圖

注意：檢定場的 PV 耐候線會較長，請勿剪短，若無法進線槽，可將多餘部分引出線槽而置於盤箱內。(右側線槽旁有空間。)

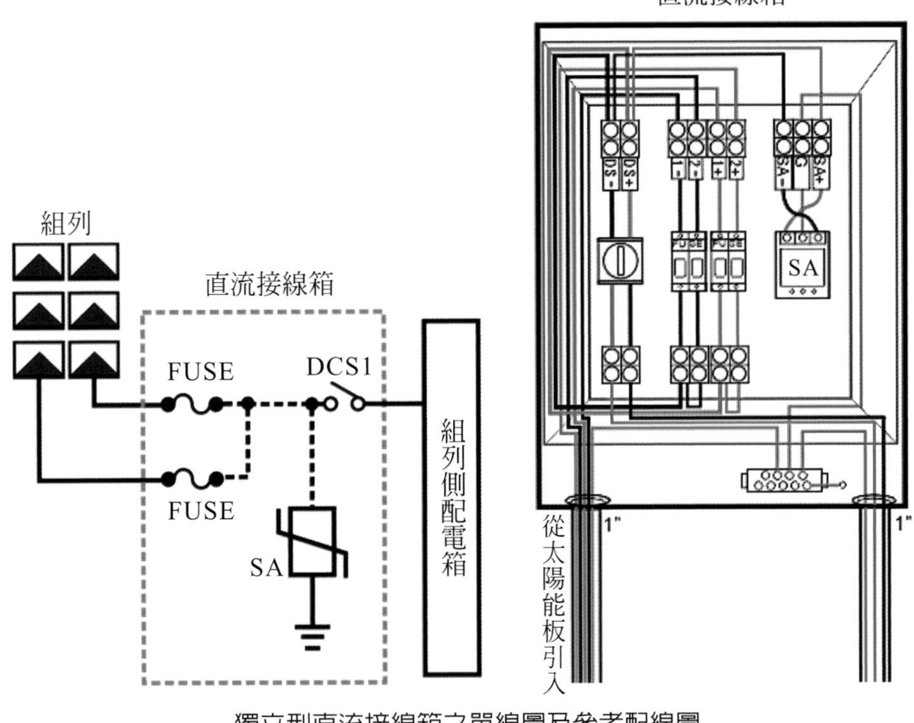

獨立型直流接線箱之單線圖及參考配線圖

注意：請注意線徑大小。併聯型在 PV 耐候線接進來以後，所有的 PVC 線皆為 3.5 mm^2。獨立型在 PV 耐候線接進來以後，並聯的 PVC 線(只有一串列的電流)、突波吸收器的分歧 PVC 線(平時無電流)是 3.5 mm^2，其餘所有線都是 5.5 mm^2。

7. 故障排除

配完第一站尚未進行性能量測，此時第二站是有場地配好的線，並且監評有製作故障點在其中，必須先將第一站及第二站的故障一併排除，參考第二站的靜態檢查，可以快速查出其中的故障。

(1)日照計檢查：日照計是否清潔。

(2)溫度計檢查：溫度計是否在中間模組、中間電池的背面。

(3) 模組及直流接線箱

名稱	故障方式	現象	檢測方式
模組溫度感測器	鬆脫	鬆脫或溫度表值未依溫度上升	目視
保險絲	規格不符	無保護作用	目視
保險絲	熔斷	之後電路無電流。 獨立型爲兩並，若少一顆，則電流減半。	目視、短路量測
模組接地線	掉線	無接線	目視、短路量測 (接地連續性)
銅排接地線	浮線	浮線	目視、短路量測
元件引出線	斷(假)線	之後電路無電壓電流	斷(假)線： 短路量測 浮線、掉線： 目視、短路量測
溫度計引出線	浮線、短路	溫度表顯示異常	目視
日照計引出線	浮線、短路	日照表顯示異常	目視

(4) 交直流(組列負載)側配線箱

名稱	故障方式	現象	檢測方式
接地線	浮線	浮線	目視、短路量測
無熔絲開關 NFB	浮線 斷線 掉線	之後電路無電流。 併聯型： NFB1---變流器無電力、電表不顯示。 NFB2---變流器不併接。 電表電源開關 1、2---電表不顯示。 獨立型： NFB1---電表無電壓電流。 NFB2---變流器不啓動、電表無電力。 NFB3(4)---投入負載時，無電流、負載燈不亮。	目視、短路量測
分流器	電力斷線 電力浮線 端子斷線	之後電路無電力。 併聯型： 變流器無電力。 獨立型： 分流器 1---電表無電壓電流值。 分流器 2---充電控制器不啓動，電表無電力。 分流器 3---變流器不啓動。	目視、短路量測
	取樣斷線 取樣掉線	電表之電流、功率值異常	目視、短路量測

(接下表)

(承上表)

名稱	故障方式	現象	檢測方式
溫度表	電源空接	表頭無法顯示數值	目視
	T⇒+/−空接	顯示值不變、異常	目視
	RS485⇒+/− 空接 反接 短路	LED 展示看板無法正常顯示該表之值	目視
日照表	電源空接	表頭無法顯示數值	目視
	W⇒+/−空接	顯示值不變、異常	目視
	RS485⇒+/− 空接 反接 短路	LED 展示看板無法正常顯示該表之值	目視
直(交)流表	電源空接	表頭無法顯示數值	目視
	DC⇒+/− (電壓 LN) 空接 反接	電壓、功率顯示值異常	目視
	A⇒+/− (電流 SL) 空接 反接	電流、功率顯示值異常	目視
	RS485⇒+/− 空接 反接 短路	LED 展示看板無法正常顯示該表之值	目視
比流器(CT)	電力浮(掉)線	變流器不併接、電表之電流、 功率值異常	目視
	匝數錯誤	電表之電流、功率值異常	目視

8. 數據量測

(1) 模組角度：如前述 1 所列方法操作填寫。

(2) 太陽光電模組規格

依據場地太陽能板背後的規格表填寫。

太陽能板規格表

二、太陽光電模組規格				
項次	項目	紀錄值	單位	監評人員評定結果
1	最大功率點(P_{mp})	**260**	**W**	
2	最大功率點電壓(V_{mp})	**31.21**	**V**	
3	最大功率點電流(I_{mp})	**8.36**	**A**	
4	開路電壓(V_{oc})	**38.85**	**V**	
5	短路電流(I_{sc})	**9.01**	**A**	

太陽光電模組規格填寫範例

注意：請以英文代號對照。

(3) 串列特性

三、串列特性					
項次	項目		紀錄值	單位	監評人員評定結果
1	組列設備接地連續性	兩條接地引入線間電阻	0.0	**Ω**	
2	開路電壓(V_{oc})	日照強度	800 **800**	**W/m²**	
		串列 1V_{oc}	188 **99.7**	**V**	
		串列 2V_{oc}	**100**	**V**	
3	短路電流(I_{sc})	日照強度	800 **800**	**W/m²**	
		I_{sc}	7.4 **14.8**	**A**	
4	組列輸出與接地端絕緣量測(獨立型量測 2 串列)	儀器輸出電壓	500 **500**	**V**	
		P_1-E	1980 **3245**	**MΩ**	
		N_1-E	1210 **2315**	**MΩ**	
		P_2-E	**3750**	**MΩ**	
		N_2-E	**2510**	**MΩ**	

併聯型(紅色字)及獨立型(紫色字)串列特性填寫範例

A、串列遠端模組外框與接地銅片間電阻

a. 電表要先將探針正負接觸、歸零。

b. 接地線：一端固定於接地銅排，一端由串列遠端模組外框拉來，量測其間電阻，如右圖所示。

c. 若是電阻不在 1Ω以內，請即檢查每個接地點的螺絲組合，是否爲斷線故障點。(齒型墊片緊臨模組，位於模組和端子之間)。

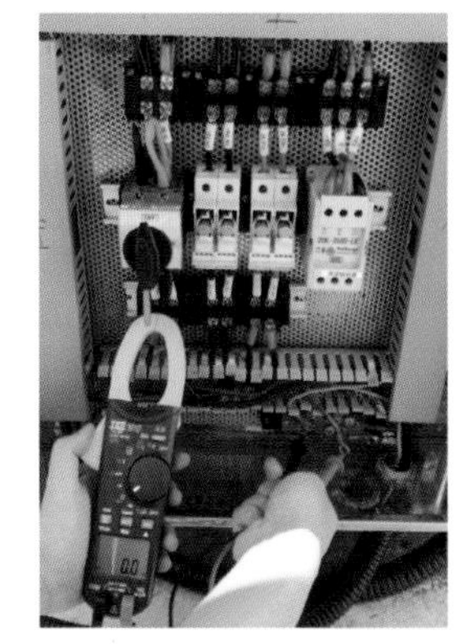

接地引入線間電阻量測圖

注意：鋁擠型架，考場的太陽能板鋁框架會因為經常性的滑動而磨掉了表面的陽極化層，而形成導體，使得故障點不易由接地連續性量測到，所以，即使電阻在 1Ω 以內，也一定要檢查每一個接地螺絲接點。鍍鋅鋼架之模組框，亦可能因經常練習而破壞陽極化層，也會透過螺絲造成導通，影響到接地連續性的判斷。

d. 若電阻爲∞則顯示爲開路，請檢查是否爲斷線故障點。

B、開路電壓

a. 保險絲 OFF，避免 SA 干擾。

b. 將電表調到 DCV 檔，量接入端電壓(取保險絲的上方電源側)。併聯型 1 組，獨立型 2 組。

注意：不可使用 DC + AC 檔，可能無法顯示正負值。

c. 日照強度讀值則依現場共用日射值顯示器，要量得開路電壓時，抬頭看日照強度值，以減少日照飄移的影響。

開路電壓量測圖

C、短路電流

a. 直流開關 OFF。

b. 自製一條短路接線，接於直流開關後下方負載側，將其短路。

c. 保險絲推入、直流開關 ON。

d. 將電表調到 DCA 檔，歸零後，進行勾表量測。

注意：不可用 DC + AC 檔，無法顯示正負值。

e. 直流開關 OFF。

f. 拆下短路線。

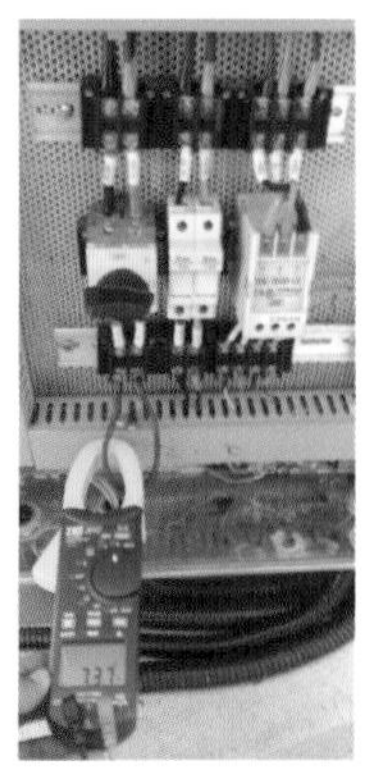

短路電流量測圖

D、組列輸出與接地端絕緣量測(注意：獨立型需量測 2 串列)

絕緣電阻使用高阻計量測。量測方法採線路正端和負端分開，個別量測其間的絕緣電阻，(IEC62446 規範方法 1)。

a. 保險絲 OFF，以隔離 SA 的電容。

b. 負端夾接地銅排

c. 正端量 PV 耐候線接入端

d. 旋到測試電壓 500V 檔位(4000MΩ/500V)，按下紅色測試鈕，約 5～10 秒即可讀到 1000MΩ 以上即可。(雨天可能低於 1000MΩ。)

e. 若無法達到 1MΩ 以上，表示有漏電，需進行檢測。

接地端絕緣電阻量測圖

注意事項：

A. 測試時，正負兩端不可接觸，以免短路損害儀器(類比式電表需要注意，數位式可以耐得住電壓)。

B. 依據 IEC62446 規範，量測絕緣電阻的電壓設定基準為系統電壓，系統電壓以 $V_{OC}\times1.25$ 計算。

a. 當系統電壓小於 120 V 時，測試電壓使用 250 V，其絕緣電阻需大於 0.5 MΩ。

b. 系統電壓介於 120-500 V 時，測試電壓使用 500 V，其絕緣電阻需大於 1 MΩ。

c. 系統電壓大於 500 V 時，測試電壓使用 1000 V，其絕緣電阻需大於 1 MΩ。

d. 以正修科技大學考場為例。

① 併聯型：串接了 6 片，太陽能板單一片 V_{OC} 輸出 38.85 V，系統電壓為 $38.85V \times 6 \times 1.25 = 291.3$ V。系統電壓介於 120-500 V 時，測試電壓應使用 500 V，其絕緣電阻需大於 1 MΩ。

→高阻計轉盤電壓要轉到 500V 檔位(4000MΩ/500V)。

② 獨立型：3 片串接 2 線路並聯，太陽能板單一片 V_{OC} 輸出 38.85V，系統電壓為 $38.85V \times 3 \times 1.25 = 145.7$ V。系統電壓介於 120-500V 時，測試電壓使用 500V，其絕緣電阻需大於 1MΩ。

→高阻計轉盤電壓要轉到 500V 檔位(4000MΩ/500V)。

e. 健行科技大學考場以 V_{OC} 為 38.85 V 計算。

① 併聯型：串接了 5 片，太陽能板單一片 V_{OC} 輸出 38.85V，系統電壓為 $38.85V \times 5 \times 1.25 = 192.5$ V。系統電壓介於 120-500V 時，測試電壓應使用 500V，其絕緣電阻需大於 1MΩ。

→高阻計轉盤電壓要轉到 500V 檔位 (4000MΩ/500V)。

② 獨立型：2 片串接 2 線路並聯，太陽能板單一片 V_{OC} 輸出 38.85V，系統電壓為 $38.85V \times 2 \times 1.25 = 97.1$ V。系統電壓小於 120V，測試電壓應使用 250V，其絕緣電阻需大於 0.5MΩ。

→高阻計轉盤電壓要轉到 250V 檔位 (4000MΩ/250V)。

Minimum Values of Insulation Resistance

Test method	System voltage (Voc x 1.25)	Test voltage (V)	Minimum insulation resistance (MΩ)
Test method 1: Separate tests to array positive and array negative	<120	250	0.5
	120–500	500	1
	>500	1,000	1
Test method 2: Array positive and negative shorted together	<120	250	0.5
	120–500	500	1
	>500	1,000	1

Courtesy International Electrochemical Commission

Table 1 Insulation resistance test results are satisfactory, according to the test methods and procedure outlined in IEC 62446, if they are not less than the values shown here.

IEC62446 絕緣電阻量測測試方法及測試電壓表

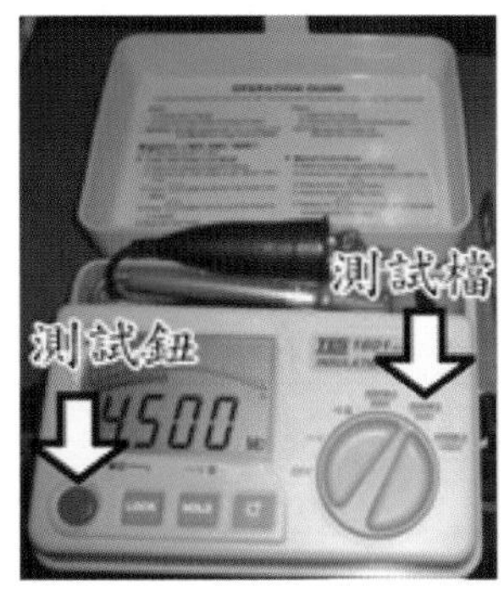

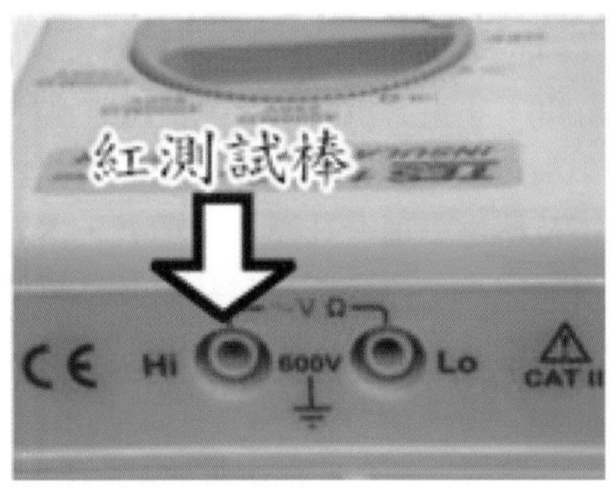

高阻計的外觀及測試棒接口圖

壹拾、術科測試第一、二測試試題第一站評審表

附表 1-1 P(1/2)

術科測試編號	0521104001	檢定日期	×××年 05 月 21 日
姓名	王小明	檢定起訖時間	09 時 00 分至 11 時 00 分
檢定系統類型	□獨立型 □併聯型	檢定崗位	第 × 崗

一、模組角度

項次	項目	監評人員指定	紀錄值	單位	監評人員評定結果
1	方位角	20°	20	度	
2	傾斜角	15°	15	度	

二、負載側配電箱量測

項次	項目	紀錄值	單位	監評人員評定結果
1	最大功率點(P_{mp})	260	W	
2	最大功率點電壓(V_{mp})	31.21	V	
3	最大功率點電流(I_{mp})	8.36	A	
4	開路電壓(V_{oc})	38.85	V	
	短路電流(I_{sc})	9.01	A	

三、串列特性

項次	項目		紀錄值	單位	監評人員評定結果
1	組列設備接地連續性	兩條接地引入線間電阻	0.0	Ω	
2	開路電壓(V_{oc})	日照強度	985 **889**	**W/m²**	
		串列 1V_{oc}	135 **66.5**	**V**	
		串列 2 V_{oc}	**65.9**	**V**	
3	短路電流(I_{sc})	日照強度	983 **888**	**W/m²**	
		I_{sc}	8.1 **16.8**	**A**	
4	組列輸出與接地端絕緣量測(獨立型量測 2 串列)	儀器輸出電壓	250 **250**	**V**	
		P_1-E	3608 **2412**	**MΩ**	
		N_1-E	3595 **2103**	**MΩ**	
		P_2-E	**2104**	**MΩ**	
		N_2-E	**3430**	**MΩ**	

說明：

1. 方位角以正南方爲 0 度，正東方爲–90 度，正西方爲+90 度。
2. 本紀錄表中，每一小項未依實際值紀錄、單位塡寫錯誤、判斷結果錯誤或未作判斷，監評人員評定該小項爲不及格，評定不及格之小項合計達 3 小項者，本紀錄表評定爲不及格。
3. 評定結果由監評人員塡寫，上述各項評定結果及格打「◯」，不及格打「×」。

紀錄表評審結果	□及格 □不及格(請註明原因)：
監評人員簽名	(請勿於測試結束前先行簽名)

四片太陽能模組之第一站紀錄範例
(併聯型為紅色字 / 獨立型除共用外為紫色字)

(二) 第二站

1. 鋁線槽配置

PVC 管主要彎曲有 L 型彎曲、擴管、偏移接頭(小 S)及喇叭口等，PVC 管配置均須以Ω夾(護管鐵)固定，其裝置尺寸位置需依現場標示線施作。如下圖所示：

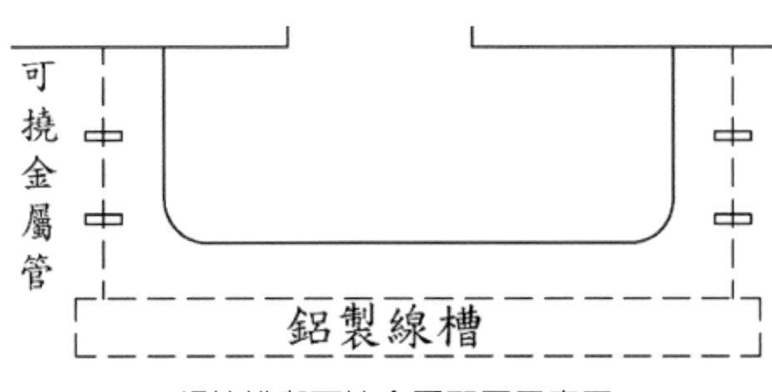

鋁線槽與可撓金屬配置示意圖

施作順序建議為：

a. 先固定鋁線槽。

b. 再配置兩隻可撓金屬管，鎖固法與直流接線固定相同。

2. 配線

注意事項：

A. 直流電流量測：採用分流器結合綜合數位電表量測，電流流經分流器時，電位高者接 A+，電位低者接 A–，如右圖所示。電表的顯示會認定電流由 A+流向 A–，所以，電流相反則顯示爲負。由於電流的量測是取樣 A+及 A–間的微小電壓，利用歐姆定律反推出通過的電流，所以在線路中電流取樣要單純且直接，切莫有分歧引線，造成微弱電壓受到干擾，而得到錯誤的電流值，致使得在利用勾表量測時，誤判斷爲電表異常。

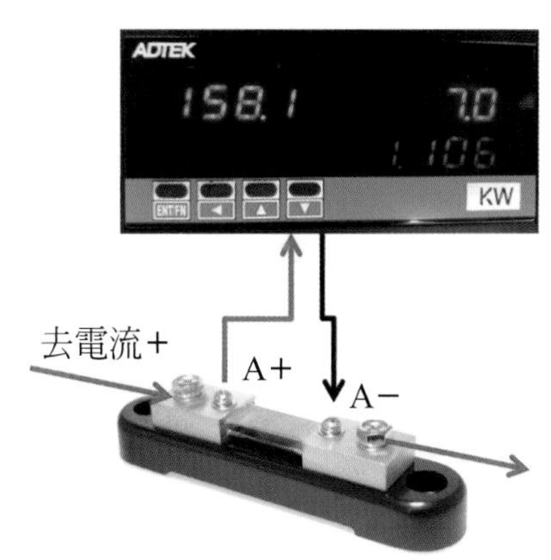

直流電流量測接線圖

B. 在接線量測其電流時，第一測試題(併聯型)量測電流採用正取樣，量測的分流器接在其正電流線路上；第二測試題(獨立型)量測電流採用負取樣，量測的分流器接在其負電流線路上。電流是由正出發再由負回到電源，所以，正取樣先接到的是高電位 A+，負取樣先接到的是低電位 A-。

接線要訣爲：正先接爲正，負先接爲負。

併聯型元件配置圖
直流配電箱

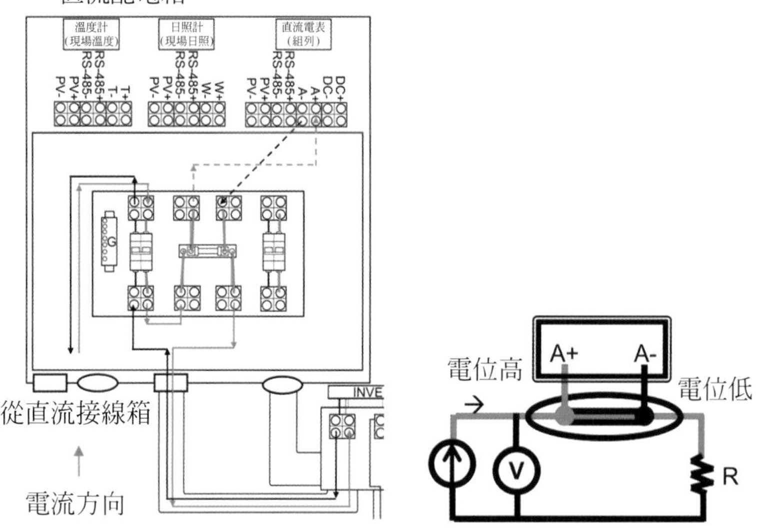

正取樣電表接線法及其示意圖

獨立型元件配置圖
組列側配電箱

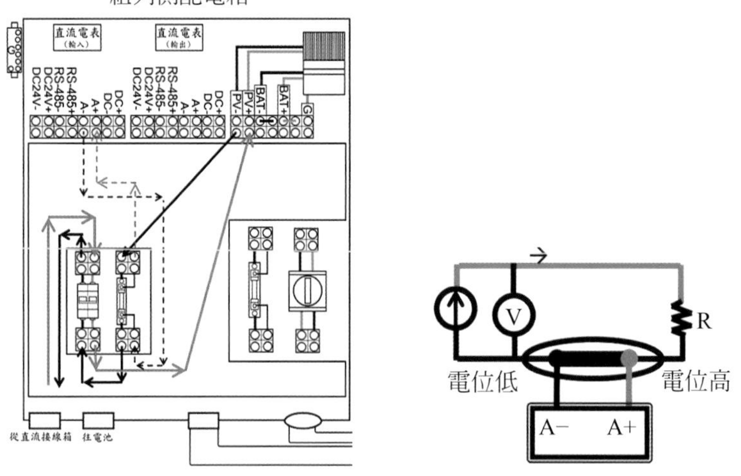

負取樣電表接線法及其示意圖

C. 交流電流量測：採用比流器結合綜合數位電表量測，主電流 L 由 K 端流向 L 端，取信號 k 端及 ℓ 端，在綜合數位電表記號爲 S 及 L。要點爲 L 對 L。

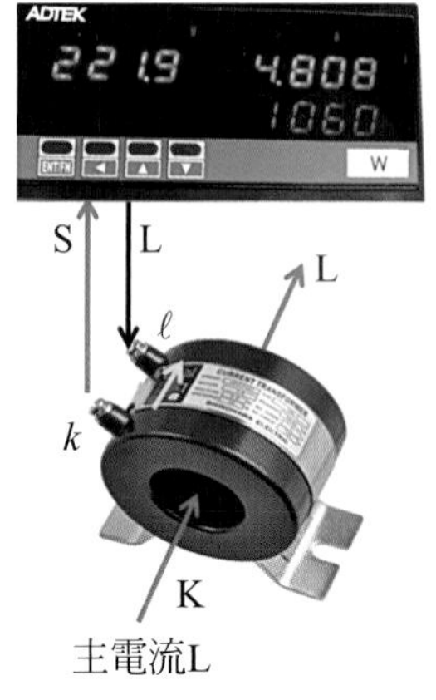

交流電流量測接線圖

D.　端子壓接：端子規格有三項資訊，分別爲導線線徑、螺絲直徑及端子型式，如下圖所示的 3.5～4 O，即爲 3.5 mm^2 導線用的 O 型壓接端子，螺絲孔徑爲 4 mm。剝線後壓接壓接端子，應以衝壓在端子凸出面中心爲宜(壓接方向錯誤與規格選錯，合計達 4 處即爲不合格)，各部長度分前端的 d 及後端的 D，d 爲 0.5～1 mm，D 爲 0.5～2 mm。d 要有凸出端子，可避免端子未壓緊而致導線脫出，脫出一處即爲不合格。

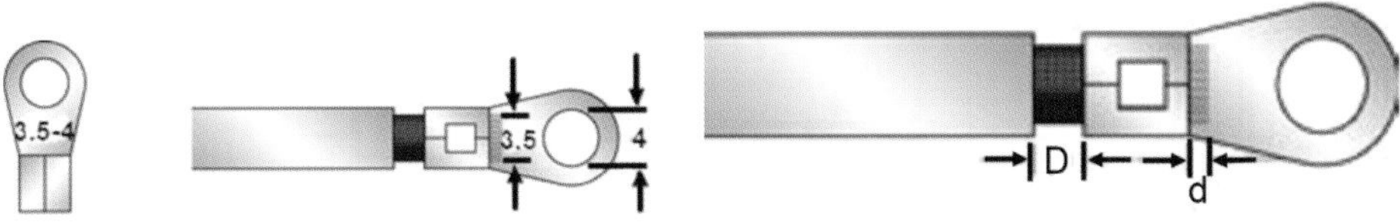

3.5-4 O 端子尺寸及壓接部件定義圖

注意：一個端子上只能連接兩條導線，若有兩個壓接端子則應以背對背的方式來固定，如下圖所示。在獨立型試題中有 5.5 mm^2 及 3.5 mm^2 兩種線徑併在一端子台，當以大電流的端子在下，小電流的端子在上。若非如此，大電流將流經小端子，會有面積不足融化之虞。

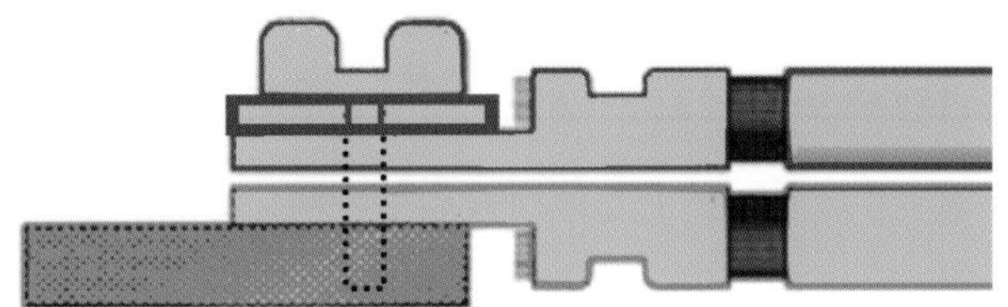

兩條導線其壓接端子固定方式圖

(1)　併聯型

A.　依公告之單線圖進行配線。

太陽光電併聯型發電併入市電，法規中將系統視爲市電之負載，因此，依單線圖配線時，變流器所輸出之交流電力要配接到 NFB2 的下方負載側，同時過瓦時計的配線也要配接到 NFB3 的下方負載側。

電表電源已統一採市電供電。

正修科技大學檢定場之元件實體圖如下圖所示：

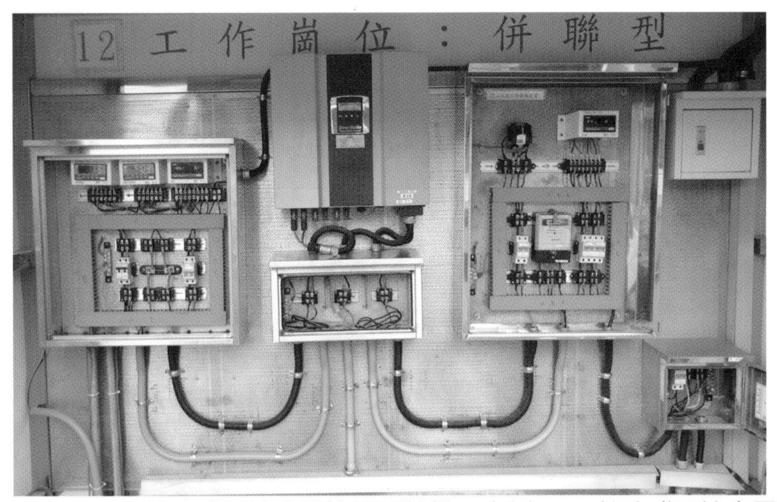

(註：左側 PVC 管改成可撓金屬管配鋁線槽，右側 PVC 管改成可撓金屬管)

正修科技大學檢定場之單線圖及參考配線圖如下圖所示：

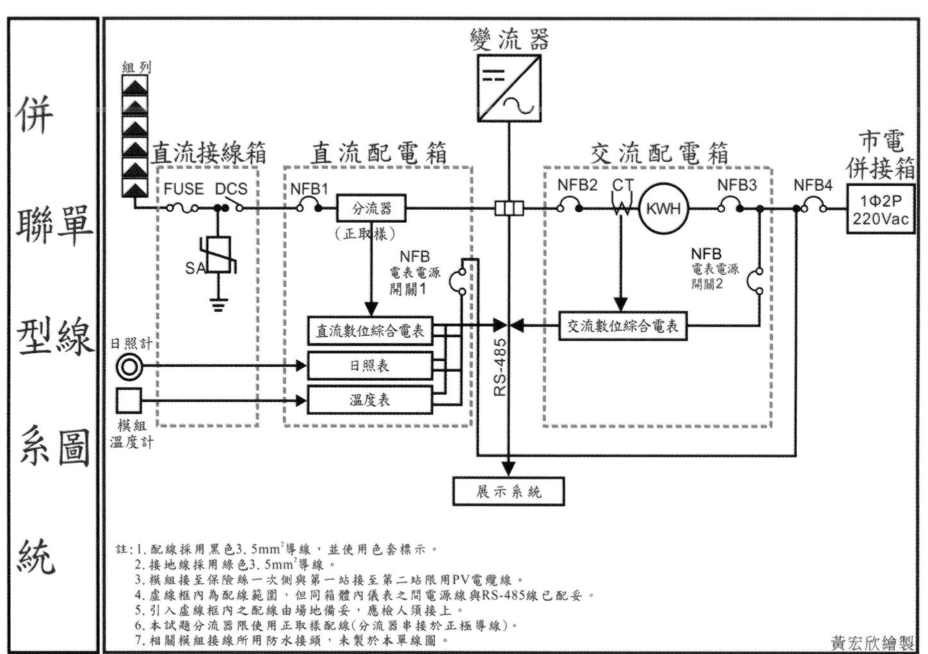

併聯型之單線圖

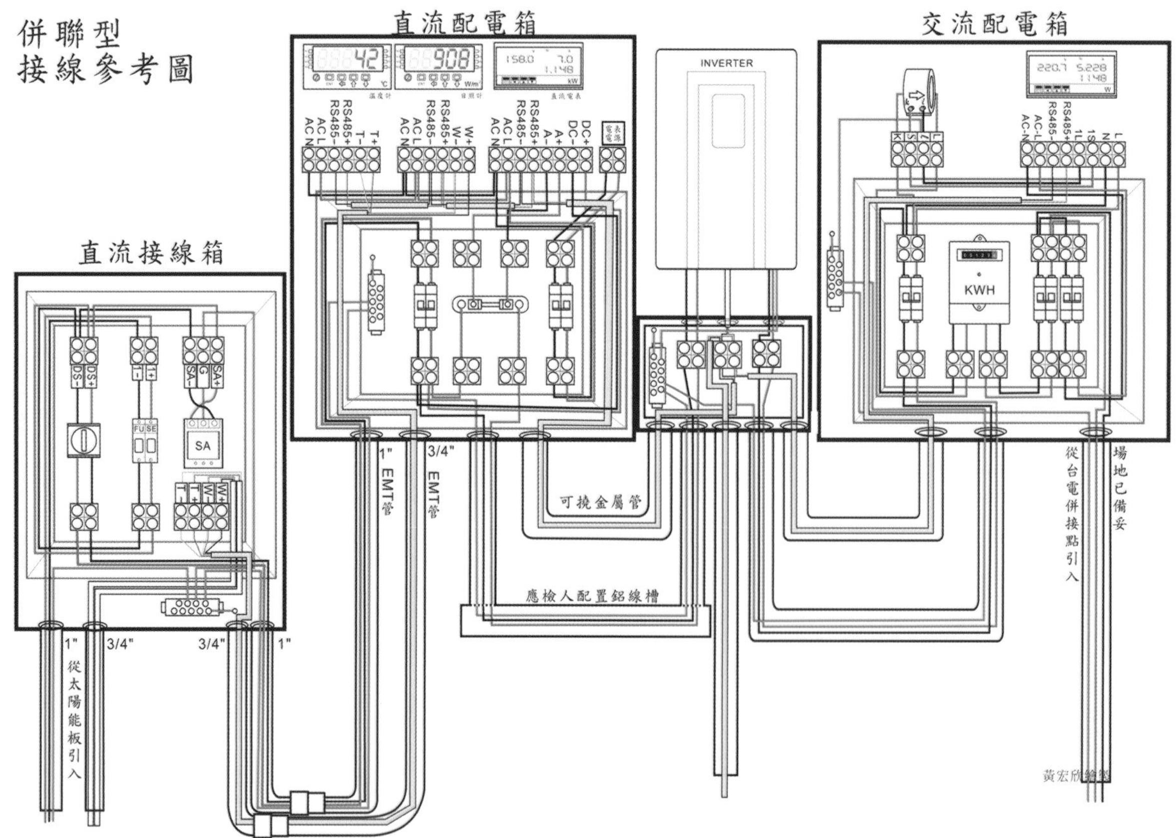

併聯型之參考接線圖(正修科技大學檢定場)

電力線材(含接地)皆使用 3.5 mm^2 電力線。在「圖 2-2 併聯型單線圖」中指出，同箱體內儀表之間的電源線及 RS485 信號線已配妥，所以，日照表、溫度表與直流數位綜合電表 1 之間的電源線及 RS485 信號線爲已配妥。

在「圖 2-2 併聯型單線圖」中指出，引入虛線的線由場地備妥，由考生自行接上，所以，從台電併接點過來的電源線及接地線場地已備妥。

B. 靜態檢查

a. 檢查直流開關①-分流器-變流器輸入端(1-1)接線正確。

→以三用電表量測，電阻爲 0 Ω。

b. 檢查變流器輸出端②-NFB2-CT-KWH-NFB3 (2-1)。NFB2、NFB3 開啓

→以三用電表量測，電阻爲 0 Ω。

c. NFB3③-電表電源開關 2-AC 電表電源(3-1)、電表電源開關 1、DC 電表電源、日照表電源、溫度表電源(3-4)接線正確。

→以三用電表量測，電阻爲 0 Ω。

d. 檢查：電壓取樣、電流取樣、RS485 接線。

檢查直流開關①-分流器-變流器輸入端(1-1)接線正確。
→電阻為0 Ω。
嚴禁變流器輸入端極性接反。 (1)

檢查變流器輸出端②-NFB2-CT-KWH-NFB3 (2-1)
→電阻為0 Ω。 (2)

NFB3③-電表電源開關2-AC電表電源(3-1)、電表電源開關1、DC電表電源、日照表電源、溫度表電源(3-4)接線正確。 →電阻為0 Ω。 (3)

檢查：電壓取樣、電流取樣、RS485接線。 (4)

關閉所有NFB開關→報備送電

併聯型直流配電箱、變流器及交流配電箱靜態檢查位置圖

(註：左側 PVC 管改成可撓金屬管配鋁線槽，右側 PVC 管改成可撓金屬管)

C. 關閉所有 NFB 開關，報備送電。進行動態檢查及記錄。以記錄表做爲檢查項目。

D. 經監評同意後，第一步開啓第一站的直流開關。接續功能檢測紀錄的「送電前檢測」。

注意：送電順序，先送直流電力開關再開交流電力開關，若有問題時，要先關交流電力開關再斷開直流電力開關。

E. 送電及檢查(併聯型)

a. 台電併接箱 NFB4 開關(ON)--電表電源開關 1&2(ON)。

➔可以觀察到電表皆亮起。

a)日照表、溫度表→正常顯示。

b)直流側電表交流側電表→顯示無電壓、無電流。

送電技巧：先開直流開關再開交流開關。先關交流再關直流。

b. 直流配電箱 NFB1 開關(ON)

➔直流電表顯示 PV「開路電壓」但尚未有電流。

c. 交流配電箱 NFB3 開關(ON)

➔電表顯示「併接點電壓」、電流爲 0。

d. 交流配電箱 NFB2(ON)>>經過 30 秒。

➔變流器併聯上市電，MPPT 動作，直流數位電表的電壓值由「開路電壓」降至「最大功率電壓」，電流升到「最大功率電流」。

➔交流電表，可觀察到輸出電流、功率。

(2) 獨立型

正修科技大學檢定場之獨立型實體元件配置圖如下。

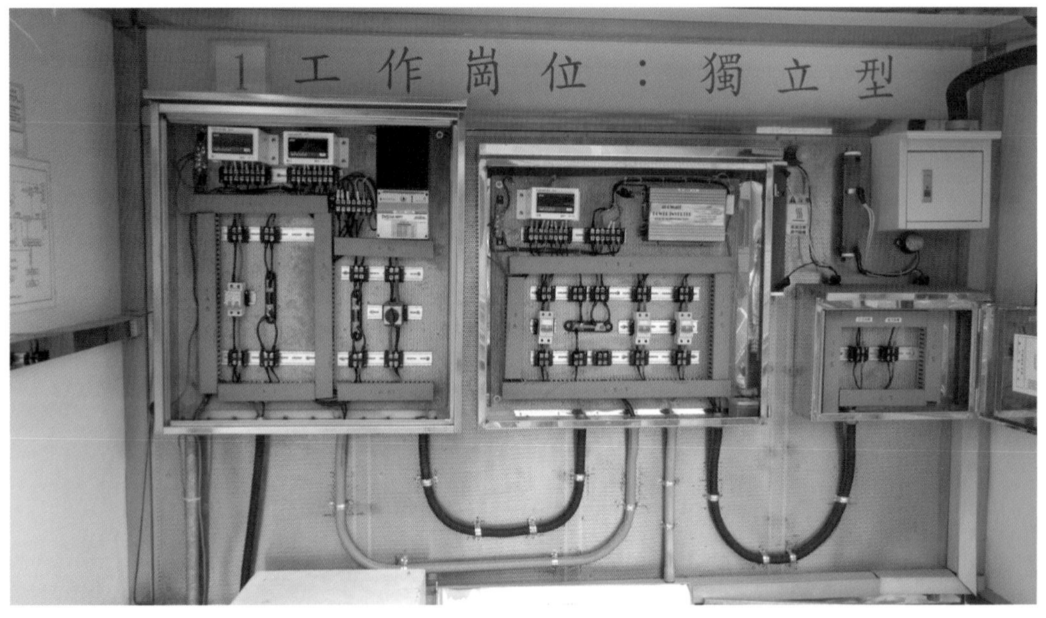

獨立型之元件實體圖(正修科技大學檢定場)

(註：左側 PVC 管改成可撓金屬管配鋁線槽，右側 PVC 管改成可撓金屬管)

A. 依單線圖進行配線

a. 獨立型試題只有量測直流電流，所以三個電表皆相同，接法相同。

b. 在獨立型線路中，PV 為電力的源頭，對蓄電池及負載供電，當高日照時，PV 供電大於負載使用，PV 對蓄電池充電，蓄電池電能增加，分流器 2 量到電流為正；當低日照時，PV 供電小於負載需求，蓄電池放電來協助 PV 對負載提供電力，此時蓄電池電力減少，分流器 2 量到電流為負。

注意：有的檢定場的電表當電流為負時，綜合數位電表僅在功率一項上顯示負值，在判斷電流正負時要留意。

c. 正修科技大學考場單線圖參考配線圖如下圖所示：

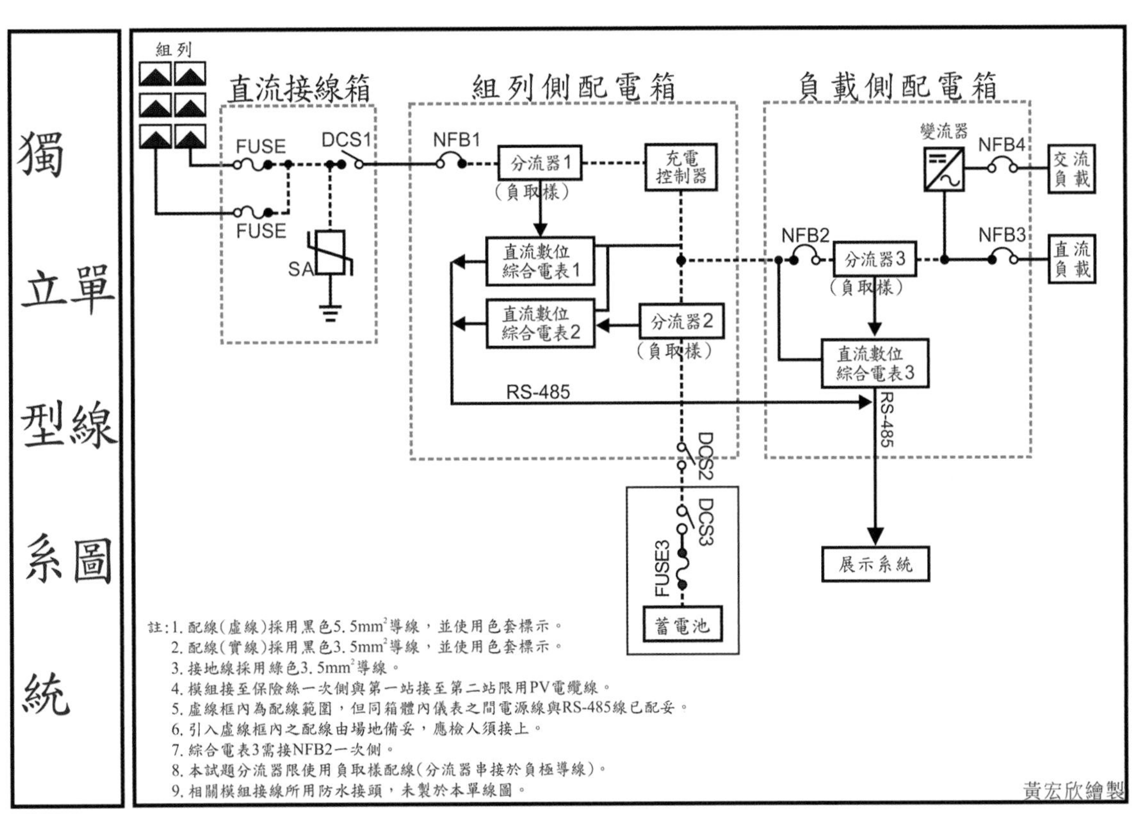

獨立型之單線圖(正修科技大學檢定場)

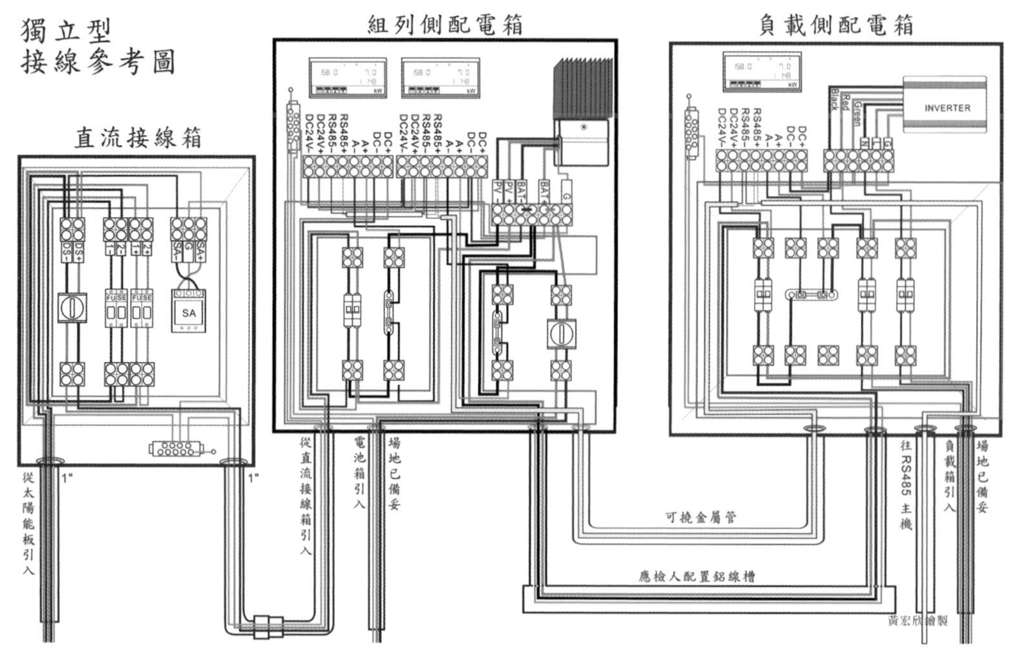

獨立型之參考接線圖(正修科技大學檢定場)

電力線材在大電流使用 5.5 mm^2 電力線，圖中以粗線表示之；其餘電力線材、電表接線、接地線皆使用 3.5 mm^2 電力線，圖中以細線表示之。

在「圖 3-2 獨立型單線圖」中指出，同箱體內儀表之間的電源線及 RS485 信號線已配妥；所以，直流數位綜合電表 1 與直流數位綜合電表 2 之間的電源線及 RS485 信號線及接到電池箱的電力線及接地線爲已配妥。

在「圖 3-2 獨立型單線圖」中指出，引入虛線的線由場地備妥，由考生自行接上；所以，接到交直流負載的電力線及接地線場地已備妥。

B. 靜態檢查

a. 檢查①NFB1-分流器-充電控制器輸入端(1-1)、PV 電壓取樣點(1-2)接線正確。

→以三用電表量測，電阻爲 0 Ω。

b. 檢查②充電控制器輸出端分別接電池箱、電壓取樣、 電表電源 2&1、負載箱(2-5)、NFB3 一次側、變流器輸入端、電壓取樣、電表電源(2-9)接線正確。

→以三用電表量測，電阻爲 0 Ω。

c. 變流器輸出端、NFB3 一次側接線正確。

d. 檢查電流取樣、RS485 接線

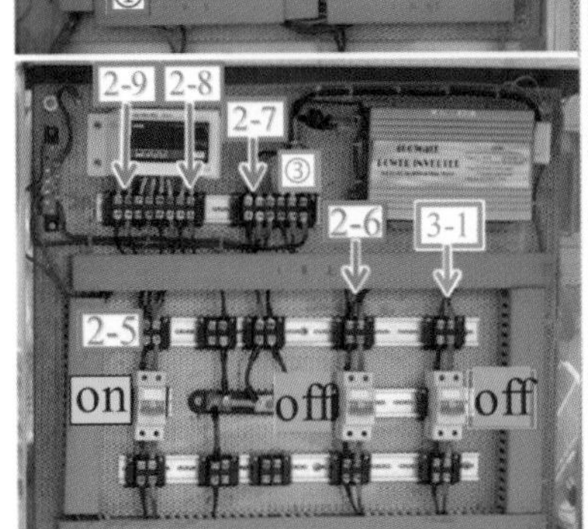

靜態檢查(獨立型)

檢查①NFB1-分流器-充電控制器輸入端(1-1)、PV電壓取樣點(1-2)接線正確。 →電阻為0 Ω。

檢查②充電控制器輸出端分別接電池箱、電壓取樣、電表電源2&1、負載箱(2-5)、NFB3一次側、變流器輸入端、電壓取樣、電表電源(2-9)接線正確。 →電阻為0 Ω。

變流器輸出端、NFB3一次側接線正確。 →電阻為0 Ω。

檢查電流取樣、RS485接線。

關閉所有開關報備送電

獨立型組列側配電箱及負載側配電箱靜態檢查位置圖

C. 關閉所有開關，報備送電。進行動態檢查及記錄。以記錄表做爲檢查項目。

D. 報備送電經監評同意後，第一站直流開關 ON，將電力送至 NFB1(OFF)。

E. 先開啓電池箱內之直流開關 DCS3(ON)，再開啓組列側配電箱蓄電池直流開關 DCS2(ON)，此時，充電控制器將自我檢查，將輸出電壓穩定到蓄電池電壓 24V 左右。接著方可投入 PV 電力，進行後續的送電前檢測。

F. 動態檢查(送電程序與檢查)

   a. 開啓第一站直流開關 DCS1(ON)。開啓電池箱直流開關 DCS3(ON)。→進行「送電前系統檢測」。

   b. ①電池側 DCS2(ON)，充電控制器將自我檢查，將輸出電壓穩定到 24V。三個數位電表會同時亮起，電表 1(PV)無電壓無電流，電表 2 有電壓(電池)微電流，電表 3(負載)無電壓無電流。

      <u>註：若無先開此 DCS，而先開③NFB2，異常高壓將燒毀負載側變流器。</u>

   c. ②NFB1(ON)，PV 電力送入，電表 1 量得開路電壓；之後 MPPT 動作，量得充電電壓及電流。

   d. ③NFB2(ON)電表 3 量得電池電壓及變流器消耗電流；→「負載側配電箱量測」

   e. ④NFB3(ON)投入直流負載，電表 3 顯示電壓及消耗直流電流。

   f. ④NFB3(OFF)、⑤NFB4(ON)投入交流負載，電表 3 顯示電壓及消耗直流電流。

g. ④NFB3(ON)、⑤NFB4(ON)投入交直流總負載，電表 3 顯示電壓及消耗直流電流。

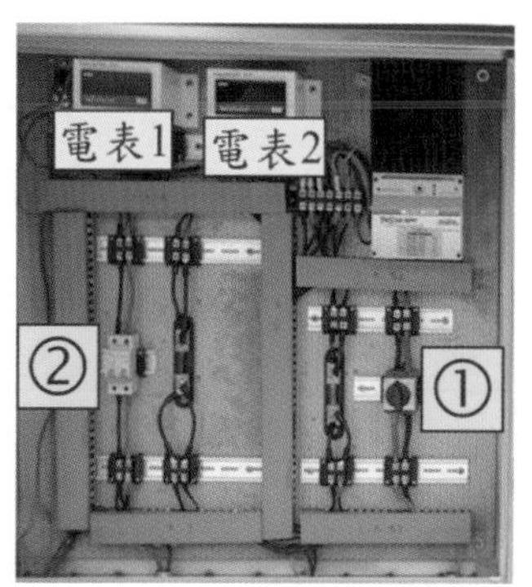

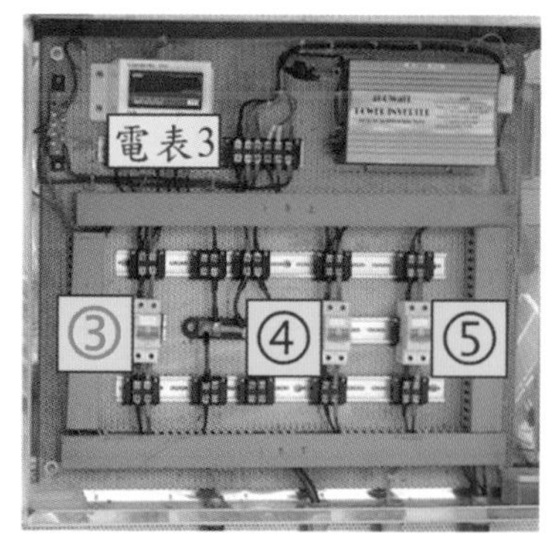

3. 表頭 ID 設定

術科檢定考試時，將測試通訊部分的能力，以 RS485 的 ID 設定來測試，因此必須調整一個電表的 ID。考場的通訊用在以 LED 展示看板顯示來模擬，通訊正常則 LED 顯示正確，若異常則無法正常顯示。因此，應檢人在檢定時需要巡查哪一個電表元件的 ID 設定錯誤，因為電表 ID 錯誤將無法送出正確的資訊來通訊，將無法在 LED 顯示板上顯示。通訊中另一個要項為鮑率(Baud Rate)為 9600，它跟在 ID 的後面，不可改變它，否則通訊一樣會失效，是常見的失誤。其他設定皆不可改變，否則通訊失效將以不及格論。

正修科技大學考場的表頭如下：

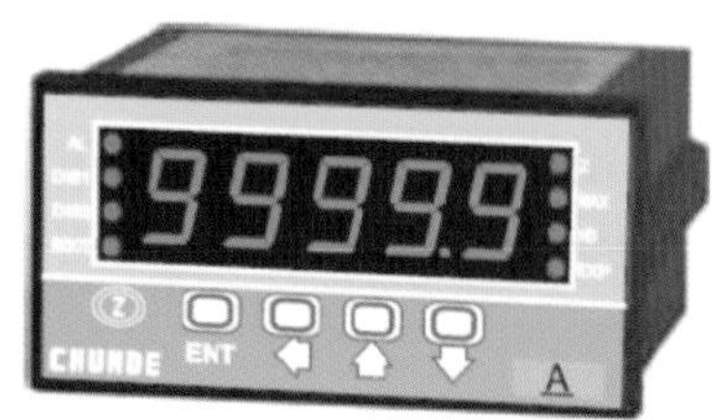

正修科技大學考場使用的電表

其他考場另有使用的表頭如下：

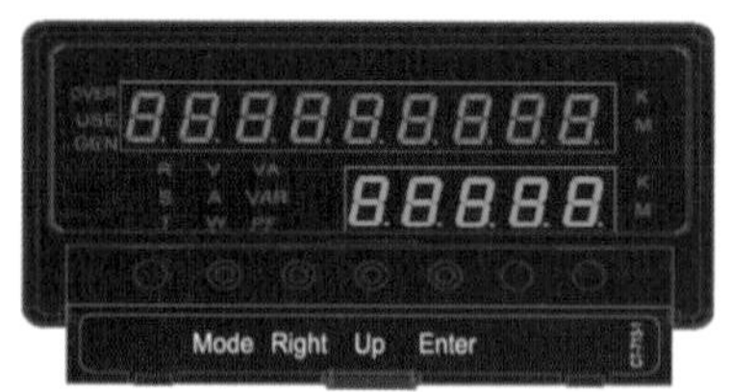

ID 設定步驟：

A. 日照表及溫度表(川得公司之 CM5H-A 電表)

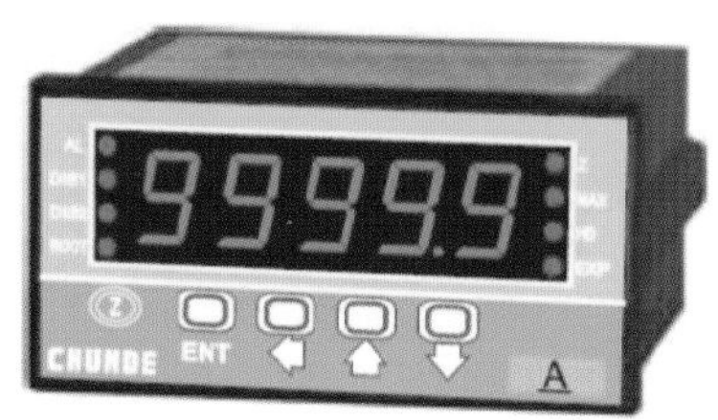

a. 按 ENT 會顯示 P.cod
b. 再按一次 ENT 會顯示 SYS。
c. 按⇦ AL 會顯示 roP
d. 再按一次⇦ AL 會顯示 AoP
e. 再按一次⇦ AL 會顯示 doP
f. 顯示 doP 後按 ENT 會顯示 Addr。
g. 按⇦ AL 即可調整 ID，
h. 按⇦ AL 即可調整⇧、⇩鍵可調整值，欲調整下一位數，重複 g-h，按 ENT 可儲存設定。
i. <u>⇧、⇩鍵一起按可跳回初始畫面</u>。

B. 直流綜合數位電表及交流綜合數位電表(銓盛電子公司 CPM10)

a. 按 ENT/FN 會顯示 Enter。
b. 按 ENT/FN 會顯示 0000 由左至右分別代表：千位數→百位數→十位數→個位數，按◀可移動，▲、▼可調整數值。
c. 輸入 1000 後按 ENT/FN 確認後表頭會顯示 inPt.u。
d. 按▲會顯示 rs485。
e. 按 ENT/FN 會顯示 AdrES 及位址。
f. 按 ENT/FN 即可調整 ID，▲▼可調整數值，◀可換位數，再按 ENT/FN 可儲存設定。
g. 長按◀會返回 rs485。
h. <u>再長按◀即可離開設定模式</u>。

C. 直流綜合數位電表 (七泰電子公司 CTEC713P)

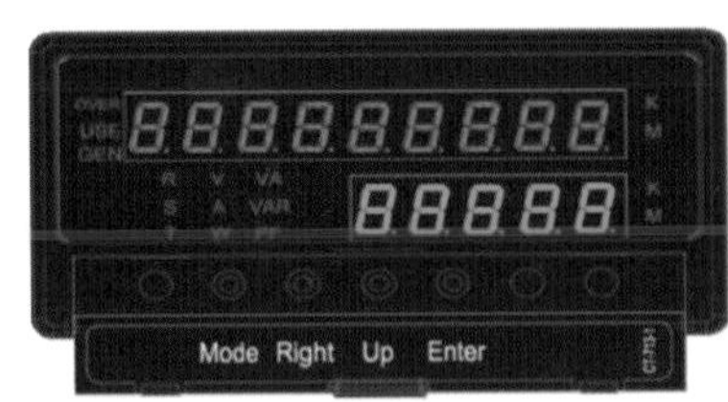

a. 按 Right + Enter，2~3 秒後表頭會顯示 Pass。

b. 按 Right 鍵會顯示 0000 由左至右分別代表：千位數→百位數→十位數→個位數，按 Right 可移動，按 Up 可調整數值

c. 輸入 1000 後按 Enter 確認後，表頭會顯示 Addr。

d. 在 Addr 模式下即可設定 ID。按 Right 可移動位數，按 Up 可調整數值，按 Enter 可儲存設定。

e. <u>按 Mode 鍵連續 8 次，會離開設定模式</u>。

D. 交流綜合數位電表 (百晟電子公司 BCT64)

a. 同時長按▶+E 2~3 秒會進入 Pass。

b. 按▶會顯示 0000，由左至右分別代表：千位數→百位數→十位數→個位數，按▶可移動位數，按▲可調整數值(16 進制)，輸入 1000 後，按E 會進入 Addr。

c. 按▶會顯示目前設定之 ID，按▶可移動位數，按▲可調整數值，按 E 可儲存設定。

d. <u>按 SET 鍵 8 次，會離開設定模式</u>。

4. 功能檢測紀錄

(1) 併聯型

A. 變流器規格：在變流器上有標籤明示，參考變流器上方的標籤，如填表範例填寫。

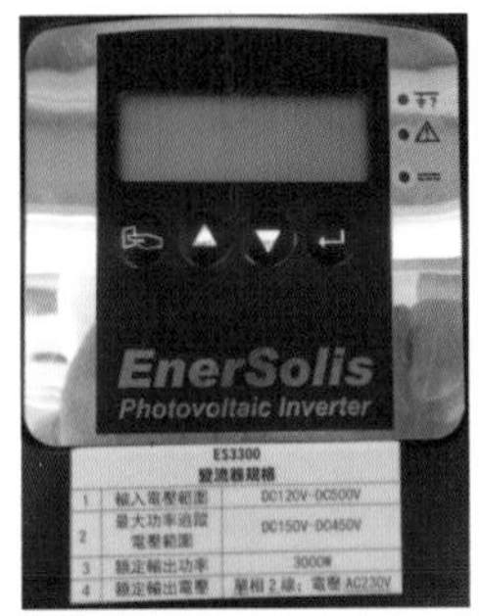

正修科技大學檢定場變流器規格標籤

B. 送電前檢測(注意：送電前並非是尚未報備送電，而是已經報備送電，而系統尚未運作前之電氣特性，請認定成「系統運作前檢測」。)

所有 NFB 開關都是處於關閉狀態。只有第一站 PV 電力送到 NFB1，市電 AC 電力送到 NFB4。

a. 併接點電力系統電壓(量測值)→量測 NFB4 一次側。AC 電力送到台電併接箱 NFB4(OFF)量其併接點電壓。

注意：確定市電併聯點之供電規格是否符合。

b. 組列開路電壓→量測 NFB1 一次側。PV 電力由第一站直流接線箱送到 NFB1(OFF)。

注意：此為未併接的組列開路電壓，「C、輸入電壓」為併接後組列電壓，它會因為 MPPT 作用而降低。請分辨兩者之不同。

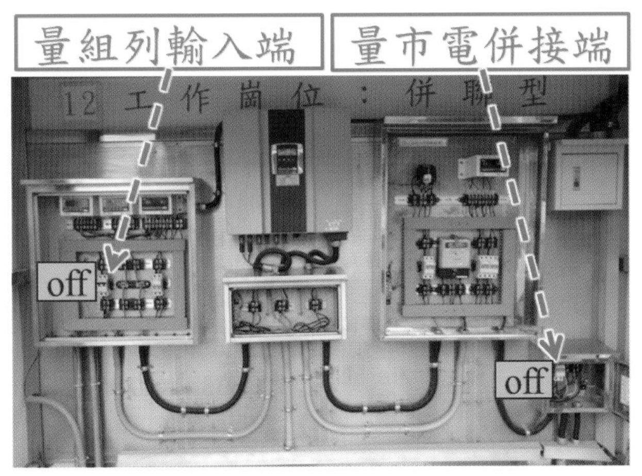

併接點電力系統電壓及組列開路電壓量測點示意圖

C. 變流器量測

輸入電壓量測點及輸入電流量測線，其量測位置如下圖所示：

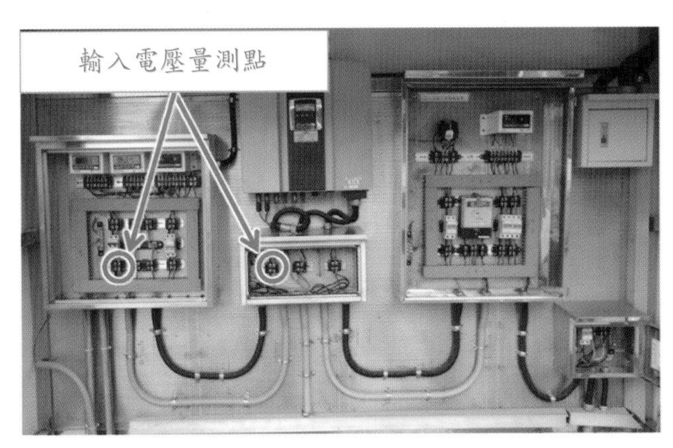

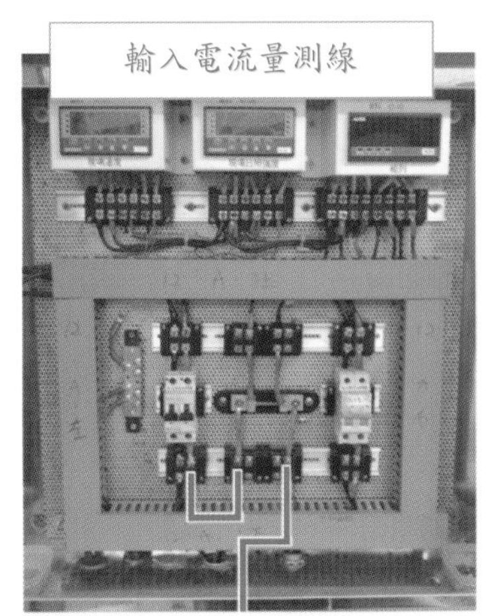

輸入電壓及輸入電流量測點示意圖

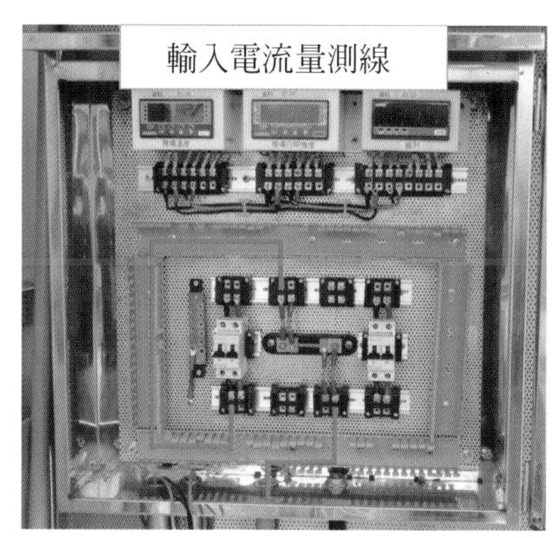

分流器接線方式不同之輸入電流量測線示意圖

三、變流器量測

項次	項目	紀錄值	單位	應檢人 異常打勾	監評人員 評定結果
1	日照強度	899	W/m^2		
2	模組溫度 (數位溫度表)	42	℃		
3	輸入電壓 (數位綜合電表)	166.8	V		
4	輸入電壓 (應檢人量測)	167.7	V		
5	輸入電流 (數位綜合電表)	7.0	A		
6	輸入電流 (應檢人量測)	7.2	A		
7	輸入功率 (應檢人計算)	1207.4	W		
8	輸出電壓 (數位綜合電表)	218.8	V		
9	輸出電流 (數位綜合電表)	4.7	A		
10	輸出功率 (數位綜合電表)	1030	W		

併聯型紀錄表之變流器量測記錄範例圖(場地使用 ADTEK 交流電表)

三、變流器量測					
項次	項目	紀錄值	單位	應檢人異常打勾	監評人員評定結果
1	日照強度	899	W/m^2		 現場日照強度
2	模組溫度(數位溫度表)	42	℃		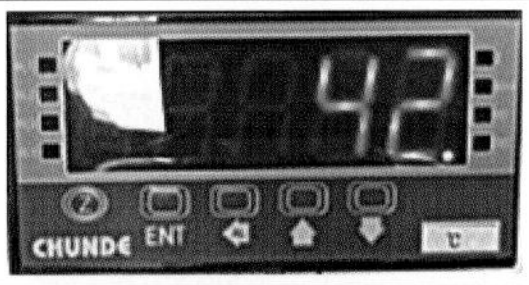
3	輸入電壓(數位綜合電表)	166.8	V		
4	輸入電壓(應檢人量測)	167.7	V		
5	輸入電流(數位綜合電表)	7.0	A		
6	輸入電流(應檢人量測)	7.2	A		
7	輸入功率(應檢人計算)	1207.4	W		
8	輸出電壓(數位綜合電表)	218.8	V		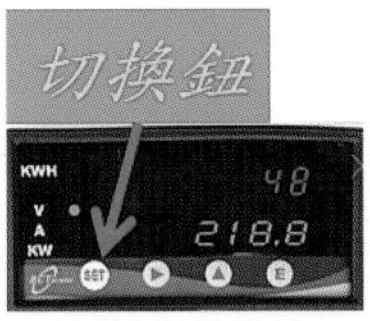 切換鈕
9	輸出電流(數位綜合電表)	4.7	A		
10	輸出功率(數位綜合電表)	1031	W		

併聯型紀錄表之變流器量測記錄範例圖(場地使用百晟公司 BCT64 交流電表)

注意：對於電表的異常，由應檢人於「應檢人異常打勾」欄打勾。

D. 系統量測與計算

此項爲應檢人自行勾表量測值來計算。

直流發電比 R_A 計算方式：(以正修科技大學場地，日照爲 899 W/m^2、167.7 V、7.2A 計算)

四、系統量測與計算					
項次	項目	紀錄值 1	紀錄值 2	單位	監評人員評定結果
1	日照強度	899	503	W/m^2	
2	組列電壓	167.7	159.9	V	
3	組列電流	7.2	4.6	A	
4	組列功率	1207.4	729	W	
5	直流發電比 (R_A)計算式 (應檢人量測值計算)	$\frac{167.7\times7.2\times1000}{260\times6\times899}$	$\frac{159.9\times4.6\times1000}{260\times6\times503}$		
6	直流發電比 (R_A) 計算值	0.86	0.94		

記錄表四系統量測與計算紀錄範例

壹拾壹、術科測試試題第一測試試題第二站紀錄表

附表 2-1 **P(1/2)**

術科測試編號	0521104001	檢定日期	xxx年 05月 21日
姓名	王小明	檢定起訖時間	13時 00分至 15時 00分
檢定系統類型	併聯型	檢定崗位	第 x 崗

一、變流器規格

項次	項目	紀錄值		單位	監評人員評定結果
1	輸入電壓範圍	DC120-500		V	
2	最大功率追蹤電壓範圍	DC150-450		V	
3	額定輸出功率	AC3000		W	
4	額定輸出電壓	相線	單相2線		
		電壓	AC230	V	

二、送電前檢測

項次	項目	紀錄值		單位	監評人員評定結果
1	併接點電力系統電壓(量測值)	相線	單相2線		
		電壓	AC218	V	
2	組列開路電壓	DC199		V	

三、變流器量測

項次	項目	紀錄值	單位	應檢人異常打勾	監評人員評定結果
1	日照強度	899	W/m^2		
2	模組溫度(數位溫度表)	42	°C		
3	輸入電壓(數位綜合電表)	166.8	V		
4	輸入電壓(應檢人量測)	167.7	V		
5	輸入電流(數位綜合電表)	7.0	A		
6	輸入電流(應檢人量測)	7.2	A		
7	輸入功率(應檢人計算)	1207.4	W		
8	輸出電壓(數位綜合電表)	218.8	V		
9	輸出電流(數位綜合電表)	4.7	A		
10	輸出功率(數位綜合電表)	1031	W		

P(2/2)

四、系統量測與計算					
項次	項目	紀錄值 1	紀錄值 2	單位	監評人員評定結果
1	日照強度	899	700	W/m^2	
2	組列電壓	167.7	160.5	V	
3	組列電流	7.2	6.3	A	
4	組列功率	1207.4	1003	W	
5	直流發電比(R_A)計算式(應檢人量測值計算)	$\frac{167.7 \times 7.2 \times 1000}{260 \times 6 \times 899}$	$\frac{160.5 \times 6.3 \times 1000}{260 \times 6 \times 700}$		
6	直流發電比(R_A)計算值	0.86	0.93		

說明：
1.直流發電比(R_A)需列出數值算式，記錄值 1、2 之數值或計算式錯誤，本紀錄表評定為不及格。
2.本紀錄表中，小項未依實際值記錄、單位填寫錯誤、判斷結果錯誤或R_A計算值錯誤，監評人員評定該小項為不及格，評定不及格之小項合計達 3 小項者，本紀錄表評定為不及格。
3.評定結果由監評人員填寫，上述各項評定結果及格打「○」，不及格打「×」。

紀錄表評審結果	□及格　□不及格（請註明原因）：
監評人員簽名	〈請勿於測試結束前先行簽名〉

併聯型第二站記錄表範例

壹拾壹、術科測試試題第一測試試題第二站紀錄表

附表 2-1 P(1/2)

術科測試編號	0521104001	檢定日期	xxx 年 05 月 21 日
姓名	王小明	檢定起訖時間	13 時 00 分至 15 時 00 分
檢定系統類型	併聯型	檢定崗位	第 x 崗

一、變流器規格

<table>
<tr><th>項次</th><th>項目</th><th colspan="2">紀錄值</th><th>單位</th><th>監評人員
評定結果</th></tr>
<tr><td>1</td><td>輸入電壓範圍</td><td colspan="2">DC70-450</td><td>V</td><td></td></tr>
<tr><td>2</td><td>最大功率追蹤
電壓範圍</td><td colspan="2">DC110-400</td><td>V</td><td></td></tr>
<tr><td>3</td><td>額定輸出功率</td><td colspan="2">AC1000</td><td>W</td><td></td></tr>
<tr><td rowspan="2">4</td><td rowspan="2">額定輸出電壓</td><td>相線</td><td colspan="2">__單__相__2__線</td><td rowspan="2"></td></tr>
<tr><td>電壓</td><td>AC230</td><td>V</td></tr>
</table>

二、送電前檢測

<table>
<tr><th>項次</th><th>項目</th><th colspan="2">紀錄值</th><th>單位</th><th>監評人員
評定結果</th></tr>
<tr><td rowspan="2">1</td><td rowspan="2">併接點電力系統
電壓(量測值)</td><td>相線</td><td colspan="2">__單__相__2__線</td><td rowspan="2"></td></tr>
<tr><td>電壓</td><td>AC218</td><td>V</td></tr>
<tr><td>2</td><td>組列開路電壓</td><td colspan="2">DC124</td><td>V</td><td></td></tr>
</table>

三、變流器量測

項次	項目	紀錄值	單位	應檢人異常打勾	監評人員評定結果
1	日照強度	816	W/m^2		
2	模組溫度(數位溫度表)	43	°C		
3	輸入電壓(數位綜合電表)	105.8	V		
4	輸入電壓(應檢人量測)	105.9	V	/	
5	輸入電流(數位綜合電表)	7.5	A		
6	輸入電流(應檢人量測)	6.7	A	/	
7	輸入功率(應檢人計算)	709.5	W	/	
8	輸出電壓(數位綜合電表)	225.5	V		
9	輸出電流(數位綜合電表)	3.2	A		
10	輸出功率(數位綜合電表)	687	W		

P(2/2)

四、系統量測與計算					
項次	項目	紀錄值 1	紀錄值 2	單位	監評人員評定結果
1	日照強度	816	298	W/m^2	
2	組列電壓	105.9	111.0	V	
3	組列電流	6.7	2.5	A	
4	組列功率	709.5	272.0	W	
5	直流發電比(R_A)計算式(應檢人量測值計算)	$\frac{105.7 \times 6.7 \times 1000}{260 \times 4 \times 816}$	$\frac{111.0 \times 2.5 \times 1000}{260 \times 4 \times 298}$		
6	直流發電比(R_A)計算值	0.83	0.88		
說明： 1.直流發電比(R_A)需列出數值算式，記錄值 1、2 之數值或計算式錯誤，本紀錄表評定為不及格。 2.本紀錄表中，小項未依實際值記錄、單位填寫錯誤、判斷結果錯誤或R_A計算值錯誤，監評人員評定該小項為不及格，評定不及格之小項合計達 3 小項者，本紀錄表評定為不及格。 3.評定結果由監評人員填寫，上述各項評定結果及格打「○」，不及格打「×」。					
紀錄表評審結果	□及格　□不及格（請註明原因）：				
監評人員簽名	〈請勿於測試結束前先行簽名〉				

四片太陽能模組之併聯型第二站記錄表範例

(2) 獨立型

注意：送電程序錯誤會造成交流負載的變流器損壞，損壞場地設備以不及格論。

送電程序如下：

a. 開啓第一站直流開關 DCS1(ON)。開啓電池箱直流開關 DCS3(ON)。進行送電前檢測。

b. 電池側 DCS2(ON)，充電控制器將自我檢查，將輸出電壓穩定到 24V。

注意：若無先開此 DCS，而先開③NFB2，異常高壓將燒毀負載側變流器。

c. NFB1(ON)，PV 電力送入。

d. NFB2(ON)、④NFB3(ON)投入直流負載。

e. NFB3(OFF)、⑤NFB4(ON)投入交流負載。

f. NFB3(ON)、⑤NFB4(ON)投入交直流總負載。

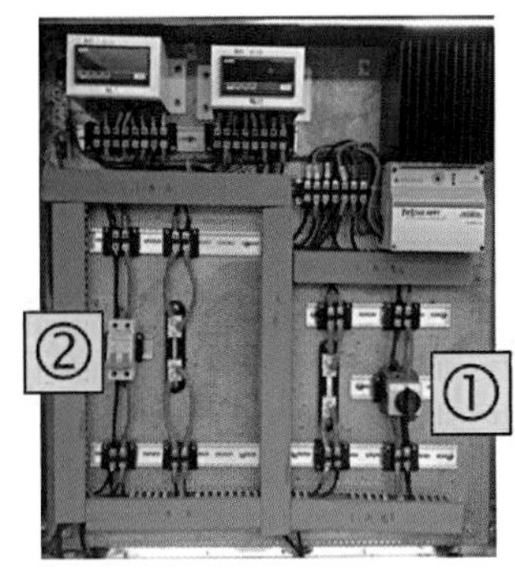

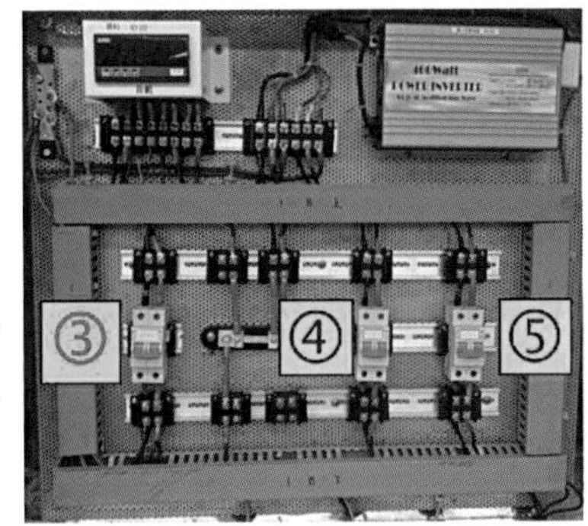

獨立型第二站送電程序圖

A. 送電前系統檢測

注意：送電前並非是尚未報備送電，而是已經報備送電，而系統尚未運作前之電器特性，請認定成「系統運作前檢測」。

自行檢測前，所有開關必須處於切離狀態。量測點如下圖所示：

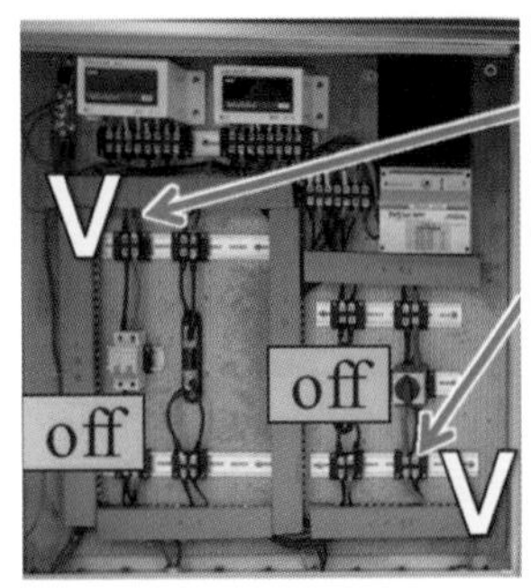

組列開路電壓

蓄電池開路電壓

電池箱 DCS3(ON)

直流負載電阻

交流負載電阻

獨立型送電前系統檢測之量測點圖

一、送電前系統檢測					
項次	項目	紀錄值	單位	應檢人 異常打勾	監評人員 評定結果
1	組列開路電壓	101.1	V		
2	蓄電池開路電壓	25.8	V		
3	直流負載電阻	3.7	Ω		
4	交流負載電阻	40.3	Ω		

獨立型送電前系統檢測之紀錄範例

B. 負載側配電箱量測

量測直流負載電流，應只投入直流負載，關閉交流負載；量測交流負載電流，應關閉直流負載投入交流負載；再者，第三項之負載總電流，則一起投入交直流負載，等此三項負載電流不受日照影響，所以可以一併量取，其勾表量測及數位電表讀值如下圖所示：

動作：

a. 量直流負載電流；

b. 量交流負載電流；

c. 量負載總電流(下一頁)；

d. 保持全開進行後續量測。

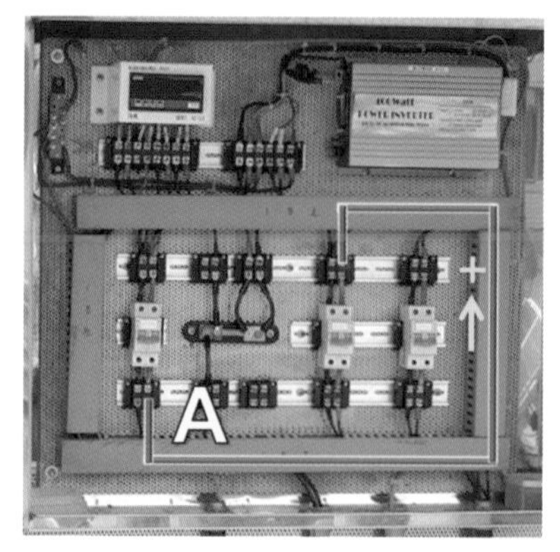

獨立型之交、直流負載電流及負載總電流之量測線及電表讀值位置圖

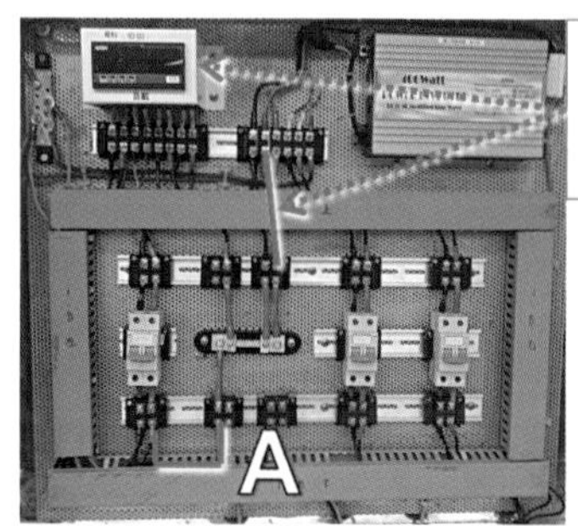

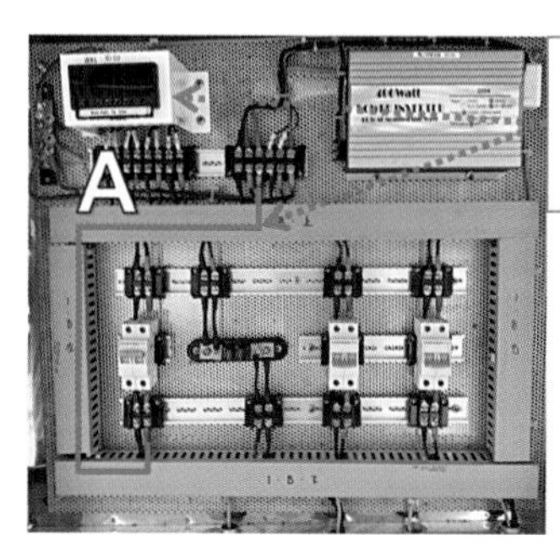

其他型式獨立型之交、直流負載電流及負載總電流之量測線及電表讀值位置圖

二、負載側配電箱量測

項次	項目	紀錄值	單位	應檢人異常打勾	監評人員評定結果
1	直流負載電流(數位綜合電表讀值)	8.1	A		
2	直流負載電流(應檢人量測)	8.3	A		
3	變流器輸入端電流(數位綜合電表讀值)	10.6	A		
4	變流器輸入端電流(應檢人量測)	10.5	A		

項次	項目	紀錄值 1	紀錄值 2	單位	應檢人異常打勾	監評人員評定結果
8	負載總電流(數位綜合電表讀值)	18.8		A		
9	負載總電流(應檢人量測)	19.1		A		

獨立型負載側配電箱量測與負載總電流之紀錄範例

C. 系統電流量測與計算

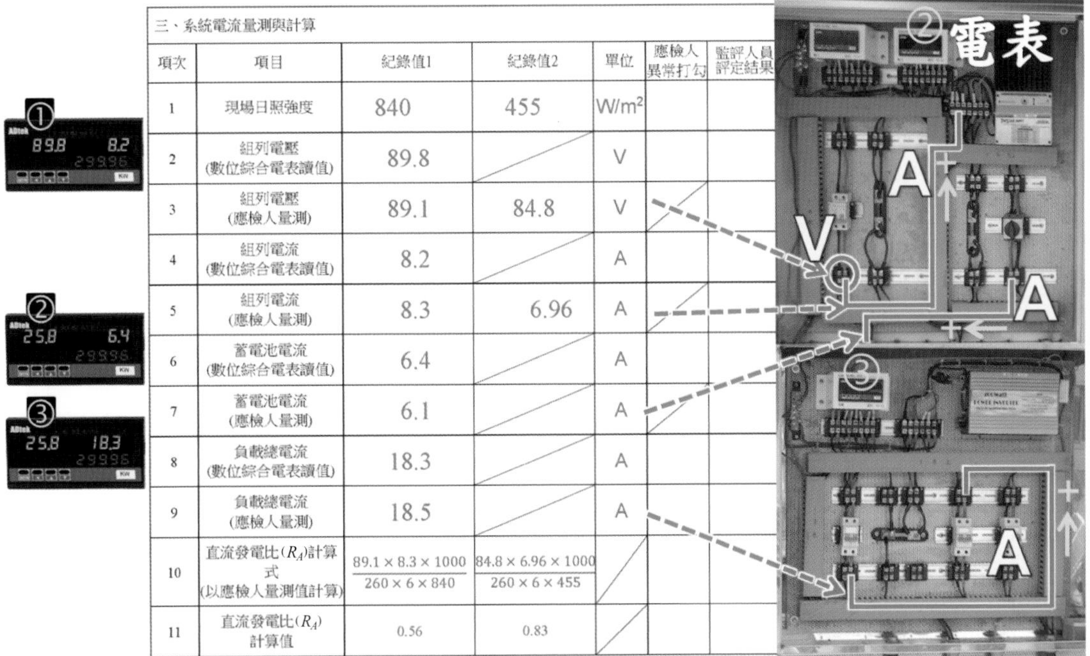

三、系統電流量測與計算

項次	項目	紀錄值1	紀錄值2	單位	應檢人異常打勾	監評人員評定結果
1	現場日照強度	840	455	W/m²		
2	組列電壓(數位綜合電表讀值)	89.8		V		
3	組列電壓(應檢人量測)	89.1	84.8	V		
4	組列電流(數位綜合電表讀值)	8.2		A		
5	組列電流(應檢人量測)	8.3	6.96	A		
6	蓄電池電流(數位綜合電表讀值)	6.4		A		
7	蓄電池電流(應檢人量測)	6.1		A		
8	負載總電流(數位綜合電表讀值)	18.3		A		
9	負載總電流(應檢人量測)	18.5		A		
10	直流發電比(R_A)計算式(以應檢人量測值計算)	$\frac{89.1 \times 8.3 \times 1000}{260 \times 6 \times 840}$	$\frac{84.8 \times 6.96 \times 1000}{260 \times 6 \times 455}$			
11	直流發電比(R_A)計算值	0.56	0.83			

獨立型系統電流量測與計算之觀察點與量測點(使用銓盛 ADTEK 電表)

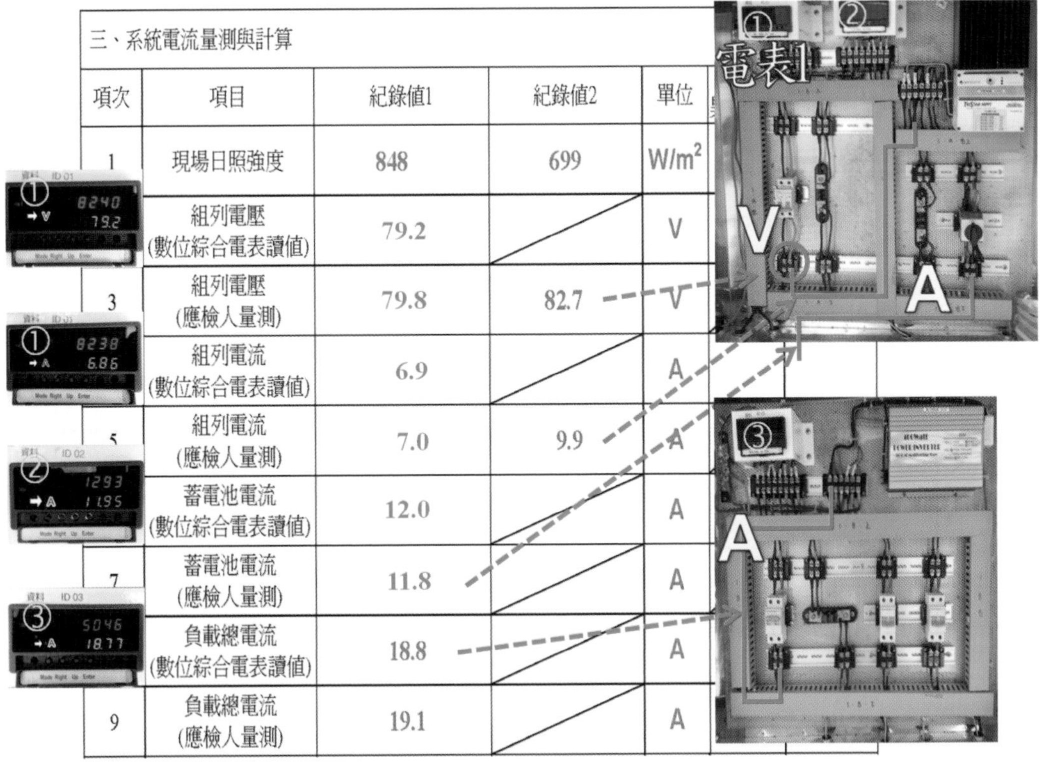

三、系統電流量測與計算

項次	項目	紀錄值1	紀錄值2	單位
1	現場日照強度	848	699	W/m²
2	組列電壓(數位綜合電表讀值)	79.2		V
3	組列電壓(應檢人量測)	79.8	82.7	V
4	組列電流(數位綜合電表讀值)	6.9		A
5	組列電流(應檢人量測)	7.0	9.9	A
6	蓄電池電流(數位綜合電表讀值)	12.0		A
7	蓄電池電流(應檢人量測)	11.8		A
8	負載總電流(數位綜合電表讀值)	18.8		A
9	負載總電流(應檢人量測)	19.1		A

獨立型系統電流量測與計算之觀察點與量測點(使用七泰負取樣電表)

P(2/2)

三、系統電流量測與計算						
項次	項目	紀錄值1	紀錄值2	單位	應檢人異常打勾	監評人員評定結果
1	現場日照強度	848	699	W/m^2		
2	組列電壓(數位綜合電表讀值)	89.6		V		
3	組列電壓(應檢人量測)	89.5	82.7	V		
4	組列電流(數位綜合電表讀值)	7.5		A		
5	組列電流(應檢人量測)	7.5	9.9	A		
6	蓄電池電流(數位綜合電表讀值)	5.1		A		
7	蓄電池電流(應檢人量測)	4.9		A		
8	負載總電流(數位綜合電表讀值)	18.8		A		
9	負載總電流(應檢人量測)	19.1		A		
10	直流發電比(R_A)計算式(應檢人量測值計算)	$\frac{89.5 \times 7.5 \times 1000}{260 \times 6 \times 848}$	$\frac{82.7 \times 9.9 \times 1000}{260 \times 6 \times 699}$			
11	直流發電比(R_A)計算值	0.51	0.75			

說明：
1. 直流發電比(R_A)需列出算式，記錄值1、2之數值或計算式錯誤，本紀錄表評定為不及格。
2.本紀錄表中，未依實際值記錄、單位填寫錯誤、判斷結果錯誤或R_A計算值錯誤，監評人員評定該小項為不及格，評定不及格之小項合計達 3 小項者，本紀錄表評定為不及格。
3.評定結果由監評人員填寫，上述各項評定結果及格打「○」，不及格打「×」。

紀錄表評審結果	□及格　□不及格（請註明原因）：
監評人員簽名	〈請勿於測試結束前先行簽名〉

獨立型系統電流量測與計算之紀錄範例圖

注意事項：高日照時，由於組列的發電能力大於電池蓄電及負載消耗，所以 R_A 值不易提高。

當日照低到一定程度時，組列發電功率小於負載消耗時，電池將會供電給負載，此時，電池電流爲負值，百晟 ADTEK 的直流電表可直接顯示負值。

(注意：負取樣的七泰電子公司 CTEC713P 電表僅能在功率項顯示負值，需注意紀錄表的填寫)。

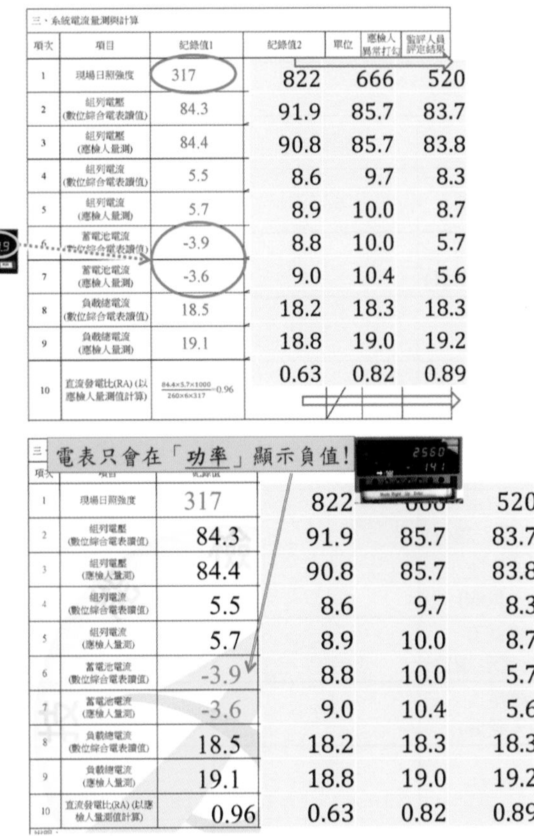

三、系統電流量測與計算

項次	項目	紀錄值1	紀錄值2	單位	應檢人異常打勾	監評人員評定結果
1	現場日照強度	317	822	666	520	
2	組列電壓(數位綜合電表讀值)	84.3	91.9	85.7	83.7	
3	組列電壓(應檢人量測)	84.4	90.8	85.7	83.8	
4	組列電流(數位綜合電表讀值)	5.5	8.6	9.7	8.3	
5	組列電流(應檢人量測)	5.7	8.9	10.0	8.7	
6	蓄電池電流(數位綜合電表讀值)	-3.9	8.8	10.0	5.7	
7	蓄電池電流(應檢人量測)	-3.6	9.0	10.4	5.6	
8	負載總電流(數位綜合電表讀值)	18.5	18.2	18.3	18.3	
9	負載總電流(應檢人量測)	19.1	18.8	19.0	19.2	
10	直流發電比(RA)(以應檢人量測值計算)	$\frac{84.4\times5.7\times1000}{260\times6\times317}=0.96$	0.63	0.82	0.89	

項次	項目	紀錄值			
1	現場日照強度	317	822	[illegible]	520
2	組列電壓(數位綜合電表讀值)	84.3	91.9	85.7	83.7
3	組列電壓(應檢人量測)	84.4	90.8	85.7	83.8
4	組列電流(數位綜合電表讀值)	5.5	8.6	9.7	8.3
5	組列電流(應檢人量測)	5.7	8.9	10.0	8.7
6	蓄電池電流(數位綜合電表讀值)	-3.9	8.8	10.0	5.7
7	蓄電池電流(應檢人量測)	-3.6	9.0	10.4	5.6
8	負載總電流(數位綜合電表讀值)	18.5	18.2	18.3	18.3
9	負載總電流(應檢人量測)	19.1	18.8	19.0	19.2
10	直流發電比(RA)(以應檢人量測值計算)	0.96	0.63	0.82	0.89

獨立型系統蓄電池電流負值紀錄表填寫範例

壹拾貳、術科測試試題第二測試試題第二站紀錄表

附表 2-2 P(1/2)

術科測試編號	0521104001	檢定日期	xxx 年 05 月 21 日
姓名	王小明	檢定起訖時間	13 時 00 分至 15 時 00 分
檢定系統類型	獨立型	檢定崗位	第 x 崗

一、送電前系統檢測

項次	項目	紀錄值	單位	應檢人異常打勾	監評人員評定結果
1	組列開路電壓	67.2	V		
2	蓄電池 開路電壓	25.8	V		
3	直流負載電阻	2.1	Ω		
4	交流負載電阻	40.6	Ω		

二、負載側配電箱量測

項次	項目	紀錄值	單位	應檢人異常打勾	監評人員評定結果
1	直流負載電流(數位綜合電表讀值)	10.6	A		
2	直流負載電流(應檢人量測)	10.8	A	/	
3	變流器輸入端電流(數位綜合電表讀值)	10.7	A		
4	變流器輸入端電流(應檢人量測)	10.4	A	/	

P(2/2)

三、系統電流量測與計算						
項次	項目	紀錄值1	紀錄值2	單位	應檢人異常打勾	監評人員評定結果
1	現場日照強度	833	456	W/m^2		
2	組列電壓 (數位綜合電表讀值)	49.3		V		
3	組列電壓 (應檢人量測)	50.0	51.4	V		
4	組列電流 (數位綜合電表讀值)	14.6		A		
5	組列電流 (應檢人量測)	15.7	8.6	A		
6	蓄電池電流 (數位綜合電表讀值)	10.9		A		
7	蓄電池電流 (應檢人量測)	10.4		A		
8	負載總電流 (數位綜合電表讀值)	22.4		A		
9	負載總電流 (應檢人量測)	22.0		A		
10	直流發電比 (R_A)計算式 (應檢人量測值計算)	$\frac{50.0\times15.7\times1000}{260\times4\times833}$	$\frac{51.4\times8.6\times1000}{260\times4\times456}$			
11	直流發電比 (R_A)計算值	0.90	0.85			

說明：
1. 直流發電比(R_A)需列出算式，算式錯誤，本紀錄表評定為不及格。
2.本紀錄表中，未依實際值記錄、單位填寫錯誤、判斷結果錯誤或未作判斷，監評人員評定該小項為不及格，評定不及格之小項合計達 3 小項者，本紀錄表評定為不及格。
3.評定結果由監評人員填寫，上述各項評定結果及格打「○」，不及格打「×」。

紀錄表評審結果	□及格　□不及格（請註明原因）：
監評人員簽名	〈請勿於測試結束前先行簽名〉

四片太陽能模組之獨立型系統電流量測與計算之紀錄範例

5. 完成工作。

   整理配線進入線槽，蓋上線槽蓋。若有拆下箱體蓋，回復原狀。

6. 繳交記錄表。

   在應檢時間內完成檢定。

7. 善後工作。

   完成後，將現場工具等復原與施工區域清潔(本項作業不列在檢定時間內，但列於評分項目)。

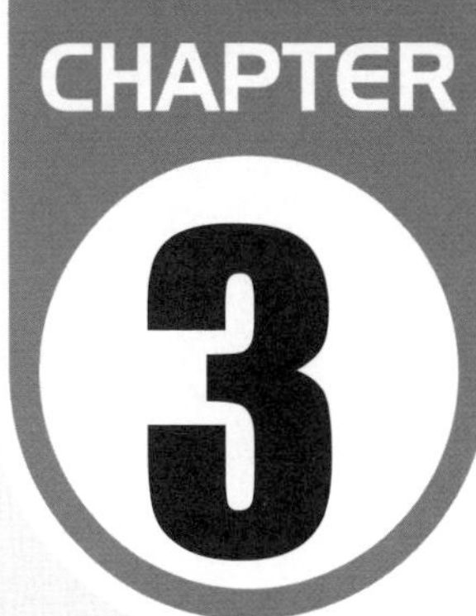

歷屆試題

105 年度 學科測試試題

單選題：

( ) 1. 下列何者為數位電表常用之量測協定？
(1)Modbus (2)ISO9060 (3)HTTP (4)IEC71624。

( ) 2. 當日照強度增加時，太陽光電模組的開路電壓會
(1)降低 (2)不變 (3)先增加再降低 (4)增加。

( ) 3. 使用電工刀剝除導線絕緣皮時，原則上應使刀口向
(1)外 (2)下 (3)內 (4)上。

( ) 4. 直流電流表其規格分流比為 100A：75mV；則匹配分流器為
(1)0.0075 (2)0.00075 (3)0.015 (4)0.0015 Ω。

( ) 5. 根據「屋內線路裝置規則」，避雷器與電源線間之導線及避雷器與大地間之接地導線其線徑應不小於
(1)8 (2)22 (3)5.5 (4)14 mm^2。

( ) 6. 依電工法規屋內配線設計圖符號標示，（符號）代表
(1)空氣斷路器 (2)電磁開關 (3)熔斷開關 (4)電力熔絲。

( ) 7. 下列何者不是安裝於直流接線箱之元件？
(1)串列開關 (2)機械式電表 (3)直流斷路器 (4)突波吸收器。

( ) 8. 當變流器被安裝於室外時，有關其保護等級要求，下列何者不正確？
(1)須達 IP45 以上 (2)須達 IP54 以上 (3)應具備防塵能力 (4)應具備防噴流能力。

( ) 9. 有關孤島效應的說明，下列何者不正確？
(1)放寬電壓及頻率範圍可增加對孤島效應的控制
(2)可透過監測市電電壓及頻率來控制
(3)孤島係指市電電網的某一部份，與電網其中部份隔離後仍處於持續運作的狀態
(4)孤島包含負載及發電設備。

( )10. 再生能源發電設備屬下列情形之一者，不以迴避成本或第一項公告費率取其較低者躉購：
(1)再生能源發展條例施行前，已運轉且未曾與電業簽訂購電契約
(2)運轉超過 20 年
(3)全國再生能源發電總設置容量達規定之獎勵總量上限後設置
(4)再生能源發電設備購電第 10 年起。

解答

1.(1)	2.(4)	3.(1)	4.(2)	5.(4)	6.(3)	7.(3)	8.(1)	9.(1)	10.(4)

( )11. 比壓器的二次側常用規格爲
(1)220 (2)380 (3)50 (4)110 V。

( )12. 太陽光電發電系統，電力網路因發生故障而導致電力中斷，未立即檢知並切離系統，在部份網路呈現獨立供電的現象稱爲
(1)孤島效應 (2)霍爾效應 (3)光伏效應 (4)充電效應。

( )13. 全天空輻射計輸出轉換爲 0-1600W/m^2/0-5V，若搭配數位顯示器作日照顯示並設定最大值爲 2000W/m^2，當實際日照強度爲 500W/m^2 時，顯示數值爲何？
(1)6.25 (2)4.33 (3)4.75 (4)5.75 V。

( )14. 三相電力系統 Y 型接線線電壓爲 380V，則其相電壓爲
(1)190 (2)220 (3)380 (4)127 V。

( )15. Pt100 型溫度感測器引線計有 3 條，其中 B 接點引出 2 條的功用爲何？
(1)白金阻體溫度補償用 (2)電壓輸出補償用
(3)導線阻抗補償用 (4)方便接線，接一線即可。

( )16. 依經濟部 101 年 12 月 20 日公布之「太陽光電變流器產品登錄作業要點」規定，有關申請登錄時應檢附之變流器通過認證之證明文件說明，下列何者不正確？
(1)具電磁相容之可資證明文件
(2)安規驗證證書
(3)文件的有效期限自申請日起算須至少 12 個月以上
(4)併聯驗證證書。

( )17. 根據「屋內線路裝置規則」，下列何種接地設施於人易觸及之場所時，自地面下 0.6 公尺至地面上 1.8 公尺均應以絕緣管或板掩蔽
(1)第三種 (2)第一種 (3)特種及第二種 (4)第一及第三種。

( )18. 太陽光電發電系統之組列中，若有部份模組受到局部遮蔭，則
(1)會降低整體系統的發電效率 (2)僅影響被遮蔽之模組的發電效率
(3)不會影響整體系統的發電效率 (4)系統損毀。

( )19. 配電線路沿道路架設，高壓線與地面至少應保持
(1)4.5 (2)6 (3)5 (4)5.5 公尺。

( )20. 根據「屋內線路裝置規則」，使用鐵管或鋼管或接地銅棒做接地極時，應垂直釘沒於地面下至少爲？
(1)1.0 (2)1.5 (3)2 (4)2.5 公尺。

解答

11.(4)	12.(1)	13.(1)	14.(2)	15.(3)	16.(3)	17.(3)	18.(1)	19.(4)	20.(1)

(　　)21. 下列哪項爲變壓器必須考慮極性的時機
(1)單相變壓器作屋內使用時　(2)單相變壓器作屋外使用時
(3)單相變壓器三相接線時　(4)單相變壓器做降壓使用時。

(　　)22. 下列何者非 IEC61724 中所定義之氣象量測項目？
(1)氣溫　(2)日照　(3)風速　(4)濕度。

(　　)23. Modbus 協定中的位址範圍爲
(1)0-999　(2)0-255　(3)0-99　(4)0-15。

(　　)24. 依 CNS15199 規定，當串列輸出電纜之連續載流量大於或等於串列短路電流之幾倍時，得省略該線路之過負載保護？
(1)1　(2)2　(3)1.25　(4)1.56　倍。

(　　)25. 太陽光電模組的 V_{MP}=18V，I_{MP}=8A，將此種模組做 10 串 2 並的組列，其 V_{MP} 及 I_{MP} 爲
(1)180V，8A　(2)36V，80A　(3)180V，16A　(4)36V，16A。

(　　)26. 長度與直徑均相同之銅線與鋁線，銅線之電阻比鋁線之電阻
(1)視溫度大小而定　(2)大　(3)小　(4)相等。

(　　)27. 依電工法規屋內配線設計圖符號標示如下圖，表示
(1)安全開關　(2)單極開關　(3)刀形開關　(4)接觸器。

(　　)28. 依電工法規屋內配線設計圖符號標示如下圖，代表
(1)三相三線△接地　(2)三相四線△非接地
(3)三相三線△非接地　(4)三相四線△一線捲中點接地。

(　　)29. 24V 蓄電池、最大電流 10A，採用導線線徑爲 $2.0mm^2$(電阻值 9.24Ω/km)，長度爲 10m，試求導線之最大壓降爲
(1)0.96%　(2)1.8%　(3)7.7%　(4)0.3%。

(　　)30. PV 系統維護需要中斷直流電路時，應
(1)關斷無熔絲開關　(2)拉開快速接頭　(3)壓開卡式保險絲座　(4)關斷隔離開關。

(　　)31. 單相 10kVA 變壓器，一次額定電壓爲 6600V，二次額定電壓爲 240V，則一次額定電流爲
(1)1.52　(2)15.2　(3)0.15　(4)152　A。

解答

21.(3)	22.(4)	23.(2)	24.(3)	25.(3)	26.(3)	27.(3)	28.(4)	29.(3)	30.(1)
31.(1)									

( )32. 依「再生能源發展條例」立法精神，我國推動再生能源推動機制為？
(1)碳稅 (2)電網饋電制度(feed-in Tariff, FIT) (3)綠色電價制度 (4)再生能源配比制(Renewable Portfolio Standard, RPS)。

( )33. 根據「屋內線路裝置規則」，儀表、訊號燈、比壓器及其他附有電壓線圈之設備，應由另一回路供應之，該電路之過電流保護裝置之額定值不得超過
(1)20 (2)30 (3)15 (4)40 A。

( )34. 經營電力網之電業與再生能源發電設備設置者，簽訂之購售電契約中應約定項目，不包括下列哪一事項？
(1)運轉 (2)併聯 (3)轉移 (4)查核。

( )35. 在標準測試條件(STC)下，量測太陽光電模組串列開路電壓，其值約為
(1)模組串列數×模組之 V_{OC} (2)模組之 V_{OC}
(3)模組之 V_{MP} (4)模組串列數×模組之 V_{MP}。

( )36. 下列哪些設備不可設於之太陽光電發電系統電源側
(1)串列隔離開關 (2)阻隔二極體 (3)交流斷路器 (4)串列過電流保護裝置。

( )37. 某類比式電壓表之滿刻度電壓為 200V 共有 200 格刻度，且可讀到 1/2 刻度，則其解析度為？
(1)1 (2)1/2 (3)1/4 (4)2 V。

( )38. 根據「屋內線路裝置規則」，變比器二次線接地應使用
(1)38 (2)14 (3)22 (4)5.5 mm^2 之導線。

( )39. 有關太陽光電發電設備設置，下列何者非屬得免依建築法規定申請雜項執照之項目
(1)設置於屋頂突出物，高度自屋頂突出物面起算 1.5 公尺以下
(2)設置於建築用地，高度自地面起算 3 公尺以上，其設置面積或建蔽率無限制
(3)於建築物露臺設置，高度自屋頂面起算 3 公尺以下
(4)於建築物屋頂設置，高度自屋頂面起算 3 公尺以下。

( )40. 下列那種低壓絕緣電線可在容許溫度 78℃下操作？
(1)交連 PE 電線(XLPE) (2)PE 電線 (3)耐熱 PVC 電線 (4)SBR 電線。

( )41. 下列 IEEE802.11 無線數據傳輸標準中，在無阻隔的情形下，何者傳輸距離最長？
(1)802.11n (2)802.11ac (3)802.11ah (4)802.11g。

( )42. 三相電路(V_P 相電壓、I_P 相電流、θ 相位角)下列何者敘述錯誤
(1)三相功率因數 PF=S/P (2)總無效功率 $Q=3V_PI_P\sin\theta$
(3)總視在功率 $S=3V_PI_P$ (4)總有效功率 $P=3V_PI_P\cos\theta$。

解答

32.(2) 33.(3) 34.(3) 35.(1) 36.(3) 37.(2) 38.(4) 39.(2) 40.(1) 41.(3)
42.(1)

(　　)43. 避雷器之英文代號爲

(1)LS　(2)LA　(3)DS　(4)CS。

(　　)44. 下列何者不是太陽光電模組用玻璃之要求？

(1)高光穿透性　(2)價格低廉　(3)高強度　(4)高鐵含量。

(　　)45. 低壓用電接地應採用何種接地

(1)第三種接地　(2)第一種接地　(3)第二種接地　(4)特種接地。

(　　)46. 依「屋內線路裝置規則」規定，該規則條文若與國家標準(CNS)有關時，下列何者正確？

(1)可參考 UL(美國 Underwriters Laboratories)

(2)可參考 VDE(德國 Verband Deutscher Elektrotechnikere)

(3)應以國家標準(CNS)爲準

(4)可參考 IEC(International Electrotechnical Commission)。

(　　)47. 依電工法規屋內配線設計圖符號標示如下圖，代表

(1)電路至配電箱　(2)線路交叉不連結

(3)埋設於地坪混凝土內或牆內管線　(4)埋設於平頂混凝土內或牆內管線。

———///———

8.0°22mm

(　　)48. 低壓線及接戶線之壓降，合計不得超過

(1)2.5%　(2)4%　(3)3%　(4)1.5%。

(　　)49. 太陽光電電源電路之最大電流等於併聯模組短路電流之總和等於 I^{SC} 乘以

(1)1.5　(2)1.0　(3)2.0　(4)1.25。

(　　)50. 有關太陽光電發電系統直流側安裝之說明，以下何者正確？

(1)只要變流器不啓動，接線好的直流接線箱內端子或電線是不會有電壓的

(2)直流電不會像交流電一樣對人體產生觸電危險

(3)用於任何直流部分之過電流保護裝置，應爲經確認可用於直流電路，且有適當之額定電壓、電流及啓斷容量者

(4)交流斷路器(MCB)，可作爲直流離斷開關。

(　　)51. 有關介於變流器輸出與建築物或構造物隔離設備間電路之導線線徑計算，下列何者正確？

(1)應以變流器之額定輸出決定　(2)應以組列之額定輸出決定

(3)應以交流斷路器之跳脫額定容量決定　(4)應以組列額定輸出之 1.25 倍決定。

(　　)52. 根據「屋內線路裝置規則」，第二種接地之接地電阻應低於

(1)50　(2)10　(3)100　(4)25　Ω。

解答

43.(2)	44.(4)	45.(1)	46.(3)	47.(4)	48.(2)	49.(4)	50.(3)	51.(1)	52.(1)

( )53. 分路用配電箱，其過電流保護器極數不得超過
(1)22 (2)42 (3)32 (4)52 個。

( )54. 電氣圖中之 VS 係指
(1)電壓切換開關 (2)單切開關 (3)電流切換開關 (4)選擇開關。

( )55. IEC61724 規範中所要求之電壓準確度為？
(1)1% (2)10% (3)2% (4)5% 以內。

( )56. 為鼓勵與推廣無污染之綠色能源，提升再生能源設置者投資意願，再生能源躉購費率不得低於下列何者？
(1)法律未明文規定 (2)國內電業化石燃料發電平均成本
(3)設置成本 (4)電業迴避成本。

( )57. 某太陽光電模組在 STC 測試條件下之開路電壓 V_{oc} 為 44.5V，若開路電壓溫度係數為 -0.125V/℃，當模組溫度為 45℃時，則其開路電壓為
(1)38.875 (2)44.5 (3)42 (4)47 V。

( )58. 依電工法規屋內配線設計圖符號標示如下圖，代表
(1)三相三線△非接地 (2)三相四線△一線捲中點接地
(3)三相四線△非接地 (4)三相三線△接地。

△

( )59. 變流器透過以下哪一種功能，可讓太陽光電組列發揮最大輸出功率？
(1)對市電逆送電 (2)將直流電轉成交流電
(3)併聯保護協調 (4)最大功率點追蹤(MPPT)。

複選題：

( )60. 驗證變壓器線圈層間絕緣強度之試驗，是
(1)無載試驗 (2)交流耐壓試驗 (3)感應電壓試驗 (4)絕緣電阻試驗。

( )61. 下列何者為太陽光電模組影響系統發電效能之因素？
(1)熱斑 (2)電池裂 (3)電位誘發衰減(PotentialInducedDegradation) (4)模組尺寸。

( )62. 電磁開關包含下列哪些元件？
(1)電力電驛 (2)限時電驛 (3)電磁接觸器 (4)積熱電驛。

( )63. 下列 IEEE802.11 無線數據傳輸標準中，何者有使用相同頻段？
(1)802.11ac 及 802.11n (2)802.11g 及 802.11n
(3)802.11a 及 802.11g (4)802.11ad 及 802.11n。

解答

53.(2) 54.(1) 55.(1) 56.(2) 57.(3) 58.(1) 59.(4) 60.(3) 61.(123) 62.(34)
63.(12)

(　)64. 屋內線路與通訊線路、水管、煤氣管等，若無法保持規定距離，採用之應變措施下列何者正確？

(1)採用電纜配線　(2)加裝絕緣物隔離　(3)採用金屬管配線　(4)採用磁珠配線。

(　)65. 下列何者是安裝於交流接線箱之元件？

(1)變流器　(2)直流斷路器　(3)機械式電表　(4)交流斷路器。

(　)66. 高壓交連 PE 電纜構造中，金屬遮蔽層功用包括

(1)接地故障電流之回路　(2)遮蔽感應電壓　(3)散熱　(4)突波電壓保護之回路。

(　)67. 日射計的世界標準分 ISO9060 與 WMO-No.8，下列哪些為 ISO9060 之日射計級別？

(1)SecondaryStandard　(2)SecondClass　(3)HighQuality　(4)FirstClass。

(　)68. 於下列哪些地點設置太陽光電發電設備，裝置容量應合併計算？

(1)經濟部加工出口區

(2)同一用電場所之場址

(3)土地地號於同一小段或無小段之同一段，且土地所有權人同一

(4)非用電場所同一地號之場址。

(　)69. 下列選項中哪些為開關符號？

(1)　(2)S_3　(3)　(4)Ⓢ。

(　)70. 有關突波吸收器之敘述，下列何者正確？

(1)可吸收來自雷擊或開關切換之突波

(2)安裝突波吸收器與接地端之連接線應儘可能短

(3)反應時間要快速

(4)串接於電路。

(　)71. 用電設備單獨接地之接地線連接線徑若過電流保護器之額定為 30A 以下時，可使用之銅接地導線為

(1)2.0mm^2　(2)2.0mm　(3)3.5mm^2　(4)1.6mm。

(　)72. 有效的接地系統

(1)維護工作人員安全　(2)可避免受到電擊的威脅

(3)可改善諧波失真問題　(4)提升功率因數。

(　)73. 以三相交流數位電表來量測三相四線式交流負載之相電壓、相電流及負載功率，若 CT 的匝數比設定正確無誤，下列哪幾組數值可判定出電表接線有誤？

(1)117V/5.1A/825W　(2)118V/5.1A/2205W　(3)225V/5.2A/4009W　(4)231V/4.1A/2211W。

解答

64.(123)　65.(34)　66.(124)　67.(124)　68.(234)　69.(24)　70.(123)
71.(23)　72.(123)　73.(23)

( )74. 下列哪些爲變流器產品驗證項目？
(1)併網 (2)安規 (3)系統發電效率 (4)電磁相容。

( )75. 變流器的轉換效率與下列哪些項目有關？
(1)輸入電壓 (2)市電頻率
(3)組列最大功率點追蹤能力 (4)輸入功率與額定功率的比例。

( )76. 變壓器依其負載的特性可分爲
(1)定電壓 (2)定電流 (3)單繞組 (4)雙繞組。

( )77. 太陽光電模組串列檢查包含下列哪些項目？
(1)短路電流量測 (2)絕緣電阻量測 (3)開路電壓量測 (4)壓力量測。

( )78. 太陽光電發電系統組列絕緣測試，下列何者敘述正確？
(1)量測組列迴路與系統接地端之電阻 (2)測試時須注意放電
(3)系統超過 500V 測試電壓爲 1000V (4)測試電壓應大於系統開路電壓。

( )79. 依「再生能源發展條例」規定，下列說明何者爲正確？
(1)在既有線路外，加強電力網之成本，由再生能源發電設備設置者負擔
(2)電業躉購再生能源電能，應與再生能源發電設備設置者簽訂契約
(3)電業衡量電網穩定性，在現有電網最接近再生能源發電集結地點予以併聯、躉購
(4)再生能源發電設備及電力網連接之線路，由經營電力網之電業興建及維護。

( )80. 下列對電器外殼保護等級防噴水型之說明，何者正確？
(1)表示對外殼朝任意方向進行強力噴水，應不造成損壞性影響
(2)代碼爲 6
(3)表示對外殼朝任意方向進行噴水，應不造成損壞性影響
(4)代碼爲 5。

解答

74.(124) 75.(134) 76.(12) 77.(123) 78.(234) 79.(23) 80.(34)

106-1 年度 學科測試試題

單選題：

( ) 1. 依電工法規屋內配線設計圖符號標示，(S)代表

(1)拉線開關 (2)單插座開關 (3)四路開關 (4)三路開關。

( ) 2. 再生能源發電設備設置者與電業間之爭議，中央主管機關原則應於受理申請調解之日起多久內完成？

(1)1 個月 (2)2 個月 (3)6 個月 (4)3 個月。

( ) 3. 全天空輻射計輸出轉換爲 0-1600W/m^2/0-5V，若搭配數位顯示器作日照顯示並設定最大值爲 2000W/m^2，當實際日照強度爲 500W/m^{2}時，顯示數值爲何？

(1)5.75 (2)6.25 (3)4.75 (4)4.33 V。

( ) 4. 避雷器是一種

(1)過電阻 (2)過電壓保護設備 (3)過電抗 (4)過電流。

( ) 5. 依電工法規屋內配線設計圖符號標示，═⊖ GWP 代表

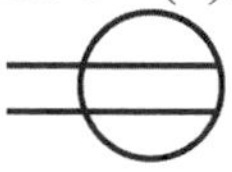

(1)接地型單插座 (2)接地屋外型插座 (3)電爐插座 (4)接地型專用雙插座。

( ) 6. 下列何者是太陽光電模組常用的封裝材料？

(1)PVC (2)PVA (3)PVB (4)EVA。

( ) 7. 以螺絲固定模組與支撐架，應採用下列何者工具？

(1)扭力板手 (2)壓接鉗 (3)電工鉗 (4)螺絲起子。

( ) 8. 銷往歐洲之薄膜太陽電池模組，需通過那些項目之產品驗證？

(1)IEC61215 及 IEC61730 (2)UL1703

(3)IEC61646 及 IEC61730 (4)IEC61215 及 IEC61646。

( ) 9. 理想之電壓表，理論上其內阻應

(1)無關 (2)愈小愈好 (3)等於零 (4)愈大愈好。

( )10. 下列何者不會影響太陽光電模組發電效率？

(1)大氣壓力 (2)氣溫 (3)太陽能電池破裂 (4)遮蔭。

( )11. 單一封閉體（箱體）或在開關盤之內可安裝開關或斷路器之最大數量爲

(1)不得超過五個 (2)不得超過六個 (3)不得超過三個 (4)不得超過八個。

( )12. 高壓交連 PE 電纜構造中，何者可作爲電纜之突波電壓保護及接地故障電流之回路

(1)金屬遮蔽層 (2)內半導電層 (3)外半導電層 (4)外皮。

解答

1.(1) 2.(4) 3.(2) 4.(2) 5.(2) 6.(4) 7.(1) 8.(3) 9.(4) 10.(1)
11.(2) 12.(1)

( )13. 下列有關智慧財產權行爲之敘述，何者有誤？

(1)製造、販售仿冒品不屬於公訴罪之範疇，但已侵害商標權之行爲

(2)以 101 大樓、美麗華百貨公司做爲拍攝電影的背景，屬於合理使用的範圍

(3)原作者自行創作某音樂作品後，即可宣稱擁有該作品之著作權

(4)商標權是爲促進文化發展爲目的，所保護的財產權之一。

( )14. IEC61724 規範中所要求之電壓準確度爲？

(1)2% (2)1% (3)10% (4)5% 以內。

( )15. 下列何者非爲防範有害物食入之方法？

(1)有害物與食物隔離 (2)穿工作服 (3)常洗手、嗽口 (4)不在工作場所進食或飲水。

( )16. 房屋仲介公司將客戶資料保存在公司的電腦中，爲防止資料被竊取、竄改、毀損、滅失或洩漏，下列維護措施何者不正確？

(1)建立個人資料蒐集、處理及利用之內部管理程序 (2)將電腦檔案全部銷毀只保留紙本資料 (3)配置管理之人員及相當資源 (4)認知宣導及教育訓練。

( )17. 連結量測儀表時，若距離超過 18 公尺，下列連線方式何者不適合？

(1)RS422 (2)RS232 (3)RS485 (4)乙太網路(Ethernet)。

( )18. 如隔離設備在啓開位置時，端子有可能帶電者，以下標識處置何者不宜？

(1)在隔離設備上或鄰近處應設置警告標識

(2)標示「警告小心！觸電危險！切勿碰觸端子！啓開狀態下線路側及負載側可能帶電」

(3)如果有數個地點安裝隔離設備，可統一於一處標示

(4)標識應清晰可辨。

( )19. 變流器的最大功率點追蹤(MPPT)功能有一定之電壓範圍，爲達到較佳的發電性能，下列說明何者爲正確？

(1)無須特別考量太陽光電組列的最大功率電壓範圍與變流器 MPPT 電壓範圍之關係

(2)太陽光電組列的最大功率電壓範圍應涵蓋變流器 MPPT 電壓範圍

(3)太陽光電組列的最大功率電壓範圍可以部份涵蓋變流器 MPPT 電壓範圍

(4)變流器 MPPT 電壓範圍應涵蓋太陽光電組列的最大功率電壓範圍。

( )20. 根據「屋內線路裝置規則」，第二種接地之接地電阻應低於

(1)25 (2)10 (3)50 (4)100 Ω。

解答

13.(1) 14.(2) 15.(2) 16.(2) 17.(2) 18.(3) 19.(4) 20.(3)

(　　)21. 下列對變流器轉換效率特性的說明何者為不正確？
(1)歐規轉換效率只限於歐洲使用
(2)同一變流器，歐規轉換效率低於最大轉換效率
(3)歐規轉換效率是一種經權重計算過的轉換效率
(4)轉換效率是變流器交流輸出功率與直流輸入功率之比值。

(　　)22. 行為人以竊取等不正當方法取得營業秘密，下列敘述何者正確？
(1)已構成犯罪　(2)只要後續沒有造成所有人之損害便不構成犯罪　(3)只要後續沒有出現使用之行為便不構成犯罪　(4)只要後續沒有洩漏便不構成犯罪。

(　　)23. 下列何者非屬工作安全分析中「潛在的危險」？
(1)天災　(2)不安全環境　(3)不安全行為　(4)不安全設備。

(　　)24. 根據「屋內線路裝置規則」，第三種接地對地電壓低於 150V 時之接地電阻應低於
(1)10　(2)25　(3)50　(4)100　Ω。

(　　)25. 有效減少對感測器(sensor)的雜訊干擾的方法之一為
(1)保持高溫　(2)確實隔離與接地　(3)增加引線長度　(4)增加放大率。

(　　)26. 依據電工法規屋內配線設計圖，如圖所示 VS 為
(1)選擇開關　(2)伏特計切換開關　(3)限制開關　(4)安培計切換開關。

(　　)27. 有關太陽光電發電系統隔離設備標示，下列何者正確？
(1)應加以永久標示　(2)不必標示
(3)於隔離設備外表以塗顏色標示即可　(4)有無標示均可。

(　　)28. 太陽光電發電設備設置於屋頂，下列何者正確？
(1)不得超出外牆 2 公尺　(2)不得超出該設置區域
(3)不得超出外牆 1 公尺　(4)不得超出外牆 1.5 公尺。

(　　)29. 3.3kV/110V 變壓器如二次線圈為 20 匝，則一次圈數為
(1)200　(2)400　(3)600　(4)800　匝。

(　　)30. 搭配交流電表使用之比流器係運用哪項定律
(1)高斯定律　(2)歐姆定律　(3)牛頓運動定律　(4)法拉第定律。

(　　)31. 大多數之交流電表都是指示正弦波的
(1)峰值　(2)峰對峰值　(3)平均值　(4)有效值。

(　　)32. 變壓器鐵心應具備
(1)導磁係數高，磁滯係數高　(2)導磁係數低，磁滯係數高
(3)導磁係數高，磁滯係數低　(4)導磁係數低，磁滯係數低　之特性。

解答

21.(1)　22.(1)　23.(1)　24.(4)　25.(2)　26.(2)　27.(1)　28.(2)　29.(3)　30.(4)
31.(4)　32.(3)

( )33. 使用 RS232 連接電腦與數位電表，電腦端的 DB9 接頭至少需配接哪幾隻針腳才能實現全雙工通訊？

(1)2,3,5 (2)1,4,7 (3)2,5,8 (4)1,3,5。

( )34. 依據電工法規屋內配線設計圖，如圖所示(VAR)爲

(1)功因表 (2)瓦時表 (3)功率表 (4)無效功率表。

( )35. 下列何者爲影響矽晶太陽光電模組壽命之最主要關鍵？

(1)封裝材料 (2)接線盒 (3)太陽電池 (4)玻璃。

( )36. 地下配電工作時，應注意電源方向爲

(1)下方 (2)上方 (3)雙向 (4)單向。

( )37. 針對在我國境內竊取營業秘密後，意圖在外國、中國大陸或港澳地區使用者，營業秘密法是否可以適用？

(1)可以適用，但若屬未遂犯則不罰

(2)可以適用並加重其刑

(3)無法適用

(4)能否適用需視該國家或地區與我國是否簽訂相互保護營業秘密之條約或協定。

( )38. 太陽光電電源電路之最大電流等於併聯模組短路電流之總和爲 I_{SC} 乘以

(1)2.0 (2)1.0 (3)1.25 (4)1.5。

( )39. 太陽光電系統之輸出電路，其配線佈設於建築物或構造物內者，該電路自建築物貫穿點至第一個隔離設備間之配線/配管方式，下列何者不正確？

(1)採用可供接地用之鎧裝電纜 (2)裝設於金屬管槽內

(3)配線不必放置於配管中 (4)裝設於 PVC 管內。

( )40. 配電盤上用來記錄無效電功率之儀表爲

(1)kWH (2)PF (3)kVAR (4)kW。

( )41. 監測 PV 系統發電時，與日照變化有關之量，以下監測取樣週期何者不合適？

(1)100 (2)60 (3)30 (4)10 秒。

( )42. 直流電流表其規格分流比爲 100A：75mV；則匹配分流器爲

(1)0.0015 (2)0.015 (3)0.0075 (4)0.00075 Ω。

( )43. 數位式電壓表之最大電壓指數爲 199.9V 時，其顯示位數爲

(1)5 (2)4 (3) $3\frac{1}{2}$ (4) $4\frac{1}{2}$ 位數。

( )44. 絕緣電線裝於周溫高於 35℃處所，當溫度越高其安培容量

(1)不變 (2)越高 (3)越低 (4)依線材而定。

解答

33.(1)	34.(4)	35.(1)	36.(3)	37.(2)	38.(3)	39.(3)	40.(3)	41.(1)	42.(4)
43.(3)	44.(3)								

( )45. 銷往歐洲之矽晶太陽電池模組，需通過那些項目之產品驗證？
(1)UL1703 (2)IEC61215 及 IEC61646
(3)IEC61215 及 IEC61730 (4)IEC61646 及 IEC61730。

( )46. 下列對變流器轉換效率特性的說明何者爲正確？
(1)輸入功率等於額定功率 (2)轉換效率與輸入功率無關
(3)低輸入功率時的轉換效率較佳 (4)低輸入功率時的轉換效率較差。

( )47. 以下說明，何者不正確？
(1)爲維護變流器，直流端應裝置隔離裝置
(2)爲維護變流器，交流端應裝置隔離裝置
(3)變流器之直流端應裝置直流離斷開關
(4)變流器之直流端無須裝置直流離斷開關。

( )48. 分段開關(DS)之功能爲
(1)可啓開及投入故障電流 (2)無負載時可啓開電源
(3)可啓開及投入負載電流 (4)可啓開負載電流但不可以投入負載電流。

( )49. 分路用配電箱，其過電流保護器極數不得超過
(1)22 (2)52 (3)42 (4)32 個。

( )50. 設置太陽光電發電設備，應由依法登記開業或執業之專業人員出具結構安全證明書，不包括下列何者？
(1)機械技師 (2)建築師 (3)結構技師 (4)土木技師。

( )51. 依「再生能源發展條例」立法精神，我國推動再生能源推動機制爲
(1)電網饋電制度(feed-in Tariff,FIT) (2)再生能源配比制(Renewable Portfolio Standard, RPS) (3)碳稅 (4)綠色電價制度。

( )52. 我國職業災害勞工保護法，適用之對象爲何？
(1)未加入勞工保險而遭遇職業災害之勞工 (2)未參加團體保險之勞工
(3)失業勞工 (4)未投保健康保險之勞工。

( )53. 根據「屋內線路裝置規則」，分路中被接地導線
(1)視需要裝開關或斷路器
(2)應裝開關或斷路器
(3)得裝開關或斷路器但不可與非接地導線同時啓斷
(4)不得裝開關或斷路器。

解答

45.(3) 46.(4) 47.(4) 48.(2) 49.(3) 50.(1) 51.(1) 52.(1) 53.(4)

( )54. 進行液態氮鋼瓶充填作業之地下室，若外洩之氮氣充滿地下室，當勞工進入時，可能會發生下列何種災害？
(1)火災 (2)缺氧窒息 (3)中毒 (4)過敏。

( )55. 目前台灣的變壓器使用頻率額定爲
(1)60 (2)50 (3)40 (4)30 Hz。

( )56. 依據台電公司 98 年 12 月 8 日公布「再生能源發電系統併聯技術要點」規定，發電設備輸出直流成分不得高於額定輸出電流多少百分比，否則需裝設隔離設備，
(1)5% (2)0.5% (3)1% (4)2%。

( )57. 依電工法規屋內配線設計圖符號標示，[符號] 代表
(1)區分器 (2)熔絲開關 (3)復閉器 (4)電力斷路器(平常開啓)。

( )58. 依電工法規屋內配線設計圖符號標示，[符號] 代表
(1)仟乏計 (2)整流器 (3)插動電驛 (4)瓦特計。

( )59. 依電工法規屋內配線設計圖符號標示，[符號] 代表
(1)安全開關 (2)可變電阻器 (3)四路開關 (4)可變電容器。

複選題：

( )60. 根據「屋內線路裝置規則」，避雷器之接地電阻應在
(1)10 (2)5 (3)50 (4)100 Ω 以下。

( )61. RS485 可操作於下列何者通訊模式？
(1)3 線式全雙工 (2)2 線式半雙工 (3)4 線式全雙工 (4)2 線式全雙工。

( )62. 依「再生能源發展條例」規定，下列說明何者正確？
(1)再生能源發電設備及電力網連接之線路，由經營電力網之電業興建及維護
(2)在既有線路外，加強電力網之成本，由再生能源發電設備設置者負攤
(3)電業躉購再生能源電能，應與再生能源發電設備設置者簽訂契約
(4)電業衡量電網穩定性，在現有電網最接近再生能源發電集結地點予以併聯、躉購。

( )63. 有關太陽光電發電設備之躉購費率說明，下列敘述何者正確？
(1)契約20年到期後即不能持續售電 (2)依與電業簽訂購售電契約日適用電能躉購費率
(3)自完工日起躉購 20 年 (4)依完工運轉併聯日適用電能躉購費率。

( )64. 有效的接地系統
(1)可改善諧波失眞問題 (2)可避免受到電擊的威脅
(3)提升功率因數 (4)維護工作人員安全。

解答

54.(2) 55.(1) 56.(2) 57.(4) 58.(2) 59.(2) 60.(1) 61.(23) 62.(34) 63.(34)
64.(124)

( )65. 太陽光電模組串列接至直流箱或接續箱時需注意下列哪些事項？
(1)模組串列之開路電壓是否正確 (2)端子極性 (3)接線極性 (4)模組尺寸。

( )66. 關於導線槽之使用，下列何者正確？
(1)金屬導線槽應在每距 1.5 公尺處加一固定支撐
(2)非金屬導線槽距終端或連接處 90 公分內應有一固定支撐
(3)導線槽之終端，應予封閉
(4)導線槽不得穿過牆壁伸展之。

( )67. 關於非金屬管之適用範圍，下列何者正確？
(1)供作燈具及其他設備之支持物
(2)直埋於地下者其埋於地面下之深度不得低於 600 公厘
(3)得使用於 600V 以下易受碰損之處
(4)得使用於 600V 以下不受人為破壞之明管裝置場所。

( )68. 安裝太陽光電模組需要注意哪些角度
(1)方位角 (2)傾斜角 (3)轉折角 (4)直角。

( )69. 太陽光電發電系統無輸出，日照正常時經檢查短路電流為零，可能原因為何？
(1)保險絲熔斷 (2)DC 開關接點故障 (3)接線脫落 (4)日照計故障。

( )70. 有關變流器的最大功率點追蹤(MPPT)電壓範圍，下列說明何者為不正確？
(1)無需特別考量變流器 MPPT 與組列最大功率的電壓範圍
(2)組列的最大功率電壓範圍應涵蓋變流器 MPPT 電壓範圍
(3)變流器 MPPT 電壓範圍應涵蓋組列的最大功率電壓範圍
(4)組列的開路電壓範圍應涵蓋變流器 MPPT 電壓範圍。

( )71. 下列對電器外殼保護等級防噴水型之說明，何者正確？
(1)表示對外殼朝任意方向進行噴水，應不造成損壞性影響
(2)代碼為 5
(3)表示對外殼朝任意方向進行強力噴水，應不造成損壞性影響
(4)代碼為 6。

( )72. 市面上太陽光電發電系統使用集合式電表之 RS485 傳輸速度(bits/s)有
(1)4400 (2)9600 (3)2200 (4)19200。

( )73. 下列選項中那些為接地保護電驛符號？

解答

65.(123) 66.(123) 67.(24) 68.(12) 69.(123) 70.(124) 71.(12) 72.(24) 73.(23)

( )74. 有關孤島效應的說明，下列何者正確？
(1)可能干擾電力系統恢復供電
(2)對市電線路(含電力設施)作業員造成危險
(3)併聯型太陽光電系統造成孤島效應後，市電復電時很容易再併聯
(4)可能造成用戶設備損壞。

( )75. 直流數位電表顯示之電壓爲負且電流爲正但數値不正確，可能原因爲何？
(1)數位電表未接電源 (2)分流器規格不對
(3)電表之電壓正負端點接線錯誤 (4)分流器正負接反。

( )76. 下列哪些是特種接地適用之處所
(1)內線系統接地
(2)高壓用電設備接地
(3)三相四線多重接地系統供電地區用戶變壓器之低壓電源系統接地
(4)低壓設備接地。

( )77. 下列何者不是變壓器之常用導磁材料
(1)鋁線 (2)銅線 (3)矽鋼片 (4)邁拉紙。

( )78. 有關過電流保護說明，下列何者正確？
(1)對變流器輸出之導線與設備應予過電流保護
(2)對串列直流熔線不需定期檢查是否安裝牢固
(3)對串列輸出之導線及設備應採用直流熔線予以保護
(4)直流熔線或交流熔線均可用於對組列輸出導線的保護。

( )79. 有關突波吸收器之敘述，下列何者正確？
(1)反應時間要快速
(2)串接於電路
(3)安裝突波吸收器與接地端之連接線應儘可能短
(4)可吸收來自雷擊或開關切換之突波。

( )80. 根據「屋內線路裝置規則」，三相匯流排 A、B、C 相之安排，面向配電盤或配電箱應由
(1)前到後 (2)底到頂 (3)頂到底 (4)後到前 或由左到右排列。

解答

74.(124) 75.(23) 76.(23) 77.(124) 78.(13) 79.(134) 80.(13)

106-2 年度 學科測試試題

單選題：

( ) 1. 根據「屋內線路裝置規則」，低壓用電設備接地應採
(1)第二種接地 (2)特種接地 (3)第一種接地 (4)第三種接地。

( ) 2. 銷往歐洲之矽晶太陽電池模組，需通過那些項目之產品驗證？
(1)IEC61215 及 IEC61646 (2)IEC61215 及 IEC61730
(3)IEC61646 及 IEC61730 (4)UL1703。

( ) 3. 太陽光電模組封裝材料，何者含有抗 UV 的成分？
(1)Glass (2)Cell Circuit (3)Tedlar (4)EVA。

( ) 4. 瓦時計電壓線圈的構造為？
(1)匝數多、線徑細 (2)匝數少、線徑細 (3)匝數少、線徑粗 (4)匝數多、線徑粗。

( ) 5. 交連 PE 電纜最高連續使用溫度為
(1)75 (2)90 (3)65 (4)110 ℃。

( ) 6. 當太陽日照強度增加時，太陽光電模組的短路電流會
(1)增加 (2)先增加再降低 (3)降低 (4)不變。

( ) 7. Pt100 型溫度感測器引線計有 3 條，其中 B 接點引出 2 條的功用為何？
(1)白金阻體溫度補償用 (2)方便接線，接一線即可
(3)電壓輸出補償用 (4)導線阻抗補償用。

( ) 8. 身為專業技術工作人士，應以何種認知及態度服務客戶？
(1)若客戶不瞭解，就盡量減少成本支出，抬高報價
(2)遇到維修問題，盡量拖過保固期
(3)主動告知可能碰到問題及預防方法
(4)隨著個人心情來提供服務的內容及品質。

( ) 9. 配電箱之分路額定値如為 30 安培以下者，其主過電流保護器應不超過
(1)200 (2)150 (3)50 (4)100 A。

( )10. 較長距離的感測器訊號傳送時，建議使用 4~20mA 閉電流迴路之原因為何？
(1)抗雜訊能力佳 (2)線性度較佳 (3)降低準確位數 (4)考量功率之損耗。

解答

1.(4)	2.(2)	3.(4)	4.(1)	5.(2)	6.(1)	7.(4)	8.(3)	9.(1)	10.(1)

( )11. 全天空輻射計輸出轉換為 0-1600W/m²/0-5V，若搭配數位顯示器作日照顯示並設定最大值為 2000W/m²，當實際日照強度為 500W/m² 時，顯示數值為何？
(1)6.25 (2)4.75 (3)5.75 (4)4.33 V。

( )12. 為了測量交流大電流,配合電流表宜使用
(1)儀表用比壓器 (2)電壓調整器 (3)倍率器 (4)比流器。

( )13. 無熔絲開關之 AF 代表
(1)額定電流 (2)跳脫電流 (3)故障電流 (4)框架電流。

( )14. 依電工法規屋內配線設計圖符號標示，⏚代表
(1)線路分歧接點 (2)電纜頭 (3)線路交叉不連結 (4)接地。

( )15. 石綿最可能引起下列何種疾病？
(1)心臟病 (2)間皮細胞瘤 (3)巴金森氏症 (4)白指症。

( )16. 使用 RS232 連接電腦與數位電表，電腦端的 DB9 接頭至少需配接哪幾隻針腳才能實現全雙工通訊？
(1)1,3,5 (2)2,5,8 (3)2,3,5 (4)1,4,7。

( )17. 有關太陽光電系統線路之安裝，以下何者不正確？
(1)為降低閃電引起之突波電壓，所有配線迴路面積應儘量縮小
(2)應於交流輸出端，安裝短路或過電流保護裝置
(3)因太陽光電發電設備較為特殊，可不須依照「屋內線路裝置規則」規定施工
(4)模組串接只能到模組與變流器最大容許電壓之允許片數。

( )18. 二具變壓器欲並聯使用時，不用考慮
(1)變壓比須相同 (2)尺寸大小 (3)百分阻抗須相等 (4)頻率須相同。

( )19. 桿上變壓器備有多個電壓分接頭之主要目的為
(1)調整電容 (2)調整電壓 (3)調整電抗 (4)調整電流。

( )20. 下列何者不是矽晶太陽光電模組產線必須使用之設備？
(1)封裝機(Laminator) (2)太陽光模擬器(Simulator)
(3)壓力釜(Autoclave) (4)焊接機(Stringer)。

( )21. 限時電驛中，一般稱 ONDELAYTIMER 是指？
(1)斷電延遲 (2)閃爍電驛 (3)通電延遲 (4)通電/斷電延遲。

解答

11.(1) 12.(4) 13.(4) 14.(4) 15.(2) 16.(3) 17.(3) 18.(2) 19.(2) 20.(3)
21.(3)

(　)22. 與公務機關有業務往來構成職務利害關係者，下列敘述何者正確？
(1)將餽贈之財物請公務員父母代轉，該公務員亦已違反規定
(2)機關公務員藉子女婚宴廣邀業務往來廠商之行爲，並無不妥
(3)高級茶葉低價售予有利害關係之承辦公務員，有價購行爲就不算違反法規
(4)與公務機關承辦人飲宴應酬爲增進基本關係的必要方法。

(　)23. 在標準測試條件(STC)下，量測太陽光電模組串列短路電流，其值約爲
(1)模組串列數×模組之 I_{SC}　(2)模組串列數×模組之 I_{MP}
(3)模組之 I_{SC}　(4)模組之 I_{MP}。

(　)24. Modbus 協定中的位址範圍爲
(1)0-15　(2)0-999　(3)0-99　(4)0-255。

(　)25. 絕緣導線線徑描述，下列何者正確
(1)絞線 3.5 係指其導體直徑　(2)單心線 2.0 係指其導體截面積
(3)絞線 5.5 係指其中單一根導體直徑　(4)絞線 5.5 係指其導體截面積。

(　)26. 太陽光電發電設備設置於屋頂，下列何者正確？
(1)不得超出外牆 1 公尺　(2)不得超出外牆 2 公尺
(3)不得超出該設置區域　(4)不得超出外牆 1.5 公尺。

(　)27. 依「再生能源發電設備設置管理辦法」規定，太陽光電發電設備係指下列何者？
(1)直接利用地熱田產出之熱蒸汽推動汽輪機發電，或利用地熱田產生之熱水加溫工作流體使其蒸發爲氣體後，以之推動氣渦輪機之發電設備
(2)指農林植物、沼氣及國內有機廢棄物直接利用或經處理所產生之能源
(3)利用太陽電池轉換太陽光能爲電能之發電設備
(4)指轉換風能爲電能之發電設備。

(　)28. 下列何處之太陽光電發電系統中設備之間的連接線可採用一般室內配線用電線？
(1)變流器至交流配電盤之間　(2)直流接線箱至變流器之間　(3)組列至直流接線箱之間　(4)太陽光電模組之間。

(　)29. 勞工服務對象若屬特殊高風險族群，如酗酒、藥癮、心理疾患或家暴者，則此勞工較易遭受下列何種危害？
(1)身體或心理不法侵害　(2)中樞神經系統退化　(3)聽力損失　(4)白指症。

(　)30. 根據「屋內線路裝置規則」，下列何種接地設施於人易觸及之場所時，自地面下 0.6 公尺至地面上 1.8 公尺均應以絕緣管或板掩蔽
(1)第一種　(2)第一及第三種　(3)第三種　(4)特種及第二種。

解答

22.(1)　23.(3)　24.(4)　25.(4)　26.(3)　27.(3)　28.(1)　29.(1)　30.(4)

( )31. 有關隔離開關與隔離設備之說明，以下何者不正確？
(1)雖隔離開關僅用於太陽光電組列之維護，亦不得裝設於接地導線
(2)太陽光電隔離設備應裝設於輕易可觸及處，不論建築物或構造物外部或最接近系統導體(線)進屋點內部皆可，但排除浴室
(3)若該開關僅爲合格人員可觸及，接地導線亦得裝設隔離開關
(4)若該開關之額定適用於任何運轉狀況下呈現之最大直流額定電壓及額定電流，包括接地故障情況，接地導線亦得裝設隔離開關。

( )32. 根據「屋內線路裝置規則」，連接避雷器之導線應盡量縮短並避免彎曲並不得以
(1)金屬管 (2)PVC 管 (3)電纜線 (4)非金屬線槽 保護。

( )33. 根據「屋內線路裝置規則」，避雷器與電源線間之導線及避雷器與大地間之接地導線應使用
(1)鋼心鋁線 (2)鋁匯流排 (3)鋁線 (4)銅線或銅電纜線。

( )34. 員工想要融入一個組織當中，下列哪一個做法較爲可行？
(1)經常拜訪公司的客戶 (2)經常參與公司的聚會與團體活動
(3)經常送禮物給同事 (4)經常加班工作到深夜。

( )35. 下列何者爲目前一般常用薄膜太陽光電模組之封裝結構順序？
(1)玻璃/太陽電池電路/EVA/玻璃
(2)玻璃/太陽電池電路/EVA/Tedlar
(3)玻璃/EVA/太陽電池電路/EVA/Tedlar
(4)玻璃/EVA/太陽電池電路/EVA/玻璃。

( )36. 太陽能電池的 I-V 特性曲線與 X 軸相交點爲
(1)功率 (2)填充因子(F.F) (3)效率 (4)開路電壓。

( )37. 直流電流表其規格分流比爲 100A：75mV；則匹配分流器爲
(1)0.015 (2)0.0075 (3)0.00075 (4)0.0015 Ω。

( )38. 已具熱適應的勞工，經 3 天休假後(若休假處所之溫度低於工作環境之溫度)，其熱適應的能力變化一般爲何？
(1)部分損失 (2)完全損失 (3)忽高忽低 (4)不變。

( )39. 以下說明，何者不正確？
(1)爲維護變流器，交流端應裝置隔離裝置
(2)爲維護變流器，直流端應裝置隔離裝置
(3)變流器之直流端應裝置直流離斷開關
(4)變流器之直流端無須裝置直流離斷開關。

解答

31.(1) 32.(1) 33.(4) 34.(2) 35.(2) 36.(4) 37.(3) 38.(1) 39.(4)

(　)40. 根據「屋內線路裝置規則」，使用銅板做接地極時，其厚度至少為？
(1)1.0　(2)0.7　(3)0.1　(4)1.5　公厘以上。

(　)41. 下列有關著作權的敘述，何者不正確？
(1)著作權的侵害屬於「非告訴乃論」罪，當發生侵害時，著作權人可以自己決定到底要不要對侵權之人進行刑事告訴
(2)到攝影展拍攝展示的作品，分贈給朋友，已侵害著作權的行為
(3)為紀念已故著作人，劇組導演可改拍原著作人的作品，但必須待著作權存續期消滅
(4)著作財產權是財產權的一種，可轉讓他人，也可由繼承人依法繼承。

(　)42. 依電工法規屋內配線設計圖符號標示如下圖，表示
(1)避雷器　(2)電熱器　(3)方向性接地電驛　(4)直流電動機。

(　)43. 下列何項保護功能非作為太陽光電變流器內建孤島保護偵測之用途？
(1)低電壓保護　(2)低頻保護　(3)過電流保護　(4)高頻保護。

(　)44. 太陽光電發電系統組列之電壓低於 500V，正極對接地絕緣電阻量測，絕緣測試器之測試電壓為
(1)500　(2)150　(3)250　(4)100　V。

(　)45. 為防止異質金屬間的電位銹蝕，異質金屬接觸面間，宜使用下列何種墊片隔離？
(1)耐候絕緣墊片　(2)銅材質墊片　(3)鋁材質墊片　(4)不銹鋼墊片。

(　)46. 用戶自備線管
(1)可沿配電場(室)內之地板牆角穿過　(2)若不影響供電設備之裝設，得准予穿過配電場(室)內　(3)可沿配電場(室)內天花板靠牆邊穿過　(4)不得穿過配電場(室)內。

(　)47. 下列那種低壓絕緣電線可在容許溫度 78℃下操作？
(1)PE 電線　(2)SBR 電線　(3)耐熱 PVC 電線　(4)交連 PE 電線(XLPE)。

(　)48. 變壓器鐵心所用材料屬於
(1)導電材料　(2)絕緣材料　(3)隔熱材料　(4)導磁材料。

(　)49. 下列何者為影響矽晶太陽光電模組壽命之最主要關鍵？
(1)太陽電池　(2)玻璃　(3)封裝材料　(4)接線盒。

(　)50. 一片 150mm×180mm 的太陽電池在標準測試條件(STC)下最大可輸出 5W 功率，則其效率約為
(1)18.5　(2)15.3　(3)16.4　(4)14.8　%。

解答

40.(2)　41.(1)　42.(1)　43.(3)　44.(1)　45.(1)　46.(4)　47.(4)　48.(4)　49.(3)
50.(1)

( )51. 依「屋內線路裝置規則」規定，所有併聯型系統與其他電源之併接點應於隔離設備之人員可觸及之處，下列何者不必標示？
(1)標稱運轉交流電壓 (2)額定交流輸出電流 (3)電源 (4)安裝廠商名稱。

( )52. 依電工法規屋內配線設計圖符號標示如下圖，表示
(1)接觸器 (2)刀形開關 (3)安全開關 (4)單極開關。

( )53. 依「再生能源發展條例」規定，所設置再生能源發電設備與電業簽訂購售電契約，其適用公告躉購費率年限爲何？
(1)5 年 (2)20 年 (3)1 年 (4)10 年。

( )54. 有關太陽光電組列輸出及變流器電路之標示，下列說明何者不正確？
(1)二個以上太陽光電系統之導線置於同一管槽，其配置雖可明顯辨別每一系統之導線者，仍需標示
(2)應於導線所有終端處予以標示
(3)應於連接點處予以標示
(4)應於接續點予以標示。

( )55. 事業單位如不服勞動檢查結果之處分，可於該處分通知書送達之次日起幾日內，繕具訴願書經向裁處機關提出？
(1)30 (2)60 (3)50 (4)40。

( )56. 依經濟部 101 年 12 月 20 日公布之「太陽光電變流器產品登錄作業要點」規定，有關申請登錄時應檢附之變流器通過認證之證明文件說明，下列何者不正確？
(1)文件的有效期限自申請日起算須至少 12 個月以上
(2)具電磁相容之可資證明文件
(3)安規驗證證書
(4)併聯驗證證書。

( )57. 配電級變壓器繞組，若溫升限制爲 65°C時，則其所用絕緣材料至少爲
(1)A 級 (2)H 級 (3)E 級 (4)F 級。

( )58. 依電工法規屋內配線設計圖符號標示，⊖GWP代表
(1)電爐插座 (2)接地型單插座 (3)接地屋外型插座 (4)接地型專用雙插座。

解答

51.(4) 52.(2) 53.(2) 54.(1) 55.(1) 56.(1) 57.(1) 58.(3)

(　)59. 依「再生能源發展條例」規定，再生能源發電設備獎勵總量爲？
(1)50 萬瓩至 100 萬瓩　(2)650 萬瓩至 1000 萬瓩
(3)300 萬瓩至 650 萬瓩　(4)100 萬瓩至 300 萬瓩。

複選題：

(　)60. 依電工法規屋內配線設計圖符號標示如下圖，表示
(1)三相三線△ 非接地　(2)三相四線△ 一線捲中點接地
(3)三相四線△ 非接地　(4)三相三線△ 接地。

(　)61. 有關漏電斷路器之裝置下列哪些正確？
(1)陸橋用電設備應裝設漏電斷路器
(2)防止感電事故爲目的應採中感度延時型
(3)漏電斷路器額定電流容量須小於負載電流
(4)以裝置於分路爲原則。

(　)62. 有關「設置再生能源設施免請領雜項執照標準」所稱建築物，包括下列何者？
(1)依建築法規定取得使用執照的雜項工作物
(2)實施建築管理前，已建造完成之合法建築物
(3)依建築法規定取得建造執照及其使用執照者
(4)與建築法所稱建築物相同。

(　)63. 以三相交流數位電表來量測三相四線式交流負載之相電壓、相電流及負載功率，若 CT 的匝數比設定正確無誤，下列哪幾組數值可判定出電表接線有誤？
(1)118V/5.1A/2205W　(2)117V/5.1A/825W
(3)225V/5.2A/4009W　(4)231V/4.1A/2211W。

(　)64. 下列選項中那些爲接地保護電驛符號？
(1) 

(2) 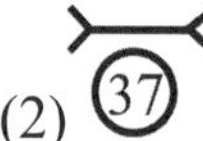

(3) 

(4) 

。

(　)65. 下列 IEEE802.11 無線數據傳輸標準中，何者有使用相同頻段？
(1)802.11ad 及 802.11n　(2)802.11a 及 802.11g
(3)802.11ac 及 802.11n　(4)802.11g 及 802.11n。

(　)66. 下列選項中那些爲太陽光電模組之接線快速接頭之型號？
(1)MC3　(2)MC4　(3)RJ45　(4)BNC。

解答

59.(2)　60.(4)　61.(14)　62.(23)　63.(13)　64.(13)　65.(34)　66.(12)

(　)67. 太陽光電模組串列接至直流箱或接續箱時需注意下列哪些事項？

(1)模組尺寸　(2)端子極性　(3)接線極性　(4)模組串列之開路電壓是否正確。

(　)68. 下列何者是安裝於交流接線箱之元件？

(1)變流器　(2)機械式電表　(3)交流斷路器　(4)直流斷路器。

(　)69. 變流器的轉換效率與下列哪些項目有關？

(1)輸入功率與額定功率的比例　(2)組列最大功率點追蹤能力

(3)市電頻率　(4)輸入電壓。

(　)70. 下列對電器外殼保護等級防塵型之說明，何者正確？

(1)代碼爲 5

(2)表示絕對無粉塵進入

(3)代碼爲 6

(4)表示無法完全防止粉塵之進入，但粉塵侵入量應不影響設備正常操作或損及安全性。

(　)71. 下列哪些設備在低壓電源系統須接地？

(1)易燃性塵埃處所運轉之電氣起重機　(2)電纜之金屬外皮

(3)低壓電動機之外殼　(4)金屬導線管及其連接之金屬箱。

(　)72. 太陽光電模組的重要參數有

(1)開路電壓　(2)塡充因數　(3)短路電流　(4)最大功率。

(　)73. 變流器的孤島保護偵測功能，與下列何者有關？

(1)低電壓保護　(2)過電流保護　(3)低頻保護　(4)高頻保護。

(　)74. 下列何者不是電能的單位？

(1)庫倫　(2)安培　(3)焦耳　(4)瓦特。

(　)75. 有關突波吸收器之敘述，下列何者正確？

(1)安裝突波吸收器與接地端之連接線應儘可能短

(2)反應時間要快速

(3)可吸收來自雷擊或開關切換之突波

(4)串接於電路。

(　)76. 太陽光電系統性能比的高低與下列那些有關？

(1)組列遮陰　(2)傾斜角　(3)變流器效率　(4)天候。

(　)77. 太陽光電發電系統電纜線的選用，主要考慮因素爲

(1)絕緣性能　(2)美觀　(3)耐熱阻燃性能　(4)防潮性能。

(　)78. 下列何者爲固體絕緣材料

(1)雲母　(2)凡立水　(3)瓷器　(4)玻璃纖維。

解答

67.(234)　68.(23)　69.(124)　70.(14)　71.(234)　72.(134)　73.(134)　74.(124)　75.(123)　76.(134)
77.(134)　78.(134)

(　　)79. 有關再生能源發電設備生產電能之躉購費率及其計算公式的說明，下列何者爲正確？
(1)綜合考量各類別再生能源發電設備之平均裝置成本等，依再生能源類別分別定之
(2)由中央主管機關內部自行審定
(3)每年檢討或修正
(4)再生能源發電的目標達成情形爲考量因素。

(　　)80. 電力電容器之功用爲何？
(1)調整實功率　(2)調整頻率　(3)減少線路損失　(4)改善功率因數。

解答

79.(134)　80.(34)

107-1 年度 學科測試試題

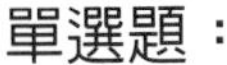

單選題：

( ) 1. 敷設金屬管時，需與煙囪、熱水器及其他發散熱器之氣體，如未適當隔離者，應保持多少公厘以上之距離？ (1)500 (2)150 (3)250 (4)300。

( ) 2. 一只 300mA 類比式電流表，其準確度為±2%，當讀數為 120mA 時，其誤差百分率為多少？ (1)±5% (2)±1% (3)±0.5% (4)±2%。

( ) 3. 用戶自備線管 (1)可沿配電場(室)內之地板牆角穿過 (2)可沿配電場(室)內天花板靠牆邊穿過 (3)若不影響供電設備之裝設，得准予穿過配電場(室)內 (4)不得穿過配電場(室)內。

( ) 4. 有效而正確的節能從選購產品開始，就一般而言，下列的因素中，何者是選購電氣設備的最優先考量項目？ (1)名人或演藝明星推薦，應該口碑較好 (2)安全第一，一定要通過安規檢驗合格 (3)採購價格比較，便宜優先 (4)用電量消耗電功率是多少瓦攸關電費支出，用電量小的優先。

( ) 5. 變壓器鐵心所用材料屬於 (1)隔熱材料 (2)導電材料 (3)導磁材料 (4)絕緣材料。

( ) 6. 當太陽電池溫度增高時，太陽光電模組 I-V 曲線之改變何者正確？ (1)短路電流(I_{SC})降低，開路電壓(V_{OC})增高 (2)短路電流(I_{SC})增高，開路電壓(V_{OC})增高 (3)短路電流(I_{SC})降低，開路電壓(V_{OC})降低 (4)短路電流(I_{SC})增高，開路電壓(V_{OC})降低。

( ) 7. 分路用配電箱，其過電流保護器極數不得超過 (1)52 (2)32 (3)22 (4)42 個。

( ) 8. 以下對電器外殼保護分類等級(IP 碼)之說明，何者不正確？ (1)直流接線箱的要求等級，可以 IPX5 表示 (2)若器具無規定分類碼之必要時，以 X 表示 (3)第一數字碼表示防止固體異物進入之保護程度 (4)第二數字碼表示防止水進入之保護程度。

( ) 9. 根據「屋內線路裝置規則」，使用鐵管或鋼管做接地極時，長度不得短於 0.9 公尺，且內徑應在 (1)8 (2)15 (3)12 (4)19 公厘以上。

( )10. 甲君為獲取乙級技術士技能檢定證照，行賄打點監評人員要求放水之行為，可能構成何罪？ (1)詐欺罪 (2)不違背職務行賄罪 (3)背信罪 (4)違背職務行賄罪。

( )11. 根據「屋內線路裝置規則」，低壓用電設備接地應採 (1)第一種接地 (2)第三種接地 (3)特種接地 (4)第二種接地。

( )12. 遛狗不清理狗的排泄物係違反哪一法規？
(1)毒性化學物質管理法 (2)空氣污染防制法 (3)廢棄物清理法 (4)水污染防治法。

解答

1.(1)	2.(1)	3.(4)	4.(2)	5.(3)	6.(4)	7.(4)	8.(1)	9.(4)	10.(4)
11.(2)	12.(3)								

( )13. PT100 溫度感測器有三個接點 A、B 與 b，攝氏 0 度時，b 與 B 間電阻約為 (1)0 歐姆 (2)300 歐姆 (3)100 歐姆 (4)200 歐姆。

( )14. 變壓器鐵心應具備 (1)導磁係數高，磁滯係數高 (2)導磁係數高，磁滯係數低 (3)導磁係數低，磁滯係數低 (4)導磁係數低，磁滯係數高之特性。

( )15. 室內裝修業者承攬裝修工程，工程中所產生的廢棄物應該如何處理？ (1)交給清潔隊垃圾車 (2)委託合法清除機構清運 (3)倒在偏遠山坡地 (4)河岸邊掩埋。

( )16. 下列何者不會影響併聯型變流器啓動？ (1)直流接線箱內突波吸引器接地點未接 (2)日照太低 (3)直流接線箱內保險絲燒斷 (4)變流器輸入端兩線接反。

( )17. 使用比流器測量電路之電流時，欲更換儀表(電流表)時應
(1)把二次測之接地後取下儀表 (2)把儀表取下後短路比流器之二次測
(3)把比流器二次測短路後取下儀表 (4)把儀表照原樣取下二次測斷路。

( )18. 依「再生能源發電設備設置管理辦法」規定，太陽光電發電設備應於何時與經營電力網之電業辦理簽約？ (1)自設備登記之日起 1 個月內 (2)自設備登記之日起 2 個月內 (3)自同意備案之日起 1 個月內 (4)自同意備案之日起 2 個月內。

( )19. 預防職業病最根本的措施為何？ (1)實施定期健康檢查 (2)實施特殊健康檢查 (3)實施作業環境改善 (4)實施僱用前體格檢查。

( )20. 凡進行地下管路埋設工程，施工時有地面崩塌、土石飛落之虞或挖土深度在多少以上時，均應設置擋土設施？ (1)1.5 (2)3.0 (3)1.0 (4)2.5 公尺。

( )21. 依據電工法規屋內配線設計圖，如圖 (VAR) 所示為
(1)瓦時表 (2)無效功率表 (3)功率表 (4)功因表。

( )22. 如隔離設備在啓開位置時，端子有可能帶電者，以下標識處置何者不宜？
(1)標示「警告小心！觸電危險！切勿碰觸端子！啓開狀態下線路側及負載側可能帶電」
(2)在隔離設備上或鄰近處應設置警告標識 (3)標識應清晰可辨 (4)如果有數個地點安裝隔離設備，可統一於一處標示。

( )23. 依電工法規屋內配線設計圖符號標示如圖▨，代表
(1)電燈總配電盤 (2)電力總配電盤 (3)電燈動力混合配電盤 (4)電力分電盤。

( )24. 營業秘密受侵害時，依據營業秘密法、公平交易法與民法規定之民事救濟方式，不包括下列何者？
(1)侵害防止請求權 (2)侵害排除請求權 (3)命令歇業 (4)損害賠償請求權。

( )25. 變壓器運轉溫度升高時，其絕緣電阻將
(1)升高 10 度以上增加，10 度以下不變 (2)減少 (3)不變 (4)增加。

解答

13.(1)	14.(2)	15.(2)	16.(1)	17.(3)	18.(4)	19.(3)	20.(1)	21.(2)	22.(4)
23.(3)	24.(3)	25.(2)							

( )26. 依電工法規屋內配線設計圖符號標示，[f] 代表
(1)復閉器 (2)接觸器 (3)電力熔絲 (4)刀形開關。

( )27. 太陽光電模組的 V_{MP}=18V，I_{MP}=8A，將此種模組做 10 串 2 並的組列，其 V_{MP} 及 I_{MP} 爲
(1)180V，16A (2)180V，8A (3)36V，80A (4)36V，16A。

( )28. 根據「屋內線路裝置規則」，接地導線以使用
(1)銅線 (2)鋼線 (3)鋁線 (4)鎢絲爲原則。

( )29. PT100 溫度感測器之電阻變化率爲 0.3851Ω/℃，室溫下(20℃)其 Ab 兩端電阻值約爲？
(1)90 (2)120 (3)110 (4)0 Ω。

( )30. 下列有關著作權行爲之敘述，何者正確？ (1)網路上的免費軟體，原則上未受著作權法保護 (2)使用翻譯軟體將外文小說翻譯成中文，可保有該中文小說之著作權 (3)觀看演唱會時，以手機拍攝並上傳網路自行觀賞，未侵害到著作權 (4)僅複製他人著作中的幾頁，供自己閱讀，算是合理使用的範圍，不算侵權。

( )31. 依據電工法規屋內配線設計圖，如圖 (KWH) 所示爲
(1)需量表 (2)乏時表 (3)仟瓦時表 (4)瓦特表。

( )32. 下列何者不是溫室效應所產生的現象？ (1)海溫升高造成珊瑚白化 (2)氣溫升高而使海平面上升 (3)造成臭氧層產生破洞 (4)造成全球氣候變遷，導致不正常暴雨、乾旱現象。

( )33. 下列對變流器轉換效率特性的說明何者爲正確？ (1)輸入功率等於額定功率 (2)轉換效率與輸入功率無關 (3)低輸入功率時的轉換效率較佳 (4)低輸入功率時的轉換效率較差。

( )34. 三相 Y 接電力系統，若線電壓爲 380V，則線對中性點電壓爲
(1)220V (2)380V (3)0V (4)110V。

( )35. 依電工法規屋內配線設計圖符號標示，(A)代表
(1)復閉電驛 (2)熔斷開關 (3)安培表 (4)瓦特表。

( )36. 若避雷器發生故障，可立即自動切離避雷器之接地端，是因避雷器加裝何種保護元件
(1)分壓器 (2)分段開關 (3)隔離器 (4)分流器。

( )37. 下列何種方式有助於節省洗衣機的用水量？ (1)購買洗衣機時選購有省水標章的洗衣機，可有效節約用水 (2)洗衣機洗滌的衣物盡量裝滿，一次洗完 (3)洗濯衣物時盡量選擇高水位才洗的乾淨 (4)無需將衣物適當分類。

解答

26.(3) 27.(1) 28.(1) 29.(3) 30.(4) 31.(3) 32.(3) 33.(4) 34.(1) 35.(3)
36.(3) 37.(1)

(　)38. 依「再生能源發電設備設置管理辦法」規定，太陽光電發電設備係指下列何者？
(1)利用太陽電池轉換太陽光能爲電能之發電設備　(2)指轉換風能爲電能之發電設備　(3)直接利用地熱田產出之熱蒸汽推動汽輪機發電，或利用地熱田產生之熱水加溫工作流體使其蒸發爲氣體後，以之推動氣渦輪機之發電設備　(4)指農林植物、沼氣及國內有機廢棄物直接利用或經處理所產生之能源。

(　)39. 太陽光電模組間之連接線需選用耐溫多少以上之耐候線？
(1)70℃　(2)60℃　(3)90℃　(4)80℃。

(　)40. 下列對變流器與太陽光電組列之匹配的說明何者爲非？　(1)在高日照的地區，通常變流器容量可高過對應太陽光電組列容量　(2)除可考量容量匹配設計外，同時應考量所選用之變流器的耐熱能力　(3)適當地對變流器與太陽光電組列進行容量匹配設計，對發電性能有利　(4)在低日照的地區，變流器容量高過對應太陽光電組列容量乃對發電性能有利。

(　)41. 下列何者爲目前一般常用薄膜太陽光電模組之封裝結構順序？
(1)玻璃/太陽電池電路/EVA/玻璃　(2)玻璃/太陽電池電路/EVA/Tedlar　(3)玻璃/EVA/太陽電池電路/EVA/Tedlar　(4)玻璃/EVA/太陽電池電路/EVA/玻璃。

(　)42. 依「設置再生能源設施免請領雜項執照標準」規定，申請第三型太陽光電發電設備設備登記時，如太陽光電發電設備達 100 瓩以上，下列何者非屬應檢附文件？　(1)監造技師簽證之竣工試驗報告　(2)原核發之再生能源發電設備同意備案文件影本　(3)依法登記執業之電機技師或相關專業技師辦理設計與監造之證明文件　(4)與施工廠商簽訂之工程合約書。

(　)43. 高速公路旁常見有農田違法焚燒稻草，除易產生濃煙影響行車安全外，也會產生下列何種空氣污染物對人體健康造成不良的作用？
(1)沼氣　(2)二氧化碳(CO_2)　(3)臭氧(O_3)　(4)懸浮微粒。

(　)44. 依 CNS 15382 規定，當市電系統頻率超出±1Hz 範圍時，太陽光電系統應在多少時間內停止供電至市電系統？　(1)0.5　(2)0.1　(3)1.0　(4)0.2　秒。

(　)45. 下列有關省水標章的敘述何者正確？　(1)省水標章是環保署爲推動使用節水器材，特別研定以作爲消費者辨識省水產品的一種標誌　(2)省水標章除有用水設備外，亦可使用於冷氣或冰箱上　(3)獲得省水標章的產品並無嚴格測試，所以對消費者並無一定的保障　(4)省水標章能激勵廠商重視省水產品的研發與製造，進而達到推廣節水良性循環之目的。

解答

38.(1)　39.(3)　40.(4)　41.(2)　42.(4)　43.(4)　44.(4)　45.(4)

( )46. 下列電線之電阻係數最大者為 (1)銀導線 (2)鎳鉻合金線 (3)銅導線 (4)鋁導線。

( )47. 若廢機油引起火災，最不應以下列何者滅火？
(1)砂土 (2)乾粉滅火器 (3)水 (4)厚棉被。

( )48. 經勞動部核定公告為勞動基準法第 84 條之 1 規定之工作者，得由勞雇雙方另行約定之勞動條件，事業單位仍應報請下列哪個機關核備？
(1)勞動檢查機構 (2)法院公證處 (3)當地主管機關 (4)勞動部。

( )49. 瓦時計電壓線圈的構造為
(1)匝數多、線徑粗 (2)匝數少、線徑粗 (3)匝數少、線徑細 (4)匝數多、線徑細。

( )50. 接戶線按地下低壓電纜方式裝置時，如壓降許可，其長度
(1)不得超過 40 公尺 (2)不得超過 35 公尺 (3)不受限制 (4)不得超過 20 公尺。

( )51. 蓄電池容量為 24V 50AH，充飽電後，若放電電流維持 25A，理想的持續可放電時間為
(1)8HR (2)4HR (3)2HR (4)16HR。

( )52. 依「屋內線路裝置規則」規定，直流接線箱中過電流保護裝置之額定載流量，不得小於對應串列最大電流之幾倍？ (1)1.56 (2)1.25 (3)2 (4)1 倍。

( )53. 不當抬舉導致肌肉骨骼傷害，或工作臺/椅高度不適導致肌肉疲勞之現象，可稱之為下列何者？ (1)不安全環境 (2)不當動作 (3)被撞事件 (4)感電事件。

( )54. 為了測量交流大電流,配合電流表宜使用
(1)倍率器 (2)電壓調整器 (3)儀表用比壓器 (4)比流器。

( )55. 根據「屋內線路裝置規則」，避雷器與電源線間之導線及避雷器與大地間之接地導線其 2 線徑應不小於 (1)14 (2)8 (3)22 (4)5.5 mm。

( )56. 依電工法規屋內配線設計圖符號標示如下圖，代表 (1)線路交叉不連結 (2)埋設於地坪混凝土內或牆內管線 (3)電路至配電箱 (4)埋設於平頂混凝土內或牆內管線。

( )57. 經濟部能源局的能源效率標示分為幾個等級？ (1)7 (2)5 (3)1 (4)3。

( )58. 下列何者為填充因子(*F.F.*)之計算公式？ (1)$(I_{MP}\times V_{OC})/(I_{SC}\times V_{MP})$
(2)$(I_{SC}\times V_{OC})/(I_{MP}\times V_{MP})$ (3)$(I_{MP}\times V_{MP})/(I_{SC}\times V_{OC})$ (4)$(I_{SC}\times V_{MP})/(I_{MP}\times V_{OC})$。

( )59. 員工應善盡道德義務，但也享有相對的權利，以下有關員工的倫理權利，何者不包括？
(1)抱怨申訴權利 (2)程序正義權利 (3)工作保障權利 (4)進修教育補助權利。

( )60. 下列何處之太陽光電發電系統中設備之間的連接線可採用一般室內配線用電線？
(1)太陽光電模組間之連接 (2)變流器至交流配電盤
(3)太陽光電組列至直流接線箱 (4)直流接線箱至變流器。

解答

46.(2)	47.(3)	48.(3)	49.(4)	50.(3)	51.(3)	52.(2)	53.(2)	54.(4)	55.(1)
56.(2)	57.(2)	58.(3)	59.(4)	60.(2)					

複選題：

( )61. 下列選項中哪些爲過流接地電驛符號？ (1)II 50 (2)51N (3)LCO (4)CO IT。

( )62. 下列哪些狀況發生時，併聯型變流器應停止運轉輸出？
(1)組列發生漏電流 (2)市電停電 (3)組列直流開關啓斷 (4)突波吸收器故障。

( )63. 太陽光電發電設備因設備老舊或損壞，申請更換與裝置容量有關之設備者，下列何者說明正確？ (1)更換設備後之總裝置容量不得超過原設備登記之總裝置容量 (2)應由經營電力網之電業核轉中央主管機關同意，始得更換 (3)更換後應檢附購售電合約報中央主管機關備查 (4)應由施工廠商向經營電力網之電業提出申請。

( )64. 下列哪些屬於蓄電池的操作參數？ (1)放電時間 (2)電壓 (3)電流 (4)功率密度。

( )65. 屋內線路哪些情形得用裸銅線？ (1)照明電路 (2)太陽光電系統之輸出電路 (3)乾燥室所用之導線 (4)電動起重機所用之滑接導線。

( )66. 變壓器之開路試驗可以測出 (1)渦流損 (2)鐵損 (3)磁滯損 (4)銅損。

( )67. 根據「屋內線路裝置規則」，接地的種類除第三種接地外，尚有
(1)第四種接地 (2)特種接地 (3)第二種接地 (4)第一種接地。

( )68. 敷設金屬管時，如未適當隔離者，須與下列何種物體保持 500 公厘以上之距離？
(1)其他發散熱氣之物體 (2)熱水管 (3)天花板 (4)煙囪。

( )69. 有關太陽光電發電系統直流側安裝之說明，下列何者不正確？ (1)交流斷路器不經確認可作爲直流離斷開關使用 (2)直流電對人體不會產生觸電危險 (3)若輸出端交流開關啓斷，太陽光電輸出線路是不會有電壓的 (4)用於任何直流部分之過電流保護裝置，應經確認可用於直流電路者。

( )70. 哪一通訊介面可以多點連接？ (1)RS 485 (2)RS 232 (3)RS 422 (4)USB。

( )71. 下列何者爲太陽光電模組現場檢測可能使用之設備？
(1)電源供應器 (2)I-VCurveTracer (3)紅外線顯像儀 (4)多功能電表。

( )72. 有關突波吸收器之敘述 μ，下列何者正確？ (1)隨突波電流的增加，阻抗變小
(2)無突波時爲高阻抗 (3)最大放電電流值愈低愈好 (4)可耐突波衝擊 1 次以上。

( )73. 針對非隔離型變流器說明，下列何者正確？ (1)檢查結果失敗，可開始操作 (2)內建變壓器 (3)在開始操作前，需自動檢查由自動斷開裝置所提供的隔離功能 (4)檢查結果失敗，應在太陽光電輸出電路與變流器輸出電路維持基本絕緣或簡易隔離。

( )74. 下列何者爲太陽光電模組影響系統發電效能之因素？
(1)電位誘發衰減(Potential Induced Degradation) (2)熱斑 (3)電池裂 (4)模組尺寸。

解答

61.(23) 62.(123) 63.(12) 64.(123) 65.(34) 66.(123) 67.(234) 68.(124) 69.(123) 70.(134)
71.(234) 72.(124) 73.(34) 74.(123)

(　　)75. 下列哪些性能指標適用於 PV 系統的長期性能評估？
(1)日平均發電量　(2)系統性能比　(3)系統效率　(4)直流發電比。

(　　)76. 下列何者爲常用乙太網路 RJ 45 接頭之接線色碼規則(Pin 1-8)？
(1)白橙-橙-白綠-藍-白藍-綠-白棕-棕　　(2)白橙-橙-白綠-綠-白藍-藍-白棕-棕
(3)白綠-綠-白橙-藍-白藍-橙-白棕-棕　　(4)白綠-綠-白橙-橙-白藍-藍-白棕-棕。

(　　)77. 根據「屋內線路裝置規則」，下列哪些設備之電源得接於接戶開關之電源側，但須接於電度表之負載側？
(1)電燈控制開關　(2)緊急照明之電源　(3)限時開關　(4)馬達啓動迴路開關。

(　　)78. 有關太陽光電發電設備之躉購費率說明，下列敘述何者正確？
(1)依與電業簽訂購售電契約日適用電能躉購費率
(2)自完工日起躉購 20 年
(3)契約 20 年到期後即不能持續售電
(4)依完工運轉併聯日適用電能躉購費率。

(　　)79. 太陽光電發電系統之直流配電部分需具備哪些保護功能
(1)漏電　(2)功率不足　(3)短路　(4)突波。

(　　)80. 關於電度表接線箱之敘述，下列何者正確？
(1)電度表接線箱應置於 3 公尺以上
(2)電度表接線箱其箱體若採用鋼板其厚度應在 1.6 公厘以上
(3)用戶端接線箱應加封印
(4)30 安培以上電度表應以加封印之電度表接線箱保護之。

解答

75.(123)　76.(13)　77.(23)　78.(24)　79.(134)　80.(24)

107-2 年度 學科測試試題

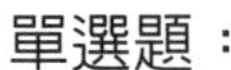

單選題：

( ) 1. 依電工法規屋內配線設計圖符號標示，⊠代表
(1)人孔 (2)電力總配電盤 (3)電燈分電盤 (4)電力分電盤。

( ) 2. 一只 300mA 類比式電流表，其準確度為±2%，當讀數為 120mA 時，其誤差百分率為多少？ (1)±0.5% (2)±5% (3)±2% (4)±1%。

( ) 3. 下列何者是酸雨對環境的影響？
(1)土壤肥沃 (2)增加森林生長速度 (3)湖泊水質酸化 (4)增加水生動物種類。

( ) 4. 有一單相 220Vac 變流器其交流額定輸出功率為 7kW，試問其交流斷路器的電流應大於多少？ (1)32A (2)40A (3)33A (4)31A。

( ) 5. 長時間電腦終端機作業較不易產生下列何狀況？ (1)眼睛乾澀 (2)體溫、心跳和血壓之變化幅度比較大 (3)頸肩部僵硬不適 (4)腕道症候群。

( ) 6. 太陽光電模組之間的接地的鎖孔位置下列何者正確？ (1)直接用自功牙螺絲功孔 (2)自我找任何地方直接加工孔 (3)模組上有標示接地得鎖孔 (4)模組上的任何孔洞。

( ) 7. IEC 61724 中所定義，常用於 PV 系統效能指標為： (1)Tam (2)GI (3)Yr (4)Rp。

( ) 8. 對於化學燒傷傷患的一般處理原則，下列何者正確？ (1)使用酸鹼中和 (2)於燒傷處塗抹油膏、油脂或發酵粉 (3)傷患必須臥下，而且頭、胸部須高於身體其他部位 (4)立即用大量清水沖洗。

( ) 9. 欲量測較大容量之交流電流時，通常數位電表會搭配何種電路及接法？
(1)搭配串接於迴路上之分流器 (2)搭配並接於迴路上之分流器
(3)搭配並接於迴路上之比壓器 (4)搭配串接於迴路上之比流器。

( )10. 太陽光電之追日系統的主要功能為 (1)追日系統可延長太陽能板壽命 (2)追日系統可讓太陽能板正對著太陽，以獲得最大日照量 (3)追日系統無特殊功能 (4)追日系統比較美觀。

( )11. 設置多少裝置容量之太陽光電發電設備，於設置前得認定為太陽光電發電設備？
(1)1 瓩以上 (2)100 瓦以上 (3)1 瓦以上 (4)10 瓩以上。

( )12. 如果水龍頭流量過大，下列何種處理方式是錯誤的？
(1)加裝節水墊片或起波器 (2)加裝可自動關閉水龍頭的自動感應器
(3)直接調整水龍頭到適當水量 (4)直接換裝沒有省水標章的水龍頭。

解答

1.(2) 2.(2) 3.(3) 4.(2) 5.(2) 6.(3) 7.(4) 8.(4) 9.(4) 10.(2)
11.(1) 12.(4)

( )13. 某公司希望能進行節能減碳，為地球盡點心力，以下何種作為並不恰當？ (1)盤查所有能源使用設備 (2)為考慮經營成本，汰換設備時採買最便宜的機種 (3)實行能源管理 (4)將採購規定列入以下文字：「汰換設備時首先考慮具有節能標章、或能源效率 1 級之產品」。

( )14. 避雷器將突波電流導入大地放電時的電壓稱為
(1)放電電壓 (2)導流電壓 (3)絕緣耐壓 (4)續流。

( )15. 太陽光電連接器型式應為閂式或鎖式。用於標稱最大系統電壓超過多少伏之直流電路，且可輕易觸及者，應使用需工具解開之型式？ (1)30 (2)12 (3)24 (4)15。

( )16. 依電工法規屋內配線設計圖符號標示如圖 ，表示
(1)接觸器 (2)單極開關 (3)刀形開關 (4)安全開關。

( )17. 廠商或其負責人與機關首長有下列何者之情形者，不影響參與該機關之採購？
(1)三親等以內血親或姻親 (2)同財共居親屬 (3)同學 (4)配偶。

( )18. 事業單位之勞工代表如何產生？ (1)由勞工輪流擔任之 (2)由勞資雙方協議推派之 (3)由企業工會推派之 (4)由產業工會推派之。

( )19. 太陽光電模組之設備接地導線線徑小於多少，應以管槽或電纜之鎧裝保護？
(1)8 (2)14 (3)38 (4)22 平方公厘。

( )20. 太陽光電模組的串併聯，會使電壓電流有何影響，下列敘述何者為正確？
(1)串聯越多，電流不變，但電壓會升高 (2)串聯越多，電流升高，電壓也會升高
(3)併聯越多，電流不變，電壓下降 (4)併聯越多，電流升高，電壓也會升高。

( )21. 屋內低壓配線應具有適用於多少伏之絕緣等級？ (1)600 (2)300 (3)250 (4)450。

( )22. 以三相交流數位電表來量測三相三線式交流負載功率，至少需搭配幾個 CT？
(1)4 (2)2 (3)3 (4)1。

( )23. 電氣設備裝設於有潮濕水氣的環境時，最應該優先檢查及確認的措施是 (1)有無過載及過熱保護設備 (2)有無在線路上裝設漏電斷路器 (3)電氣設備上有無安全保險絲 (4)有無可能傾倒及生鏽。

( )24. 就加熱及節能觀點來評比，電鍋剩飯持續保溫至隔天再食用，與先放冰箱冷藏，隔天用微波爐加熱，下列何者是對的？ (1)優先選電鍋保溫方式，因為馬上就可以吃 (2)兩者一樣 (3)微波爐再加熱比較省電又方便 (4)持續保溫較省電。

( )25. 依電工法規屋內配線設計圖符號標示，H代表 (1)人孔 (2)電力分電盤 (3)電燈動力混合配電盤 (4)手孔。

解答

13.(2) 14.(1) 15.(1) 16.(3) 17.(3) 18.(3) 19.(2) 20.(1) 21.(1) 22.(2)
23.(2) 24.(3) 25.(4)

(　)26. 太陽光電模組在實際的應用中何者正確？ (1)溫度增加時太陽電池的開路電壓上升 (2)日射量增加，短路電流將上升 (3)溫度增加時，短路電流微小的下降 (4)日射量增加，開路電壓有微小的下降。

(　)27. 第三型太陽光電發電設備係指設置裝置容量不及下列容量之自用發電設備？ (1)500 瓩 (2)100 瓩 (3)30 瓩 (4)250 瓩。

(　)28. 銷往歐洲之薄膜太陽電池模組，需通過哪些項目之產品驗證？ (1)IEC 61215 及 IEC 61646 (2)IEC 61646 及 IEC 61730 (3)UL 1703 (4)IEC 61215 及 IEC 61730。

(　)29. 在更換變流器時，下列狀況何者不正確？ (1)檢測有無漏電流 (2)接地線串接時可直接脫離 (3)先將交流斷路器關閉 (4)直流斷路器關閉。

(　)30. 根據「屋內線路裝置規則」，特種接地之接地電阻應低於 (1)25 (2)10 (3)100 (4)50 Ω。

(　)31. 配電線路沿道路架設，高壓線與地面至少應保持 (1)5 (2)5.5 (3)6 (4)4.5 公尺。

(　)32. 有一太陽光電模組在 STC 測試下，其 V_{mp} 爲 30V、溫度係數爲–0.5%／℃，假設有 20 串模組串在一起，試問模組溫度在 45℃時，其模組串列電壓 V_{mp} 爲多少？ (1)520 (2)600 (3)500 (4)540 V。

(　)33. 如隔離設備在啓開位置時，端子有可能帶電者，以下標識處置何者不宜？ (1)標識應清晰可辨 (2)標示「警告小心！觸電危險！切勿碰觸端子！啓開狀態下線路側及負載側可能帶電」 (3)在隔離設備上或鄰近處應設置警告標識 (4)如果有數個地點安裝隔離設備，可統一於一處標示。

(　)34. 敷設可撓性金屬明管時，自出線盒拉出多少公分以內需裝設「護管鐵」固定？ (1)50 (2)30 (3)20 (4)40 cm。

(　)35. 矽基太陽電池的效率隨著溫度上升而 (1)無關 (2)增加 (3)降低 (4)不變。

(　)36. 下列哪一種是公告應回收廢棄物中的容器類：A.廢鋁箔包 B.廢紙容器 C.寶特瓶？ (1)BC (2)C (3)AC (4)ABC。

(　)37. 下列哪一種氣體較易造成臭氧層被嚴重的破壞？ (1)氮氧化合物 (2)二氧化碳 (3)二氧化硫 (4)氟氯碳化物。

(　)38. 避雷器裝置的目的，係當線路對地發生異常高壓時，可在線路與大地間提供一 (1)高阻抗 (2)高容抗 (3)高電抗 (4)低阻抗讓異常高壓產生之突波電流導入大地以保護設備之安全。

解答

26.(2) 27.(1) 28.(2) 29.(2) 30.(2) 31.(2) 32.(4) 33.(4) 34.(2) 35.(3)
36.(4) 37.(4) 38.(4)

( )39. 單相三線供電系統兩端的負載平衡時中性線電流為多少？
(1)10A (2)5A (3)0A (4)無法確實得知。

( )40. 作業場所高頻率噪音較易導致下列何種症狀？
(1)肺部疾病 (2)失眠 (3)腕道症候群 (4)聽力損失。

( )41. 依電工法規屋內配線設計圖符號標示， 代表
(1)刀形開關 (2)油開關 (3)附熔絲刀形開關 (4)接觸器。

( )42. 容量愈大的變壓器，其效率一般 (1)愈低 (2)愈高 (3)不變 (4)視輸入電壓而定。

( )43. 全天空輻射計靈敏度為 12.5μV/W/m，搭配數位顯示器作日照顯示時，若其輸入轉換為 0-15mV/0-2000W/m，當實際日照強度為 800W/m 時，顯示數值為何？
(1)1333 (2)667 (3)1500 (4)833 W/m^2。

( )44. 配電盤及配電箱之裸露導電部分及匯流排，除屬於開關及斷路器之部分者外，電壓為 250～600 伏的異極架設於同一敷設面者其間之間隔至少為
(1)19 (2)25 (3)32 (4)50 公厘。

( )45. 大多數之交流電表都是指示正弦波的 (1)峰對峰值 (2)有效值 (3)平均值 (4)峰值。

( )46. 下列何者非無線數據傳輸技術？
(1)IEEE 802.15 (2)Bluetooth (3)Zigbee (4)IEEE 802.3。

( )47. 下列哪項為變壓器必須考慮極性的時機？ (1)單相變壓器作屋外使用時 (2)單相變壓器三相接線時 (3)單相變壓器做降壓使用時 (4)單相變壓器作屋內使用時。

( )48. 依 CNS 15199 規定，選擇與安裝太陽光電發電系統與市電供電間的隔離開關時，以下說明何者正確？ (1)太陽光電系統與市電皆視為供電端 (2)太陽光電系統與市電皆視為負載端 (3)太陽光電系統視為負載端、市電視為供電端 (4)太陽光電系統視為供電端、市電視為負載端。

( )49. 作業時為避免靜電損壞電子零件，最適當的方法是
(1)戴手套 (2)戴靜電環(接地手環) (3)穿無塵衣 (4)噴灑電解液。

( )50. 下列哪種低壓絕緣電線可在容許溫度 78℃下操作？
(1)SBR 電線 (2)PE 電線 (3)交連 PE 電線(XLPE) (4)耐熱 PVC 電線。

( )51. 根據「屋內線路裝置規則」，三相三線式非接地系統供電地區用戶變壓器之低壓電源系統接地應採 (1)第三種接地 (2)特種接地 (3)第一種接地 (4)第二種接地。

解答

39.(3)	40.(4)	41.(3)	42.(2)	43.(1)	44.(4)	45.(2)	46.(4)	47.(2)	48.(3)
49.(2)	50.(3)	51.(4)							

( )52. 公司員工甲意圖為自己或他人之不法利益，或對公司不滿而無故洩漏公司的營業秘密給乙公司，造成公司的財產或利益受損，是犯了刑法上之何種罪刑？
(1)竊盜罪 (2)詐欺罪 (3)背信罪 (4)侵占罪。

( )53. 請問以下何種智慧財產權，不需向主管或專責機關提出申請即可享有？
(1)專利權 (2)商標權 (3)著作權 (4)電路布局權。

( )54. 依電業法相關規定，供電電力及電熱之電壓變動率，以不超過多少為準？
(1)±3% (2)±5% (3)±2.5% (4)±10%。

( )55. 第三型太陽光電發電設備申請人，未於期限內完成發電設備之設置及併聯並向中央主管機關申請設備登記，應如何辦理展延？ (1)於屆期前 1 個月內敘明理由，向中央主管機關申請展延，展延期限不得逾 1 年 (2)於屆期前 1 個月內敘明理由，向中央主管機關申請展延，展延期限不得逾 6 個月 (3)於屆期前 2 個月內敘明理由，向中央主管機關申請展延，展延期限不得逾 1 年 (4)於屆期前 2 個月內敘明理由，向中央主管機關申請展延，展延期限不得逾 6 個月。

( )56. 測定變壓器之匝比及極性的儀表要用
(1)高阻計 (2)三用電表 (3)匝比試驗器 (4)安培計。

( )57. 配電箱之分路額定值如為 30 安培以下者，其主過電流保護器應不超過
(1)150 (2)200 (3)100 (4)50 A。

( )58. 有關直流離斷開關之說明，以下何者不正確？ (1)須具備活線消弧能力 (2)不可用於交流隔離場合 (3)不得裝設於被接地之導體(線) (4)可用於與建築物或其他構造物內之其他導體(線)隔離。

( )59. 何謂水足跡，下列何者是正確的？ (1)消費者所購買的商品，在生產過程中消耗的用水量 (2)水利用的途徑 (3)水循環的過程 (4)每人用水量紀錄。

( )60. 下列何者「並未」涉及蒐集、處理及利用個人資料？ (1)學校要求學生於制服繡上姓名、學號 (2)公司行號運用員工差勤系統之個人差勤資料，作為年終考核或抽查員工差勤之用 (3)內政部警政署函請中央健康保險局提供失蹤人口之就醫時間及地點等個人資料 (4)金融機構運用所建置的客戶開戶資料行銷金融商品。

複選題：

( )61. 下列何者為太陽光電模組之製造過程？
(1)安裝斷路器 (2)壓合 (3)太陽能電池串焊 (4)安裝接線盒。

( )62. 下列哪些屬於蓄電池的操作參數？ (1)放電時間 (2)功率密度 (3)電壓 (4)電流。

解答

52.(3) 53.(3) 54.(4) 55.(4) 56.(3) 57.(2) 58.(2) 59.(1) 60.(1) 61.(234)
62.(134)

( )63. 下列對電器外殼保護等級防噴水型之說明，何者正確？ (1)代碼爲 5 (2)表示對外殼朝任意方向進行噴水，應不造成損壞性影響 (3)代碼爲 6 (4)表示對外殼朝任意方向進行強力噴水，應不造成損壞性影響。

( )64. 負載啓斷開關(LBS)具有 (1)啓斷額定負載電流能力 (2)開啓大故障電流能力 (3)投入額定負載電流能力 (4)過電流保護能力。

( )65. 指北針使用時，下列何者正確？ (1)下雨天不宜量測，會影響方位判讀 (2)要遠離或避開鐵製品 (3)指北針應水平地置放 (4)量測時要注意模組高度。

( )66. 有關再生能源發電設備生產電能之躉購費率及其計算公式的說明，下列何者爲正確？ (1)由中央主管機關內部自行審定 (2)綜合考量各類別再生能源發電設備之平均裝置成本等，依再生能源類別分別定之 (3)再生能源發電的目標達成情形爲考量因素 (4)每年檢討或修正。

( )67. 有關太陽光電模組與各元件連接之電線，下列何者正確？
(1)耐熱 90℃ (2)防酸防曬 (3)耐壓 DC 100V (4)符合 UL 標準。

( )68. 多線式電路是指 (1)三相三線式交流電路 (2)三相四線式直流電路 (3)單相三線式交流電路 (4)三線直流電路。

( )69. 變壓器的絕緣套管應具備之特性爲
(1)接觸性能低 (2)絕緣性低 (3)絕緣性高 (4)接續性高。

( )70. 以 1 只電流表來量測三相三線式系統線電流，需搭配下列哪些元件？
(1)選擇開關 (2)分流器 (3)電流切換開關 (4)比流器。

( )71. 下列選項中哪些爲功率因數電驛符號？ (1)(PF) (2)(27) (3)PF (55) (4)II (50)。

( )72. 對單相交流系統之負載作量測，下列哪些數值組合係量測錯誤？ (1)118V/5.5A/605W (2)117V/5.1A/825W (3)225V/5.2A/1009W (4)231V/4.1A/1011W。

( )73. 對灌膠式低壓電纜接頭而言，下列敘述何者正確？
(1)防水性佳 (2)施工時間較短 (3)機械強度高 (4)絕緣性佳。

( )74. 安裝太陽光電模組不當可能造成
(1)系統發電效能不佳 (2)PR 値降低 (3)模組電池破裂 (4)機械電表損壞。

( )75. 有關變流器輸出與建築物或構造物隔離設備間電路之導線線徑計算，下列何者不正確？ (1)應以變流器之額定輸出電流決定 (2)應以組列之額定輸出電流之 1.25 倍決定 (3)應以交流斷路器之跳脫額定容量決定 (4)應以變流器之額定輸出電流之 1.25 倍決定。

( )76. 太陽光電電池的種類包括 (1)砷化鎵 (2)單晶矽 (3)多晶矽 (4)多晶鐵。

解答

63.(12)	64.(13)	65.(23)	66.(234)	67.(124)	68.(134)	69.(34)	70.(34)	71.(13)	72.(24)
73.(134)	74.(123)	75.(234)	76.(123)						

( )77. 有關突波吸收器之敘述μ ，下列何者正確？

(1)最大放電電流值愈低愈好 (2)可耐突波衝擊 1 次以上

(3)隨突波電流的增加，阻抗變小 (4)無突波時爲高阻抗。

( )78. 設置太陽光電發電設備，符合下列哪些條件得免依建築法規定申請雜項執照？

(1)設置於屋頂突出物，高度自屋頂突出物面起算 1.5 公尺以下

(2)設置於建築用地，高度自地面起算 3 公尺以下，其設置面積或建蔽率無限制

(3)設置於建築物露臺，高度自屋頂面起算 3 公尺以下

(4)於建築物屋頂設置，高度自屋頂面起算 4.5 公尺以下。

( )79. 變流器的孤島保護偵測功能，與下列何者有關？

(1)高頻保護 (2)低電壓保護 (3)過電流保護 (4)低頻保護。

( )80. 下列何者是安裝於交流接線箱之元件？

(1)機械式電表 (2)交流斷路器 (3)直流斷路器 (4)變流器。

解答

77.(234) 78.(13) 79.(124) 80.(12)

107-3 年度 學科測試試題

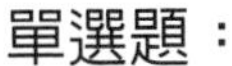

單選題：

( ) 1. 下列有關技術士證照及證書的使用原則之敘述，何者錯誤？ (1)取得技術士證照或專業證書後，仍需繼續積極吸收專業知識 (2)專業證書取得不易，不應租予他人營業使用 (3)個人專業技術士證照或證書，只能用於符合特定專業領域及執業用途 (4)為了賺取外快，可以將個人技術證照借予他人。

( ) 2. 全天空輻射計輸出轉換為 0-1600W/m^2/0-5V，若搭配數位顯示器作日照顯示並設定最大值為 20002W/m^2，當實際日照強度為 500W/m^2 時，顯示數值為何？
(1)4.33V (2)6.25V (3)4.75V (4)5.75V。

( ) 3. 依電工法規屋內配線設計圖符號標示如下圖，代表 (1)分歧點附開關及熔絲之匯流排槽 (2)膨脹接頭匯流排槽 (3)比流器 (4)分歧點附斷路器之匯流排槽。

( ) 4. 依電業法規定，供電所用交流電週率之變動率，不得超過標準週率之多少？
(1)±3% (2)±4% (3)±5% (4)±2.5%。

( ) 5. 變壓器並聯使用時不需注意變壓器之
(1)阻抗 (2)出廠廠牌 (3)頻率及極性 (4)一次、二次額定電壓。

( ) 6. 依電工法規屋內配線設計圖符號標示，代表
(1)接觸器 (2)復閉器 (3)刀形開關 (4)電力熔絲。

( ) 7. 多組變流器併接交流箱時，下列狀況何者不正確？ (1)交流箱安裝位置應在隨手可觸的位置 (2)箱體不可上鎖 (3)斷路器需依『屋內裝置規則設計』 (4)交流箱安裝時不用考慮變流器是否在可視範圍內。

( ) 8. 下列何者為無線數據傳輸技術？
(1)IEEE 802.3 (2)IEEE 802.11 (3)RS 485 (4)Power Line Carrier。

( ) 9. 分路過電流保護器用以保護分路配線、操作器之
(1)開路 (2)欠相 (3)低電流 (4)接地故障。

( )10. 操作任何開關之前不應做之動作為
(1)確定開關位置 (2)認明現場開關切或入 (3)確認開關種類 (4)檢電、掛接地。

解答

1.(4)	2.(2)	3.(1)	4.(2)	5.(2)	6.(4)	7.(4)	8.(2)	9.(4)	10.(4)

( )11. 公司員工執行業務時，下列敘述何者「錯誤」？ (1)不得以任何直接或間接等方式向客戶索取個人利益 (2)在公司利益不受損情況下，可藉機收受利益或接受款待 (3)執行業務應客觀公正 (4)應避免與客戶有業務外的金錢往來。

( )12. 再生能源發電設備設置者與電業間之爭議，中央主管機關原則應於受理申請調解之日起多久內完成？ (1)1 個月 (2)3 個月 (3)2 個月 (4)6 個月。

( )13. 三相 Y 接電力系統，若線電壓為 380V，則線對中性點電壓為
(1)380V (2)220V (3)110V (4)0V。

( )14. 經營電力網之電業與再生能源發電設備設置者，簽訂之購售電契約中應約定項目，不包括下列哪一事項？ (1)運轉 (2)查核 (3)轉移 (4)併聯。

( )15. 有關太陽光電接地系統，下列何者錯誤？ (1)模組邊框未能有效接地可使用砂紙刷去表面氧化層 (2)未帶電的金屬體無須接地 (3)每片模組邊框皆應接地 (4)依模組邊框指定孔進行接地安裝。

( )16. 依「再生能源發展條例」規定，所設置再生能源發電設備與電業簽訂購售電契約，其適用公告躉購費率年限為何？ (1)1 年 (2)5 年 (3)20 年 (4)10 年。

( )17. 若太陽能輻射為 1kW/m^2，太陽光電模組之轉換效率為 15%，欲提供直流電功率 3kW，則至少需安 2 裝太陽光電模組面積為 (1)30m^2 (2)40m^2 (3)50m^2 (4)20m^2。

( )18. PT 100 溫度感測器有三個接點 A、B 與 b，攝氏 0 度時，b 與 B 間電阻約為
(1)0 歐姆 (2)200 歐姆 (3)300 歐姆 (4)100 歐姆。

( )19. 電阻二端電壓為 6V、功率 18W，則電阻值為
(1)3 歐姆 (2)2 歐姆 (3)4 歐姆 (4)1 歐姆。

( )20. 避雷器裝置的目的，係當線路對地發生異常高壓時，可在線路與大地間提供一
(1)高容抗 (2)低阻抗
(3)高電抗 (4)高阻抗讓異常高壓產生之突波電流導入大地以保護設備之安全。

( )21. 矽基太陽電池的效率隨著溫度上升而 (1)無關 (2)增加 (3)降低 (4)不變。

( )22. 積熱電驛主要功能是保護負載的 (1)逆相 (2)過電流 (3)過電壓 (4)低電流。

( )23. 勞工發生死亡職業災害時，雇主應經以下何單位之許可，方得移動或破壞現場？
(1)勞動檢查機構 (2)法律輔助機構 (3)調解委員會 (4)保險公司。

( )24. 為建立良好之公司治理制度，公司內部宜納入何種檢舉人(深喉嚨)制度？
(1)告訴乃論制度 (2)不告不理制度
(3)非告訴乃論制度 (4)吹哨者(whistleblower)管道及保護制度。

解答

11.(2) 12.(2) 13.(2) 14.(3) 15.(2) 16.(3) 17.(4) 18.(1) 19.(2) 20.(2)
21.(3) 22.(2) 23.(1) 24.(4)

( )25. 金屬管導管內之導線數 6 條、導線線徑 5.5mm^2、周溫 35℃，導體絕緣物 60℃，其 A 容量為？ (1)320A (2)40A (3)35A (4)25A。

( )26. 變壓器高壓線圈之導體電阻較低壓線圈之導體電阻為
(1)相同 (2)低 (3)高 (4)大型者相同，小型者較低。

( )27. 下列何者不是蚊蟲會傳染的疾病？ (1)瘧疾 (2)痢疾 (3)登革熱 (4)日本腦炎。

( )28. 以下對電器外殼保護等級防塵型之說明，何者不正確？ (1)表示無法完全防止粉塵之進入，但不影響器具所應有之動作及安全性 (2)對直徑 2.5mm 以上固體異物，完全不得進入 (3)對直徑 1.0mm 以上固體異物，完全不得進入 (4)表示絕對無粉塵進入。

( )29. 接地系統應符合 (1)接地銅棒作接地極，其直徑不得小於 20 公厘 (2)接地銅棒作接地極且長度不得短於 0.9 公尺，並應垂直釘沒於地面下一公尺以上 (3)如為岩石所阻，則可橫向埋設於地面下 1 公尺以上深度 (4)鐵管或鋼管作接地極，其內徑應在 10 公厘以上。

( )30. 若太陽光電模組之 $V_{OC}=21V$，$I_{SC}=8A$，而 $V_{MP}=16V$，$I_{MP}=7A$，則填充因子($F.F.$)約為
(1)67% (2)87% (3)97% (4)77%。

( )31. 某用戶某月抄表電度，瓦特計 600 度，乏時計 800 度，則該用戶負載之功率因數為
(1)80% (2)60% (3)90% (4)70%。

( )32. 避雷器之英文代號為 (1)DS (2)LS (3)LA (4)CS。

( )33. 當併聯型變流器併接至具有供應多分路能力之配電設備時，供電電路之匯流排或導線之過電流保護裝置額定安培容量總和，不得超過該匯流排或導線額定多少倍？
(1)1 倍 (2)1.2 倍 (3)1.5 倍 (4)1.56 倍。

( )34. 公司上班的打卡時間為 8:00，雖然有 10 分鐘的緩衝時間，但是，敬業的員工應該
(1)只要有來上班就好，遲到就算了，無所謂 (2)只要在 8:10 分就可以了，不要太早到 (3)只要上班時間開始的 10 分鐘內到便可，無須 8:00 到 (4)應該提早或準時 8:00 到公司。

( )35. 下列何種方法無法減少二氧化碳？ (1)自備杯筷，減少免洗用具垃圾量 (2)選購當地、當季食材，減少運輸碳足跡 (3)多吃蔬菜，少吃肉 (4)想吃多少儘量點，剩下可當廚餘回收。

( )36. 某公司希望能進行節能減碳，為地球盡點心力，以下何種作為並不恰當？ (1)實行能源管理 (2)為考慮經營成本，汰換設備時採買最便宜的機種 (3)盤查所有能源使用設備 (4)將採購規定列入以下文字：「汰換設備時首先考慮具有節能標章、或能源效率 1 級之產品」。

解答

25.(4) 26.(3) 27.(2) 28.(4) 29.(2) 30.(1) 31.(2) 32.(3) 33.(2) 34.(4)
35.(4) 36.(2)

( )37. 下列何者非屬於工作場所作業會發生墜落災害的潛在危害因子？ (1)開口未設置護欄 (2)未設置安全之上下設備 (3)屋頂開口下方未張掛安全網 (4)未確實戴安全帽。

( )38. 職業上危害因子所引起的勞工疾病，稱爲何種疾病？
(1)法定傳染病 (2)遺傳性疾病 (3)流行性疾病 (4)職業疾病。

( )39. 依電工法規屋內配線設計圖符號標示，Ⓐ代表
(1)瓦特表 (2)復閉電驛 (3)熔斷開關 (4)安培表。

( )40. 三相電路(V_P 相電壓、I_P 相電流、θ 相位角)下列何者敘述錯誤？
(1)總有效功率 $P=3V_PI_P\cos\theta$ (2)三相功率因數 $PF=S/P$
(3)總視在功率 $S=3V_PI_P$ (4)總無效功率 $Q=3V_PI_P\sin\theta$。

( )41. 勞工工作時右手嚴重受傷，住院醫療期間公司應按下列何者給予職業災害補償？
(1)前 6 個月平均工資 (2)原領工資 (3)前 1 年平均工資 (4)基本工資。

( )42. 下列何者爲填充因子(*F.F.*)之計算公式？ (1)$(I_{SC}\times V_{OC})/(I_{MP}\times V_{MP})$
(2)$(I_{MP}\times V_{MP})/(I_{SC}\times V_{OC})$ (3)$(I_{SC}\times V_{MP})/(I_{MP}\times V_{OC})$ (4)$(I_{MP}\times V_{OC})/(I_{SC}\times V_{MP})$。

( )43. 依電工法規屋內配線設計圖符號標示如圖 ，代表
(1)匯流排槽 (2)比流器 (3)比壓器 (4)接地。

( )44. 一片 150mm×180mm 的太陽電池在標準測試條件(STC)下最大可輸出 5W 功率，則其效率約爲 (1)18.5% (2)14.8% (3)16.4% (4)15.3%。

( )45. 24V 蓄電池、最大電流 10A，採用導線線徑爲 2.0mm^2(電阻值 9.24Ω/km)，長度爲 10m，試求導線之最大壓降爲 (1)1.8% (2)0.3% (3)0.96% (4)7.7%。

( )46. 太陽光電組列電壓 V_{OC} = 300V，I_{SC} = 33A，線長爲 60 公尺，採 PVC 絕緣電線配電，壓降 2%以下，最經濟之線材(平方公厘/每公里電阻 Ω 值@20℃)選用爲
(1)5.5/3.37 (2)8.0/2.39 (3)3.5/5.24 (4)14.0/1.36。

( )47. 在相同環境條件下，太陽電池何者轉換效率最高？
(1)微晶矽 (2)多晶矽 (3)單晶矽 (4)非晶矽。

( )48. 相同條件之金屬管配線，其安培容量較 PVC 管配線爲大(1.6 公厘 PVC 電線除外)，其理由是因金屬管之 (1)耐腐蝕性強 (2)防水性較好 (3)機械強度大 (4)散熱較快。

( )49. 電磁開關英文代號爲 (1)MS (2)MC (3)TH-RY (4)NFB。

( )50. 下列對併聯型變流器功能的說明何者爲正確？
(1)將交流電轉成直流電 (2)不可饋入市電
(3)將直流電轉成交流電 (4)可調整輸出電壓值。

解答

37.(4) 38.(4) 39.(4) 40.(2) 41.(2) 42.(2) 43.(1) 44.(1) 45.(4) 46.(2)
47.(3) 48.(4) 49.(1) 50.(3)

( )51. 欲進行直流接線箱檢修時，應先關閉下列哪一裝置？
(1)直流離斷開關 (2)串列開關 (3)變流器 (4)交流斷路器。

( )52. 凡進行地下管路埋設工程，施工時有地面崩塌、土石飛落之虞或挖土深度在多少以上時，均應設置擋土設施？ (1)3.0 公尺 (2)2.5 公尺 (3)1.5 公尺 (4)1.0 公尺。

( )53. 下列何者是酸雨對環境的影響？
(1)增加森林生長速度 (2)湖泊水質酸化 (3)土壤肥沃 (4)增加水生動物種類。

( )54. 都市中常產生的「熱島效應」會造成何種影響？
(1)空氣污染物易擴散 (2)溫度降低 (3)增加降雨 (4)空氣污染物不易擴散。

( )55. 電氣設備維修時，在關掉電源後，最好停留 1 至 5 分鐘才開始檢修，其主要的理由是
(1)法規沒有規定，這完全沒有必要 (2)讓機器設備降溫下來再查修
(3)先平靜心情，做好準備才動手 (4)讓裡面的電容器有時間放電完畢，才安全。

( )56. 下列何種現象無法看出家裡有漏水的問題？ (1)牆面、地面或天花板忽然出現潮濕的現象 (2)水費有大幅度增加 (3)水龍頭打開使用時，水表的指針持續在轉動 (4)馬桶裡的水常在晃動，或是沒辦法止水。

( )57. 下列何者為目前一般常用矽晶太陽光電模組之封裝結構順序？ (1)玻璃/EVA/太陽電池電路/Tedlar (2)玻璃/EVA/太陽電池電路/EVA/Tedlar (3)玻璃/EVA/太陽電池電路/EVA/玻璃 (4)玻璃/太陽電池電路/EVA/Tedlar。

( )58. 配電變壓器的分接頭設在
(1)高壓側 (2)低壓側 (3)高壓側與低壓側均不設 (4)高壓側與低壓側均設。

( )59. 台灣西部海岸曾發生的綠牡蠣事件是下列何種物質污染水體有關？
(1)銅 (2)汞 (3)磷 (4)鎘。

( )60. 下列四種金屬材料導電率最大者為 (1)銅 (2)銀 (3)鋁 (4)鎢。

複選題：

( )61. 高壓配電盤內裝置保護電驛有 (1)LCO (2)CO (3)UV (4)OCB 等保護電驛。

( )62. 下列何者非為 RS 232 數據傳輸鮑率？
(1)115200 bps (2)12000 bps (3)3200 bps (4)1200 bps。

( )63. 當併聯型太陽光電發電系統未正常輸出，變流器面板出現"No Grid"或"No Utility"或類似故障訊息，可能原因為何？
(1)無日照 (2)併聯開關被切離 (3)市電停電維護中 (4)DC 開關被切離。

( )64. 太陽光電發電系統建置週邊環境應考量？ (1)雷害 (2)潮濕 (3)噪音 (4)鹽害。

解答

51.(4)	52.(3)	53.(2)	54.(4)	55.(4)	56.(3)	57.(2)	58.(1)	59.(1)	60.(2)
61.(123)	62.(23)	63.(23)	64.(124)						

(　　)65. 下列何者為「再生能源發展條例」之主要立法目的？ (1)改善環境品質 (2)增進能源多元化 (3)增進國家永續發展 (4)推廣抽蓄式水力利用。

(　　)66. 太陽光電模組內含 2 只旁通二極體，當模組內 1 片太陽能電池斷線，由模組引線量測該故障時，下列何者正確？
(1)短路電流顯著降低 (2)完全無輸出 (3)輸出功率顯著降低 (4)開路電壓顯著降低。

(　　)67. 當變流器在運作時出現接地異常時，下列何者不是主要因素？
(1)DC 斷路器跳開 (2)接地失效 (3)內部偵測電路故障 (4)太陽光電模組損壞。

(　　)68. 下列何者為太陽光電模組接線盒內之元件？
(1)二極體 (2)交流開關 (3)保險絲 (4)接線座。

(　　)69. 下列哪些是第三種接地適用之處所 (1)三相四線多重接地系統供電地區用戶變壓器之低壓電源系統接地 (2)高壓用電設備接地 (3)低壓用電設備接地 (4)內線系統接地。

(　　)70. 有關漏電斷路器之裝置下列哪些正確？ (1)以裝置於分路為原則 (2)防止感電事故為目的應採中感度延時型 (3)漏電斷路器額定電流容量須小於負載電流 (4)陸橋用電設備應裝設漏電斷路器。

(　　)71. 有關直流接線箱與交流配電盤內之端子安裝，下列何者正確？ (1)應確實鎖牢固定 (2)應使用 O 型端子 (3)所連接終端、導體(線)或裝置之額定溫度最低者，應符合該端子之溫度限制規定 (4)應使用 Y 型端子。

(　　)72. 設置下列哪些太陽光電發電設備前，須向中央主管機關申請設備認定？
(1)住宅屋頂設置 5 瓩自用型太陽光電發電設備 (2)遊艇設置 5 瓩太陽光電發電設備 (3)住宅屋頂設置 5 瓩併聯型太陽光電發電設備 (4)500 瓦太陽能路燈。

(　　)73. 變流器的轉換效率與下列哪些項目有關？ (1)輸入功率與額定功率的比例 (2)輸入電壓 (3)組列最大功率點追蹤能力 (4)市電頻率。

(　　)74. 國際防護等級(IP)下列何者敘述正確？ (1)防塵代碼 0～6 (2)IP56 比 IP65 防水性好 (3)代碼數字越大防護越差 (4)防水代碼 0-8。

(　　)75. 安裝太陽光電模組不當可能造成
(1)系統發電效能不佳 (2)PR 值降低 (3)模組電池破裂 (4)機械電表損壞。

(　　)76. 併聯型變流器 MPPT 主要是根據哪幾種物理量做輸出調整？
(1)電流 (2)電壓 (3)溫度 (4)日射量。

解答

65.(123)　66.(34)　67.(14)　68.(14)　69.(34)　70.(14)　71.(123)　72.(13)　73.(123)　74.(124)
75.(123)　76.(12)

( )77. 下列何者依據法拉第定律原理製造之用電設備？
(1)變壓器 (2)比流器 (3)電容器 (4)比壓器。

( )78. 有關低壓配線之導線選用，下列敘述哪些符合規定？ (1)應選用 600 伏之絕緣等級 (2)電動機分路導線線徑之大小，僅需考慮該線能承受電動機之額定電流 (3)電燈及電熱工程，選擇分路導線之線徑大小，僅需考慮該線之安培容量是否足以擔負負載電流 (4)電纜額定電壓之選擇應考慮三相電力之線間電壓。

( )79. 下列選項中哪些為差動電驛符號？ (1)37 (2)87 (3)DR (4)64。

( )80. 因阻隔二極體工作時會產生高溫，下列處理方式何者正確？
(1)以直流熔線替代阻隔二極體 (2)以交流熔線替代阻隔二極體
(3)使用隔熱材質將阻隔二極體包覆 (4)以金屬散熱片幫助阻隔二極體散熱。

解答

77.(124) 78.(14) 79.(23) 80.(14)

108-1 年度 學科測試試題

單選題：

( ) 1. 根據「用戶用電設備裝置規則」，第二種接地變壓器容量超過 20kVA 應使用 (1)5.5 (2)14 (3)22 (4)38 mm^2 之導線。

( ) 2. 配置於配電盤上之計器、儀表、電驛及儀表用變比器，應依規定加以接地，變比器一次側接自對地電壓超過 300 伏以上線路時，其二次側迴路 (1)均應加以接地 (2)接地與否皆可 (3)不可接地 (4)由業者決定。

( ) 3. 根據「用戶用電設備裝置規則」，非接地導線之保護應符合 (1)電路中每一非接地之導線應有一個過電流保護裝置 (2)三相四線電路非接地電路不得使用單極斷路器 (3)斷路器應分別啓斷電路中之各非接地導線 (4)單相二線非接地電路不得使用單極斷路器。

( ) 4. 因阻隔二極體工作時會產生高溫，以下處理方式何者不正確？ (1)不可以交流熔線替代阻隔二極體 (2)以金屬散熱片幫助阻隔二極體散熱 (3)以直流熔線替代阻隔二極體 (4)使用塑膠材質將阻隔二極體包覆。

( ) 5. 太陽能電池當日照條件達到一定程度時，由於日照的變化而引起較明顯變化的是 (1)最佳傾角 (2)工作電壓 (3)短路電流 (4)開路電壓。

( ) 6. 有關介於變流器輸出與建築物或構造物隔離設備間電路之導線線徑計算，下列何者正確？ (1)應以組列之額定輸出決定 (2)應以組列額定輸出之 1.25 倍決定 (3)應以交流斷路器之跳脫額定容量決定 (4)應以變流器之額定輸出決定。

( ) 7. 依電工法規屋內配線設計圖符號標示如下圖，代表 (1)分歧點附開關及熔絲之匯流排槽 (2)膨脹接頭匯流排槽 (3)分歧點附斷路器之匯流排槽 (4)比流器。

( ) 8. 太陽能電池 P_M 爲 (1)$V_{MP}\times I_{Mp}$ (2)$V_{OC}\times I_{Sc}$ (3)$V_{OC}\times I_{Mp}$ (4)$V_{MP}\times I_S$。

( ) 9. 爲防止人員感電事故而裝置的漏電斷路器，其規格應採用 (1)高感度高速型 (2)高感度延時型 (3)中感度高速型 (4)中感度延時型。

( )10. 直流電流表規格分流器爲 100A：200mV，則分流器的電阻值爲 (1)0.003 歐姆 (2)0.002 歐姆 (3)0.001 歐姆 (4)0.004 歐姆。

解答

1.(3)	2.(1)	3.(1)	4.(4)	5.(3)	6.(4)	7.(2)	8.(1)	9.(1)	10.(2)

(　)11. 太陽光電之追日系統的主要功能為
(1)追日系統可讓太陽能板正對著太陽，以獲得最大日照量
(2)追日系統可延長太陽能板壽命
(3)追日系統比較美觀
(4)追日系統無特殊功能。

(　)12. 有四組太陽光電模組串列並接時，其 *Isc* 各為 9A，試問其各串接直流保險絲的耐電流為多少？ (1)11.25A (2)45A (3)9A (4)18A。

(　)13. 測定變壓器之匝比及極性的儀表要用
(1)高阻計 (2)匝比試驗器 (3)安培計 (4)三用電表。

(　)14. 故意侵害他人之營業秘密，法院因被害人之請求，最高得酌定損害額幾倍之賠償？
(1)2 倍 (2)4 倍 (3)1 倍 (4)3 倍。

(　)15. 避雷器是一種 (1)過電阻 (2)過電流 (3)過電抗 (4)過電壓保護設備。

(　)16. 以下對於「例假」之敘述，何者有誤？
(1)工資照給　(2)出勤時，工資加倍及補休
(3)每 7 日應休息 1 日　(4)須給假，不必給工資。

(　)17. 依電工法規屋內配線設計圖符號標示如下圖，代表
(1)明管配線 (2)線路交叉不連結 (3)電路至配電箱 (4)線路分歧接點。

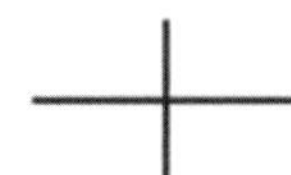

(　)18. 依電工法規屋內配線設計圖符號標示如下圖，代表
(1)比壓器 (2)接地 (3)比流器 (4)匯流排槽。

(　)19. 有關專利權的敘述，何者正確？
(1)我發明了某項商品，卻被他人率先申請專利權，我仍可主張擁有這項商品的專利權
(2)專利權為世界所共有，在本國申請專利之商品進軍國外，不需向他國申請專利權
(3)專利有規定保護年限，當某商品、技術的專利保護年限屆滿，任何人皆可運用該項專利
(4)專利權可涵蓋、保護抽象的概念性商品。

(　)20. IEC 61724 規範中所要求之電壓準確度為？ (1)1% (2)2% (3)5% (4)10% 以內。

解答

11.(1)	12.(1)	13.(2)	14.(4)	15.(4)	16.(4)	17.(2)	18.(4)	19.(3)	20.(1)

(　)21. 有一太陽光電模組在 STC 測試下，其 V_{mp} 爲 30V、溫度係數爲–0.5%／℃，假設有 20 串模組串在一起，試問模組溫度在 45℃時，其模組串列電壓 V_{mp} 爲多少？
(1)500　(2)540　(3)520　(4)600 V。

(　)22. 按照現行法律規定，侵害他人營業秘密，其法律責任爲：
(1)刑事責任與民事損害賠償責任皆不須負擔
(2)刑事責任與民事損害賠償責任皆須負擔
(3)僅需負民事損害賠償責任
(4)僅需負刑事責任。

(　)23. 某太陽光電模組在 STC 測試條件下之開路電壓 V_{OC} 爲 44.5V，若開路電壓溫度係數爲–0.125V/℃，當模組溫度爲 45℃時，則其開路電壓爲
(1)42　(2)38.875　(3)47　(4)44.5 V。

(　)24. 屋內之低壓電燈及家庭用電器具採用 PVC 管配線時，其裝置線路與通訊線路，應保持多少公厘以上之距離？　(1)100　(2)50　(3)150　(4)80。

(　)25. 家戶大型垃圾應由誰負責處理
(1)行政院環境保護署　(2)行政院　(3)當地政府清潔隊　(4)內政部。

(　)26. 全天空輻射計輸出轉換爲 0-1600W/m^2/0-5V，若搭配數位顯示器作日照顯示並設定最大值爲 2000W/m^2，當實際日照強度爲 500W/m^{2}時，顯示數值爲何？
(1)575W/m^2　(2)475W/m^2　(3)625W/m^2　(4)433W/m^2。

(　)27. 理想電流表，理論上內阻應
(1)越大越好　(2)與負載電阻相同　(3)越小越好　(4)沒影響。

(　)28. 設置多少裝置容量之太陽光電發電設備，於設置前得認定爲太陽光電發電設備？
(1)1 瓩以上　(2)1 瓦以上　(3)100 瓦以上　(4)10 瓩以上。

(　)29. 接地電阻計有三個接點 E、P、C，接至接地銅排的接點爲
(1)C　(2)E　(3)任一接點皆可　(4)P。

(　)30. 變壓器之常用導磁材料是　(1)銅線　(2)鋁線　(3)矽鋼片　(4)邁拉紙。

(　)31. 敷設可撓性金屬明管時，自出線盒拉出多少公分以內需裝設「護管鐵」固定？
(1)50　(2)20　(3)30　(4)40　cm。

(　)32. 有效減少對感測器(sensor)的雜訊干擾的方法之一爲
(1)增加放大率　(2)保持高溫　(3)增加引線長度　(4)確實隔離與接地。

解答

21.(2)	22.(2)	23.(1)	24.(3)	25.(3)	26.(3)	27.(3)	28.(1)	29.(2)	30.(3)
31.(3)	32.(4)								

( )33. 專利權又可區分爲發明、新型與新式樣三種專利權，其中，發明專利權是否有保護期限？期限爲何？
(1)有，5 年 (2)無期限，只要申請後就永久歸申請人所有 (3)有，20 年 (4)有，50 年。

( )34. 爲了取得良好的水資源，通常在河川的哪一段興建水庫？
(1)中游 (2)下游出口 (3)下游 (4)上游。

( )35. 有關小黑蚊敘述下列何者爲非？
(1)無論雄性或雌性皆會吸食哺乳類動物血液
(2)活動時間又以中午十二點到下午三點爲活動高峰期
(3)多存在竹林、灌木叢、雜草叢、果園等邊緣地帶等處
(4)小黑蚊的幼蟲以腐植質、青苔和藻類爲食。

( )36. 依「設置再生能源設施免請領雜項執照標準」規定，申請第三型太陽光電發電設備設備登記時，如太陽光電發電設備達 100 瓩以上，下列何者非屬應檢附文件？
(1)依法登記執業之電機技師或相關專業技師辦理設計與監造之證明文件
(2)原核發之再生能源發電設備同意備案文件影本
(3)監造技師簽證之竣工試驗報告
(4)與施工廠商簽訂之工程合約書。

( )37. 一般辦公室影印機的碳粉匣，應如何回收？
(1)交給拾荒者回收 (2)交由清潔隊回收 (3)拿到便利商店回收 (4)交由販賣商回收。

( )38. 絕緣電線裝於周溫高於 35℃處所，當溫度越高其安培容量
(1)越高 (2)越低 (3)不變 (4)依線材而定。

( )39. 有關手動操作開關或斷路器應符合之規定，下列何者不正確？
(1)應使操作人員不會碰觸到帶電之組件 (2)應具有足夠之啓斷額定
(3)應明確標示開啓或關閉之位置 (4)不必設於輕易可觸及處。

( )40. 下列何種方法無法減少二氧化碳？
(1)多吃蔬菜，少吃肉 (2)想吃多少儘量點，剩下可當廚餘回收
(3)自備杯筷，減少免洗用具垃圾量 (4)選購當地、當季食材，減少運輸碳足跡。

( )41. 對於墜落危險之預防措施，下列敘述何者正確？
(1)安全帶應確實配掛在低於足下之堅固點
(2)高度 2m 以上之開口處應設護欄或安全網
(3)高度 2m 以上之開口緣處應圍起警示帶
(4)在外牆施工架等高處作業應盡量使用繫腰式安全帶。

解答

33.(3) 34.(4) 35.(1) 36.(4) 37.(4) 38.(2) 39.(4) 40.(2) 41.(2)

(　)42. 何謂水足跡，下列何者是正確的？
(1)水循環的過程　(2)消費者所購買的商品，在生產過程中消耗的用水量
(3)水利用的途徑　(4)每人用水量紀錄。

(　)43. 太陽光電系統電壓超過多少伏，雙極系統之中間抽頭導線，應直接被接地？
(1)200　(2)150　(3)50　(4)100　V。

(　)44. 依電工法規屋內配線設計圖符號標示，代表
(1)刀形開關　(2)復閉器　(3)接觸器　(4)電力熔絲。

(　)45. 勞動場所發生職業災害，災害搶救中第一要務為何？
(1)搶救材料減少損失　(2)搶救罹災勞工迅速送醫
(3)災害場所持續工作減少損失　(4)24 小時內通報勞動檢查機構。

(　)46. 下列何種熱水器所需能源費用最少？
(1)柴油鍋爐熱水器　(2)電熱水器　(3)熱泵熱水器　(4)天然瓦斯熱水器。

(　)47. 有關觸電的處理方式，下列敘述何者錯誤？
(1)使用絕緣的裝備來移除電源　(2)通知救護人員
(3)應立刻將觸電者拉離現場　(4)把電源開關關閉。

(　)48. 在標準測試條件(STC)下，量測太陽光電模組串列短路電流，其值約為
(1)模組串列數×模組之 I_{MP}　(2)模組串列數×模組之 I_{SC}　(3)模組之 I_{MP}　(4)模組之 I_{SC}。

(　)49. 欲量測較大容量之交流電流時，通常數位電表會搭配何種電路及接法？
(1)搭配並接於迴路上之分流器　(2)搭配並接於迴路上之比壓器
(3)搭配串接於迴路上之比流器　(4)搭配串接於迴路上之分流器。

(　)50. 依「用戶用電設備裝置規則」規定，所有併聯型系統與其他電源之併接點應於隔離設備之人員可觸及之處，下列何者不必標示？
(1)額定交流輸出電流　(2)電源　(3)安裝廠商名稱　(4)標稱運轉交流電壓。

(　)51. 全天空輻射計靈敏度為 12.5μv/W/m^2，搭配數位顯示器作日照顯示時，若其輸入轉換為 0-15mV/0-2000W/m^2，當實際日照強度為 800W/m^2 時，顯示數值為何？
(1)833　(2)1333　(3)667　(4)1500　W/m^2。

(　)52. 目前台灣的變壓器使用頻率額定為　(1)60　(2)40　(3)30　(4)50　Hz。

解答

42.(2)　43.(3)　44.(4)　45.(2)　46.(3)　47.(3)　48.(4)　49.(3)　50.(3)　51.(2)
52.(1)

( )53. 再生能源發電設備認定係指下列何種程序？
(1)爲規定申請設備登記之程序 (2)爲規定申請同意備案至取得設備登記之程序
(3)爲規定申請同意備案之程序 (4)爲規定查驗之程序。

( )54. 依電業法相關規定，供電電力及電熱之電壓變動率，以不超過多少爲準？
(1)±10% (2)±2.5% (3)±5% (4)±3%。

( )55. 根據「用戶用電設備裝置規則」，避雷器與電源線間之導線及避雷器與大地間之接地導線其線徑應不小於 (1)14 (2)5.5 (3)8 (4)22 mm^2。

( )56. 敷設電纜工作人員進入人孔前，要使孔內氧氣濃度保持在多少以上？
(1)16% (2)18% (3)14% (4)10%。

( )57. 對於染有油污之破布、紙屑等應如何處置？
(1)無特別規定，以方便丟棄即可 (2)應蓋藏於不燃性之容器內
(3)應分類置於回收桶內 (4)與一般廢棄物一起處置。

( )58. 一片太陽光電模組之 V_{OC} 爲 36V，I_{SC} 爲 8A，V_{mp} 爲 33V 及 I_{mp} 爲 7A，以 10 串 4 並方式組成一直流迴路，日照 800W/m^2，板溫 20℃，在儀表正常及線路良好情形之下，以 DC 勾表量得此迴路之短路電流值爲 32A，下列敘述何者最爲可能？
(1)勾表未歸零 (2)模組故障 (3)勾表反相 (4)迴路保險絲燒斷。

( )59. 根據「用戶用電設備裝置規則」，使用銅板做接地極時，其厚度至少爲？
(1)0.1 (2)0.7 (3)1.5 (4)1.0 公厘以上。

( )60. 太陽光電組列電壓 V_{OC} = 300V，I_{SC} = 33A，線長爲 60 公尺，採 PVC 絕緣電線配電，壓降 2%以下，最經濟之線材(平方公厘/每公里電阻 Ω 值@20℃)選用爲
(1)5.5/3.37 (2)3.5/5.24 (3)8.0/2.39 (4)14.0/1.36。

複選題：

( )61. 下列何者爲固體絕緣材料？ (1)玻璃纖維 (2)凡立水 (3)雲母 (4)瓷器。

( )62. 國際防護等級(IP)下列何者敘述正確？
(1)代碼數字越大防護越差 (2)防水代碼 0~9
(3)IP56 比 IP65 防水性好 (4)防塵代碼 0~6。

( )63. 經由模組串列電流電壓曲線(I-V Curve)量測曲線形狀可能得知下列哪些狀況？
(1)模組損壞 (2)模組不匹配 (3)模組是否有局部遮蔭 (4)模組種類。

解答

53.(2) 54.(1) 55.(1) 56.(2) 57.(2) 58.(1) 59.(2) 60.(3) 61.(134) 62.(234)
63.(123)

( )64. 有關突波吸收器之敘述，下列何者正確？
(1)串接於電路 (2)可吸收來自雷擊或開關切換之突波
(3)反應時間要快速 (4)安裝突波吸收器與接地端之連接線應儘可能短。

( )65. 下列那些狀況發生時，併聯型變流器應停止運轉輸出？
(1)組列直流開關啓斷 (2)市電停電 (3)組列發生漏電流 (4)突波吸收器故障。

( )66. 下列何者為 IEC 61724 中所定義的環境類待測項目？
(1)濕度 (2)風速 (3)日照 (4)氣溫。

( )67. 太陽光電發電系統組列配線完成後，以儀表檢查時，下列哪些操作正確？
(1)以三用電表量測接地電阻 (2)以三用電表量測正負端之間的絕緣阻抗
(3)以直流勾表量測短路電流 (4)以直流電表量測開路電壓。

( )68. 有關太陽光電發電設備之躉購費率說明，下列敘述何者正確？
(1)自完工日起躉購 20 年 (2)依與電業簽訂購售電契約日適用電能躉購費率
(3)依完工運轉併聯日適用電能躉購費率 (4)契約 20 年到期後即不能持續售電。

( )69. 太陽光電發電設備因設備老舊或損壞，申請更換與裝置容量有關之設備者，下列何者說明正確？
(1)應由經營電力網之電業核轉中央主管機關同意，始得更換
(2)更換設備後之總裝置容量不得超過原設備登記之總裝置容量
(3)更換後應檢附購售電合約報中央主管機關備查
(4)應由施工廠商向經營電力網之電業提出申請。

( )70. 直流數位電表顯示之電壓為負且電流為正但數值不正確，可能原因為何？
(1)電表之電壓正負端點接線錯誤 (2)數位電表未接電源
(3)分流器正負接反 (4)分流器規格不對。

( )71. 根據「用戶用電設備裝置規則」，接地的種類除第三種接地外，尚有
(1)第二種接地 (2)第四種接地 (3)第一種接地 (4)特種接地。

( )72. 有關變流器的運轉，下列何者為正確？
(1)日照強度愈大，最大功率點電壓愈低 (2)若偵測到組列發生漏電流，即停止輸出
(3)內部工作溫度愈高，轉換效率愈高 (4)日照強度愈大，最大功率點電壓愈高。

( )73. 關於電度表接線箱之敘述，下列何者正確？
(1)電度表接線箱其箱體若採用鋼板其厚度應在 1.6 公厘以上
(2)30 安培以上電度表應以加封印之電度表接線箱保護之
(3)電度表接線箱應置於 3 公尺以上
(4)用戶端接線箱應加封印。

解答

64.(234) 65.(123) 66.(234) 67.(34) 68.(13) 69.(12) 70.(14) 71.(134) 72.(24) 73.(12)

( )74. 下列選項中那些不是熔絲符號？ (1)[fuse symbol] (2)Ⓢ (3)[f] (4)Ⓕ。

( )75. 有關直流接線箱與交流配電盤內之端子安裝，下列何者正確？
(1)應使用 O 型端子 (2)應使用 Y 型端子 (3)應確實鎖牢固定 (4)所連接終端、導體(線)或裝置之額定溫度最低者，應符合該端子之溫度限制規定。

( )76. 根據「用戶用電設備裝置規則」，三相匯流排 A、B、C 相之安排，面向配電盤或配電箱應由 (1)底到頂 (2)頂到底 (3)前到後 (4)後到前 或由左到右排列。

( )77. 敷設金屬管時，如未適當隔離者，須與下列何種物體保持 500 公厘以上之距離？
(1)天花板 (2)煙囪 (3)熱水管 (4)其他發散熱氣之物體。

( )78. 絕緣電阻計測量方法下列何者正確？
(1)"E"應接設備外殼 (2)"L"接到電纜絕緣護層 (3)端子"G"接設備的被測端 (4)測量前必須將被測線路或電氣設備的電源全部斷電。

( )79. 高壓配電盤內裝置保護電驛有
(1)UV (2)OCB (3)CO (4)LCO 等保護電驛。

( )80. 太陽光電模組背板標籤應會包含下列哪些資料？
(1)填充因子(F.F.) (2)抗風壓值 (3)開路電壓 (4)短路電流。

解答

74.(124) 75.(134) 76.(23) 77.(234) 78.(124) 79.(134) 80.(34)

109-1 年度 學科測試試題

單選題：

( ) 1. 請問以下敘述，那一項不是立法保護營業秘密的目的？
(1)調和社會公共利益 (2)保障企業獲利
(3)確保商業競爭秩序 (4)維護產業倫理。

( ) 2. 施工測量時，用以定水平面最方便又準確之儀器為
(1)精密水準儀 (2)直角稜鏡 (3)雷射水平儀 (4)平板儀。

( ) 3. 下列電力量測點中何者需作雙向電力潮流之量測？
(1)PV 陣列迴路 (2)電池迴路
(3)變流器(inverter)輸入迴路 (4)變流器(inverter)輸出迴路。

( ) 4. 公司訂定誠信經營守則時，不包括下列何者？
(1)禁止適當慈善捐助或贊助 (2)禁止行賄及收賄
(3)禁止提供不法政治獻金 (4)禁止不誠信行為。

( ) 5. 欲量測較大容量之直流電流時，通常數位電表會搭配何種電路及接法？
(1)搭配串接於迴路上之比流器 (2)搭配並接於迴路上之比壓器
(3)搭配串接於迴路上之分流器 (4)搭配並接於迴路上之分流器。

( ) 6. 依電工法規屋內配線設計圖符號標示如下圖，代表
(1)分歧點附斷路器之匯流排槽 (2)分歧點附開關及熔絲之匯流排槽
(3)膨脹接頭匯流排槽 (4)比流器。

( ) 7. 事業招人承攬時，其承攬人就承攬部分負雇主之責任，原事業單位就職業災害補償部分之責任為何？
(1)依工程性質決定責任 (2)仍應與承攬人負連帶責任
(3)視職業災害原因判定是否補償 (4)依承攬契約決定責任。

( ) 8. 根據「用戶用電設備裝置規則」，配電盤及配電箱箱體若採用鋼板其厚度應在
(1)1.6 (2)2.0 (3)1.0 (4)1.2 公厘以上。

( ) 9. 有關再生能源的使用限制，下列何者敘述有誤？
(1)需較大的土地面積 (2)設置成本較高
(3)不易受天氣影響 (4)風力、太陽能屬間歇性能源，供應不穩定。

解答

1.(2)	2.(3)	3.(2)	4.(1)	5.(3)	6.(3)	7.(2)	8.(4)	9.(3)

( )10. 鋁導線作張力壓接套管，於壓接前，導線之表面污銹先用鋼絲刷擦乾淨後應塗佈
(1)黃油 (2)鉻酸鋅糊 (3)防氧保護油 (4)機油。

( )11. 根據「用戶用電設備裝置規則」，使用鐵管或鋼管或接地銅棒做接地極時，應垂直釘沒於地面下至少為？
(1)2 (2)2.5 (3)1.5 (4)1.0 公尺。

( )12. 於營造工地潮濕場所中使用電動機具，為防止感電危害，應於該電路設置何種安全裝置？
(1)高容量保險絲 (2)高感度高速型漏電斷路器
(3)閉關箱 (4)自動電擊防止裝置。

( )13. 避雷器之英文代號為 (1)LA (2)LS (3)DS (4)CS。

( )14. 經營電力網之電業與再生能源發電設備設置者，簽訂之購售電契約中應約定項目，不包括下列哪一事項？
(1)轉移 (2)運轉 (3)併聯 (4)查核。

( )15. 依 CNS 15382 規定，因市電系統異常超過範圍而引起太陽光電系統停止供電後，在市電系統之電壓及頻率已回復至規定範圍後多少時間內(註：供電遲延時間乃決定於區域狀況)，太陽光電系統不應供電至市電系統？
(1)10 至 20 秒 (2)60 至 200 秒 (3)20 至 300 秒 (4)20 至 60 秒。

( )16. 太陽光電之追日系統的主要功能為
(1)追日系統可延長太陽能板壽命
(2)追日系統比較美觀
(3)追日系統無特殊功能
(4)追日系統可讓太陽能板正對著太陽，以獲得最大日照量。

( )17. 有兩組太陽光電模組串列並接時，其最大電壓值在溫度係數修正後各為 800V，試問其直流斷路器的耐壓值應大於多少？
(1)800 (2)1248 (3)1600 (4)400 V。

( )18. 再生能源發電設備屬下列情形之一者，不以迴避成本或第一項公告費率取其較低者躉購：
(1)再生能源發電設備購電第 10 年起
(2)運轉超過 20 年
(3)全國再生能源發電總設置容量達規定之獎勵總量上限後設置
(4)再生能源發展條例施行前，已運轉且未曾與電業簽訂購電契約。

解答

10.(2)	11.(4)	12.(2)	13.(1)	14.(1)	15.(3)	16.(4)	17.(1)	18.(1)

( )19. 依據電工法規屋內配線設計圖，如圖所示 VS 爲

(1)安培計切換開關 (2)選擇開關 (3)限制開關 (4)伏特計切換開關。

( )20. 「垃圾強制分類」的主要目的爲：A 減少垃圾清運量 B 回收有用資源 C 回收廚餘予以再利用 D 變賣賺錢？

(1)ACD (2)ABC (3)BCD (4)ABCD。

( )21. 依電工法規屋內配線設計圖符號標示如下圖，代表

(1)三相四線△非接地 (2)三相三線△接地

(3)三相四線△一線捲中點接地 (4)三相三線△非接地。

( )22. 依「再生能源發展條例」規定，再生能源躉購費率及其計算公式不需綜合考量下列何種因素？

(1)平均裝置成本 (2)線路併聯容量 (3)年發電量 (4)運轉年限。

( )23. 勞工發生死亡職業災害時，雇主應經以下何單位之許可，方得移動或破壞現場？

(1)保險公司 (2)勞動檢查機構 (3)調解委員會 (4)法律輔助機構。

( )24. 依 CNS 15382 規定，併接點電壓高於市電標稱電壓之 1.10 倍且低於市電標稱電壓之 1.35 倍時，變流器的最大跳脫時間爲

(1)不須跳脫 (2)0.1 秒 (3)0.05 秒 (4)2.0 秒。

( )25. 「聖嬰現象」是指哪一區域的溫度異常升高？

(1)東太平洋表層海水 (2)東印度洋表層海水

(3)西太平洋表層海水 (4)西印度洋表層海水。

( )26. 下列何者燈泡發光效率最高？

(1)白熾燈泡 (2)鹵素燈泡 (3)LED 燈泡 (4)省電燈泡。

( )27. 以下哪一項員工的作爲符合敬業精神？

(1)謹守職場紀律及禮節，尊重客戶隱私 (2)未經雇主同意擅離工作崗位

(3)利用正常工作時間從事私人事務 (4)運用雇主的資源，從事個人工作。

( )28. 甲公司開發部主管 A 掌握公司最新技術製程，並約定保密協議，離職後就任同業乙公司，將甲公司之機密技術揭露於乙公司，使甲公司蒙受巨額營業上損失，下列何者「非」屬 A 可能涉及之刑事責任？

(1)刑法之洩漏工商秘密罪 (2)營業秘密法之以不正方法取得營業秘密罪

(3)刑法之背信罪 (4)營業秘密法之未經授權洩漏營業秘密罪。

解答

19.(4)	20.(2)	21.(3)	22.(2)	23.(2)	24.(4)	25.(1)	26.(3)	27.(1)	28.(2)

( )29. 爲防止異質金屬間的電位銹蝕，異質金屬接觸面間，宜使用下列何種墊片隔離？
(1)銅材質墊片 (2)不銹鋼墊片 (3)鋁材質墊片 (4)耐候絕緣墊片。

( )30. 太陽光電模組封裝材料，何者含有抗 UV 的成分？
(1)EVA (2)Tedlar (3)Cell Circuit (4)Glass。

( )31. 瓦時計又可稱爲 (1)積算乏時表 (2)無效瓦特表 (3)伏安表 (4)電度表。

( )32. 有關太陽光電系統線路之安裝，以下何者不正確？
(1)因太陽光電發電設備較爲特殊，可不須依照「用戶用電設備裝置規則」規定施工
(2)應於交流輸出端，安裝短路或過電流保護裝置
(3)模組串接只能到模組與變流器最大容許電壓之允許片數
(4)爲降低閃電引起之突波電壓，所有配線迴路面積應儘量縮小。

( )33. 蓮蓬頭出水量過大時，下列何者無法達到省水？
(1)換裝有省水標章的低流量(5~10L/min)蓮蓬頭
(2)洗澡時間盡量縮短，塗抹肥皂時要把蓮蓬頭關起來
(3)淋浴時水量開大，無需改變使用方法
(4)調整熱水器水量到適中位置。

( )34. 太陽光電系統電壓超過多少伏，雙極系統之中間抽頭導線，應直接被接地？
(1)100 (2)50 (3)150 (4)200 V。

( )35. 就加熱及節能觀點來評比，電鍋剩飯持續保溫至隔天再食用，與先放冰箱冷藏，隔天用微波爐加熱，下列何者是對的？
(1)優先選電鍋保溫方式，因爲馬上就可以吃 (2)微波爐再加熱比較省電又方便
(3)持續保溫較省電 (4)兩者一樣。

( )36. 併聯型變流器輸入端開路電壓量測值接近於零，但未短路，下列敘述何者最爲可能？
(1)直流接線箱內開關未閉合 (2)日照強度低於 300W/m2
(3)變流器輸入端兩線接反 (4)直流接線箱內保險絲短路。

( )37. 對於職業災害之受領補償規定，下列敘述何者正確？
(1)勞工若離職將喪失受領補償
(2)勞工得將受領補償權讓與、抵銷、扣押或擔保
(3)須視雇主確有過失責任，勞工方具有受領補償權
(4)受領補償權，自得受領之日起，因 2 年間不行使而消滅。

( )38. 太陽光電發電系統規劃設計時，其交流配電箱若安裝於室外，絕對無粉塵進入要求其保護分類等級(IP 碼)需達多少以上
(1)IP52 (2)IP45 (3)IP65 (4)IP54。

解答

29.(4)	30.(1)	31.(4)	32.(1)	33.(3)	34.(2)	35.(2)	36.(1)	37.(4)	38.(3)

( )39. 分別使用靈敏度為 10kΩ/V 與 20kΩ/V 之類比式三用電錶，測量電路之電壓值時，
(1)20kΩ/V 者不可用來測量電壓值 (2)10kΩ/V 者較為精確
(3)20kΩ/V 者較為精確 (4)10kΩ/V 者不可用來測量電壓值。

( )40. 某用戶某月抄表電度，瓦特計 600 度，乏時計 800 度，則該用戶負載之功率因數為
(1)70% (2)60% (3)80% (4)90%。

( )41. 台灣西部海岸曾發生的綠牡蠣事件是下列何種物質污染水體有關？
(1)銅 (2)磷 (3)汞 (4)鎘。

( )42. 積熱電驛的英文代號為 (1)MS (2)TH-RY (3)MC (4)NFB。

( )43. 3.3kV/110V 變壓器如二次線圈為 20 匝，則一次圈數為
(1)200 (2)800 (3)400 (4)600 匝。

( )44. 太陽光電發電系統之組列中，若有部份模組受到局部遮蔭，則
(1)系統損毀 (2)會降低整體系統的發電效率
(3)僅影響被遮蔽之模組的發電效率 (4)不會影響整體系統的發電效率。

( )45. 依「用戶用電設備裝置規則」規定，太陽光電系統電壓係指
(1)變流器之額定輸出電壓 (2)太陽光電電源或太陽光電輸出電路之直流電壓 (3)併接點之市電電壓 (4)變壓器之輸出電壓。

( )46. 非金屬管相互間相接，若使用黏劑時，須接著長度為管徑多少倍以上？
(1)1 (2)1.2 (3)0.8 (4)1.0。

( )47. 下列何者為填充因子(F.F.)之計算公式？
(1)$(I_{MP}\times V_{OC})/(I_{SC}\times V_{MP})$ (2)$(I_{SC}\times V_{OC})/(I_{MP}\times V_{MP})$
(3)$(I_{MP}\times V_{MP})/(I_{SC}\times V_{OC})$ (4)$(I_{SC}\times V_{MP})/(I_{MP}\times V_{OC})$。

( )48. 一只 300mA 類比式電流表，其準確度為±2%，當讀數為 120mA 時，其誤差百分率為多少？ (1)±1% (2)±2% (3)±5% (4)±0.5%。

( )49. 變壓器的損失主要包括：
(1)鐵損、銅損、鉛損 (2)鐵損、銅損、油損
(3)鐵損、銅損、鋼損 (4)鐵損、銅損、雜散損。

( )50. 下列何者不是溫室效應所產生的現象？
(1)氣溫升高而使海平面上升 (2)北極熊棲地減少
(3)造成臭氧層產生破洞 (4)造成全球氣候變遷，導致不正常暴雨、乾旱現象。

解答

39.(3)	40.(2)	41.(1)	42.(2)	43.(4)	44.(2)	45.(2)	46.(3)	47.(3)	48.(3)
49.(4)	50.(3)								

( )51. 變壓器作開路試驗之目的在測其
(1)鐵損 (2)銅損 (3)干擾 (4)機械強度。

( )52. 低壓線及接戶線之壓降，合計不得超過
(1)2.5% (2)4% (3)3% (4)1.5%。

( )53. 根據「用戶用電設備裝置規則」，特種接地變壓器容量超過 500kVA 應使用
(1)5.5 (2)14 (3)38 (4)22 mm^2 之導線。

( )54. 使用滿刻度為 200V，容許誤差為 1%的指針型電壓表測量電壓，若測量值為 100V，則其最低可能電壓為 (1)94V (2)98V (3)96V (4)100V。

( )55. 依電工法規屋內配線設計圖符號標示如下圖，代表
(1)零相比流器 (2)接地比壓器 (3)套管型比流器 (4)整套型變比器。

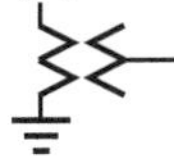

( )56. 扭力板手設定 13-Ibf·ft 等於多少 kgf·m？
(1)0.8125 (2)0.0936 (3)1.079 (4)1.7973。

( )57. 低壓連接接戶線，總長度自第一支持點起不得超過
(1)55 (2)45 (3)50 (4)60 公尺。

( )58. 避雷器是一種 (1)過電阻 (2)過電壓保護設備 (3)過電流 (4)過電抗。

( )59. 依電工法規屋內配線設計圖符號標示如下圖，代表
(1)分歧點附斷路器之匯流排槽 (2)膨脹接頭匯流排槽
(3)分歧點附開關及熔絲之匯流排槽 (4)比流器。

( )60. 太陽光電連接器型式應為閂式或鎖式。用於標稱最大系統電壓超過多少伏特之直流電路，且可輕易觸及者，應使用需工具解開之型式？
(1)15 (2)30 (3)12 (4)24。

複選題：

( )61. 指北針使用時，下列何者正確？
(1)下雨天不宜量測，會影響方位判讀 (2)量測時要注意模組高度
(3)要遠離或避開鐵製品 (4)指北針應水平地置放。

( )62. 根據「用戶用電設備裝置規則」，配電盤、配電箱應由具有
(1)耐酸性 (2)不燃性 (3)耐熱性 (4)耐鹼性 之物質所製成。

解答

51.(1)	52.(2)	53.(3)	54.(2)	55.(2)	56.(4)	57.(4)	58.(2)	59.(3)	60.(2)
61.(34)	62.(23)								

(　)63. 有關變流器的最大功率點追蹤(MPPT)電壓範圍，下列說明何者為不正確？
(1)無需特別考量變流器 MPPT 與組列最大功率的電壓範圍
(2)組列的開路電壓範圍應涵蓋變流器 MPPT 電壓範圍
(3)組列的最大功率電壓範圍應涵蓋變流器 MPPT 電壓範圍
(4)變流器 MPPT 電壓範圍應涵蓋組列的最大功率電壓範圍。

(　)64. 以 RS485 二線式方式連接數位電表，電表及配線都正確，但監測電腦無法正常量得數據，可能原因為何？
(1)數位電表與監測電腦鮑率不同　(2)配線太短
(3)數位電表位址不對　(4)數位電表顯示位數太少。

(　)65. 有關突波吸收器之敘述 μ，下列何者正確？
(1)隨突波電流的增加，阻抗變小　(2)可耐突波衝擊 1 次以上
(3)無突波時為高阻抗　(4)最大放電電流值愈低愈好。

(　)66. 檢查直流配電箱中元件，下列何種情形係屬異常？
(1)保險絲電阻大於 1MΩ　(2)突波保護器正極端點對地電阻為零
(3)保險絲電阻為零　(4)直流離斷開關投入閉合時電阻為零。

(　)67. 下列何者是安裝於交流接線箱之元件？
(1)機械式電表　(2)直流斷路器　(3)變流器　(4)交流斷路器。

(　)68. 太陽光電發電系統組列絕緣測試，下列何者敘述正確？
(1)測試時須注意放電　(2)系統超過 500V 測試電壓為 1000V
(3)測試電壓應大於系統開路電壓　(4)量測組列迴路與系統接地端之電阻。

(　)69. 有關變流器的安裝說明，下列何者為正確？
(1)應與牆壁保持距離　(2)可上下堆疊，不必間隔
(3)所裝設的機房須考慮通風需求　(4)應緊貼牆壁。

(　)70. 需同時佈建太陽光電系統輸出電路及量測訊號電路時，配線方式下列何者正確？
(1)量測訊號速率低於 9600bps 時，將兩者直接混置於同一管槽內
(2)分別配置於不同管槽
(3)置於同一管槽內，太陽光電系統輸出電路線徑放大一級即可
(4)置於同一管槽內，但以隔板隔離。

(　)71. 下列選項中哪些為開關符號？ (1)Ⓢ　(2)▄　(3)□╲　(4)S_3。

解答

63.(123)　64.(13)　65.(123)　66.(12)　67.(14)　68.(123)　69.(13)　70.(24)　71.(14)

( )72. 下列對電器外殼保護等級防塵型之說明，何者正確？
(1)代碼爲 6
(2)代碼爲 5
(3)表示絕對無粉塵進入
(4)表示無法完全防止粉塵之進入，但粉塵侵入量應不影響設備正常操作或損及安全性。

( )73. 屋內線路那些情形得用裸銅線
(1)照明電路 (2)太陽光電系統之輸出電路
3)電動起重機所用之滑接導線 (4)乾燥室所用之導線。

( )74. 太陽光電模組串列在維護拆修時，下列何者在安全上是必要的？
(1)直流開關斷離 (2)擦拭模組
(3)變流器的交流開關斷離 (4)確認未拆修模組之接地線不得分離。

( )75. 下列那些太陽光電發電設備設置申請案，其裝置容量無需合併計算？
(1)同一申請人設置於住宅建物，經直轄市、縣（市）政府專案核准者
(2)無躉售電能者
(3)依「建築整合型太陽光電發電設備示範獎勵辦法」取得認可文件者
(4)於公有廳舍屋頂設置者。

( )76. 設置太陽光電發電設備，符合下列那些條件得免依建築法規定申請雜項執照？
(1)於建築物屋頂設置，高度自屋頂面起算 6 公尺以下
(2)設置於屋頂突出物，高度自屋頂突出物面起算 1.5 公尺以下
(3)設置於建築物露臺，高度自屋頂面起算 4.5 公尺以下
(4)設置於建築用地，高度自地面起算 3 公尺以下，其設置面積或建蔽率無限制。

( )77. 下列何者爲太陽光電模組影響系統發電效能之因素？
(1)電池裂 (2)熱斑
(3)電位誘發衰減(Potential Induced Degradation) (4)模組尺寸。

( )78. 有關突波吸收器之敘述，下列何者正確？
(1)安裝突波吸收器與接地端之連接線應儘可能短
(2)反應時間要快速
(3)串接於電路
(4)可吸收來自雷擊或開關切換之突波。

( )79. 用電設備單獨接地之接地線連接線徑若過電流保護器之額定爲 30A 以下時，可使用之銅接地導線爲 (1)3.5mm^2 (2)2.0mm^2 (3)1.6mm (4)2.0mm。

( )80. 變壓器的絕緣套管應具備之特性爲？
(1)接觸性能低 (2)絕緣性低 (3)絕緣性高 (4)接續性高。

解答

72.(24) 73.(34) 74.(14) 75.(12) 76.(23) 77.(123) 78.(124) 79.(14) 80.(34)

109-2 年度 學科測試試題

單選題：

( ) 1. 太陽光電系統電壓超過多少伏，雙極系統之中間抽頭導線，應直接被接地？
(1)200 (2)150 (3)50 (4)100 V。

( ) 2. 高效率燈具如果要降低眩光的不舒服，下列何者與降低刺眼眩光影響無關？
(1)光源下方加裝擴散板或擴散膜 (2)光源的色溫
(3)燈具的遮光板 (4)採用間接照明。

( ) 3. 下列電線之電阻係數最大者爲
(1)鋁導線 (2)鎳鉻合金線 (3)銀導線 (4)銅導線。

( ) 4. 家裡有過期的藥品，請問這些藥品要如何處理？
(1)繼續服用 (2)交由藥局回收 (3)送給相同疾病的朋友 (4)倒入馬桶沖掉。

( ) 5. 有關太陽光電發電設備設置，下列何者非屬得免依建築法規定申請雜項執照之項目
(1)設置於屋頂突出物，高度自屋頂突出物面起算 1.5 公尺以下
(2)於建築物屋頂設置，高度自屋頂面起算 3 公尺以下
(3)於建築物露臺設置，高度自屋頂面起算 3 公尺以下
(4)設置於建築用地，高度自地面起算 5 公尺以上，其設置面積或建蔽率無限制。

( ) 6. 下列何種開發行爲若對環境有不良影響之虞者，應實施環境影響評估：A 開發科學園區；B 新建捷運工程；C 採礦 (1)AC (2)AB (3)BC (4)ABC。

( ) 7. 二戶以下住宅之太陽光電電源電路及輸出電路，對地電壓超過多少伏之帶電組件，應爲非合格人員不易觸及？ (1)100 (2)300 (3)600 (4)150。

( ) 8. 依電工法規屋內配線設計圖符號標示如下圖，代表
(1)三相四線△一線捲中點接地 (2)三相三線△接地
(3)三相三線△非接地 (4)三相四線△非接地。

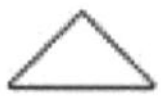

△

( ) 9. 對電子煙的敘述，何者錯誤？
(1)含有毒致癌物質 (2)可以幫助戒菸
(3)會有爆炸危險 (4)含有尼古丁會成癮。

( )10. 直流電流表規格分流器爲 100A：200mV，則分流器的電阻值爲
(1)0.003 歐姆 (2)0.001 歐姆 (3)0.002 歐姆 (4)0.004 歐姆。

解答

1.(3)	2.(2)	3.(2)	4.(2)	5.(4)	6.(4)	7.(4)	8.(3)	9.(2)	10.(3)

( )11. 依據台灣電力公司三段式時間電價(尖峰、半尖峰及離峰時段)的規定，請問哪個時段電價最便宜？

(1)非夏月半尖峰時段 (2)夏月半尖峰時段 (3)尖峰時段 (4)離峰時段。

( )12. 導電材料中之導電率由高而低依序爲

(1)金、純銅、鋁 (2)銀、純銅、金 (3)金、銀、純銅 (4)純銅、銀、鋁。

( )13. 根據「用戶用電設備裝置規則」，供裝置開關或斷路器之金屬配(分)電箱，如電路對地電壓超過多少時，應加接地？

(1)200 (2)0 (3)100 (4)150 V。

( )14. 變壓器之常用導磁材料是 (1)矽鋼片 (2)鋁線 (3)銅線 (4)邁拉紙。

( )15. 勞工在何種情況下，雇主得不經預告終止勞動契約？

(1)不服指揮對雇主暴力相向者

(2)經常遲到早退者

(3)非連續曠工但 1 個月內累計達 3 日以上者

(4)確定被法院判刑 6 個月以內並諭知緩刑超過 1 年以上者。

( )16. 在三相四線 Δ 接地系統中，三相匯流排 A、B、C 相之安排，根據「屋內線路裝置規則」要求，下列何相應爲接地電壓較高之一相？

(1)C 相 (2)B 相 (3)任何一相皆可 (4)A 相。

( )17. 下列何者屬安全的行爲？

(1)不適當之支撐或防護 (2)有缺陷的設備

(3)使用防護具 (4)不適當之警告裝置。

( )18. 太陽光電連接器型式應爲閂式或鎖式。用於標稱最大系統電壓超過多少伏特之直流電路，且可輕易觸及者，應使用需工具解開之型式？

(1)30 (2)12 (3)24 (4)15。

( )19. 下列何者不可以用來直接測量交流電路功率值

(1)動圈式瓦特表 (2)數位功率表 (3)電力分析儀 (4)瓦時計。

( )20. 因阻隔二極體工作時會產生高溫，以下處理方式何者不正確？

(1)以直流熔線替代阻隔二極體 (2)使用塑膠材質將阻隔二極體包覆

(3)不可以交流熔線替代阻隔二極體 (4)以金屬散熱片幫助阻隔二極體散熱。

( )21. 比流器的二次側常用規格爲 (1)15 (2)20 (3)10 (4)5 A。

解答

11.(4)	12.(2)	13.(4)	14.(1)	15.(1)	16.(2)	17.(3)	18.(1)	19.(4)	20.(2)
21.(4)									

( )22. 有兩組太陽光電模組串列並接時，其最大電壓値在溫度係數修正後各爲 800V，試問其直流斷路器的耐壓值應大於多少？
(1)400 (2)1248 (3)1600 (4)800 V。

( )23. 依「再生能源發電設備設置管理辦法」規定，太陽光電發電設備係指下列何者？
(1)利用太陽電池轉換太陽光能爲電能之發電設備
(2)指轉換風能爲電能之發電設備
(3)直接利用地熱田產出之熱蒸汽推動汽輪機發電，或利用地熱田產生之熱水加溫工作流體使其蒸發爲氣體後，以之推動氣渦輪機之發電設備
(4)指農林植物、沼氣及國內有機廢棄物直接利用或經處理所產生之能源。

( )24. 依經濟部 101 年 12 月 20 日公布之「太陽光電變流器產品登錄作業要點」規定，除登錄產品之驗證證書有效期限早於登錄期限者外，太陽光電變流器產品登錄網站之期限上限爲多久？
(1)3 年 (2)4 年 (3)5 年 (4)2 年。

( )25. 有關太陽光電接地系統，下列何者錯誤？
(1)模組邊框未能有效接地可使用砂紙刷去表面氧化層
(2)未帶電的金屬體無須接地
(3)每片模組邊框皆應接地
(4)依模組邊框指定孔進行接地安裝。

( )26. 下列何者非屬危險物儲存場所應採取之火災爆炸預防措施？
(1)裝設可燃性氣體偵測裝置 (2)使用防爆電氣設備
(3)使用工業用電風扇 (4)標示「嚴禁煙火」。

( )27. 變壓器之額定容量通常以 (1)kVAR (2)kW (3)kVA (4)kWH 表示。

( )28. 根據「用戶用電設備裝置規則」，避雷器與電源線間之導線及避雷器與大地間之接地導線其線徑應不小於
(1)22 (2)14 (3)5.5 (4)8 mm^2。

( )29. 太陽能電池的 I-V 特性曲線與 X 軸相交點爲
(1)功率 (2)開路電壓 (3)效率 (4)塡充因子(F.F)。

( )30. 當變流器被安裝於室外時，有關其保護等級要求，下列何者不正確？
(1)須達 IP45 以下 (2)應具備防噴流能力
(3)須達 IP54 以上 (4)應具備防塵能力。

解答

22.(4) 23.(1) 24.(4) 25.(2) 26.(3) 27.(3) 28.(2) 29.(2) 30.(1)

( )31. 某太陽光電模組在 STC 測試條件下之開路電壓 VOC 爲 44.5V，若開路電壓溫度係數爲 –0.125V/℃，當模組溫度爲 45℃時，則其開路電壓爲
(1)42 (2)38.875 (3)47 (4)44.5 V。

( )32. 太陽光電發電系統之組列中，若有部份模組受到局部遮蔭，則
(1)僅影響被遮蔽之模組的發電效率 (2)會降低整體系統的發電效率
(3)系統損毀 (4)不會影響整體系統的發電效率。

( )33. 專利權又可區分爲發明、新型與新式樣三種專利權，其中，發明專利權是否有保護期限？期限爲何？
(1)有，50 年 (2)有，20 年
(3)有，5 年 (4)無期限，只要申請後就永久歸申請人所有。

( )34. 依電工法規屋內配線設計圖符號標示如下圖，代表
(1)接地 (2)比壓器 (3)比流器 (4)匯流排槽。
⩔ △
⩕ ▽

( )35. 所謂營業秘密，係指方法、技術、製程、配方、程式、設計或其他可用於生產、銷售或經營之資訊，但其保障所需符合的要件不包括下列何者？
(1)一般涉及該類資訊之人所知者 (2)因其秘密性而具有實際之經濟價值者
(3)因其秘密性而具有潛在之經濟價值者 (4)所有人已採取合理之保密措施者。

( )36. 欲量測較大容量之直流電流時，通常數位電表會搭配何種電路及接法？
(1)搭配並接於迴路上之比壓器 (2)搭配串接於迴路上之分流器
(3)搭配串接於迴路上之比流器 (4)搭配並接於迴路上之分流器。

( )37. 依「設置再生能源設施免請領雜項執照標準」規定，申請第三型太陽光電發電設備設備登記時，如太陽光電發電設備達 100 瓩以上，下列何者非屬應檢附文件？
(1)依法登記執業之電機技師或相關專業技師辦理設計與監造之證明文件
(2)與施工廠商簽訂之工程合約書
(3)監造技師簽證之竣工試驗報告
(4)原核發之再生能源發電設備同意備案文件影本。

( )38. 下列何者非 IEC 61724 中所定義之氣象量測項目？
(1)濕度 (2)風速 (3)日照 (4)模板溫度。

解答

31.(1)	32.(2)	33.(2)	34.(2)	35.(1)	36.(2)	37.(2)	38.(1)

(　　)39. 有關過電流保護保護說明，以下何者不正確？
(1)串列輸出之導線與設備應予以過電流保護
(2)變流器輸出之導線與設備應予以過電流保護
(3)組列輸出之導線與設備應予以過電流保護
(4)蓄電池電路之導線與設備因屬低壓，不必施以過電流保護。

(　　)40. 下列使用重製行為，何者已超出「合理使用」範圍？
(1)將講師的授課內容錄音分贈友人
(2)將著作權人之作品及資訊，下載供自己使用
(3)直接轉貼高普考考古題在 FACEBOOK
(4)以分享網址的方式轉貼資訊分享於 BBS。

(　　)41. 依電工法規屋內配線設計圖符號標示如下圖，代表
(1)膨脹接頭匯流排槽　　(2)比流器
(3)分歧點附開關及熔絲之匯流排槽　　(4)分歧點附斷路器之匯流排槽。

S

(　　)42. 交流三相 11.4kV 配電線路，經測得每線上之電流為 100A，設電力計之指示為 1600kW，則其功率因數約為　(1)100%　(2)80%　(3)90%　(4)70%。

(　　)43. 依電工法規屋內配線設計圖符號標示如下圖，代表
(1)線路交叉不連結　　(2)埋設於地坪混凝土內或牆內管線
(3)埋設於平頂混凝土內或牆內管線　　(4)電路至配電箱。

— /// —
5.5°16mm

(　　)44. 目前電費單中，係以「度」為收費依據，請問下列何者為其單位？
(1)kJ　(2)kW　(3)kWh　(4)kJh。

(　　)45. 太陽光電模組之間的接地的鎖孔位置下列何者正確？
(1)自我找任何地方直接加工孔　　(2)模組上的任何孔洞
(3)模組上有標示接地的鎖孔　　(4)直接用自功牙螺絲功孔。

(　　)46. Pt100 型溫度感測器引線計有 3 條，其中 B 接點引出 2 條的功用為何？
(1)白金阻體溫度補償用　　(2)導線阻抗補償用
(3)電壓輸出補償用　　(4)方便接線，接一線即可。

(　　)47. 若避雷器發生故障，可立即自動切離避雷器之接地端，是因避雷器加裝何種保護元件
(1)分流器　(2)分壓器　(3)分段開關　(4)隔離器。

解答

39.(4)	40.(1)	41.(3)	42.(2)	43.(2)	44.(3)	45.(3)	46.(2)	47.(4)

(　　)48. 配電盤上用來記錄無效電功率之儀表爲
(1)kW　(2)kVAR　(3)PF　(4)kWH。

(　　)49. 一般而言下列何者不屬對孕婦有危害之作業或場所？
(1)工作區域地面平坦、未濕滑且無未固定之線路　(2)暴露游離輻射
(3)經常變換高低位之工作姿勢　(4)經常搬抬物件上下階梯或梯架。

(　　)50. 生活中經常使用的物品，下列何者含有破壞臭氧層的化學物質？
(1)免洗筷　(2)寶特瓶　(3)保麗龍　(4)噴霧劑。

(　　)51. 有關模組功率與日照強度及溫度的關係，下列敘述何者正確？
(1)模組功率與日照強度成正比，與溫度成正比
(2)模組功率與日照強度成反比，與溫度成正比
(3)模組功率與日照強度成正比，與溫度成反比
(4)模組功率與日照強度平方成正比，與溫度成反比。

(　　)52. 設備接地導體(線)及裝置規定下列何項正確？
(1)用於搭接太陽光電模組金屬框架之裝置，得用於搭接太陽光電模組之暴露金屬框架至鄰近太陽光電模組之金屬框架
(2)用於模組框架接地者，應經施工者確認爲可供太陽光電模組接地
(3)太陽光電組列及構造物之設備接地導體(線)，應與太陽光電組列導體(線)裝設於不同一管槽或電纜內
(4)太陽光電模組框架、電氣設備及導體(線)線槽暴露之非載流金屬組件，僅對高電壓接地。

(　　)53. 依 CNS 15382 規定，因市電系統異常超過範圍而引起太陽光電系統停止供電後，在市電系統之電壓及頻率已回復至規定範圍後多少時間內(註：供電遲延時間乃決定於區域狀況)，太陽光電系統不應供電至市電系統？
(1)10 至 20 秒　(2)20 至 300 秒　(3)60 至 200 秒　(4)20 至 60 秒。

(　　)54. 蓄電池使用過程中，蓄電池放出的容量占其額定容量的百分比稱爲
(1)自放電率　(2)放電速率　(3)放電深度　(4)使用壽命。

(　　)55. 下列何者爲環保標章？

(1) 　(2) 

(3) 　(4) 。

解答

48.(2)　49.(1)　50.(4)　51.(3)　52.(1)　53.(2)　54.(3)　55.(3)

( )56. 有關日照強度量測準確性(誤差)的要求，IEC61724 的規定爲何？
(1)3% (2)1% (3)5% (4)0.5% 以內。

( )57. 配電級變壓器繞組，若溫升限制爲 65℃時，則其所用絕緣材料至少爲
(1)A 級 (2)H 級 (3)E 級 (4)F 級。

( )58. 下列何者爲填充因子(F.F.)之計算公式？
(1)$(I_{MP} \times V_{OC})/(I_{SC} \times V_{MP})$ (2)$(I_{MP} \times V_{MP})/(I_{SC} \times V_{OC})$
(3)$(I_{SC} \times V_{OC})/(I_{MP} \times V_{MP})$ (4)$(I_{SC} \times V_{MP})/(I_{MP} \times V_{OC})$。

( )59. 接戶線按地下低壓電纜方式裝置時，如壓降許可，其長度
(1)不得超過 35 公尺 (2)不受限制 (3)不得超過 20 公尺 (4)不得超過 40 公尺。

( )60. 台灣電力公司電價表所指的夏月用電月份(電價比其他月份高)是爲
(1)4/1~7/31 (2)7/1~10/31 (3)5/1~8/31 (4)6/1~9/30。

複選題：

( )61. 根據「用戶用電設備裝置規則」，接地的種類除第三種接地外，尚有
(1)第二種接地 (2)第四種接地 (3)第一種接地 (4)特種接地。

( )62. 關於電力工程絕緣導線最小線徑之規定，下列哪些正確？
(1)絞線截面積不得小於 2.0 平方公厘 (2)絞線截面積不得小於 3.5 平方公厘
(3)單線直徑不得小於 0.75 公厘 (4)單線直徑不得小於 1.6 公厘。

( )63. 以三相交流數位電表來量測三相三線式交流負載之線電壓、線電流及功率，若 CT 的匝數比設定正確無誤，下列哪幾組數值可判定出電表接線有誤？
(1)118V/5.1A/2205W (2)231V/6.1A/2205W
(3)117V/8.1A/2205W (4)225V/4.1A/2205W。

( )64. 一片太陽光電模組之 V_{oc} 爲 33V，I_{sc} 爲 8A，V_{mp} 爲 30V 及 I_{mp} 爲 7A，以 10 串 4 並方式組成一直流迴路，板溫範圍 0~70℃，選用突波吸引器其耐壓值下列哪些合適？
(1)250 (2)330 (3)850 (4)600 V。

( )65. 關於 Pt100 型溫度感測器之儀表側接線方式何者有誤？
(1)B 及反接 (2)B 及短路 (3)不作延長續接 (4)僅接 A 及 B 二線。

( )66. 下列何者爲「再生能源發展條例」之主要立法目的？
(1)改善環境品質 (2)增進能源多元化
(3)推廣抽蓄式水力利用 (4)增進國家永續發展。

解答

56.(3) 57.(1) 58.(2) 59.(2) 60.(4) 61.(134) 62.(24) 63.(134) 64.(34) 65.(24) 66.(124)

( )67. 太陽光電模組串列電流電壓曲線(I-V Curve)量測會得知下列哪些資訊？
(1)模組是否損壞或遮蔭 (2)溫度系數 (3)開路電壓 (4)短路電流。

( )68. 設置下列那些太陽光電發電設備前，須向中央主管機關申請設備認定？
(1)遊艇設置 5 瓩太陽光電發電設備
(2)500 瓦太陽能路燈
(3)住宅屋頂設置 5 瓩自用型太陽光電發電設備
(4)住宅屋頂設置 5 瓩併聯型太陽光電發電設備。

( )69. 有關一般變流器的安裝說明，下列何者爲正確？
(1)其輸出電路無需安裝交流開關 (2)需設備接地
(3)其輸入電路需安裝直流開關 (4)需系統接地。

( )70. 太陽光電發電系統電纜線的選用，主要考慮因素爲
(1)耐熱阻燃性能 (2)美觀 (3)防潮性能 (4)絕緣性能。

( )71. 變壓器之開路試驗可以測出 (1)銅損 (2)渦流損 (3)鐵損 (4)磁滯損。

( )72. 太陽光電發電系統之直流配電部分需具備那些保護功能
(1)突波 (2)功率不足 (3)漏電 (4)短路。

( )73. 有關直流接線箱的材質選用，下列何者不正確？
(1)於高鹽害地區使用時，無表面防蝕處理的 304 不銹鋼箱體可符合耐腐蝕之要求
(2)箱體完成現場配管後，可忽略防塵防水能力之檢查
(3)安裝於室外時，應選用耐紅外線之材質
(4)於室外選用 ABS 材質箱體時，應符合耐紫外線之要求。

( )74. 下列何者是安裝於直流接線箱之元件？
(1)突波吸收器 (2)機械式電表 (3)交流保險絲 (4)直流斷路器。

( )75. 針對非隔離型變流器說明，下列何者正確？
(1)檢查結果失敗，應在太陽光電輸出電路與變流器輸出電路維持基本絕緣或簡易隔離
(2)檢查結果失敗，可開始操作
(3)在開始操作前，需自動檢查由自動斷開裝置所提供的隔離功能
(4)內建變壓器。

( )76. 敷設高壓電纜時，不慎刮傷被覆體但未傷及遮蔽銅線時，可使用
(1)絕緣膠膏帶 (2)防水膠帶
(3)電纜用塑膠帶 (4)自融性膠帶 予以補強。

解答

67.(134)	68.(34)	69.(23)	70.(134)	71.(234)	72.(134)	73.(123)	74.(14)	75.(13)	76.(34)

(　)77. 下列選項中那些爲安培計符號？
(1)Ⓐ　(2)(WH)　(3)(A̿)　(4)(PF)。

(　)78. 台灣地區太陽在天空中移動的現象下列何者正確？
(1)從中午到下午，高度角越來越低
(2)以 6 月時(夏季)太陽的高度角最高，12 月時(冬季)太陽的高度角最低
(3)太陽高度角越小，溫度越高
(4)一天中太陽高度角以中午 12 點時的高度角最高。

(　)79. 太陽光電模組的重要參數有
(1)短路電流　(2)最大功率　(3)開路電壓　(4)填充因數。

(　)80. 太陽光電模組串列在維護拆修時，下列何者在安全上是必要的？
(1)確認未拆修模組之接地線不得分離　(2)變流器的交流開關斷離
(3)直流開關斷離　(4)擦拭模組。

解答

77.(13)　78.(124)　79.(123)　80.(13)

110 年度 學科測試試題

單選題：

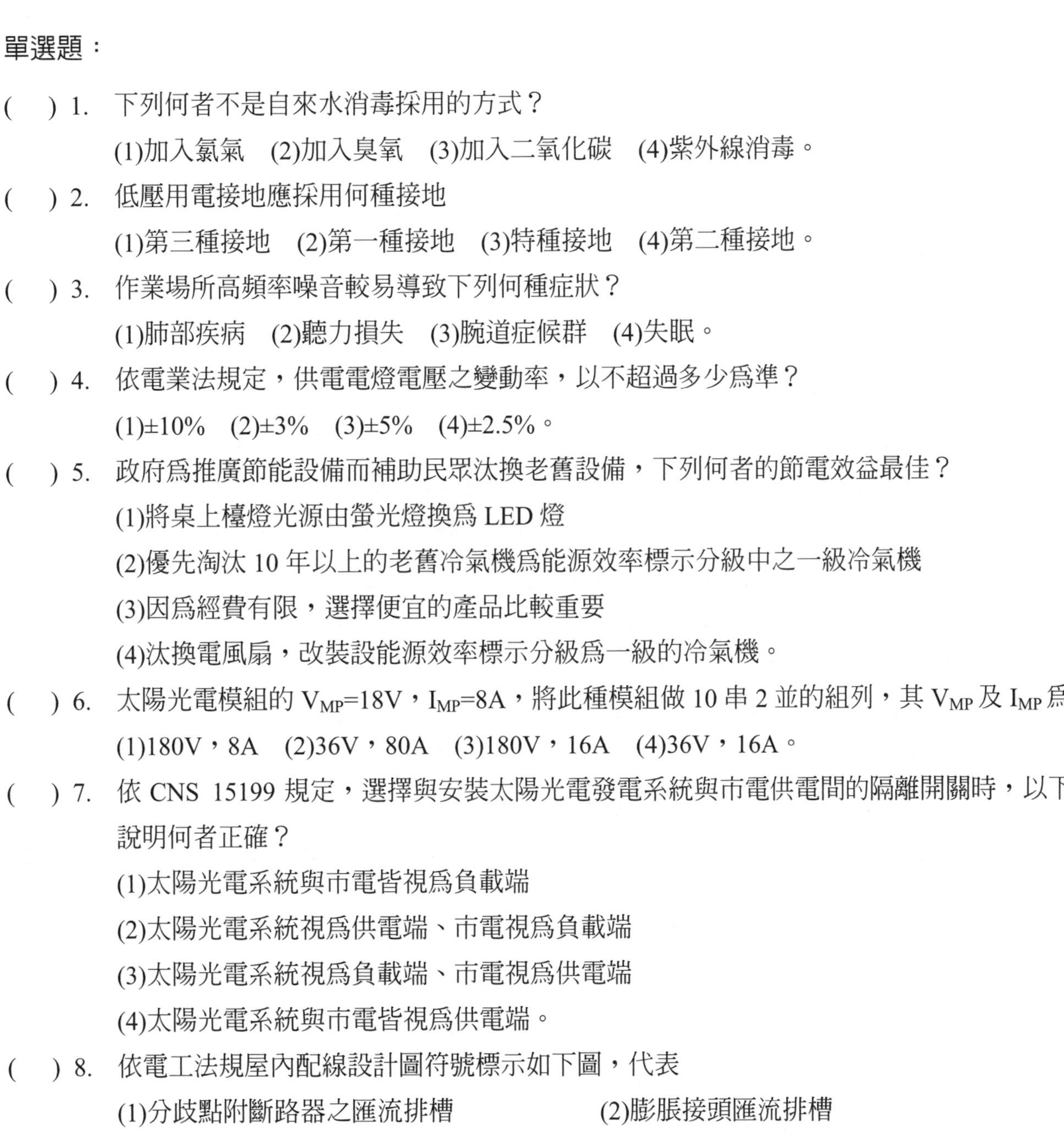

( ) 1. 下列何者不是自來水消毒採用的方式？
(1)加入氯氣 (2)加入臭氧 (3)加入二氧化碳 (4)紫外線消毒。

( ) 2. 低壓用電接地應採用何種接地
(1)第三種接地 (2)第一種接地 (3)特種接地 (4)第二種接地。

( ) 3. 作業場所高頻率噪音較易導致下列何種症狀？
(1)肺部疾病 (2)聽力損失 (3)腕道症候群 (4)失眠。

( ) 4. 依電業法規定，供電電燈電壓之變動率，以不超過多少爲準？
(1)±10% (2)±3% (3)±5% (4)±2.5%。

( ) 5. 政府爲推廣節能設備而補助民眾汰換老舊設備，下列何者的節電效益最佳？
(1)將桌上檯燈光源由螢光燈換爲 LED 燈
(2)優先淘汰 10 年以上的老舊冷氣機爲能源效率標示分級中之一級冷氣機
(3)因爲經費有限，選擇便宜的產品比較重要
(4)汰換電風扇，改裝設能源效率標示分級爲一級的冷氣機。

( ) 6. 太陽光電模組的 V_{MP}=18V，I_{MP}=8A，將此種模組做 10 串 2 並的組列，其 V_{MP} 及 I_{MP} 爲
(1)180V，8A (2)36V，80A (3)180V，16A (4)36V，16A。

( ) 7. 依 CNS 15199 規定，選擇與安裝太陽光電發電系統與市電供電間的隔離開關時，以下說明何者正確？
(1)太陽光電系統與市電皆視爲負載端
(2)太陽光電系統視爲供電端、市電視爲負載端
(3)太陽光電系統視爲負載端、市電視爲供電端
(4)太陽光電系統與市電皆視爲供電端。

( ) 8. 依電工法規屋內配線設計圖符號標示如下圖，代表
(1)分歧點附斷路器之匯流排槽 (2)膨脹接頭匯流排槽
(3)比流器 (4)分歧點附開關及熔絲之匯流排槽。

解答

1.(3) 2.(1) 3.(2) 4.(3) 5.(2) 6.(3) 7.(3) 8.(1)

(　) 9. 有效而正確的節能從選購產品開始，就一般而言，下列的因素中，何者是選購電氣設備的最優先考量項目？
(1)名人或演藝明星推薦，應該口碑較好
(2)採購價格比較，便宜優先
(3)安全第一，一定要通過安規檢驗合格
(4)用電量消耗電功率是多少瓦攸關電費支出，用電量小的優先。

(　)10. 根據「用戶用電設備裝置規則」，第一種接地應使用
(1)22　(2)5.5　(3)38　(4)14　mm^2 之導線。

(　)11. A 受僱於公司擔任會計，因自己的財務陷入危機，多次將公司帳款轉入妻兒戶頭，是觸犯了刑法上之何種罪刑？
(1)洩漏工商秘密罪　(2)侵占罪　(3)偽造文書罪　(4)詐欺罪。

(　)12. 醫療院所用過的棉球、紗布、針筒、針頭等感染性事業廢棄物屬於
(1)有害事業廢棄物　(2)資源回收物　(3)一般事業廢棄物　(4)一般廢棄物。

(　)13. 匯流排及導線之安排要特別留意避免造成下列哪一種效應而造成過熱？
(1)電感效應　(2)飛輪效應　(3)電阻效應　(4)電容效應。

(　)14. 第三型太陽光電發電設備係指設置裝置容量不及下列容量之自用發電設備？
(1)100 瓩　(2)30 瓩　(3)250 瓩　(4)500 瓩。

(　)15. 變壓器若一次側繞組之匝數減少 20%，則二次繞組之感應電勢將
(1)降低 20%　(2)升高 25%　(3)升高 20%　(4)降低 25%。

(　)16. 低壓電源突波保護器其連接線應該
(1)越短越好　(2)電線阻抗會增強突波保護器的保護功能
(3)長短皆不影響保護功能　(4)越長越好。

(　)17. 溫室氣體減量及管理法中所稱：一單位之排放額度相當於允許排放
(1)1 公噸　(2)1 公擔　(3)1 立方米　(4)1 公斤　之二氧化碳當量。

(　)18. 多組變流器併接交流箱時，下列狀況何者不正確？
(1)斷路器需依「用戶用電設備裝置規則」設計
(2)箱體不可上鎖
(3)交流箱安裝位置應在隨手可觸的位置
(4)交流箱安裝時不用考慮變流器是否在可視範圍內。

解答

9.(3)	10.(2)	11.(2)	12.(1)	13.(1)	14.(4)	15.(2)	16.(1)	17.(1)	18.(4)

( )19. IEC 61724 中所定義，常用於 PV 系統效能指標為：
(1)Yr (2)GI (3)Tam (4)Rp。

( )20. PT100 溫度感測器之電阻變化率為 0.3851Ω/°C，室溫下(20°C)其 Bb 兩端電阻值約為？
(1)0 (2)120 (3)110 (4)90 Ω。

( )21. 為防止人員感電事故而裝置的漏電斷路器，其規格應採用
(1)高感度高速型 (2)高感度延時型 (3)中感度高速型 (4)中感度延時型。

( )22. 積熱電驛主要功能是保護負載的
(1)逆相 (2)低電流 (3)過電壓 (4)過電流。

( )23. 量得兩點之傾斜距離為 S，傾斜角為 α，則該兩點間之水平距離為
(1)S · cosα (2)S · cotα (3)S · tanα (4)S · sinα。

( )24. 有一太陽光電模組，其 P 對地的電壓為 18Vdc，試問 PN 間的電壓為多少？
(1)36 (2)−36 (3)18 (4)−18 V。

( )25. 被接地導線之識別應符合下列何者規定？
(1)屋內配線自責任分界點至接戶開關之電源側屬於進屋線部分，其中被接地之導線應整條加以識別
(2)8 平方公厘以下之絕緣導線欲作為電路中之識別導線者，其外皮必須為白色或淺灰色，以資識別
(3)單相二線之幹線或分路如對地電壓超過 440 伏時，其被接地之導線應整條加以識別
(4)多線式幹線電路或分路中被接地之中性線不需要識別。

( )26. 當變流器被安裝於室外時，有關其保護等級要求，下列何者不正確？
(1)應具備防塵能力 (2)須達 IP54 以上
(3)須達 IP45 以下 (4)應具備防噴流能力。

( )27. 若電阻式溫度感測器 PT100 之電阻值為 100Ω 時，其溫度為
(1)25 (2)100 (3)50 (4)0 ℃。

( )28. 全天空輻射計靈敏度為 12.5μV/W/m^2，搭配數位顯示器作日照顯示時，若其輸入轉換為 0-15mV/0-2000W/m^2，當實際日照強度為 800W/m^2 時，顯示數值為何？
(1)833 (2)667 (3)1333 (4)1500 W/m^2。

( )29. 下列何者可測試變壓器的繞線有無錯誤，分接頭切換器有無故障或接線錯誤？
(1)絕緣電阻測定 (2)負載試驗 (3)線圈電阻測定 (4)電壓比試驗。

解答

19.(4) 20.(1) 21.(1) 22.(4) 23.(1) 24.(1) 25.(1) 26.(3) 27.(4) 28.(3)
29.(4)

(　　)30. 接地系統應將接地棒體垂直打入土壤中，打入之接地棒之深度至少應為

(1)50　(2)200　(3)100　(4)10　公分。

(　　)31. 為建立良好之公司治理制度，公司內部宜納入何種檢舉人制度？

(1)不告不理制度　(2)非告訴乃論制度

(3)告訴乃論制度　(4)吹哨者(whistleblower)管道及保護制度。

(　　)32. 下列何者非屬電氣之絕緣材料？

(1)絕緣油　(2)漂白水　(3)空氣　(4)氟氯烷。

(　　)33. 依電工法規屋內配線設計圖符號標示，代表

(1)可變電阻器　(2)四路開關　(3)可變電容器　(4)安全開關。

(　　)34. 長度與直徑均相同之銅線與鋁線，銅線之電阻比鋁線之電阻

(1)小　(2)大　(3)視溫度大小而定　(4)相等。

(　　)35. Modbus 協定中的位址範圍為　(1)0-255　(2)0-99　(3)0-15　(4)0-999。

(　　)36. 廠商某甲承攬公共工程，工程進行期間，甲與其工程人員經常招待該公共工程委辦機關之監工及驗收之公務員喝花酒或招待出國旅遊，下列敘述何者正確？

(1)某甲與相關公務員均已涉嫌觸犯貪污治罪條例

(2)只要工程沒有問題，某甲與監工及驗收等相關公務員就沒有犯罪

(3)公務員若沒有收現金，就沒有罪

(4)因為不是送錢，所以都沒有犯罪。

(　　)37. 依電工法規屋內配線設計圖符號標示，WH代表

(1)頻率計　(2)瓦時計　(3)電熱器　(4)方向性接地電驛。

(　　)38. 根據「用戶用電設備裝置規則」規定，高壓以上用戶之變電站應裝置

(1)ACB　(2)DS　(3)LA　(4)PCS　以保護其設備。

(　　)39. 有關手動操作開關或斷路器應符合之規定，下列何者不正確？

(1)應明確標示開啓或關閉之位置　(2)應使操作人員不會碰觸到帶電之組件

(3)應具有足夠之啓斷額定　(4)不必設於輕易可觸及處。

(　　)40. 於營造工地潮濕場所中使用電動機具，為防止漏電危害，應於該電路設置何種安全裝置？

(1)閉關箱　(2)高感度高速型漏電斷路器

(3)自動電擊防止裝置　(4)高容量保險絲。

解答

30.(3)　31.(4)　32.(2)　33.(1)　34.(1)　35.(1)　36.(1)　37.(2)　38.(3)　39.(4)
40.(2)

( )41. 變壓器高壓線圈之導體電阻較低壓線圈之導體電阻爲
(1)高 (2)相同 (3)低 (4)大型者相同，小型者較低。

( )42. V－V 聯接之變壓器組，其理論利用率爲
(1)56.7 (2)86.6 (3)70.7 (4)63.6 %。

( )43. 依電工法規屋內配線設計圖符號標示如下圖，代表
(1)膨脹接頭匯流排槽 (2)分歧點附開關及熔絲之匯流排槽
(3)比流器 (4)分歧點附斷路器之匯流排槽。

( )44. 全球暖化潛勢(Global Warming Potential, GWP)是衡量溫室氣體對全球暖化的影響，下列之 GWP 哪項表現較差？ (1)300 (2)200 (3)400 (4)500。

( )45. 遛狗不清理狗的排泄物係違反哪一法規？
(1)空氣污染防制法 (2)廢棄物清理法
(3)水污染防治法 (4)毒性化學物質管理法。

( )46. 較長距離的感測器訊號傳送時，建議使用 4~20mA 閉電流迴路之原因爲何？
(1)抗雜訊能力佳 (2)考量功率之損耗 (3)降低準確位數 (4)線性度較佳。

( )47. 變流器的最大功率點追蹤(MPPT)功能有一定之電壓範圍，爲達到較佳的發電性能，下列說明何者爲正確？
(1)無須特別考量太陽光電組列的最大功率電壓範圍與變流器 MPPT 電壓範圍之關係
(2)太陽光電組列的最大功率電壓範圍應涵蓋變流器 MPPT 電壓範圍
(3)變流器 MPPT 電壓範圍應涵蓋太陽光電組列的最大功率電壓範圍
(4)太陽光電組列的最大功率電壓範圍可以部份涵蓋變流器 MPPT 電壓範圍。

( )48. 直流集合式電表使用時，若電流太大必須外加？
(1)比壓器 (2)分流器 (3)比流器 (4)分壓器。

( )49. 有關模組功率與日照強度及溫度的關係，下列敘述何者正確？
(1)模組功率與日照強度平方成正比，與溫度成反比
(2)模組功率與日照強度成正比，與溫度成正比
(3)模組功率與日照強度成反比，與溫度成正比
(4)模組功率與日照強度成正比，與溫度成反比。

( )50. 有數片太陽光電模組串接在一起，其 PN 電壓爲 600V，試問 P 對地的電壓爲多少？
(1)600 (2)–300 (3)300 (4)–600 V。

解答

41.(2)	42.(2)	43.(1)	44.(4)	45.(2)	46.(1)	47.(3)	48.(2)	49.(4)	50.(3)

( )51. 依「再生能源發展條例」規定，再生能源發電設備獎勵總量爲？
(1)50 萬瓩至 100 萬瓩 (2)300 萬瓩至 650 萬瓩
(3)650 萬瓩至 1000 萬瓩 (4)100 萬瓩至 300 萬瓩。

( )52. 依「再生能源發電設備設置管理辦法」規定，第一型及第二型太陽光電發電設備，取得同意備案後，後續作業主要依據下列何種法規辦理？
(1)再生能源發電設備設置管理辦法 (2)石油管理法
(3)天然氣法 (4)電業法。

( )53. 依職業安全衛生法施行細則規定，下列何者非屬特別危害健康之作業？
(1)游離輻射作業 (2)粉塵作業 (3)噪音作業 (4)會計作業。

( )54. 四公尺以內之公共巷、弄路面及水溝之廢棄物，應由何人負責清除？
(1)里辦公處 (2)相對戶或相鄰戶分別各半清除 (3)環保志工 (4)清潔隊。

( )55. 耐水性金屬可撓導線管裝置於露出場所或能夠點檢之隱蔽場所，若該導線管可卸下時，其彎曲內側半徑須爲導線管內徑之多少倍以上？
(1)9 (2)6 (3)3 (4)12。

( )56. 太陽光電組列電壓 V_{oc}=300V，I_{sc}=33A，線長爲 60 公尺，採 PVC 絕緣電線配電，壓降 2%以下，最經濟之線材(平方公厘/每公里電阻 Ω 值@20°C)選用爲
(1)8.0/2.39 (2)5.5/3.37 (3)3.5/5.24 (4)14.0/1.36。

( )57. 行(受)賄罪成立要素之一爲具有對價關係，而作爲公務員職務之對價有「賄賂」或「不正利益」，下列何者「不」屬於「賄賂」或「不正利益」？
(1)招待吃米其林等級之高檔大餐 (2)免除債務
(3)送百貨公司大額禮券 (4)開工邀請公務員觀禮。

( )58. 一片太陽光電模組之 V_{oc} 爲 21V，I_{sc} 爲 8A，V_{mp} 爲 16V 及 I_{mp} 爲 7A，以 10 串 2 並方式組成一直流迴路，日照值 800W/m^2，氣溫 30°C，在儀表正常及線路良好情形之下，量測此迴路之短路電流，下列何值最爲可能？
(1)13.2 (2)11.2 (3)9.2 (4)15.2 A。

( )59. 對於矽晶太陽能電池溫度係數之描述何者正確
(1)電壓溫度係數爲負，電流溫度係數爲正 (2)電壓溫度係數爲正，電流溫度係數爲正
(3)電壓溫度係數爲負，電流溫度係數爲負 (4)電壓溫度係數爲正，電流溫度係數爲負。

( )60. 單相 10kVA 變壓器，一次額定電壓爲 6600V，二次額定電壓爲 240V，則一次額定電流爲 (1)0.15 (2)15.2 (3)1.52 (4)152 A。

解答

51.(3)	52.(4)	53.(4)	54.(2)	55.(3)	56.(1)	57.(4)	58.(1)	59.(1)	60.(3)

複選題：

( )61. 下列那些須裝設隔離設備？
(1)突波吸收器 (2)蓄電池 (3)變流器 (4)充電控制器。

( )62. 保險絲選用，下列何者敘述正確？
(1)保險絲的額定電壓 250V 可以用於 125V 的電路
(2)交流保險絲與直流保險絲可通用
(3)環境溫度會影響保險絲的動作
(4)工作電流 1.5A 選用 2A 保險絲。

( )63. 各類別再生能源之費率計算公式係考量下列那些因素訂定？
(1)業者維護能力 (2)年發電量 (3)平均裝置成本 (4)運轉年限。

( )64. 下列之敘述何者正確？
(1)比壓器二次側不可開路 (2)比流器二次側不可開路
(3)比壓器二次側不可短路 (4)比流器二次側不可短路。

( )65. 電磁開關包含下列哪些元件？
(1)限時電驛 (2)電磁接觸器 (3)電力電驛 (4)積熱電驛。

( )66. 下列哪些爲變流器產品驗證項目？
(1)系統發電效率 (2)併網 (3)安規 (4)電磁相容。

( )67. 下列何者爲太陽光電模組接線盒內之元件？
(1)接線座 (2)保險絲 (3)交流開關 (4)二極體。

( )68. 電腦以 RS485 連接變流器作量測，因距離較長導致量測時有失敗，下列何者措施可改善此情況？
(1)降低傳輸速率 (2)改用 USB 來連接 (3)加上中繼器 (4)降低量測頻率。

( )69. 有關直流接線箱與交流配電盤內之端子安裝，下列何者正確？
(1)應確實鎖牢固定
(2)應使用 O 型端子
(3)所連接終端、導體(線)或裝置之額定溫度最低者，應符合該端子之溫度限制規定
(4)應使用 Y 型端子。

( )70. 以 RS485 二線式方式連接數位電表，電表及配線都正確，但監測電腦無法正常量得數據，可能原因爲何？
(1)數位電表位址不對 (2)數位電表顯示位數太少
(3)數位電表與監測電腦鮑率不同 (4)配線太短。

解答

61.(234) 62.(134) 63.(234) 64.(23) 65.(24) 66.(234) 67.(14) 68.(13) 69.(123) 70.(13)

(　　)71. 有關再生能源發電設備生產電能之躉購費率及其計算公式的說明，下列何者為正確？
(1)由中央主管機關內部自行審定
(2)綜合考量各類別再生能源發電設備之平均裝置成本等，依再生能源類別分別定之
(3)再生能源發電的目標達成情形為考量因素
(4)每年檢討或修正。

(　　)72. 併聯型太陽光電發電系統正常併聯輸出，但交流數位電表顯示數值不正確，可能原因為何？
(1)比流器匝數比設定錯誤　(2)未使用夾具
(3)比流器二次側電流與電表輸入規格不符　(4)電壓接點配線太短。

(　　)73. 下列選項中那些為方向性過流電驛符號？
(1) 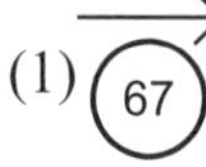 (2) 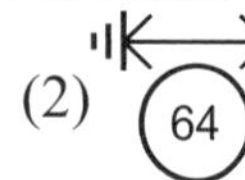 (3)  (4) 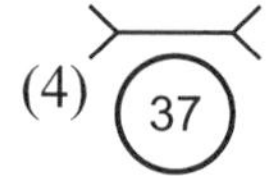。

(　　)74. 下列哪些設備在低壓電源系統無須接地？
(1)低壓電動機之外殼　(2)金屬導線管及其連接之金屬箱
(3)易燃性塵埃處所運轉之電氣起重機　(4)電氣爐之電路。

(　　)75. 太陽光電發電系統建置週邊環境應考量？
(1)潮濕　(2)雷害　(3)噪音　(4)鹽害。

(　　)76. 變流器的轉換效率與下列哪些項目有關？
(1)組列最大功率點追蹤能力　(2)輸入功率與額定功率的比例
(3)輸入電壓　(4)市電頻率。

(　　)77. 敷設金屬管時，如未適當隔離者，須與下列何種物體保持 500 公厘以上之距離
(1)天花板　(2)煙囪　(3)其他發散熱氣之物體　(4)熱水管。

(　　)78. 市面上太陽光電發電系統使用集合式電表之 RS485 傳輸速度(bits/s)有
(1)9600　(2)4400　(3)19200　(4)2200。

(　　)79. 太陽光電模組背板標籤應會包含下列哪些資料？
(1)短路電流　(2)填充因子(F.F.)　(3)抗風壓值　(4)開路電壓。

(　　)80. 屋內線路那些情形得用裸銅線
(1)電動起重機所用之滑接導線　(2)乾燥室所用之導線
(3)照明電路　(4)太陽光電系統之輸出電路。

解答

71.(234)	72.(13)	73.(13)	74.(34)	75.(124)	76.(123)	77.(234)	78.(13)	79.(14)	80.(12)